"十三五"江苏省高等学校重点教材

液压与气动技术

第二版

李建松 黎少辉 主编

李海燕 邵 卫 王建成 潘 鹤 副主编

朱 涛 主审

YEYA
YU QIDONG
JISHU

化学工业出版社

·北京·

内 容 简 介

本书由校企"双元"合作开发，按照项目任务形式编写，书中以汽车起重机液压系统为载体，将知识、技能融于项目，主要培养学生从事机械、液压、气动设备的安装、调试、维修保养相关工作的能力，以及对一般机械、液压、气动系统的设计能力。为方便教学，本书配套视频、电子课件等丰富的数字资源。

本书可作为高职高专院校机械类及相关专业教材，并可供行业培训使用。

图书在版编目（CIP）数据

液压与气动技术 / 李建松，黎少辉主编. -- 2 版.
北京 ：化学工业出版社，2025. 8. --（"十三五"江苏
省高等学校重点教材）. -- ISBN 978-7-122-48528-1

Ⅰ. TH137；TH138

中国国家版本馆 CIP 数据核字第 20255LV769 号

责任编辑：韩庆利　　　　　　　文字编辑：吴开亮
责任校对：田睿涵　　　　　　　装帧设计：史利平

出版发行：化学工业出版社
　　　　　（北京市东城区青年湖南街 13 号　邮政编码 100011）
印　　装：天津千鹤文化传播有限公司
787mm×1092mm　1/16　印张 16¼　字数 410 千字
2025 年 10 月北京第 2 版第 1 次印刷

购书咨询：010-64518888　　　　售后服务：010-64518899
网　　址：http://www.cip.com.cn
凡购买本书，如有缺损质量问题，本社销售中心负责调换。

定　　价：49.80 元　　　　　　　版权所有　违者必究

前言

　　液压与气动技术是利用有压液体或气体作为工作介质实现各种机械的传动和自动控制的技术，在工业生产的各个领域均有广泛的应用。为了满足新形势下相关职业岗位对技术应用型人才的需求，编者依据教育部高等职业教育装备制造大类专业的最新人才培养标准和课程教学大纲及教学改革导向，秉持"简明、必需、够用"的编写理念，在总结多年教学改革实践经验和读者反馈意见的基础上编写了本书。

　　本书在第一版的基础上修订完成，书中根据目前液压与气动技术在工程实际中广泛应用的特点，以汽车起重机液压系统为载体，将其各个子系统贯穿于全书，使教材内容进一步对接职业岗位能力要求，凸显产教融合特色；根据最新国家标准对全书所有的图形符号进行了修订；将课程思政教学目标融入教材，结合行业技术发展、就业与择业观等内容，强化学生职业道德与素养和"工匠精神"的培养；进一步精选教学内容，删减了一些不必要的公式推导等内容，突出高职学生的职业能力培养；结合产业技术发展新趋势，增加了新技术，例如液压测试、螺纹插装阀、多路阀、变量泵/马达、负载敏感系统、液压虚拟仿真等内容，使本书更贴近工程实际，增强了实用性；对典型系统分析与习题部分的内容进行了适当调整和改动；同时，为了方便读者自学，增加了"自主探索"模块，引导读者逐步深入学习；以二维码形式，对主要内容增加了动画、视频等资源，便于读者利用手机登录移动终端扫描和学习。本书修订后，能更好地满足学生今后的岗位需求和职业生涯发展需要，更贴近实际，且先进性、实用性、针对性更强。本书按照60学时编写，部分章节可作为选修或自学内容。

　　本书由校企"双元"合作开发，企业专家全程参与编写，遵循高等职业教育教学规律和特点，体系完整、内容全面、循序渐进、通俗易懂。本书在系统讲授必需的液压与气压传动基本概念与基本原理的同时，突出理论知识的应用，强化学生工程实践能力的培养，同时注重课程思政的实施。本书编写引入了新技术、新工艺、新规范，精选液压与气压传动典型工程案例和图例，同时注重液压与气动系统的常见故障诊断与排除方法、安装调试与维护保养等现场实用知识，使理论知识与工作实际紧密结合。

　　本书由徐州工业职业技术学院李建松编写项目0、项目2的任务2、项目5的任务3~9、项目6的任务1~3，黎少辉编写项目1、项目6的任务4、项目7和项目8，李海燕编写项目2的任务1、项目3，邵卫编写项目5的任务1和任务2，江苏信息职业技术学院王建成编写项目4的任务2和任务3，潘鹤编写项目4的任务1。徐州重型机械有限公司李戈编写了案例部分内容。刘娟编写了实验部分的内容。全书由徐州工业职业技术学院朱涛主审。在本书的编写过程中，徐州重型机械有限公司李亚朋高级工程师，徐州工业职业技术学院曾晓老师对本书的编写提出了许多宝贵的意见和建议，北京掌宇集电科技有限公司谢凌涛工程师提供了液压仿真技术的相关资料，在此表示衷心感谢！在编写过程中，我们参考了有关文献，在此对这些文献的作者表示衷心的感谢！

　　由于编者水平所限，书中不足之处在所难免，敬请使用本书的师生与读者批评指正，以便修订时改进。如读者在使用本书的过程中有其他意见或建议，恳请读者向编者提出。

编　者

目录

二维码资源索引

序号	名称	二维码	页码	序号	名称	二维码	页码
1	大型起重机作业场景		1	13	液压冲击		56
2	千斤顶		6	14	活塞单杆缸		60
3	液压油中溶解的气体		18	15	一种低速大转矩马达		66
4	液体黏性		27	16	线隙式过滤器		76
5	单柱塞液压泵工作原理		34	17	纸芯式过滤器		77
6	外啮合齿轮泵工作原理		35	18	烧结式过滤器		77
7	内啮合渐开线齿轮泵原理		36	19	多管式冷却器		78
8	单作用液片泵		40	20	活塞式蓄能器		85
9	限压式叶片泵		41	21	气囊式蓄能器		85
10	双作用叶片泵		42	22	压力表工作原理		91
11	斜盘式柱塞泵		44	23	换向阀-二位二通		102
12	单杆液压缸工作原理		52	24	换向阀-二位四通		102

序号	名称	二维码	页码	序号	名称	二维码	页码
25	换向阀-三位四通		102	38	顺序阀		125
26	换向阀-三位五通		102	39	顺序阀动作回路		125
27	换向阀-手动		104	40	节流阀		137
28	换向阀-液动		106	41	调速阀		137
29	液控单向阀		111	42	压力继电器		157
30	直动式溢流阀		113	43	大型起重机基本动作		174
31	先导式溢流阀		114	44	挖掘机基本动作		186
32	溢流阀过载保护		116	45	活塞式空气压缩机		211
33	溢流阀远程控制		117	46	油水分离器		212
34	溢流阀卸荷回路		117	47	或门型梭阀		221
35	先导式减压阀		120	48	与门型梭阀		221
36	减压回路		121	49	快速排气阀		222
37	多级减压回路		121				

项目0 ▶▶

认识典型汽车起重机

学习目标

掌握典型汽车起重机的结构，能分析汽车起重机的组成及各部分的作用。

任务书

某汽车起重机如图 0-1 所示。

任务：试分析该起重机的主要组成部分及各部分的功能。

图 0-1 汽车起重机

大型起重机
作业场景

自主探索

请自行查阅有关资料，完成如下问题。

引导问题 1：汽车起重机有哪些基本动作？它是由哪些典型结构组成的？

引导问题 2：汽车起重机普遍采用什么作为动力源？

引导问题 3：汽车起重机的典型工作流程是怎样的？

引导问题 4：汽车起重机采用何种传动方式实现动力源的动力向负载传递？

引导问题 5：汽车起重机的发展方向有哪些？

相关知识

起重机是在一定范围内对物料进行垂直升降和水平搬运操作的多动作起重机械，是一种间歇、循环动作的搬运机械。流动式起重机是一种工作场所经常变换，能在带载或空载情况下在无轨路面上运行，并依靠自重保持稳定的臂架型起重机。其特点是机动性好，使用范围广，可以方便地转移场地，但对道路、场地要求高。根据行走装置种类的不同，流动式起重机可以分为轮式起重机、履带式起重机和其他专用起重机。汽车起重机属于轮式起重机的一个子类。本书将以汽车起重机为主要载体，介绍液压及气压传动技术的相关知识。

0.1 汽车起重机典型结构

汽车起重机是一种装在普通汽车底盘或专用汽车底盘上的起重机，其行驶驾驶室与起重操纵室分开设置。汽车起重机的底盘符合公路车辆的技术要求，具有机动性好、转移迅速的优点。缺点是工作时须使用支腿，不能带载行驶，也不适合在松软场地上工作。汽车起重机起重量的范围很大，从 8t 至 4000t，底盘轴从 2 根至 11 根，是产量最大、使用最广的起重机。从结构上来说，汽车起重机主要有底盘和起重结构两大部分，常被称为下车和上车，两大部分之间用回转支承连接。下车主要是底盘和支腿的相关部分，以完成汽车起重机的行走功能和吊装作业时的支承功能。上车则是围绕完成吊装作业设置的各种装置。图 0-2 示出了一种汽车起重机的整体结构。

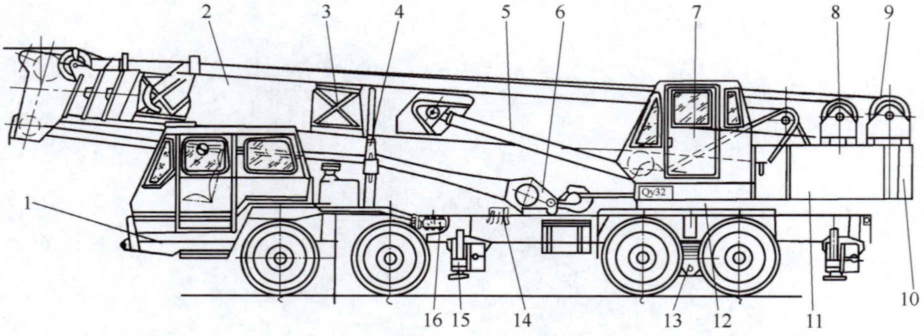

图 0-2　某汽车起重机整体结构

1—底盘；2—主吊臂；3—副臂；4—吊臂支架；5—变幅液压缸；6—主吊钩；7—操纵室；8—副卷扬装置；9—主卷扬装置；10—配重；11—转台；12—回转支承；13—悬架装置；14—下车液压系统；15—支腿；16—取力装置

（1）底盘　汽车起重机的底盘主要包括通用汽车底盘和专用汽车底盘两大类。通用汽车底盘除车架外（若有必要时），其余部分皆采用汽车底盘的原有结构。小型起重机可在通用汽车底盘上附加副车架以支承上车结构。采用附加副车架的工艺比较简单，但整个起重机的重心较高，重量较大。专用汽车底盘是按起重机的要求设计的，轴距较长，车架刚性好。专用汽车底盘也需要满足国家法律法规要求，以达到上路行驶的目的。

汽车起重机底盘的传动、制动、转向、悬架等系统均与重型卡车类似。

（2）主吊臂和副臂　吊臂是汽车起重机的核心部件。主吊臂一般采用高强钢制成，其断面多为多边形。主吊臂一般为多节伸缩臂，使用液压缸实现伸缩，以满足不同高度的吊装需要。主吊臂的尾端与转台铰接，中部设置有铰点，与变幅液压缸铰接。起重机工作时，变幅液压缸将主吊臂推至合适的角度，以满足作业需要。

为了实现更高的高度，多数起重机设置有副臂。副臂多为桁架结构，采用高强钢焊接而成。

（3）转台　转台是汽车起重机的另一核心部件，用于为吊臂、变幅液压缸、卷扬装置、配重等部件提供安装位置。转台与底盘之间通过回转支承连接，再加上回转机构的作用，实现转台的回转动作。

（4）操纵室　操纵室安置在转台上，汽车起重机操作手在此处控制起重机实施吊装作业。操纵室内安设有各类操纵及控制装置，还包括照明、空调等辅助设备。

（5）卷扬装置　卷扬装置是汽车起重机起升机构的核心部分，通过收放钢丝绳实现货物的升降作业。多数起重机设置有主、副共2套卷扬装置，分别服务于主、副起升机构。卷扬装置通常包括液压马达、减速器、卷筒等部件。

（6）吊臂支架　吊臂支架固定在底盘上。当主吊臂收回之后，吊臂支架支承主吊臂。

（7）支腿　目前汽车起重机支腿多为H型，至少包括4条支腿。每条支腿由一条水平支腿和一条垂直支腿组成。其特点是跨度大，对地的适应性好。水平支腿和垂直支腿均可以由相应的液压缸单独进行操纵，提高了汽车起重机对场地的适应性。

（8）液压系统　由于液压传动拥有一系列优点，现代起重机的主要动作全部使用液压传动技术实现动力和运动的传递。因此，液压系统是起重机必不可少的组成部分。

0.2　汽车起重机主要动作

图0-3给出了一种汽车起重机的动作示意图。该起重机处于吊装准备完成状态。可见，起重机主要包括5个动作，即支腿、变幅、回转、伸缩、起降。变幅动作通过调整吊臂的角度来控制起重机的工作幅度。回转动作可实现定位货物位置、平移吊起的货物及回收吊装系统。伸缩动作用于改变吊臂的长度，可以增加起重机的举升高度。起降动作能够实现物料的升降。

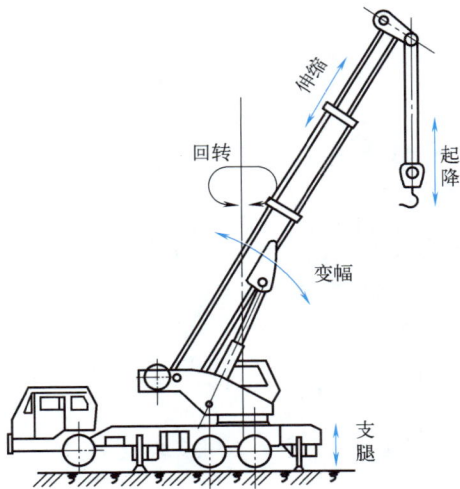

图0-3　汽车起重机动作示意图

🛠 工作实施

分析起重机的主要组成部分及各部分的功能。具体参见"相关知识"部分关于起重机组成和功能的内容。

项目1 ▶▶

汽车起重机变幅液压系统的认识和分析

任务 1　典型汽车起重机变幅液压系统回路认知

📚 学习目标

1. 掌握液压传动的工作原理及典型组成，能分析千斤顶液压系统的组成及各部分的作用；

2. 掌握汽车起重机变幅液压系统的组成及工作原理，理解液压图形符号表达的液压元件的含义；

3. 熟悉液压传动的优缺点，能够说明工程机械采用液压传动技术的依据；

4. 结合我国液压发展史，培养爱国主义情怀，理解科学技术在国家富强、民族复兴中的地位和作用。

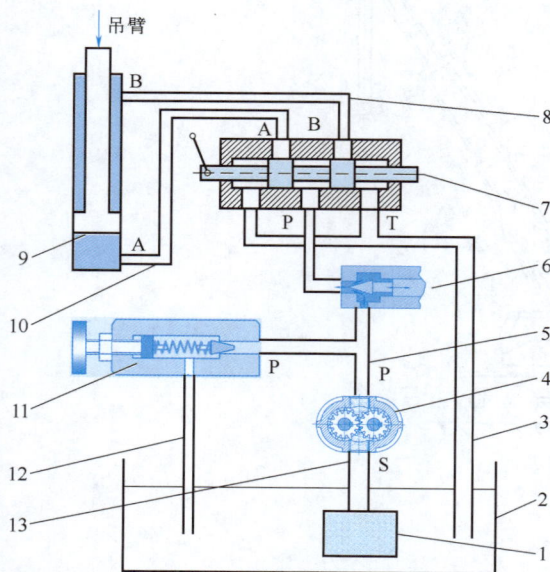

图 1-1　半结构图形式的汽车起重机
变幅液压系统简化液压原理图

1—过滤器；2—油箱；3,5,8,10,12,13—管路；4—齿轮式液压泵；6—节流阀；7—换向阀；9—液压缸；11—溢流阀

📋 任务书

一直以来，小李对汽车起重机，特别是起重机上能够推动巨大吊臂升降的变幅系统很感兴趣。某汽车起重机照片如图 0-1 所示。由于资料有限，目前只有一份半结构图形式的汽车起重机变幅液压系统简化液压原理图，如图 1-1 所示。小李还得知，汽车起重机使用柴油机作为动力源，变幅液压缸作为执行元件，推动吊臂俯仰运动实现变幅。

任务：为了便于设备管理和使用，需要根据现有资料，参照国家标准，使用规范的液压元件符号绘制吊臂变幅液压系统原理图，并分析该系统的工作原理。

📖 自主探索

请自行查阅有关资料，完成如下问题。

引导问题1：绘制液压原理图时，使

用半结构式的图形有什么优缺点？

引导问题2：在绘制液压原理图时，为什么要使用简单的图形符号？对于常见液压元件，有没有标准的图形符号？

引导问题3：请上网搜索下载液压元件图形符号的国家标准，自学基本符号，并尝试自行绘制符号图形式的汽车起重机变幅液压系统的液压原理图。

引导问题4：一个典型的液压系统由哪些元件组成？各元件在系统中的作用分别是什么？

引导问题5：在液压系统中，执行元件和动力元件在功能上有哪些相同点和不同点？

引导问题6：液压系统使用油液作为工作介质，由此使得液压系统具备了哪些优缺点？

引导问题7：液压传动技术的发展方向有哪些？

📄 相关知识

一部机器主要由动力装置、传动装置、操纵或控制装置、执行装置四部分构成。动力装置通过各种传动装置实现执行装置的各种工况要求。

一般工程技术中使用的动力传递方式有机械传动、电气传动、流体传动以及由它们组合而成的复合传动。根据介质不同，流体传动又可以分为气体传动和液体传动两大类。

液体传动是以液体作为工作介质进行能量（动力）传递的传动方式。液体传动分为液力传动和液压传动两种方式。液力传动主要利用液体的动能来传递能量；而液压传动则是利用液体的压力能来传递能量。下面主要学习液压传动技术。

液压传动是一种利用液体（矿物油、水等）的压力能传递运动和动力的传动形式。液压传动与单纯的机械传动、电气传动和气压传动相比，具有许多优点，所以在机械设备中，液压传动技术得到了广泛应用。特别是近年来，液压传动技术与微电子技术、计算机技术相结合，使液压传动技术的发展进入了新的阶段，成为发展速度最快的技术之一。

1.1 液压传动的工作原理

在生活中，一种常见的利用液压传动技术的装置就是液压千斤顶。液压千斤顶又称油压千斤顶，是一种采用柱塞或液压缸作为刚性顶举件的举升装置。其构造简单、重量轻、便于携带、移动方便，常用于汽车等重物的举升。只要往复扳动杠杆手柄，即可实现重物的举升；打开截止阀，重物下落。图1-2给出了一种常见的液压千斤顶及其工作原理。小油缸2内置有小活塞3，与杠杆手柄1连接。杠杆手柄1、小油缸2、小活塞3、单向阀4和7组成手动液压泵。大油缸9内置有大活塞8，用于推动重物。油箱12内存储有一定的油液。常态下，截止阀11保持关闭状态，单向阀4和7处于复位状态。

根据图1-2，分析液压千斤顶的工作原理如下。

提起杠杆手柄1，拉动小活塞3向上移动，小油缸2下端油腔容积增大，形成局部真空。这时大气压推动油箱12内的油液进入吸油管5，并将单向阀4打开，进入小油缸2的下腔，实现吸油。用力压下杠杆手柄1，小活塞3下移，小油缸2下腔内压力升高，单向阀4处于关闭状态，油液推动单向阀7打开，经管道6进入大油缸9的下腔，迫使大活塞8向上移动，顶起重物。再次提起杠杆手柄1进行吸油时，单向阀7自动关闭，故大油缸9内的油液不能倒流，从而保证了重物不会自行下落。不断地往返扳动杠杆手柄1，就能不断地把油液压入大油缸9的下腔，使重物逐渐地升起。如果打开截止阀11，大油缸9下腔的油液通过管道10、截止阀11流回油箱12，重物就向下移动。这就是液压千斤顶的工作原理。

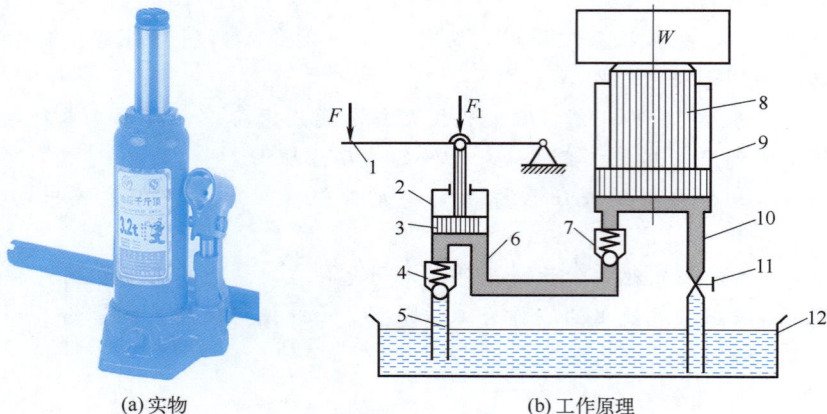

(a)实物　　　　　　　　(b)工作原理

图 1-2　液压千斤顶

1—杠杆手柄；2—小油缸；3—小活塞；4,7—单向阀；5—吸油管；
6,10—管道；8—大活塞；9—大油缸；11—截止阀；12—油箱

分析液压千斤顶的工作原理可知，液压传动是依靠液体在密封容积中的压力来实现运动和动力传递的。液压传动装置本质上是一种能量转换装置，它先将机械能转换为便于输送的液压能，后又将液压能转换为机械能做功。液压传动利用液体的压力能进行工作，与利用液体的动能工作的液力传动有根本的区别。

1.2　汽车起重机变幅液压传动系统的组成

液压千斤顶可以实现重物的短距离升降运动。汽车起重机变幅液压系统中的液压缸相当于一个放大的液压千斤顶，特别适用于起重机这类负载大、速度慢的场合。

在图 1-1 中，各液压元件是用半结构式图形画出来的，这种图形直观性强，易于理解，但绘制过程耗时费力。当系统中元件数量多时，工作量会很大，且不同的绘图者可能有不同的表达方式，容易造成误解。为了简化表示方法、减小工作量，《流体传动系统及元件　图形符号和回路图　第 1 部分：图形符号》（GB/T 786.1—2021）规定了各种液压元件的图形符号。需要注意的是，这些图形符号只能表示元件的功能，不能表示元件的真实内部结构和性能参数。在实际工程中，一般都用简单的图形符号绘制液压系统原理图。图 1-3 给出了图形符号形式的汽车起重机变幅液压系统原理图。

下面根据图 1-1 和图 1-3 分析其工作原理。

在图 1-3 中，柴油机（未示出）驱动齿轮式液压泵 4 工作，由油箱 2 经过滤器 1 吸入油液。由于换向阀 7 的 P 口封闭，输出的高压油液只能经溢流阀 11 的 P 口至 T 口流回油箱 2。汽车起重机处于待命状态。

如果将换向阀 7 的阀芯左移，对应图 1-3 中换向阀 7 的右位接入系统工作，则高压油液经换向阀 7 的 P 口至 A 口，进入液压缸 9 的无杆腔。液压缸 9 有杆腔内的油液流出，经换向阀 7 的 B 口至 T 口流回油箱 2，液压缸 9 的活塞杆伸出，推动吊臂抬起。

如果将换向阀 7 的阀芯右移，油液经换向阀 7 的 P 口至 B 口，进入液压缸 9 的有杆腔，加上吊臂的重力作用，液压缸 9 无杆腔内的油液流出，经换向阀 7 的 B 口至 T 口流回油箱 2。因此，液压缸 9 的活塞杆缩回，吊臂下放。

液压缸 9 的伸缩速度，对应吊臂的俯仰速度，由节流阀 6 来调节。当节流阀 6 的开口开

大时，进入液压缸 9 的油液增多，吊臂的俯仰速度增大；当节流阀 6 关小时，吊臂的俯仰速度减小。

从上述例子可见，一个完整的液压系统一般由以下几部分组成。

（1）动力元件　动力元件是将原动机（如柴油机、电动机等）输出的机械能转换成液体压力能的元件，其作用是向液压系统提供压力油。最常见的形式是液压泵，其是液压系统的"心脏"。图 1-3 中的齿轮式液压泵 4 即为一种典型的动力元件。

（2）执行元件　执行元件是把液体压力能转换成机械能的元件，包括液压缸和液压马达。液压缸输出往复直线运动，液压马达输出旋转运动。

（3）控制元件　控制元件包括压力、方向、流量控制阀，是对系统中油液压力、流量、方向进行控制和调节的元件。如图 1-3 中，节流阀 6、换向阀 7 和溢流阀 11 均属于控制元件。

（4）辅助元件　上述三个组成部分以外的其他元件，如管路、管接头、油箱（图 1-3 中的序号 2）、过滤器（图 1-3 中的序号 1）等均为辅助元件。

（5）工作介质　即传动液体，通常为液压油。

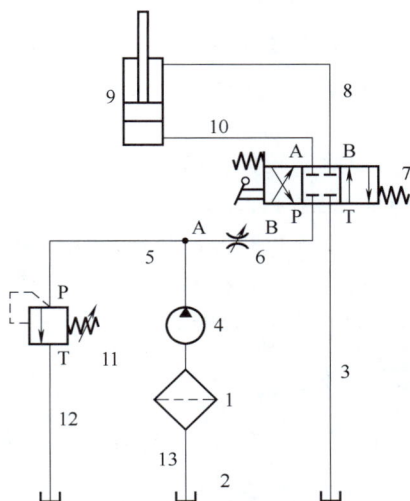

图 1-3　图形符号形式的汽车起重机变幅液压系统原理

1—过滤器；2—油箱；3,5,8,10,12,13—管路；4—齿轮式液压泵；6—节流阀；7—换向阀；9—液压缸；11—溢流阀

1.3　液压传动技术的优缺点

液压传动技术之所以能够得到如此迅速的发展和广泛的应用，是由于其拥有许多的优点。

① 单位功率的重量轻、结构尺寸小。据统计，常见轴向柱塞液压马达的功率质量比（功重比）可达 $6\sim10kW/kg$，而高速电动机的为 $2\sim3kW/kg$，常见的低速电动机更小。这就是飞机上的操舵装置、起落架、发动机的自动调节系统、自动驾驶仪、导弹的发射与控制均采用液压的原因。

② 工作比较平稳，换向冲击小，反应快。由于重量轻、惯性小、反应快，易于实现快速启动、制动和频繁的换向。

③ 能在大范围内实现无级调速（调速范围可达 2000：1），而且调速性能好。

④ 操纵、控制调节比较方便、省力，便于实现自动化，尤其是与电气控制结合起来，能实现复杂的逻辑动作和远程控制。

⑤ 液压装置易于实现过载保护，而且工作油液能使零件实现自润滑，故使用寿命长。

⑥ 液压元件已实现标准化、系列化和通用化，有利于缩短机器的设计、制造周期和降低制造成本，便于选用，布置也更为方便。

⑦ 空间布置灵活。由于使用管路连接，与机械传动系统相比，液压传动系统的动力元件和执行元件在空间布置上更加灵活。

⑧ 易于实现直线形式的输出。

液压传动技术也有一些缺点。

① 传动比不精确。液压油的泄漏和液体的可压缩性会影响执行元件运动的准确性，故

无法保证严格的传动比。

② 温度要求高。液压传动对油温变化比较敏感，工作稳定性很容易受到环境温度的影响。因此，液压传动系统不宜在很高或很低的温度条件下工作，在 $-15\sim65\,^\circ\!C$ 范围内较合适。

③ 效率较低。由于油液流动存在摩擦、泄漏、节流和溢流等损失，因而传动效率不高，不宜做远距离传动。

④ 成本较高。部分液压元件制造精度要求较高，因此造价较高，且使用维护比较严格。

⑤ 故障较难排除。受限于成本、空间及油液相对封闭等因素影响，液压系统出现故障时，不易查找故障原因。

工作实施

将图 1-1 转为图形符号形式的液压系统图，参见图 1-3 及相关知识部分的内容。

知识拓展

液压传动技术的发展史及应用

液压传动技术的发展是与流体力学、材料学、机构学、机械制造等相关领域的发展紧密相关的。

公元前 250 年，古希腊人阿基米德就发表了《论浮体》一文，精确地给出了"阿基米德定律"，从而奠定了物体平衡和沉浮的基本理论。这是人类对流体力学的最早贡献。1648年，法国人帕斯卡（B. Pascal）提出了静止液体中压力传递的基本定律——帕斯卡原理。这是液体静力学基础。

瑞士人伯努利（D. Bernoulli）在 1738 年出版的著作《流体动力学》中，建立了流体势能、压力能和动能之间的能量转换关系，即伯努利方程。这是经典力学的能量守恒在流体力学上的应用。

1795 年，英国人布拉默（Joseph Braman）获得了第一项关于液压机的英国专利。两年后，他制成了由手动泵供压的水压机。到 1826 年，水压机已广为应用，成为继蒸汽机之后应用最普遍的机械。此后，还发展了许多水压传动控制回路，并且采用职能符号代表具体的结构进行设计，促进了液压技术的进一步发展。水压机的发明也被视为现代液压技术的开端。

由于黏度低、润滑性差、易锈蚀等缺点，严重影响了水压技术的发展。因此，当电力传动兴起后，水压传动的发展速度不断减缓，应用也不断减少了。

20 世纪初，由于石油工业的兴起，人们发现矿物油与水相比具有黏度大、润滑性能好、防锈蚀能力强等优点，促使人们开始研究采用矿物油代替水作为液压系统的工作介质。

1905 年，美国人詹尼（Janney）首先将矿物油作为液压系统的工作介质，并且设计制造了第一台油压轴向柱塞泵及由其驱动的油压传动装置，并将其用在军舰的炮塔控制装置上，揭开了现代油压技术的发展序幕。

1922 年，瑞士人托马（H. Thoma）发明了径向柱塞泵。随后，斜盘式轴向柱塞泵、斜轴式轴向柱塞泵、径向液压马达及轴向变量马达等相继出现，使液压传动的性能不断得到提高。

1936 年，美国人威克斯（Harry Vickers）发明了以先导控制压力阀为标志的管式系列液压控制元件。20 世纪 60 年代，出现了板式和叠加式系列液压元件。20 世纪 70 年代，出现了插装式系列液压元件，从而逐步形成了以标准化功能控制单元为特征的模块化集成单元技术。

由于高分子复合材料的发展以及复合式旋转和轴向密封结构的改进，至 20 世纪 80 年代，液压传动与控制系统的密封技术已日趋成熟，基本满足了各类工程的需求。

电液伺服机构首先应用于飞机、火炮的液压控制系统，后来也用于机床及仿真装置等系统中。电液伺服阀实际上是带内部反馈的线性电液放大元件，其增益大、响应快，但价格较高，对油质要求很高。20 世纪 60 年代后期，发展出了采用比例电磁铁作为电液转换装置的比例控制元件，其性能稍低，但价格更低，对油质也无特殊要求。此后，比例阀被广泛用于工业控制。

由于液压传动及控制系统是动力装置与工作机械之间的中间环节，为了提高实时工作效率，其最好能做到既与工作机械的负荷状态相匹配，又与原动机的高效工作区相匹配，从而达到系统效率最高的目的。因此，20 世纪 70 年代出现了负载敏感系统、功率匹配系统，20 世纪 80 年代出现了二次调节系统。之后，液压技术在与电子技术、传感技术以及网络技术的集成融合方面发展迅猛。目前，国际上的液压技术正逐渐走向成熟，应用领域也得到不断的拓展。

近年来，液压技术在不断吸收电子、材料等领域的研究成果的同时，其自身也在不断创新发展，主要的发展趋势包括数字化、智能化、集成一体化、绿色化等。

到了 21 世纪，我国一批大国重器相继研制成功，显示了我国装备制造的水平。液压传动由于其功重比高、布置灵活、运动平稳等突出优势，在各种大国重器上得到广泛应用，如"蛟龙号"载人潜水器作业系统、亚洲最大的重型自航绞吸船"天鲲号"。

任务 2　汽车起重机液压泵吸油管路分析

📚 学习目标

1. 掌握压力的表示方法，能够进行不同压力单位间的换算；

2. 掌握流体静力学基本方程及帕斯卡原理的物理意义，并能利用其原理分析液压机的工作原理；

3. 掌握流体的连续性方程与伯努利方程的物理意义，并能利用其原理分析汽车起重机液压泵吸油管路与流量计的工作原理；

4. 了解液压损失、液压冲击现象的产生机理，以及相应的解决措施。

📋 任务书

小李接到了一个新的工作任务，某型汽车起重机的液压泵出现了气蚀现象，需要处理。什么是气蚀？为什么会发生气蚀呢？图 1-4 是现有的吸油管路部分的示意图。

任务：针对出现的气蚀现象，分析其原因，提出合理的改进建议。

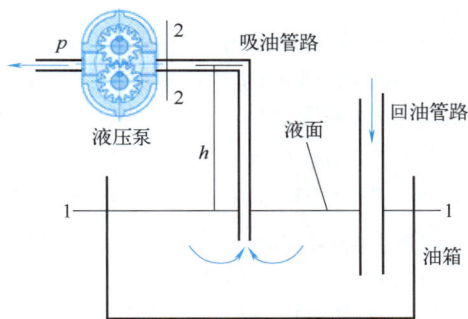

图 1-4　吸油管路部分的示意图

请自行查阅有关资料，完成如下问题。

引导问题1：压力的表示方法有哪些？

引导问题2：压力的常用单位有哪些？

引导问题3：帕斯卡原理的主要内容是什么？

引导问题4：伯努利方程的主要内容是什么？

引导问题5：何为液压冲击？减小液压冲击的措施有哪些？

引导问题6：何为气穴？如何减小气穴现象的危害？

📄 相关知识

2.1 流体静力学

流体静力学用于研究静止液体的力学性质，这里所说的静止是指液体内部质点间没有相对运动，液体的黏性在液体静力学问题中不起作用。

2.1.1 液体静压力及特性

作用在液体上的力有两种，即质量力（又称体积力）和表面力。质量力作用在液体的所有质点上，大小与质量成正比。例如重力、惯性力等。表面力是由与流体相接触的其他物体（如容器或其他液体）作用在液体上的力，是外力；液体间的作用力属于内力。必须知道，静止液体不能抵抗拉力或切向力，即使是微小的拉力或切向力，都会使液体发生流动，所以静止液体只能承受压力。

（1）液体静压力 p　静止液体单位面积上受到的法向力称为液体静压力，简称压力（在物理学中称为压强），用 p 表示。若液体面积 ΔA 上作用有法向力 ΔF，则液体内某点处的压力可表示为

$$p = \lim_{\Delta A \to 0} \frac{\Delta F}{\Delta A} \tag{1-1}$$

若液体面积 A 上有均匀分布的作用力 F，则静压力可表示为

$$p = \frac{F}{A} \tag{1-2}$$

在国际单位制（SI）中，压力的单位为 Pa（帕）。由于单位太小，工程上使用不便，常采用 MPa（兆帕）或 kPa（千帕）。

$$1\text{MPa} = 1000\text{kPa} = 10^6\text{Pa}$$

液体静压力具有两个重要特性。

① 液体静压力的方向总是沿作用面的内法线方向。

② 静止液体内任一点处所受到的静压力在各个方向上都相等。

（2）压力的表示方法及单位　压力的表示方法有两种：一种是以绝对真空为基准所表示的压力，称为绝对压力；另一种是以大气压力作为基准所表示的压力，称为相对压力。由于大多数测压仪表所测得的压力都是相对压力，故相对压力也称表压力。

由此可见，绝对压力与相对压力的关系为

绝对压力＝相对压力＋大气压力

当绝对压力小于大气压时，负相对压力数值部分叫作真空度。

真空度＝大气压－绝对压力

由此可知，当以大气压为基准计算压力时，基准以上的正值是表压力，基准以下的负值就是真空度。绝对压力、相对压力和真空度的相互关系如图1-5所示。

压力的单位除法定计量单位帕斯卡（Pa）外，还有标准大气压（atm）以及以前沿用的单位 bar（巴）、工程大气压 at（kgf/cm^2）、水柱高或汞柱高等。

各种压力单位的换算关系为

$$1atm＝0.101325\times10^6\,Pa$$

$$1bar＝10^5\,Pa$$

$$1at\approx0.981\times10^5\,Pa$$

$$1mH_2O（米水柱）＝9.8\times10^3\,Pa$$

$$1mmHg（毫米汞柱）\approx1.332\times10^2\,Pa$$

2.1.2　液体静压力基本方程

在重力作用下的静止液体（图1-6），其受力情况如图1-6（a）所示。在液体中任取一点 A，若要计算 A 点处的压力 p，可假想从液体中取出一个底部通过该点的垂直小液柱，如图1-6（b）所示。

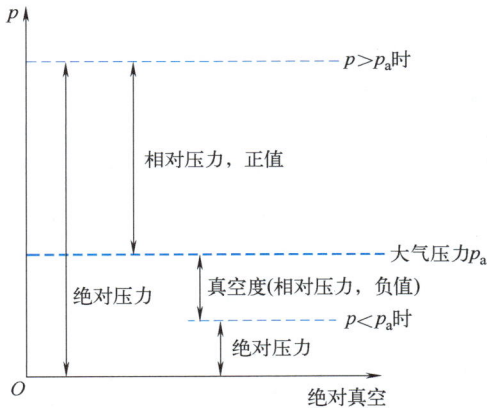

图1-5　绝对压力、相对压力和真空度

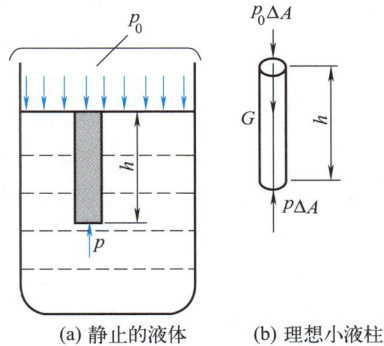

图1-6　重力作用下的静止液体

由于小液柱处于平衡状态，于是有

$$p\Delta A＝p_0\Delta A＋\rho gh\Delta A$$

则 A 点所受的压力为

$$p＝p_0＋\rho gh \qquad (1\text{-}3)$$

式中　p_0——外界作用于液面上的压力，Pa；

ρ——液体的密度，kg/m^3；

g——重力加速度，m/s^2。

式（1-3）即为液体静压力的基本方程。由式（1-3）可知：

① 静止的液体内任一点处的压力由两部分组成：一部分是液面上的压力 p_0，另一部分是该点之上液体自重形成的压力，即 ρg 与该点离液面深度 h 的乘积。当液面上只受大气压力 p_a 作用时，则液体内任意一点处的压力为

$$p＝p_a＋\rho gh \qquad (1\text{-}4)$$

② 同一容器中同一液体内的静压力随液体深度 h 的增加而线性地增加。

③ 离液面深度相同处各点压力都相等。压力相等的点组成的面称为等压面。重力作用下静止液体中的等压面是一个水平面。

如将图 1-7 中盛有液体的容器放在基准面上,则 B 点静压力基本方程可写成

$$p = p_0 + \rho g h = p_0 + \rho g (z_0 - z) \tag{1-5}$$

式中　z_0——液面与基准水平面之间的距离,m;

　　　z——离液面高为 h 的点与基准水平面之间的距离,m。

式(1-5)整理后可得

$$z + \frac{p}{\rho g} = z_0 + \frac{p_0}{\rho g} = 常数 \tag{1-6}$$

式(1-6)是液体静压力方程的另一种表示形式。式中,z 为单位质量液体的位能,常称为位置水头;$p/\rho g$ 为单位重力液体的压力能,常称为压力水头。

因此,静压力基本方程的物理本质为:静止液体内任何一点具有位能和压力能两种能量形式,且其总和在任意位置保持不变,但两种能量形式之间可以互相转换。

2.1.3　帕斯卡原理

图 1-7　静压力方程的
　　　　物理本质

帕斯卡原理表明了静止液体中压力的传递规律。密闭容器中的静止液体,当外加压力发生变化时,液体内任一点的压力将发生同样大小的变化。即施加于静止液体上的压力可以等值传递到液体内各点,如图 1-8 所示。

在图 1-8(a)中,F 是外加负载,A 是活塞面积。根据帕斯卡原理,缸筒内的压力将随外加负载的变化而变化,并且各点的压力变化值相等。如果不考虑活塞和液体重力引起的压力,则液体中的压力为

$$p = \frac{F}{A}$$

由此可见,缸筒内的液体压力是由外界负载决定的,这是液压传动中的一个基本概念。

[例 1-1]　如图 1-8(a)所示,容器内盛有密度 $\rho = 900 \text{kg/m}^3$ 的油液,活塞上的作用力为 $F = 1000\text{N}$,活塞面积 $A = 1 \times 10^{-3}\text{m}^2$,假设活塞的重量忽略不计。问活塞下方深度为 $h = 0.5\text{m}$ 处的压力等于多少?

解:活塞与液体接触面上的压力均匀分布,有

$$p_0 = \frac{F}{A} = \frac{1000}{1 \times 10^{-3}} = 10^6 \, (\text{N/m}^2)$$

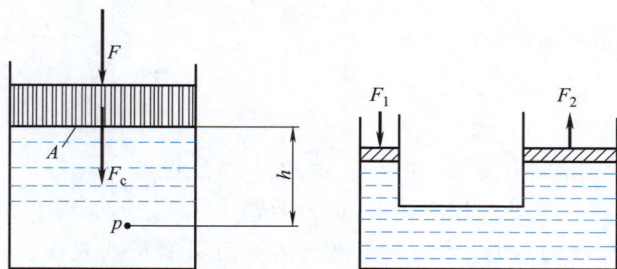

(a) 静止液体内的压力　　　　　　　(b) 液压机示意图

图 1-8　帕斯卡原理及应用

根据静力学基本方程（1-3），深度 h 处的液体压力为

$$p = p_0 + \rho g h = 10^6 + 900 \times 9.8 \times 0.5 = 1.0044 \times 10^6 (\text{N/m}^2) \approx 10^6 (\text{Pa})$$

[例 1-2] 如图 1-8（b）所示，一台液压机大、小活塞的直径 D_1 与 D_2 之比为 10∶1，若在小活塞上加 1000 N 的力，则在大活塞上能产生多大的力？

解：① 根据大小活塞直径之比计算出其面积之比。

因为：$A = \pi r^2 = \pi D^2 / 4$。

所以大、小活塞的面积之比：$A_1 \colon A_2 = D_1^2 \colon D_2^2 = 100 \colon 1$。

② 计算大活塞上产生的力。

因为：$p = F/A$，$p_1 = p_2$，则有 $F_1/A_1 = F_2/A_2$。

所以在大活塞上产生的力：$F_1 = F_2 A_1 / A_2 = 1000 \times 100/1 = 1 \times 10^5 (\text{N})$。

2.2 流体动力学

流体动力学主要研究液体流动时流速和压力的变化规律。流体的连续性方程、伯努利方程和动量方程是描述流动液体力学规律的三个基本方程。前两个方程反映压力、流速与流量之间的关系，动量方程用来解决流体与固体壁面间的作用力问题。这些内容不仅构成了流体动力学的基础，而且还是液压技术中分析问题和设计计算的理论依据。下面只介绍前两个方程。

2.2.1 基本概念

研究液体流动时，必须考虑黏性的影响，但由于该问题非常复杂，所以，在开始分析时，可先假设液体没有黏性，然后再考虑黏性的影响，并通过实验验证的方法对理想结论进行补充或修正。对于液体的可压缩问题，也可采用同样的方法来处理。

（1）理想液体、稳定（非稳定）流动、通流截面　理想液体：既无黏性又不可压缩的液体。我们把事实上既有黏性又有压缩性的液体称为实际液体。

稳定流动：液体流动时，若液体中任何一点处的压力、速度和密度都不随时间而变化，则这种流动就称为稳定流动（又称恒定流动或非时变流动）。

非稳定流动：只要压力、速度和密度中有一个随时间而变化，液体就是做非稳定流动（又称非恒定流动或时变流动）。

通流截面：液体在管道内流动时，通常将垂直于液体流动方向的截面称为通流截面或过流断面，常用 A 表示，单位是 m^2。

（2）流量 q 和流速 v　流量：单位时间内通过某通流截面的液体的体积。在国际单位制中，流量的单位为 m^3/s（立方米/秒），常用单位还有 L/min（升/分）或 mL/s（毫升/秒）。

在工程实际中，通流截面上的流速分布规律很难真正明确。为了便于计算，引入平均流速的概念。假想在通流截面上流速是均匀分布的，则流量等于平均流速乘以通流截面面积，即

$$q = vA \tag{1-7}$$

故平均流速

$$v = \frac{q}{A} \tag{1-8}$$

（3）层流和紊流　液体在管道内流动时，会呈现不同的流态。通过雷诺实验可以看到具体的流态。液体的流态一般分为层流和紊流（图 1-9）。雷诺实验装置如图 1-9（a）所示，A 为水箱，通过溢流保持水位不变；B 为玻璃管，通过阀 C 调节流量。D 为盛装有色颜料（一

般为蓝色或黑色）的容器，通过细管 E 将有色颜料注入管 B。实验时，先微微开启阀 C，让清水在管 B 中缓缓流动，然后将有色颜料注入管 B 中。这时，可以在玻璃管内看到一条细直而鲜明的颜色流束，而且不论颜色水放在玻璃管内的任何位置，它都能呈直线状，这说明管中水流都是安定地沿轴向运动，液体质点没有垂直于主流方向的横向运动，所以颜色水和周围的液体没有混杂，此种流动状态称为层流状态，如图 1-9（b）（1）所示。逐渐开大阀 C，以提高管 B 中水的流速，色线开始抖动而呈波纹状，表明层流开始受到破坏，如图 1-9（b）（2）所示。继续把阀门 C 开大，液体质点的运动变得杂乱无章，除平行于管道轴线的运动外，还存在着剧烈的横向运动，如图 1-9（b）（3）所示，表明液体已完全处于紊流状态。图 1-9（b）开始颤动的状态表明液体流动已趋于紊流状态，一般也将其看成紊流。

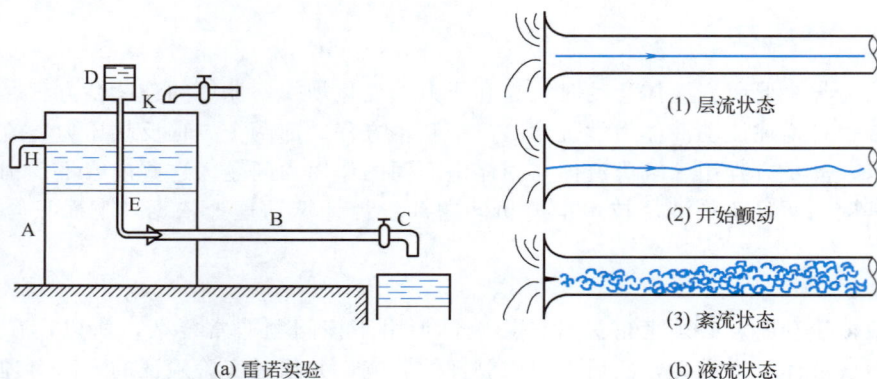

(a) 雷诺实验　　　　　　　　　(b) 液流状态

图 1-9　层流和紊流

层流和紊流是两种不同性质的流态。层流时，液体流速较低，质点受黏性制约，不能随意运动，黏性力起主导作用；但在紊流时，因液体流速较高，黏性的制约作用减弱，因而惯性力起主导作用。液体流动时，究竟是层流还是紊流，须用雷诺数来判别。

（4）雷诺数 Re　根据实验，液体的流动状态是层流还是紊流，不仅与管内平均速度 v 有关，而且与管子直径 d 及液体的运动黏度 ν 有关，可用雷诺数 Re 作为判别流动状态的依据。

雷诺数定义为

$$Re = \frac{vd}{\nu} \tag{1-9}$$

式中　d——管路的内径，m；

v——液体的平均流速，m/s；

ν——液体的运动黏度，m^2/s。

雷诺数的物理意义：液体流动时的惯性力和黏性力之比。如果液体的雷诺数相同，则液体流动状态也相同。

管路中液流的流态不同，雷诺数不同。液流由层流转变为紊流时和由紊流转变为层流时的雷诺数是不相同的，后者的数值小，所以一般将后者（液体由紊流变成层流时对应的雷诺数）称为临界雷诺数 Re_c。当液流的实际雷诺数小于临界雷诺数时，液流为层流；反之，为紊流。常见液流管道的临界雷诺数由实验求得，如表 1-1 所示。

表 1-1　常见液流管道的临界雷诺数

管道	Re_c	管道	Re_c
光滑金属管	2320	带环槽的同心环状缝隙	700
橡胶软管	1600~2000	带环槽的偏心环状缝隙	400
光滑的同心环状缝隙	1100	圆柱形滑阀阀口	260
光滑的偏心环状缝隙	1100	锥阀阀口	20~100

2.2.2　连续性方程与伯努利方程

（1）连续性方程　流体的连续性方程是质量守恒定律在流体力学中的一种表现形式。液体在任意形状的管道中做定常流动，任取 1、2 两个不同的通流截面，如图 1-10 所示。根据质量守恒定律，单位时间内流过这两个截面的液体质量是相等的。

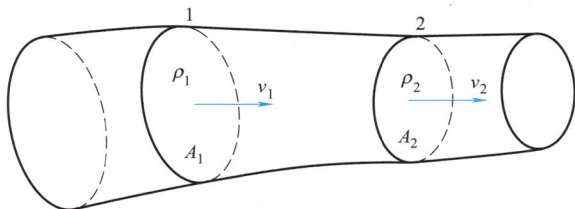

图 1-10　液流连续性方程的原理

则有

$$\rho_1 v_1 A_1 = \rho_2 v_2 A_2 \tag{1-10}$$

若忽略液体的可压缩性，即 $\rho_1 = \rho_2$，则

$$v_1 A_1 = v_2 A_2 \tag{1-11}$$

或

$$q = vA = 常数$$

这就是不可压缩液体做定常流动时的连续性方程，它说明流过各截面的体积流量是相等的。因此，当流量一定时，流速和通流截面面积成反比。

（2）伯努利方程　伯努利方程是能量守恒定律在流体力学中的另一种表达形式。

① 理想液体的伯努利方程。设流体为理想液体且做稳定流动，任取一段液流 ab 作为研究对象，如图 1-11 所示。设 a、b 两端面到中心基准面 $o—o$ 的高度分别为 h_1 和 h_2，过流

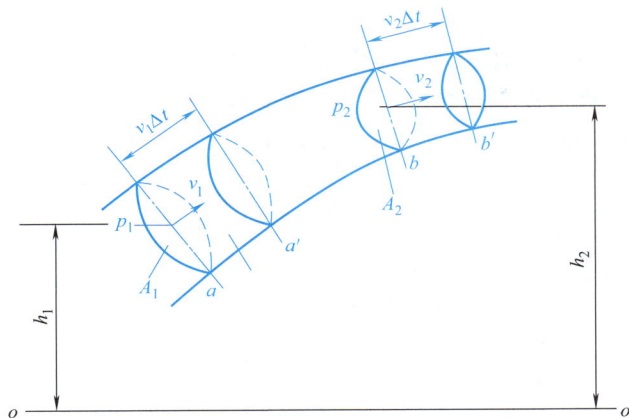

图 1-11　理想液体伯努利方程的推导

断面面积分别为 A_1 和 A_2，压力分别为 p_1 和 p_2。由于是理想液体，断面上的流速可以认为是均匀分布的，故设 a、b 断面的流速分别为 v_1 和 v_2。假设经过很短的时间 Δt 以后，ab 段液体移动到 $a'b'$，在流体流动过程中没有能量损失，根据能量守恒定律，单位体积流体具有的压力能、位能、动能总和不变。

理想液体伯努利方程为

$$p_1 + \rho g h_1 + \frac{1}{2} \rho v_1^2 = p_2 + \rho g h_2 + \frac{1}{2} \rho v_2^2$$

或写成

$$p + \rho g h + \frac{1}{2} \rho v^2 = 常数 \tag{1-12}$$

式中　p——压力，Pa；

　　　ρ——密度，kg/m^3；

　　　v——流速，m/s；

　　　g——重力加速度，m/s^2；

　　　h——水位高度，m。

式（1-12）各项分别对应单位体积液体的压力能、位能和动能。

理想伯努利方程的物理意义：在密闭管道内做恒定流动的理想液体具有三种形式的能量，即压力能、位能和动能；在流动过程中，三种能量可以相互转化，但在各个过流断面上三种能量之和恒为定值。

② 实际液体的伯努利方程。实际液体是有黏性的，因此流动中黏性摩擦力会消耗一部分能量。同时，管道形状的变化会使液体产生扰动，也要消耗能量。这些能量最终变成热量损失掉了。因此，实际液体有能量损失存在，设单位体积液体在两端面间流动的能量损失为 Δp_w。另外，由于实际液体在管道过流断面上的流速分布是不均匀的，在用平均流速代替实际流速计算动能时，必然产生误差，需引入动能修正系数 α。因此，实际液体伯努利方程为

$$p_1 + \rho g h_1 + \frac{1}{2} \rho \alpha_1 v_1^2 = p_2 + \rho g h_2 + \frac{1}{2} \rho \alpha_2 v_2^2 + \Delta p_w \tag{1-13}$$

式中　α_1、α_2——动能修正系数，当紊流时取 $\alpha = 1$，层流时取 $\alpha = 2$。

伯努利方程揭示了液体流动过程中的能量变化规律，因此，它是流体力学中的一个特别重要的基本方程。伯努利方程不仅是液压系统分析的理论基础，而且还可以对多种液压问题进行研究和计算。

在应用伯努利方程时，应注意以下两点。

① 断面1、2需顺流向选取（否则 Δp_w 为负值），且应选在缓变的过流断面上。

② 断面中心在基准面以上时，h 为正；反之为负。通常选取特殊位置的水平面作为基准面。

[例 1-3]　汽车起重机液压泵吸油管路结构如图1-4所示，油箱和大气相通。试分析泵的吸油高度 h 对泵工作性能的影响。

解：设以油箱液面为基准面，对此截面1—1和泵的进口处管道截面2—2之间列伯努利方程：

$$p_1 + \rho g h_1 + \frac{1}{2} \rho \alpha_1 v_1^2 = p_2 + \rho g h_2 + \frac{1}{2} \rho \alpha_2 v_2^2 + \Delta p_w$$

式中 $p_1 = 0$，$h_1 = 0$，$v_1 = 0$，$h_2 = h$，代入后可写成

$$p_2 = -\left(\rho gh + \frac{1}{2}\rho\alpha_2 v_2^2 + \Delta p_{\mathrm{w}}\right)$$

当泵安装于液面之上时，$h > 0$，则有

$$\rho gh + \frac{1}{2}\rho\alpha_2 v_2^2 + \Delta p_{\mathrm{w}} > 0$$

故 $p_2 < 0$。此时，泵进口处的绝对压力小于大气压力，形成真空，油液依靠大气压力压入泵内。

当泵安装于液面以下时，$h < 0$，而在 $|\rho gh| > \frac{1}{2}\rho\alpha_2 v_2^2 + \Delta p_{\mathrm{w}}$ 的情况下，$p_2 > 0$，泵进口处不形成真空，油自行灌入泵内。

由上述情况分析可知，泵内吸油高度 h 值越小，泵越容易吸油。在一般情况下，为便于安装维修，泵应安装在油箱液面以上，依靠进口处形成的真空度来吸油。但工作时的真空度也不能太大，当 p_2 的绝对压力值小于油液的空气分离压时，油中的空气就要析出；当 p_2 小于油液的饱和蒸气压时，油还会汽化。油中有气体析出，或油液发生汽化，产生气穴，油液流动的连续性就受到破坏，并产生噪声和振动，影响泵和系统的正常工作。为使真空度不致过大，需要限制泵的安装高度。

[例 1-4] 如图 1-12 所示，液体在管道内做连续流动，截面 1—1 和 1—2 处的通流面积分别为 A_1 和 A_2，在 1—1 和 2—2 处接一水银测压计，其读数差为 Δh，液体密度为 ρ，水银的密度为 ρ'，若不考虑管路内能量损失，试求：①截面 1—1 和 2—2 哪一处压力高？为什么？②通过管路的流量 q 为多少？

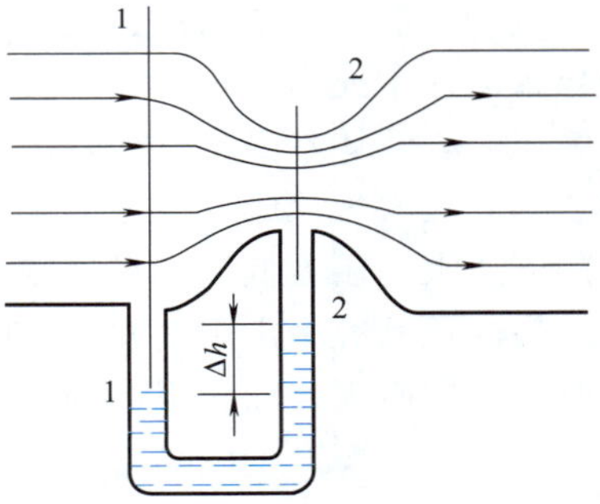

解：① 截面 1—1 处的压力比截面 2—2 处高。理由：由伯努利方程的物理意义知道，在密闭管道中做稳定流动的理想液体的位能、动能和压力能之和是一个常数，但互相之间可以转换，因管道水平放置，位置水头（位能）相等，所以各截面的动能与压力能互相转换。因截面 1—1 的面积大于截面 2—2 的面积，根据流量连续性方程可知，截面 1—1 的平均速度小于截面 2—2 的平均速度，所以截面 2—2 的动能大，压力能小，截面 1—1 的动能小，压力能大。

图 1-12 液体在截面不等的管道内做连续流动

② 以截面 1—1 和截面 2—2 的中心为基准列伯努利方程。由于 $z_1 = z_2 = 0$，所以

$$\frac{p_1}{\rho g} + \frac{v_1^2}{2g} = \frac{p_2}{\rho g} + \frac{v_2^2}{2g}$$

根据连续性方程

$$A_1 v_1 = A_2 v_2 = q$$

U 形管内的压力平衡方程为

$$p_1 + \rho gh = p_2 + \rho' gh$$

将上述三个方程联立求解，则得

$$q = A_2 v_2 = \frac{A_2}{\sqrt{1 - \left(\frac{A_2}{A_1}\right)^2}}\sqrt{\frac{2}{\rho}(p_1 - p_2)} = \frac{A_2}{\sqrt{1 - \left(\frac{A_2}{A_1}\right)^2}}\sqrt{\frac{2g(\rho' - \rho)}{\rho}h} = k\sqrt{h}$$

式中，k 为流量计系数。

2.3　液压冲击与气穴

2.3.1　液压冲击

在液压系统中，当突然关闭或开启液流通道时，在通道内液体压力发生急剧升降的波动过程称为液压冲击。

（1）液压冲击产生的原因和危害性　液压冲击多发生在阀门突然关闭或运动部件快速制动的场合。这时液体的流动突然受阻，由于惯性，液体的动量发生了变化，从而产生了压力冲击波。这种冲击波迅速往复传播，最后由于液体受到摩擦力作用和管壁的弹性作用不断消耗能量，逐渐衰减而趋向稳定。发生液压冲击时，由于瞬间的压力峰值比正常的工作压力大好几倍，因此对密封元件、管道和液压元件都有损坏作用，引起设备振动，产生很大的噪声。液压冲击经常使压力继电器、顺序阀等元件产生误动作，影响系统正常工作。

（2）减小液压冲击的措施

① 尽量延长阀门关闭和运动部件制动换向的时间。

② 在冲击区附近安装卸荷阀、蓄能器等缓冲装置。

③ 适当加大管道直径，尽量缩短管路长度。

④ 采用软管，以增加系统的弹性。

2.3.2　气穴现象

流动的液体，如果压力低于其空气分离压，原先溶解在液体中的空气就会分离出来，从而导致液体中充满大量的气泡，这种现象称为气穴现象。如果液体的压力进一步降低到饱和蒸气压时，液体本身将汽化，产生更多的气泡，气穴现象将更加严重。

（1）气穴现象的产生原因和危害　气穴多发生在阀口和液压泵的入口处，因为阀口处液体的流速大，压力低。如果液压泵吸油管太细，会造成真空度过大，产生气穴现象。

当液压系统中出现气穴现象时，大量的气泡破坏了液流的连续性，气泡随液流进入高压区时又急剧破灭，以致引起局部压力冲击，发出噪声并引起振动，当附着在金属表面上的气泡破灭时，它所产生的局部高温和高压会使金属剥蚀，这种由气穴造成的腐蚀作用称为气蚀。气蚀会使液压元件的工作性能变坏，并使其寿命大大缩短。

（2）避免措施　为减少气穴现象带来的危害，通常采取下列措施。

① 减小孔口或缝隙前后的压力降。一般希望 $p_1/p_2 < 3.5$。

② 降低液压泵的吸油高度，适当加大吸油管直径。限制吸油管的流速，尽量减少吸油管路中的压力损失（如及时清洗过滤器或更换滤芯等）。对于自吸能力差的液压泵，要安装辅助泵供油。

③ 管路要密封良好，防止空气进入。

🔧 工作实施

气蚀是由于油液中的气泡在高压下溃灭，对金属表面产生的侵蚀、剥落，甚至形成海绵状小洞穴的现象。液压泵出现了气蚀，说明油液中出现了气泡。这些气泡可能是气穴现象产生的，也可能是吸油管路密封不好导致的。

因此，提出的改进建议如下。

① 对于吸油管路来说，校核吸油管路直径是否符合要求，并尽量避免有狭窄处或急剧转弯处；确保管路密封性能；确认吸油管路进油口在任何时候都有足够的淹没深度。

② 对于回油管路，确认油口在任何时候都有足够的淹没深度。

③ 对于液压泵，降低其距离液面的高度，有可能的话，将液压泵置于低于油箱内液面高度的位置。

④ 对于液压泵，联系液压泵的生产厂家，看是否能够改进液压泵的设计，例如选用抗腐蚀能力较强的材料，采用更合理的结构，适当提高零件的机械强度，减小表面粗糙度等，以提高液压元件的抗气蚀能力。

📁 知识拓展

1. 液体在管路中流动时的压力损失

实际液体由于具有黏性，在流动时要克服各种阻力，因此要损失一部分能量。这部分损失的能量就是实际液体伯努利方程中的 Δp_W 项，称为压力损失。在设计液压系统时，要尽量减小压力损失，从而提高系统效率、减小由此带来的温升。

压力损失分为两类：沿程压力损失和局部压力损失。下面对它们进行适当的研究和分析。

液体在等径直管中流动时产生的压力损失称为沿程压力损失，该损失与液体的流动状态有关。

（1）层流时的沿程压力损失 液体在等径水平直管（圆管）中的层流流动如图 1-13 所示。

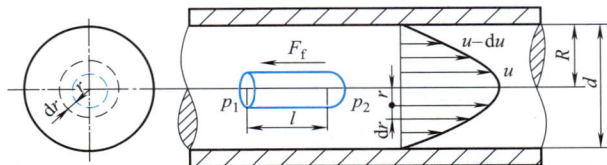

图 1-13 圆管层流运动分析

取一段与管轴重合的微小圆柱体（微元体）作为研究对象。液体做匀速运动时，该微元体处于受力平衡状态，即

$$(p_1-p_2)\pi r^2 = \Delta p \pi r^2 = F_f = -2\pi r l \mu \frac{du}{dr} \tag{1-14}$$

式中　F_f——液体内摩擦力。

这里用到了牛顿液体内摩擦定律。整理式（1-14）可得

$$du = -\frac{\Delta p}{2\mu l} r\, dr \tag{1-15}$$

对式（1-15）进行积分，并代入边界条件，得

$$u = \frac{\Delta p}{4\mu l}(R^2 - r^2) \tag{1-16}$$

可见，流速在半径方向上是按抛物线规律分布的，在管道轴线上流速为最大值。通过微元体的流量微元为

$$dq = u\, dA = 2\pi u r\, dr = 2\pi \frac{\Delta p}{4\mu l}(R^2 - r^2) r\, dr \tag{1-17}$$

积分式（1-17）可得

$$q = \frac{\pi d^4}{128\mu l}\Delta p \tag{1-18}$$

可见，层流流动时流量和相应的压差是线性关系。因此，平均流速为

$$v = \frac{q}{A} = \frac{d^2}{32\mu l}\Delta p \tag{1-19}$$

所以，沿程压力损失为

$$\Delta p_f = \Delta p = \frac{32\mu l v}{d^2} \tag{1-20}$$

式（1-20）也可以写为

$$\Delta p_f = \frac{64\nu}{dv} \times \frac{l}{d} \times \frac{\rho v^2}{2} = \frac{64}{Re} \times \frac{l}{d} \times \frac{\rho v^2}{2} = \lambda \frac{l}{d} \times \frac{\rho v^2}{2} \tag{1-21}$$

式中　λ——沿程阻力系数，实际计算时，对金属管取 $\lambda = 75/Re$，橡胶管取 $\lambda = 80/Re$。

（2）紊流时的沿程压力损失　紊流的流动是很复杂的，计算沿程压力损失的公式在形式上与式（1-21）相同。不同的是此时的 λ 不仅与雷诺数有关，还与管壁的表面粗糙度有关，即 $\lambda = f(Re，\Delta/d)$。绝对粗糙度 Δ 与管径 d 的比值 Δ/d 称为相对粗糙度。紊流时圆管的沿程阻力系数 λ 的值可根据相应的 Re 值和 Δ/d 值从表 1-2 中选择公式进行计算。常见管壁的绝对粗糙度可参考表 1-3。

表 1-2　紊流时的沿程阻力系数计算公式

Re 范围	计算公式	Re 范围	计算公式
$4000 < Re < 10^5$	$\lambda = 0.3164Re^{-0.25}$	$Re > 3 \times 10^6$	$\lambda = \left[1.74 + 2\lg\left(\frac{d}{D}\right)\right]^{-2}$
$10^5 < Re < 3 \times 10^6$	$\lambda = 0.032 + 0.221Re^{-0.237}$		

表 1-3　常见管壁绝对粗糙度

管材	Δ/mm	管材	Δ/mm
无缝钢管	0.04～0.17	塑料管	0.001
新钢管	0.12	铜管	0.0015～0.01
普通钢管	0.2	铝管	0.015～0.06
旧钢管	0.5～1.0	铸铁管	0.25
橡胶软管	0.01～0.03		

（3）局部压力损失　液体流经管道的弯头、接头、突变截面、阀口和滤网等局部阻力区时产生的压力损失称为局部压力损失。

由于液体在上述局部阻力区的流动情况很复杂，从理论上计算局部压力损失非常困难。一般通过实验得出局部阻力系数，然后按式（1-22）进行计算。

$$\Delta p_\zeta = \frac{1}{2}\zeta\rho v^2 \tag{1-22}$$

式中　v——液体的平均流速，m/s，一般情况下均指局部阻力区后部的流速；

　　　ζ——局部阻力系数（通过实验确定，具体数值可参考有关手册）。

对于液流通过各种标准液压元件的局部损失，一般可从产品技术规格中查到，但所查到的数据是在额定流量 q_n 时的压力损失 Δp_n，若实际通过流量与其不一样时，可按下式计算，即

$$\Delta p_\zeta = \left(\frac{q}{q_n}\right)^2 \Delta p_n \tag{1-23}$$

（4）管路系统的总压力损失　管路系统的总压力损失等于所有直管中的沿程压力损失和局部压力损失之和，即

$$\sum \Delta p = \sum \Delta p_{\mathrm{f}} + \sum \Delta p_{\zeta} = \sum \lambda \frac{l}{d} \times \frac{\rho v^2}{2} + \sum \zeta \frac{\rho v^2}{2} \tag{1-24}$$

总压力损失实际数值比式（1-24）计算出的压力损失大。在液压传动系统中，绝大多数压力损失转变为热能，造成系统温度升高，泄漏增大，以致影响系统的工作性能，因此应尽可能减少系统的压力损失，一般可采取以下措施。

① 确定适当的液体流动速度。油液在管道中的流动速度对压力影响最大，因此，流速不应过高。但流速太低，会使管路和阀类元件的尺寸加大，导致成本增加。

② 管道内壁光滑。

③ 油液黏度适当。

④ 尽量缩短管道长度，减少管路界面突变。

[例 1-5]　如图 1-4 所示，液压泵的流量为 $q = 32\mathrm{L/min}$（$32\mathrm{L/min} = 32 \times 10^{-3}\,\mathrm{m^3/min} = 0.53 \times 10^{-3}\,\mathrm{m^3/s}$），吸油管通道 $d = 20\mathrm{mm}$，液压泵吸油口距离液面高度 $h = 500\mathrm{mm}$，液压油的运动黏度 $\nu = 20 \times 10^{-6}\,\mathrm{m^2/s}$，密度 $\rho = 900\mathrm{kg/m^3}$。计垂直方向沿程压力损失及弯头处局部压力损失，弯头处的局部阻力系数 $\zeta = 0.5$，求液压泵吸油口的绝对压力。

解：吸油管中液流的平均速度为

$$v_2 = \frac{q}{A} = \frac{4q}{\pi d^2} = \frac{4 \times 0.53 \times 10^{-3}}{\pi \times (20 \times 10^{-3})^2} = \frac{2.12}{3.14 \times 0.4} = 1.687 \approx 1.7 (\mathrm{m/s})$$

油液运动黏度

$$\nu = 20 \times 10^{-6} (\mathrm{m^2/s})$$

油液在吸油管中流动的雷诺数

$$Re = \frac{vd}{\nu} = \frac{2 \times 170}{0.2} = 1700$$

查相关手册可知，液体在吸油管中的运动为层流状态。选取自由截面 1—1 和靠近吸油口的截面 2—2 列伯努利方程，以 1—1 截面为基准面，因此 $z_1 = 0$，$v_1 = 0$（截面大，油箱中液体下降速度相对于管道中液体流动速度要小得多，可认为零），$p_1 = p_{\mathrm{a}}$（液面受大气压力的作用），可得如下伯努利方程。

$$p_{\mathrm{a}} = p_2 + \rho g z_2 + \frac{1}{2} \alpha_2 \rho v_2^2 + \Delta p$$

即

$$p_2 = p_{\mathrm{a}} - \rho g z_2 - \frac{1}{2} \alpha_2 \rho v_2^2 - \Delta p$$

管路总压力损失为

$$\Delta p = \sum \lambda \frac{l}{d} \times \frac{\rho v^2}{2} + \sum \zeta \frac{\rho v^2}{2}$$

式中　$z_2 = h$；$l = h$；$\zeta = 0.5$；$\lambda = \dfrac{64}{Re}$。

将所有已知参数代入上述公式中，即可求得

$$p_2 = 93326\mathrm{Pa}$$

2. 液体流经孔口及缝隙时的压力-流量特性

在液压传动系统的管路中，装有截面突然收缩的装置，称为节流装置（如节流阀）。突然收缩处的流动叫节流，一般采用各种形式的孔口来实现节流。由前述内容可知，液体流经

孔口时，要产生局部压力损失，使系统发热，油液黏度下降，系统泄漏增加，这是不利的一面。在液压传动及控制中，要人工制造这种节流装置来实现对流量和压力的控制。研究液体在孔口和缝隙中的流动规律，了解影响它们的因素，对液压传动系统的分析和设计很有意义。

液体流经孔口的情况可按小孔的长径比 l/d 的大小分类：$l/d \leqslant 0.5$ 时为薄壁小孔；$l/d > 4$ 时为细长小孔；$0.5 < l/d \leqslant 4$ 时为短孔。

（1）薄壁小孔的流量计算 液体流经薄壁小孔时，只有局部能量损失，而不产生沿程损失。图1-14中液体在截面1—1时流速较低，流经小孔时，产生很大的加速度，在惯性力作用下向中心汇集，使流束收缩，然后开始扩散。这一收缩与扩散过程造成很大的能量损失，并以热的形式发散。对于薄壁圆孔，当孔前通道直径与小孔直径之比 $D/d \geqslant 7$ 时，流束的收缩作用不受孔前通道内壁的影响，这时的收缩称为完全收缩；$D/d < 7$ 时，孔前通道对液流进入起导向作用，这时的收缩称为不完全收缩。

对截面1—1和截面2—2列写伯努利方程为

$$p_1 + \frac{1}{2}\rho v_1^2 = p_2 + \frac{1}{2}\rho v_2^2 + \zeta \frac{1}{2}\rho v_2^2 \tag{1-25}$$

因 $v_1 \ll v_2$，v_1 忽略不计，式（1-25）经整理后可得

$$v_2 = \frac{1}{\sqrt{1+\zeta}}\sqrt{\frac{2(p_1-p_2)}{\rho}} = C_v\sqrt{\frac{2\Delta p}{\rho}} \tag{1-26}$$

速度系数为

$$C_v = \frac{1}{\sqrt{1+\zeta}} \tag{1-27}$$

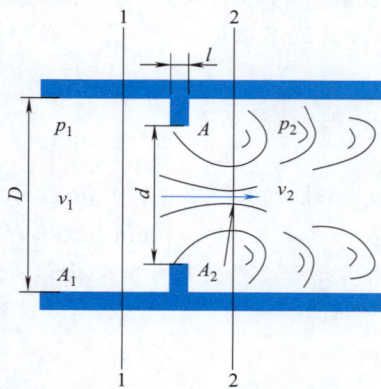

图1-14 通过薄壁小孔的液体

由此求得液体流经薄壁小孔时的流量为

$$q = v_2 A_2 = C_v C_c A_T \sqrt{\frac{2\Delta p}{\rho}} = C_q A_T \sqrt{\frac{2\Delta p}{\rho}} \tag{1-28}$$

$$C_q = C_v C_c$$

$$C_c = \frac{A_2}{A_T} = \frac{d_2^2}{d_1^2}$$

$$A_2 = \frac{\pi}{4}d_2^2$$

$$A_T = \frac{\pi}{4}d_1^2$$

式中 C_q——小孔流量系数；

C_c——收缩系数；

A_2——收缩断面的面积，m^2；

A_T——小孔过流断面面积，m^2。

C_c、C_v、C_q 一般由实验确定。当完全收缩时，液流在小孔处呈紊流状态，雷诺数较

大，薄壁小孔的收缩系数 C_c 取 $0.61 \sim 0.63$，速度系数 C_v 取 $0.97 \sim 0.98$，这时 $C_q = 0.61 \sim 0.62$；不完全收缩时，$C_q \approx 0.7 \sim 0.8$。

薄壁小孔由于流程很短，流量对油温的变化不敏感，因而流量稳定，宜作节流器用。但薄壁小孔加工困难，实际应用较多的是短孔。短孔的流量公式依然是式（1-28），但流量系数 C_q 不同，一般为 $C_q = 0.82$。

（2）细长小孔的流量计算　液体流经细长小孔时，一般都是层流状态，可直接应用前面已导出的直管流量公式来计算。当孔口的截面积为 $A = \pi d^2 / 4$ 时，可写成

$$q = \frac{d^2}{32\mu l} A \Delta p \qquad (1\text{-}29)$$

比较式（1-28）和式（1-29）可以发现，通过孔口的流量与孔口面积、孔口前后压力差以及孔口形状系数有关。

纵观各小孔流量计算公式，可以归纳出一个通用公式

$$q = KA \Delta p^m \qquad (1\text{-}30)$$

式中　A——过流截面面积，m^2；

　　　Δp——孔口前后的压力差，Pa；

　　　m——由孔口形状决定的指数，$0.5 \leqslant m \leqslant 1$，当孔口为薄壁小孔时，$m = 0.5$，当孔口为细长小孔时，$m = 1$；

　　　K——孔口的形状系数，当孔口为薄壁小孔和短孔时，$K = C_d \sqrt{2/\rho}$，当孔口为细长小孔时，$K = d^2 / (32\mu l)$。

注意：小孔流量公式可作为各种控制阀工作原理的依据。

（3）缝隙流量　液压传动系统是由液压元件、管接头和管道组成的，每一部分都是由零件组成的，在这些零件之间，通常需要有一定的配合间隙，由此带来了泄漏现象。同时液压油也总是从压力较高处流向系统中压力较低处或大气中，前者称为内泄漏，后者称为外泄漏。

缝隙流动有两种状况：一种是由缝隙两端的压力差造成的流动，称为压差流动；另一种是形成缝隙的两壁面做相对运动造成的流动，称为剪切流动。这两种流动经常同时存在。

① 平行平板缝隙的流量。平行平板缝隙可以由固定的两平行平板形成，也可由相对运动的两平行平板形成，如图 1-15 所示。

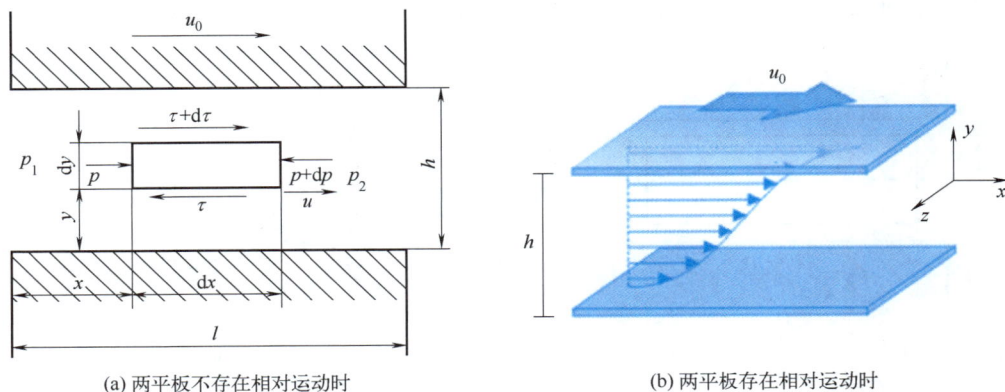

(a) 两平板不存在相对运动时　　　　　　(b) 两平板存在相对运动时

图 1-15　平行平板缝隙流量计算简图

a. 固定平行平板间缝隙流动（压差流动）。上、下两平板均固定不动，液体在间隙两端的压差作用下而在间隙中流动，称为压差流动。

如图 1-15（a）所示，设缝隙厚度为 h，宽度为 b，长度为 l，两端的压力为 p_1 和 p_2，缝隙两端的压差 $\Delta p = p_1 - p_2$。

经理论推导可得出液体在固定平行平板间做压差流动的流量为

$$q = \frac{bh^3}{12\mu l}\Delta p \tag{1-31}$$

从式（1-31）可以看出，在压差作用下，流过平行平板缝隙的流量与缝隙厚度 h 的三次方成正比，这说明液压元件内缝隙的大小对其泄漏量的影响是很大的。

b. 两平行平板有相对运动时的剪切流动。两平行平板有相对运动速度 u_0，但无压差，这种流动称为纯剪切流动。

如图 1-15（b）所示，当一平板固定，另一平板以速度 u_0 做相对运动时，由于液体黏性的存在，紧贴于动平板的油液以速度 u_0 运动，紧贴于固定平板的油液则保持静止，中间各层液体的速度呈线性分布，即液体做剪切流动。因为液体的平均流速 $v = \dfrac{u_0}{2}$，故由平板相对运动使液体流过缝隙的流量为

$$q = vA = \frac{u_0}{2}bh \tag{1-32}$$

式（1-32）为平行平板缝隙中做纯剪切流动时的流量。

两平行平板既有相对运动，两端又存在压差，此时的流动是一种普遍情况，其速度和流量是以上两种情况的线性叠加。

$$q = \frac{bh^3}{12\mu l}\Delta p \pm \frac{u_0}{2}bh \tag{1-33}$$

式中　u_0——平行平板间的相对运动速度。

式（1-33）中，"$\pm$"的确定方法如下：当两平板相对运动的方向和压差的方向相同时，取"+"，反之取"-"。

② 圆柱环形间隙流动。液压元件中液压缸缸体与活塞之间的间隙，以及阀体与滑阀阀芯之间的间隙中的液体流动均属于这种情况。环形间隙有同心和偏心两种情况，它们的流量公式有所不同，如图 1-16 所示。

a. 同心环形间隙在压差作用下的流动。如图 1-16（a）所示，圆柱体直径为 d，缝隙厚

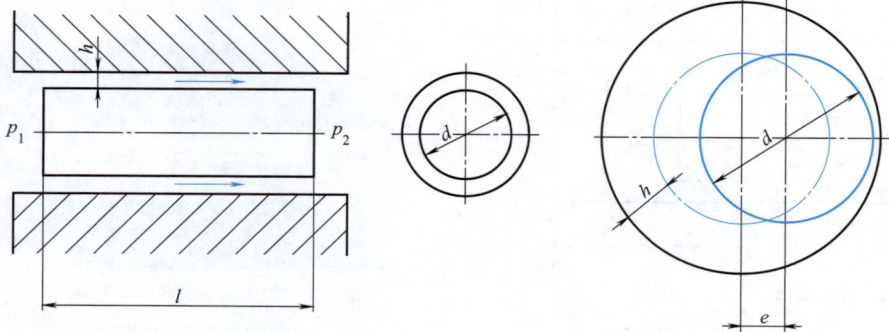

(a) 同心环形间隙的等效图　　　　　　　　(b) 偏心环形间隙

图 1-16　圆柱环形间隙流动

度为 h，缝隙长度为 l。如果将环形间隙沿圆周方向展开，其相当于一个平行平板间隙，则内外表面间有相对运动的同心环形间隙的流量公式为

$$q = \frac{\pi d h^3}{12\mu l}\Delta p \pm \frac{\pi d h u_0}{2} \qquad (1\text{-}34)$$

当相对运动速度 $u_0 = 0$ 时，内外表面之间无相对运动的同心环形间隙的流量公式为

$$q = \frac{\pi d h^3}{12\mu l}\Delta p \qquad (1\text{-}35)$$

b. 偏心环形间隙。如图 1-16（b）所示，若圆环的内外不同心，偏心距为 e，则形成偏心环形间隙，其流量公式为

$$q = \frac{\pi d h^3}{12\mu l}\Delta p(1+1.5\varepsilon^2) \pm \frac{\pi d h u_0}{2} \qquad (1\text{-}36)$$

$$\varepsilon = e/h$$

式中　h——内外圆环同心时的间隙厚度，m；

　　　ε——相对偏心率。

如内外表面之间无相对运动，则流量公式为

$$q = \frac{\pi d h^3}{12\mu l}\Delta p(1+1.5\varepsilon^2) \qquad (1\text{-}37)$$

当两圆环同心，即 $\varepsilon = 0$ 时，由式（1-37）可得到圆柱环形间隙的流量公式；当 $\varepsilon = 1$ 时，即在最大偏心情况下，可得到完全偏心时的流量公式，其压差流量为同心时的 2.5 倍。可见，在液压传动系统中，为了减少圆环缝隙的泄漏，相互配合的零件应尽量处于同心状态。

[例 1-6]　如图 1-17 所示，有一同心环形间隙，直径 $d = 10\text{mm}$，间隙 $h = 0.01\text{mm}$，间隙长度 $l = 2\text{mm}$，间隙两端压力差 $\Delta p = 21\text{MPa}$，油的运动黏度 $\nu = 40 \times 10^{-6}\,\text{m}^2/\text{s}$，油的密度 $\rho = 900\text{kg/m}^3$，求其泄漏量。

解：只在压差作用下，流经环形间隙的流量公式为

$$q = \frac{\pi d \Delta p h^3}{12\mu l}$$

式中　$d = 0.01\text{m}$；

　　　$\Delta p = 21 \times 10^6\,\text{Pa}$；

　　　$h = 1 \times 10^{-5}\,\text{m}$；

　　　$\mu = \rho\nu = 900 \times 40 \times 10^{-6} = 36 \times 10^{-3}\ (\text{Pa} \cdot \text{s})$；

　　　$l = 0.002\text{m}$。

代入已知参数可得

$$q = \frac{\pi \times 0.01 \times 21 \times 10^6 \times (1 \times 10^{-5})^3}{12 \times 36 \times 10^{-3} \times 0.002} = 0.76\ (\text{cm}^3/\text{s})$$

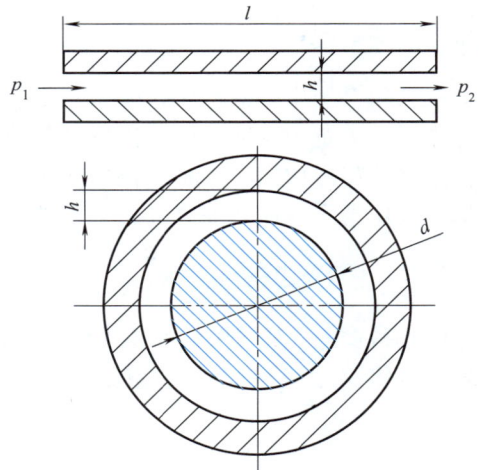

图 1-17　同心圆环缝隙漏量计算简图

任务 3 汽车起重机液压油的选用

📖 学习目标

1. 理解工作介质的主要性能指标及物理意义；

2. 掌握常见液压工作介质的种类及特点，能够根据工作条件等因素为汽车起重机选择合适的液压油种类及代号；

3. 理解液压油污染的危害，并能够分析设备现有的防污染措施。

📋 任务书

小李所在的公司正在进行第一台汽车起重机的研发设计工作，现在需要确定液压油的型号，并由小李负责。已知该设备最大工作压力约为 25 MPa，预计工作地区的环境温度为 −5～40 ℃。该如何为这台起重机选择合适的液压油呢？

任务：分析现有工作条件，选择合适的液压油种类和牌号。

📁 自主探索

请自行查阅有关资料，完成如下问题。

引导问题 1：液压油的作用有哪些？

引导问题 2：液压油的种类有哪些？

引导问题 3：液压油性能受哪些因素影响？

引导问题 4：温度和压力对液压油的黏度有什么影响？

引导问题 5：如何选用液压油？

引导问题 6：液压油污染物来源有哪些途径？如何防止或控制液压油污染的措施？

引导问题 7：通过网络资源，检索液压油有哪些发展方向或趋势？

📄 相关知识

在液压系统中，液压工作介质不仅有传递能量的作用，同时还有润滑、冷却、防腐及防锈等作用。大量的实践证明，液压系统的各类故障 75%～85% 是由于液压工作介质引起的。因此正确选择、使用、维护和保养液压工作介质能有效地避免许多潜在液压故障的发生，对于提高液压系统性能、安全性、可靠性以及寿命都有重要的意义。

3.1 液压油主要性质

（1）密度 ρ 对均质的液体来说，单位体积所具有的质量称为液体的密度，通常用"ρ"来表示。体积为 V（m^3），质量为 m（kg）的液体，其密度为

$$\rho = \frac{m}{V} \tag{1-38}$$

液压油的密度随温度的上升而有所减小，随压力升高而稍有增加。但是，在一般的工作条件下，温度和压力引起的密度变化很小，可以认为是常值。

（2）可压缩性 液体受压力的作用而体积减小的性质称为液体的可压缩性。由于液体的压缩性极小，所以在很多场合下可以忽略不计。但是，在压力较高或进行动态分析时，就需

考虑液体的压缩性。如压力为 p_0、体积为 V_0 的液体，当压力增大 Δp 时，体积变化 ΔV，则此液体的可压缩性可用体积压缩系数 K，即单位压力变化下的体积相对变化量来表示。

$$K=-\frac{1}{\Delta p}\times\frac{\Delta V}{V_0} \tag{1-39}$$

由于压力增大时液体的体积减小，因此式（1-39）右边须加一负号，以使 K 成为正值。常用液压油的压缩系数 $K=(5\sim7)\times10^{-10}\ \mathrm{m}^2/\mathrm{N}$。液体体积压缩系数的倒数，称为体积弹性模量 k，简称体积模量，即 $k=1/K$。

（3）黏性

① 黏性的定义。液体在外力作用下流动（或有流动趋势）时，分子间的内聚力要阻止分子之间的相对运动而产生一种内摩擦力，这种性质叫作液体的黏性。液体只有在流动（或有流动趋势）时才会呈现出黏性，静止液体是不呈现黏性的。黏性使流动液体内部各处的速度不相等，如图 1-18 所示。若两平行平板间充满液体，下平板固定不动，而上平板以速度 u_0 向右平动。由于液体的黏性作用，紧靠下平板和上平板的液体层速度分别为 0 和 u_0。通过实验测定得出，液体流动时，相邻液层间的内摩擦力 F，与液层接触面积 A、液层间的速度梯度 $\mathrm{d}u/\mathrm{d}y$ 成正比，即

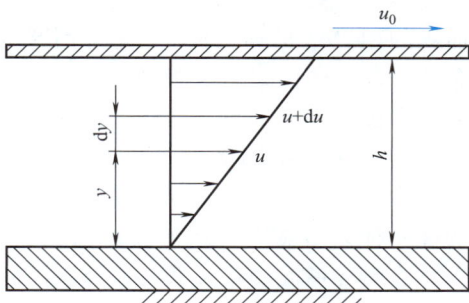

图 1-18　液体黏性示意图

$$F=\mu A\frac{\mathrm{d}u}{\mathrm{d}y} \tag{1-40}$$

式中　μ——比例常数，称为黏性系数或动力黏度；

$\mathrm{d}u/\mathrm{d}y$——速度梯度。

如以 τ 表示切应力，即单位面积上的内摩擦力，则

$$\tau=\frac{F}{A}=\mu\frac{\mathrm{d}u}{\mathrm{d}y} \tag{1-41}$$

这就是牛顿液体内摩擦定律。

由式（1-41）可知，液体在静止状态下，$\mathrm{d}u/\mathrm{d}y=0$，内摩擦力 $\tau=0$。所以，流体在静止状态下不呈现黏性，只有在运动状态下才呈现。

② 黏度。液体黏性的大小用黏度来度量。常用的黏度指标有动力黏度、运动黏度和相对黏度。

a. 动力黏度 μ。动力黏度又称绝对黏度，由式（1-41）可得

$$\mu=\frac{\tau}{\dfrac{\mathrm{d}u}{\mathrm{d}y}} \tag{1-42}$$

由式（1-42）可知动力黏度的物理意义：液体在单位速度梯度下流动时，液层间单位面积上的内摩擦力。

在国际单位制与我国的法定计量单位中，动力黏度的单位为 Pa·s（帕·秒）；在厘米-克-秒单位制（CGS）中为 $\mathrm{dyn\cdot s/cm}^2$（达因·秒/平方厘米），又称 P（泊）。

$$1\mathrm{Pa}\cdot\mathrm{s}=10\mathrm{P}=10^3\mathrm{cP}（厘泊）$$

b. 运动黏度 ν。液体的动力黏度与其密度的比值，称为液体的运动黏度 ν；即

$$\nu=\frac{\mu}{\rho} \tag{1-43}$$

在国际单位制中，单位为 m^2/s，在 CGS（厘米-克-秒）单位制中，单位为 St（斯）（cm^2/s）。

$$1m^2/s=10^4 St=10^6 cSt（厘斯）$$

运动黏度本身没有什么特殊的物理意义，它之所以称为运动黏度，是因为在它的单位中只有长度与时间的单位。国际标准化组织 ISO 规定统一采用运动黏度来表示油的黏度等级。我国液压油一般都采用运动黏度来表示。例如国际标准中黏度等级为 ISO VG46 的液压油，相当于我国国标中牌号为 46 号的液压油，即表示该液压油在 40℃时的运动黏度平均值为 $46mm^2/s$。

c. 相对黏度（又称条件黏度）。由于动力黏度的测量很困难，所以工程上用测定方法比较简单的相对黏度来表示，它是采用特定的黏度计在规定的条件下测得的液体黏度。根据测量条件不同，各国采用的相对黏度的单位也不相同，我国、德国等采用恩氏黏度（°E_t），美国采用赛氏黏度（SSU），而英国采用雷氏黏度（R）。

③ 影响黏度的因素——温度和压力。液体的黏度随液体的温度和压力的改变而改变。

工作介质的黏度对温度的变化十分敏感，温度升高，黏度下降。这种油的黏度随温度变化的性质称为黏温特性。这个变化的大小直接影响液压工作介质的使用，其重要性不亚于黏度本身。当环境温度足够低时，液压油的流动性会降低，甚至凝固。在选用液压油时，通常使用倾点来衡量液压油的流动性。倾点是指液压油在规定条件下冷却时能够流动的最低温度。一般要求液压油的倾点应该比使用环境的最低温度低 5～10 ℃。

对液压工作介质来说，压力增大时，黏度增大，但在一般液压系统使用的压力范围内，增大的数值很小，可以忽略不计。

（4）其他性质　液压工作介质还有其他一些物理化学性质，如稳定性（热稳定性、氧化稳定性、水解稳定性、剪切稳定性等）、抗泡沫性、抗乳化性、防锈性、润滑性以及相容性（对所接触的金属、密封材料、涂料等作用程度）等，它们对工作介质的选择和使用有重要影响。对于不同的液压油，这些性质的指标也有所不同，具体应用时可查阅油类产品手册。

3.2　液压工作介质的种类与选择

（1）液压工作介质具备的性能　不同的工作机械、不同的使用情况对液压工作介质的要求有很大的不同。为了很好地传递运动和动力，液压工作介质应具备如下性能。

① 适宜的黏度，良好的黏温特性。在使用的温度范围内，油液黏度随温度的改变变化越小越好。

② 润滑性能好。即油液在金属表面产生的油膜强度高，以免产生干摩擦。

③ 质地纯净，杂质少。

④ 对金属和密封件有良好的相容性。

⑤ 良好的稳定性。即对热、氧化、水解和剪切都有良好的稳定性，使用寿命较长。

⑥ 抗泡沫好，抗乳化性好，腐蚀性小，防锈性好。

⑦ 倾点低，流动性好，闪点、燃点高。

⑧ 对人体无害，成本低。

（2）液压油的种类　液压油的品质取决于基础油及所用的添加剂。液压油可分为石油基液压油和难燃液压油，如表 1-4 所示。为了改善液压油的特性，石油基液压油的添加剂有抗氧化剂、防锈剂、增黏剂、降凝剂、消泡剂、抗磨剂等。

表 1-4　国际标准化组织液压油分类

类别		代号	特性
石油基液压油		L-HH	无添加剂的纯矿物油
		L-HL	HH+抗氧化剂、防锈剂
		L-HM	HL+抗磨剂，适用于7～21MPa液压系统
		L-HR	HL+增黏剂，适用于环境温度变化大的中低压液压系统中使用
		L-HV	HM+增黏剂，低温液压油，使用温度在−30℃以上
		L-HS	HM+防爬剂，低温液压油，使用温度在−30℃以上
		L-HG	HM+抗黏滑剂，适用于液压导轨系统
		L-HA	液力传动油，用于自动变速器
		L-HN	液力传动油，用于液力变矩器和液力耦合器
难燃液压油	含水液压油	L-HFAE	水包油乳化液，含水大于80%
		L-HFB	油包水乳化液，含水小于80%
		L-HFAS	水-乙二醇
		L-HFC	含聚合物水溶剂
	合成液压油	L-HFDR	磷酸无水合成液
		L-HFDS	氯化烃无水合成液
		L-HFDT	HFDR+HFDS混合液
		L-HDU	其他无水合成液

（3）液压油的选择　一般情况下，在为液压设备选用液压油时，应从工作温度、工作压力、工作环境、液压系统及元件结构和材质、经济性等几方面综合考虑和判断。

① 工作温度。工作温度是指液压系统工作时的温度，应主要对液压油的黏温特性和热稳定性提出要求。

② 工作压力。主要对液压油的润滑性（即抗磨性）提出要求。高压系统的液压元件特别是液压泵中处于边界润滑状态的摩擦副，由于正压力加大、速度高而使用摩擦磨损条件较为苛刻，必须选择润滑性、抗压性优良的HM油。

③ 工作环境。液压设备工作的工作环境需要考虑：是否在室内、露天、地下、水上，是否处于冬夏温差大的寒区、内陆沙漠区等；若液压系统靠近300℃以上高温的表面热源或有明火场所，应选用难燃液压油。

④ 泵阀类型及液压系统特点。液压油的润滑性对三大类泵减摩效果的顺序是叶片泵、柱塞泵、齿轮泵，因此凡是叶片泵为主油泵的液压系统，不管其压力大小，选用HM油为好。

液压系统阀的精度越高，要求所用的液压油清洁度也越高。例如：对有电液伺服阀的闭环液压系统，要用清洁度高的液压油；对有电液脉冲马达的开环系统，要用数控机床液压油。此两种液压油可分别用高级HM和HV液压油代替。试验表明，三类泵对液压油清洁度要求的顺序是柱塞泵高于齿轮泵与叶片泵。而对抗压性能的要求的顺序是齿轮泵高于柱塞泵与叶片泵。

⑤ 摩擦副的形式及其材料。叶片泵的叶片与定子面的接触和运动形式极易磨损，其钢对钢的摩擦副材料，适于使用以ZDTP（二烷基二硫代磷酸锌）为抗磨添加剂的L-HM

抗磨液压油；柱塞泵的缸体、配油盘、滑靴的摩擦形式与运动形式适于使用 HM 抗磨液压油，但柱塞泵中有青铜部件，由于此材质与 ZDTP 作用产生腐蚀磨损，故有青铜部件的柱塞泵不能使用以 ZDTP 为添加剂的 HM 抗磨液压油。同样，含镀银滑靴件的柱塞泵也不能使用有 ZDTP 的 HM 油。同时，选用液压油还要考虑其与液压系统中密封材料的适应性。

⑥ 选择适合液压系统要求的黏度。在液压油品种选择好后，还必须确定其使用黏度等级。这个黏度等级一般由液压系统设计制造厂家依据设计和试验做出规定。

选用液压油除以上述六点为依据外，还要考虑选择适宜价格的油品。要从所选液压油是否可提高系统的工作效益、可靠性与延长元件的使用寿命，以及油本身使用寿命长短等诸方面的综合效益来考虑。

3.3　液压油污染及控制措施

（1）污染的危害　液压系统的很多故障是由工作介质污染物造成的。液压油污染严重时，直接影响液压系统的工作性能，使液压系统经常发生故障，使液压元件寿命缩短。造成这些危害的原因主要是污垢中的固体颗粒。对于液压元件来说，由于这些固体颗粒进入元件里，会使元件的相对滑动部分磨损加剧，并可能堵塞元件里的节流孔、阻尼孔，或使阀芯卡死，从而造成液压系统的故障。进入液压油中的水分会腐蚀金属，使液压油变质、乳化等。

（2）液压油的污染控制　工作介质污染的原因很复杂，工作介质自身又在不断产生污染物，因此要彻底解决工作介质的污染问题是很困难的。为了延长液压元件的寿命，保证液压系统可靠地工作，将工作介质的污染度控制在某一限度内是较为切实可行的办法。为了减少工作介质的污染，应采取如下措施。

① 严格清洗元件和系统。

② 采取适当的防护措施，防止污染物从外界侵入。

③ 在液压系统合适部位设置合适的过滤器。

④ 控制工作介质的温度。工作介质温度过高会加速其氧化变质，产生各种生成物，缩短它的使用寿命。

⑤ 定期检查和更换工作介质。定期对液压系统的工作介质进行抽样检查，分析其污染度。如已不符合要求，必须立即更换。更换新的工作介质前，必须将整个液压系统彻底清洗。

工作实施

根据化学组成，目前液压油主要分为矿物油型、乳化液型（含水液压油）和合成型。其中，矿物油型液压油的使用范围最广，也最为常见。汽车起重机是一种常见的工程机械，应该优先考虑使用此类油液。考虑到液压系统的最高工作压力为 25MPa，选用 L-HM 抗磨液压油。

小李联系了液压油的供应商，获得了抗磨液压油的主要技术参数，如表 1-5 所示。一般来说，选用的油液的倾点要比液压系统的启动温度低 5～10℃。考虑到 L-HM68 的黏度偏高，会产生较大的阻力。L-HM32 虽然可以满足低温要求，但是其在高温时黏度偏低，会产生较大的泄漏损失。L-HM46 具有适中的黏度，且能满足低温使用要求，因此，选择 L-HM46 液压油作为该汽车起重机的油液。

表 1-5　某系列部分型号液压油主要技术参数

项目	L-HM32	L-HM46	L-HM68
运动黏度,40℃/(mm²/s)	30.69	45.61	62.25
运动黏度,100℃/(mm²/s)	3.976	8.875	12.215
倾点/℃	−19	−11	0

练习题

1-1　液压系统由哪几部分组成？各起什么作用？

1-2　液压油的牌号与黏度有什么关系？如何选用液压油？

1-3　什么是压力？压力有哪几种表示方法？静止液体内的压力是如何传递的？如何理解压力取决于负载这一基本概念？

1-4　伯努利方程的物理意义是什么？该方程的理论式与实际式有什么区别？

1-5　管路中的压力损失有哪几种？各受哪些因素影响？

1-6　液压冲击和气穴现象是怎样产生的？有何危害？如何防止？

1-7　某液压油的运动黏度为 $32mm^2/s$，密度为 $900kg/m^3$，其动力黏度是多少？

1-8　如题 1-8 图所示，$D=150mm$，$d=100mm$，活塞与缸体之间是间隙配合且保持密封，油缸内充满液体，若 $F=5000N$ 时，不计液体自重产生的压力。求两种情况下缸中液体的压力。

1-9　如题 1-9 图所示，容器 A 中的液体的密度 $\rho_A=900kg/m^3$，B 中液体的密度为 $\rho_B=1200kg/m^3$，$Z_1=200mm$，$Z_2=180mm$，$h=60mm$，U 形管中的测压介质为汞，试求 A、B 之间的压力差。

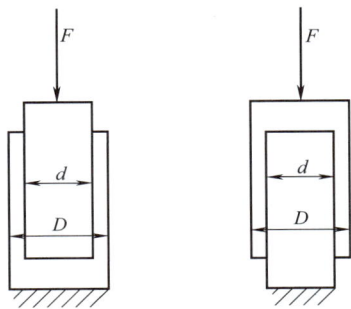

题 1-8 图

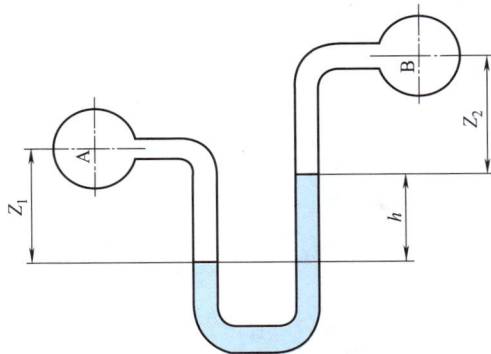

题 1-9 图

1-10　如题 1-10 图所示，油管水平放置，截面 1—1、截面 2—2 处的内径分别为 $d_1=5mm$，$d_2=20mm$，在管内流动的油液密度 $\rho=900kg/m^3$，运动黏度 $\nu=20mm^2/s$。若不计油液流动的能量损失，试问：

① 两截面哪一处压力高？为什么？

② 若管内的流量 $q=30L/min$，求两截面间的压力差 Δp。

1-11　如题 1-11 图所示液压装置中，$d_1=20mm$，$d_2=40mm$，$D_1=75mm$，$D_2=125mm$，$q_1=25L/min$。求 v_1、v_2 和 q_2 各为多少？

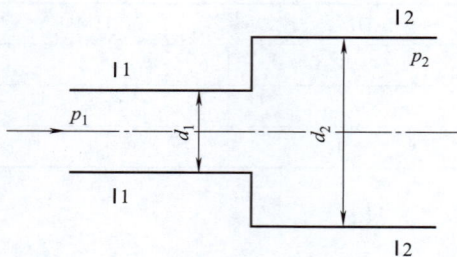

题 1-10 图

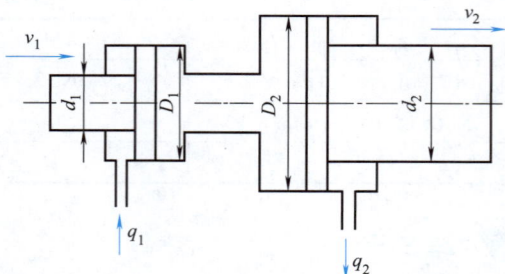

题 1-11 图

1-12 油在钢管中流动，管道直径为 50mm，油的运动黏度为 40mm^2/s。如果油液处于层流状态，那么可以通过的最大流量是多少？

素质提升

阅读下面文章，并自行上网查询资料，说说我国液压工业发展现状。

[1] 王振林.深化科技创新与产业创新融合，以新质生产力激发液压行业发展新活力 [J]. 液压与气动，2024（11）：1-9.

[2] 许仰曾.液压工业 4.0 下液压技术发展方向及其数智液压 [J]. 液压气动与密封，2022（2）：1-7.

液压动力元件及其在汽车起重机中的应用

任务1 小型汽车起重机液压泵的选用

📚 学习目标

1. 掌握容积式泵的工作原理，能够识读和绘制液压泵的图形符号；
2. 理解液压泵的主要性能参数，能够计算液压泵的主要性能参数，并根据工作条件完成液压泵的选型；
3. 理解不同种类齿轮泵的工作原理、结构特点及典型应用；
4. 了解叶片泵的种类、工作原理、结构特点及典型应用；
5. 培养严谨细致的工作作风和利用发散思维与辩证思维解决问题的能力。

🗔 任务书

公司正在设计一款小型汽车起重机，其变幅系统需要选用合适的液压泵。该汽车起重机使用柴油机为动力，转速范围为 800～2100r/min。已知要求液压泵能够提供的排量为110L/min，系统正常工作时最大压力为20MPa。为了减少公司准备的液压泵的种类，希望尽可能从现有型号中选择，见表2-1。

任务：选择合适的液压泵，需要考虑起重机的使用工况，例如液压油不能及时更换等因素。

表 2-1 部分可供选择的液压泵及其主要参数

序号	型号	类型	排量/(mL/r)	额定压力/MPa	额定转速/(r/min)	最高(大)转速/(r/min)	容积效率
1	CBZT50	齿轮式	50	23	2800	3000	0.92
2	CBZT63	齿轮式	63	23	2500	3000	0.92
3	CBZT70	齿轮式	70	23	2200	2500	0.92
4	VP50	叶片式	50	23	2200	2500	0.93
5	VP65	叶片式	65	20	2200	2500	0.93

请自行查阅有关资料，完成如下问题。

引导问题1：什么是容积式泵？此类泵正常工作的条件是什么？

引导问题2：从结构形式分，液压泵有哪些类型？分别有什么优缺点？

引导问题3：液压泵有哪些主要参数？各参数常用的量纲是什么？

引导问题4：外啮合齿轮泵的结构特点有哪些？

引导问题5：液压泵在液压系统中的作用是什么？

引导问题6：齿轮泵的发展方向有哪些？

相关知识

1.1　液压泵的基本原理

液压泵是液压传动系统中的动力装置，是能量转换元件。其由原动机（电动机或柴油机等）驱动，把输入的机械能转换成油液的压力能再输出到系统中，为执行元件提供动力，是液压传动系统的核心元件。

图 2-1 所示为单柱塞液压泵的工作原理。

单柱塞液压泵工作原理

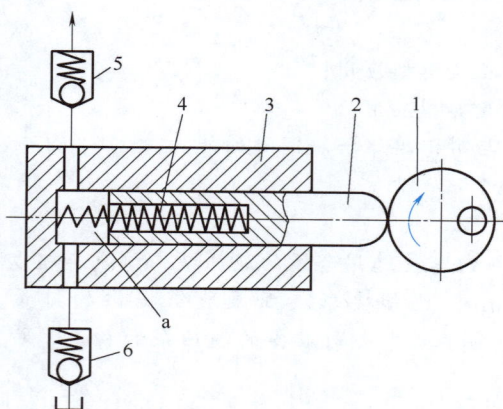

图 2-1　单柱塞液压泵的工作原理

1—偏心轮；2—柱塞；3—缸体；4—弹簧；
5—出口单向阀；6—进口单向阀；a—容腔

图 2-1 中，柱塞 2 装在缸体 3 中形成一个容腔 a，柱塞 2 在弹簧 4 的作用下始终压紧在偏心轮 1 上。原动机驱动偏心轮 1 旋转，使柱塞 2 做往复运动，容腔 a 的大小随之发生周期性的变化。当容腔 a 由小变大时，腔内形成部分真空，油箱中的油液便在大气压力的作用下，经油管顶开进口单向阀 6 进入容腔 a 中实现吸油。此时，出口单向阀 5 处于关闭状态。随着偏心轮 1 的转动，容腔 a 由大变小，其内油液压力则由小变大。当压力达到一定值时，油液顶开出口单向阀 5 进入系统而实现压油（此时进口单向阀 6 关闭）。这样，液压泵就将原动机输入的机械能转换为液体的压力能。随着原动机驱动偏心轮不断地旋转，液压泵就不断地吸油和压油。由此可知，液压泵是通过密封容腔的变化来完成吸油和压油的，其排量（排出油液的体积）的大小取决于密封容积变化的大小，而与偏心轮转动的次数及油液压力无关，故称为容积式液压泵。

为保证容积式液压泵的正常工作，需要满足以下条件。

① 具有若干个密封并且又可以周期性变化的容腔。

② 应具有相应的配流机构，将吸、压油腔分开，保证液压泵有规律地吸排液体。

③ 油箱内液体的绝对压力必须恒等于或大于大气压力。为保证液压泵能正常吸油，油箱必须和大气相通或加压，以保证液压泵吸油充分。

液压泵按结构形式可分为齿轮式液压泵、叶片式液压泵、柱塞式液压泵、螺杆式液压泵。液压泵按压力等级可分为低压泵、中压泵和高压泵。若按输出流量能否变化，可分为定量泵和变量泵。表 2-2 给出了常见液压泵的符号。

表 2-2　常见液压泵的符号

单向定量	双向定量	单向变量	双向变量

1.2　齿轮泵

齿轮泵是一种常用的液压泵，它一般做成定量泵。按结构不同，齿轮泵（图 2-2）分为外啮合齿轮泵和内啮合齿轮泵。外啮合齿轮泵结构简单，制造方便，价格低廉，体积小，重量轻，自吸性能好，对油液污染不敏感，工作可靠，便于维护修理，因此应用广泛，如图 2-2（a）所示。

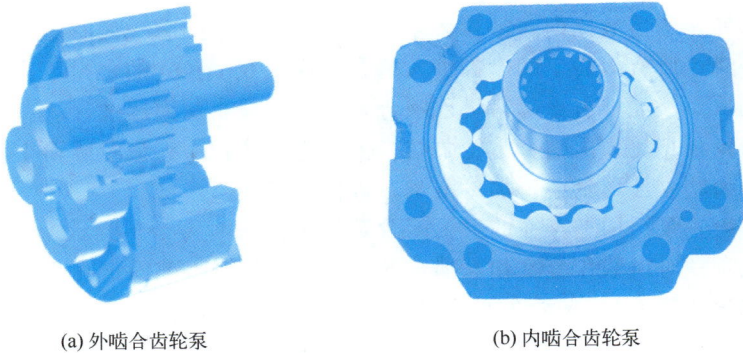

(a) 外啮合齿轮泵　　　　　(b) 内啮合齿轮泵

图 2-2　齿轮泵内部结构

外啮合齿轮泵工作原理

（1）齿轮泵的工作原理

① 外啮合齿轮泵的工作原理。外啮合齿轮泵的工作原理如图 2-3 所示，在泵体内有一对齿数相同的外啮合齿轮，齿轮的两端由端盖盖住（图中未画出）。泵体、端盖和齿轮之间形成了密封工作腔，并由两个齿轮的齿面啮合线将它们分隔成吸油腔和压油腔。当齿轮按图示方向旋转时，左侧吸油腔内的轮齿相继脱开啮合，使密封容积增大，形成局部真空，油箱中的油在大气压作用下进入吸油腔，并被旋转的轮齿带入左侧。左侧压油腔的轮齿则不断进入啮合，使密封容积减小，油液被挤出，从压油口压到系统中去。齿轮泵没有单独的配流装置，齿轮的啮合线起配流作用。

② 内啮合齿轮泵的工作原理。内啮合齿轮泵有渐开线齿形和摆线齿形两种，其工作原理如图 2-4 所示。

a. 渐开线齿形内啮合齿轮泵。该泵由小齿轮、内齿轮、月牙形隔板等组成。当小齿轮带动内齿轮旋转时，左半部齿退出啮合使容积增大从而吸油。进入齿槽的油被带到压油腔，右半部齿进

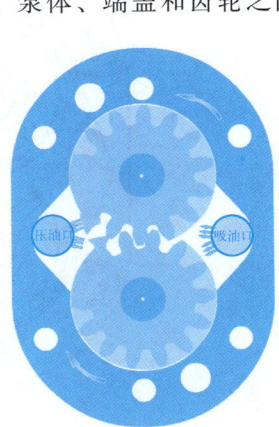

图 2-3　外啮合齿轮泵的工作原理

内啮合渐开线齿轮泵原理

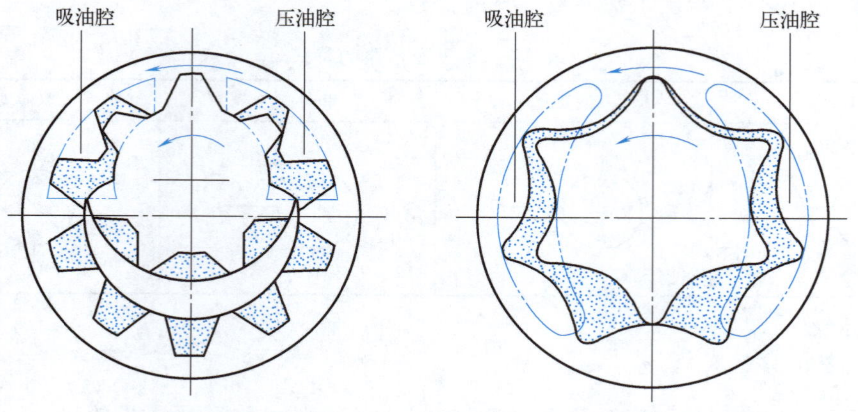

(a) 渐开线齿形　　(b) 摆线齿形

图 2-4　内啮合齿轮泵的工作原理

入啮合使容积减小从而压油。月牙板在内齿轮和小齿轮之间，将吸、压油腔隔开。

b. 摆线齿形内啮合齿轮泵。这种泵又称摆线转子泵，主要由一对内啮合的齿轮（即内、外转子）组成。外转子齿数比内转子齿数多一个，两转子之间有一偏心距。内转子带动外转子异速同向旋转时，所有内转子的齿都进入啮合，形成 6 个独立的密封腔。左半部齿退出啮合，泵容积增大从而吸油；右半部齿进入啮合，泵容积减小从而压油。

与外啮合齿轮泵相比，内啮合齿轮泵结构更紧凑，体积小，流量脉动小，运转平稳，噪声小。但内啮合齿轮泵齿形复杂，加工困难，价格较贵。

（2）外啮合齿轮泵结构上存在的主要问题及解决方法　图 2-5 所示为 CB-B 系列齿轮泵结构。泵体 4 内有一对齿数相等又相互啮合的齿轮 3，分别用键固定在主动轴 7 和从动轴 9 上，两根轴依靠滚针轴承 10 支承在前后端盖 1、5 中，前、后端盖与泵体用 2 个定位销 8 定

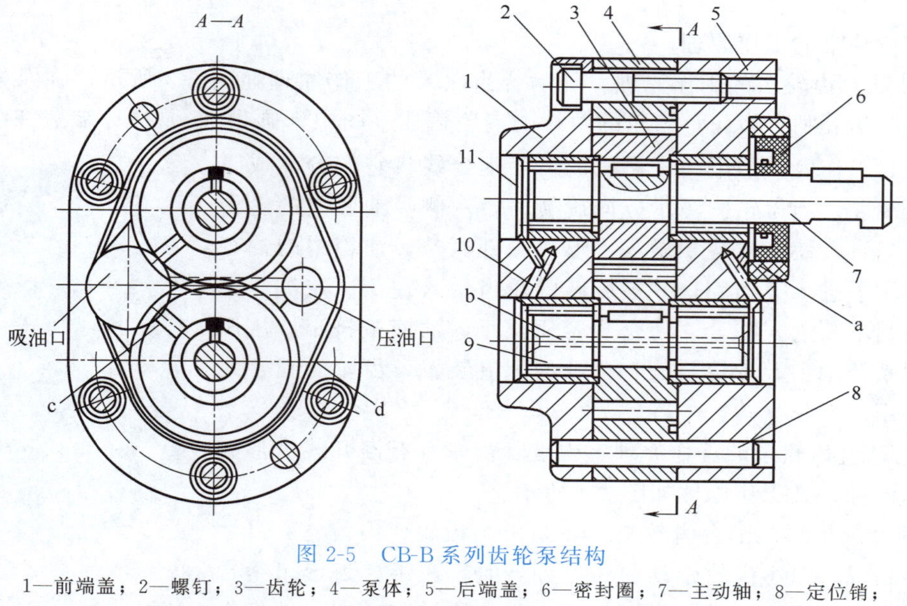

图 2-5　CB-B 系列齿轮泵结构

1—前端盖；2—螺钉；3—齿轮；4—泵体；5—后端盖；6—密封圈；7—主动轴；8—定位销；9—从动轴；10—滚针轴承；11—堵头；a—油孔；b—短轴中心通孔；c—通道；d—封油槽

位后，靠 6 个螺钉 2 固紧。泵体的两端面开有封油槽 d，此槽与吸油口相通，用来防止泵内油液从泵体与泵盖接合面外泄。在前、后端盖中的轴承处钻有油孔 a，使轴承处的泄漏油液经短轴中心通孔 b 及通道 c 流回吸油腔。

（3）外啮合齿轮泵的结构特点

① 困油。齿轮泵要平稳地工作，齿轮啮合的重合度必须大于 1。因此，存在当前啮合的轮齿尚未脱离啮合，下一对轮齿进入啮合的情况。此时，就有一部分油液被困在前后两对轮齿所形成的封闭腔之内，如图 2-6（a）所示。这个封闭腔的容积先随齿轮转动逐渐减小，以后又逐渐增大。封闭腔的容积减小会使被困油液受挤而产生高压，并从缝隙中流出，导致油液发热，轴承等机件也受到附加的不平衡负载作用。封闭腔的容积增大，又会造成局部真空，使溶于油中的气体分离出来，产生气穴现象，引起噪声、振动和气蚀，这就是齿轮泵的困油现象。消除困油的方法通常是在两侧端盖上开卸荷槽，如图 2-6（b）所示。封闭腔的容积减小时，通过右边的卸荷槽与压油腔相通，封闭腔的容积增大时，通过左边的卸荷槽与吸油腔相通。

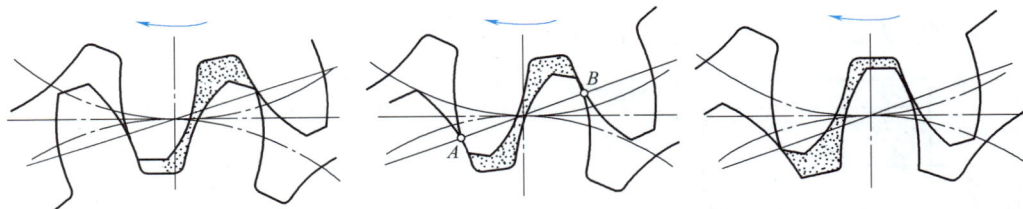

(a) 齿轮泵的困油现象

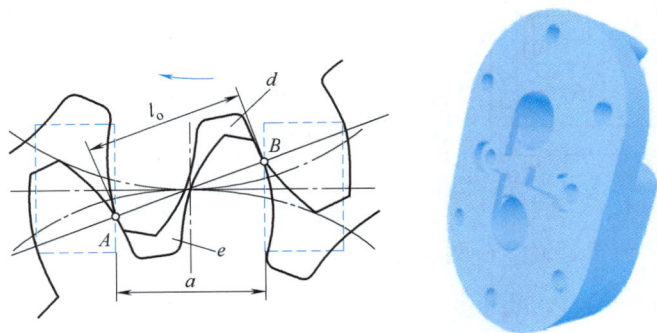

(b) 齿轮泵两侧端盖上开设的卸荷槽

图 2-6 齿轮泵的困油现象及消除方法

② 径向作用力不平衡。在齿轮泵中，液体作用在齿轮外缘上的压力是不均匀的，吸油腔的压力最低，一般低于大气压，压油腔的压力最高，也就是工作压力。由于齿顶与泵内表面有径向间隙，所以在齿轮外圆上从压油腔到吸油腔油液的压力是分级逐步降低的。这样，齿轮轴和轴承上都受到一个径向不平衡力的作用，见图 2-7。工作压力越高，径向不平衡力也越大。径向不平衡力很大时，甚至能使齿轮轴弯曲，导致齿顶接触泵体，产生摩擦；同时也加速轴承的磨损，降低轴承使用寿命。为了减小径向不平衡力的影响，有的泵（如 CB-B 型齿轮泵）采取缩小压油口的方法使压油腔的压力油仅作用在 1～2 个齿的范围内；同时适当增大径向间隙（CB-B 型齿轮泵径向间隙增大为 0.13～0.16mm），使齿顶不和泵体接触。

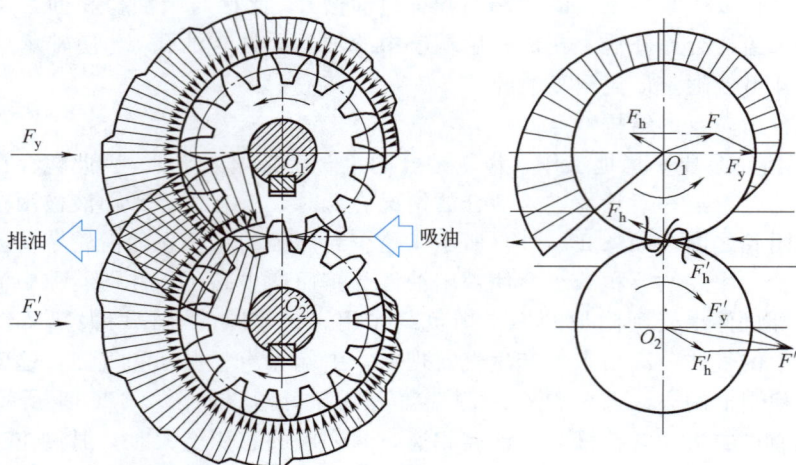

图 2-7　齿轮径向液压力分布及齿轮受力分析

③ 泄漏。齿轮泵压油腔的压力油可通过三个途径泄漏：一是通过齿轮啮合处的间隙；二是通过泵体内孔和齿顶圆间的径向间隙；三是通过齿轮两端面和端盖间的端面间隙。在三类间隙中，以端面间隙的泄漏量最大，占总泄漏量的 $75\%\sim80\%$。泵的压力越高，间隙泄漏就越大，容积效率亦越低。CB-B 型齿轮泵的齿轮两端面和端盖间轴向间隙为 $0.03\sim0.04\ \text{mm}$，由于采用了分离三片式结构，轴向间隙容易控制，所以，在额定压力下有较高的容积效率。

齿轮泵由于泄漏量大和存在径向不平衡力，因而限制了压力的提高。为使齿轮泵能在高压下工作，常采取的措施包括：减小径向不平衡力，提高轴与轴承的刚度，同时对泄漏量最大

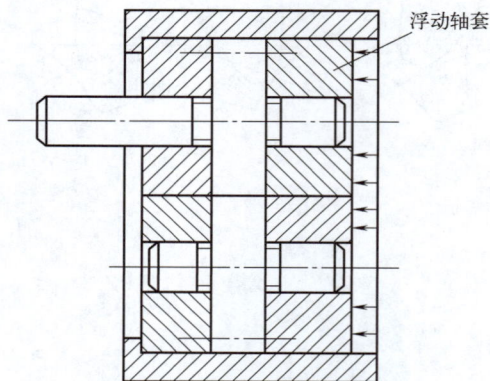

图 2-8　采用浮动轴套进行自动补偿原理

的端面间隙采用自动补偿装置等，例如采用浮动轴套进行自动补偿，如图 2-8 所示。

1.3　液压泵的主要性能参数

液压泵的主要性能参数有压力、转速、排量、流量、功率和效率。

（1）压力　压力的常用单位是 MPa。

① 工作压力 p。液压泵工作时输出油液的实际压力称为工作压力。其大小取决于外负载，与液压泵的流量无关。

② 额定压力 p_n。液压泵在正常工作时，按试验标准的规定连续运转的最高压力称为液压泵的额定压力。其大小受液压泵本身的泄漏和结构强度等限制，主要受泄漏的限制。

③ 最高允许压力 p_m。在超过额定压力的情况下，根据试验标准规定，允许液压泵短时运行的最高压力值，称为液压泵的最高允许压力。泵在正常工作时，不允许长时间处于这种工作状态。

（2）转速　转速常用的单位是 r/min。

① 额定转速 n_n。液压泵在额定条件下，能长时间持续正常运转的转速。

② 最高转速 n_{max}。液压泵在额定条件下，允许超过额定转速短暂运转的转速。

（3）排量和流量

① 排量 V_p。泵的主轴每旋转一周，理论上其密封容积发生变化所排出液体的体积称为液压泵的排量。

排量的常用单位为 mL/r；排量的大小只与泵的密封腔的几何尺寸有关，与泵的转速 n 无关。排量不可调节的液压泵为定量泵；反之，为变量泵。

② 理论流量 q_t。在不考虑泄漏的情况下，泵在单位时间内所排出液体的体积称为理论流量。常用单位为 L/min。当液压泵的排量为 V_p（mL/r），其主轴转速为 n（r/min）时，则液压泵的理论流量 q_t 为

$$q_t = V_p n / 1000 \qquad (2\text{-}1)$$

③ 实际流量 q_a。泵在某一具体工况下，单位时间内实际排出液体的体积称为实际流量。它等于理论流量 q_t 减去泄漏流量 Δq，即

$$q_a = q_t - \Delta q \qquad (2\text{-}2)$$

泵的泄漏流量与压力有关，压力越高，泄漏流量就越大，故实际流量随压力的增大而减小。

（4）功率和效率

① 液压泵的功率。液压泵的功率包括输入功率和输出功率，常用单位为 kW。

a. 输入功率 P_i。P_i 是指作用在液压泵主轴上的机械功率，它是以机械能的形式表现的。当输入转矩为 T_i（常用单位 N·m），转速为 n（r/min）时，则有

$$P_i = T_i n / 9550 \qquad (2\text{-}3)$$

b. 输出功率 P_o。P_o 是指液压泵在实际工作中输出的油液中含有的液压功率，其数值上可以表示为工作压力 p（MPa）和实际输出流量 q_a（L/min）的乘积。

$$P_o = p q_a / 60 \qquad (2\text{-}4)$$

② 液压泵的效率。液压泵的功率损失包括容积损失和机械损失。

a. 容积损失。容积损失是指液压泵在流量上的损失，即液压泵的实际流量小于其理论流量。造成损失的主要原因是液压泵内部油液的泄漏。

为了表征液压泵的容积损失，引入了容积效率 η_v。它等于液压泵的实际输出流量 q_a 与理论流量 q_t 之比，即

$$\eta_v = \frac{q_a}{q_t} = \frac{q_a}{V_p n} \qquad (2\text{-}5)$$

则液压泵的实际流量 q_a 为

$$q_a = q_t \eta_v = V_p n \eta_v \qquad (2\text{-}6)$$

泄漏流量 Δq 与压力有关，一般随压力增高而增大。因此，容积效率随着液压泵工作压力的增大而减小，并随液压泵的结构类型不同而异，但恒小于1。

b. 机械损失。机械损失是指液压泵在转矩上的损失，即液压泵的实际输入转矩大于理论上所需要的转矩，主要是由于液压泵内相对运动部件之间的摩擦损失以及液体的黏性引起的摩擦损失。为了表征液压泵的机械损失，引入了机械效率 η_m。

设液压泵的理论转矩为 T_t（常用单位 N·m），实际输入转矩为 T_i，则液压泵的机械效率 η_m 为

$$\eta_m = \frac{T_t}{T_i} \qquad (2\text{-}7)$$

式中，理论转矩可根据能量守恒原理得出，即液压泵的理论输出功率 pq_t 等于液压泵的理论输入功率 $2\pi T_t n$

$$T_t = \frac{pV_p}{2\pi} \tag{2-8}$$

则液压泵的机械效率为

$$\eta_m = \frac{pV_p}{2\pi T_i} \tag{2-9}$$

机械效率与容积效率类似，也是随转速、压力等因素变化而变化的，但恒小于1。

c. 液压泵的总效率。液压泵的总效率 η 是指液压泵的输出功率 P_o 与输入功率 P_i 的比值，即有

$$\eta = \frac{P_o}{P_i} = \frac{pq_a}{2\pi n T_i} = \frac{pV_p}{2\pi T_i} \times \frac{q_a}{V_p n} = \eta_m \eta_v \tag{2-10}$$

由式（2-10）可知，液压泵的总效率等于泵的容积效率与机械效率的乘积，即提高泵的容积效率或机械效率都可提高泵的总效率。

工作实施

首先，考虑若不能及时更换起重机的液压油，清洁度较差时，应优先选用对油液污染不敏感的齿轮泵，故排除序号4和序号5的液压泵。

其次，系统需要的最大流量为 110L/min，从表 2-1 可见，三个液压泵的容积效率均为 0.92，柴油机最大转速为 2100 r/min，可知，液压泵最小排量为

$$V_{min} = \frac{110/0.92}{2100} = 56.9 \, (\text{mL/r})$$

根据上述计算结果，可以排除序号1的液压泵。

最后，序号2和序号3的液压泵在压力、转速方面均满足系统需要。进一步结合成本、体积、重量等因素，选择序号2的液压泵作为本系统的液压泵。

单作用液片泵

知识拓展

叶片泵具有结构紧凑、外形尺寸小、工作压力较高、流量脉动小、工作平稳、噪声较小、寿命较长等优点，但也存在着结构复杂、自吸能力差、对油污敏感等缺点，在机床液压系统中应用很广。叶片泵按吸油压油作用次数的不同，可分为单作用叶片泵和双作用叶片泵。

1. 单作用叶片泵

（1）单作用叶片泵的结构与工作原理

图 2-9 所示为单作用叶片泵。定子 3 固定不动且具有圆柱形内表面，而转子 2 可沿轴线上下移动，定子 2 和转子 3 间有偏心距 e，且偏心距 e 的大小是可调的。叶片 4 装在转子槽中，并可在槽内滑动。当转子 2 旋转时，叶片 4 在离心力的作用下伸出并紧压在定子 3 的内表面。这样，在定子 3、转子 2、相邻两叶片间和两侧配油盘间形成了一个个密封

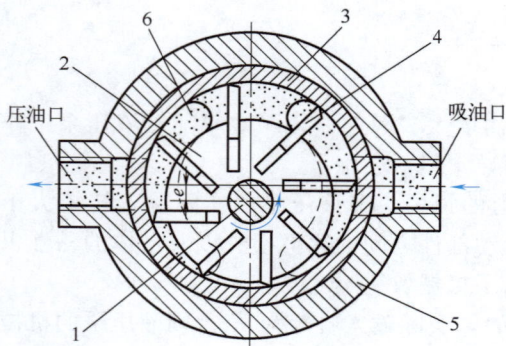

图 2-9　单作用叶片泵

1—传动轴；2—转子；3—定子；4—叶片；
5—壳体；6—配油盘；e—偏心距

容积腔。当叶片转至下侧后，在离心力的作用下，叶片逐渐伸出转子槽，使密封容积腔逐渐增大，腔内压力减小，油液从吸油口被压入，此区为吸油腔。当叶片转至上侧后，叶片被定子内壁逐渐压进槽内，密封容积腔逐渐减小，腔内油液的压力逐渐增大，增大压力的油液从压油口压出，则此区为压油腔。吸油腔和压油腔之间有一段油区，当叶片转至此区时，既不吸油，也不压油，且此区将吸、压油腔分开，则称此区为封油区。叶片泵转子每转一周，每个密封容积腔将吸、压油各一次，故称为单作用叶片泵。又因这种泵的转子在工作时所受到的径向液压力不平衡，又称非平衡式叶片泵。

（2）单作用叶片泵的结构特点

① 叶片后倾 24°安放，其目的是有利于叶片从槽中甩出。

② 只要改变偏心距 e 的大小，就可改变泵输出的流量，即得到了变量泵。

③ 转子上所受的不平衡径向液压力，随泵内压力的增大而增大，此力使泵轴产生一定弯曲，加重了转子对定子内表面的摩擦，所以，不宜用于高压。

④ 单作用叶片泵的流量具有脉动性。泵内叶片数越多，流量脉动率越小，奇数叶片泵的脉动率比偶数叶片泵的脉动率小，所以，单作用泵的叶片数均为奇数，一般为 13 片或 15 片。

2. 限压式变量叶片泵

限压式变量叶片泵是单作用叶片泵（图 2-10），其流量的改变是利用压力的反馈来实现的。它有内反馈和外反馈两种形式，其中外反馈限压式变量叶片泵是研究的重点。

图 2-10 所示为外反馈限压式变量叶片泵，其工作原理如下。转子中心 O_1 固定不动，定子中心 O_2 沿轴线可左右移动。螺钉 7 调定后，定子在限压弹簧 3 的作用下，被推向最左端与柱塞 6 靠紧，使定子中心 O_2 与转子中心 O_1 之间有了初始的偏心距 e_0，e_0 的大小可决定泵的最大排量。通过螺钉 7 改变 e_0 的大小就可调节泵的最大排量。当具有一定压力 p 的压力油经一定的通道作用于柱塞 6 的定值面积 A 上时，柱塞对定子产生一个向右的作用力 pA，它与限压弹簧 3 的预紧力 kx（k 为弹簧的弹性系数，x 为弹簧的预压缩量）作用于一条直线上，且方向相反，具有压缩弹簧减小初始偏心距 e_0 的作用。即当泵的出口压力 p_b 小于或等于限定工作压力（$p_c = kx_0$）时，则有 $p_b A \leqslant kx_0$，定子不移动，偏心距 e 保持最大，泵的输出流量保持最大；随着外负载的增大，泵的出口压力逐渐增大，直到大于泵的限定压力 p_c 时，$p_b A > kx_0$，限压弹簧被压缩，定子右移，偏心距 e 减小，泵的流量随之减小。若泵建立的工作压力越高（$p_b A$ 值越大）而 e 越小，则泵的流量就越小。当泵的压力大到某一极限压力 p_d 时，限压弹簧被压缩到最短，定子移动到最右端位置，e 减到最小，泵的流量也达到了最小，此时的流量仅用于补偿泵的泄漏量，如图 2-11 所示。

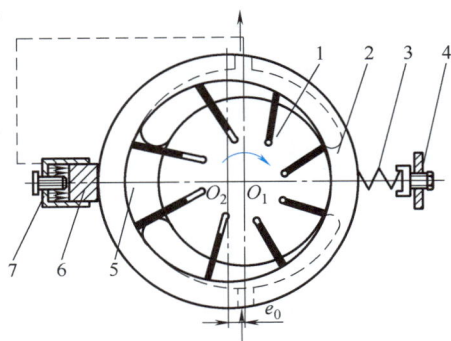

图 2-10　限压式变量叶片泵

1—转子；2—定子；3—限压弹簧；4—限压螺钉；
5—密封容积；6—柱塞；7—螺钉；e_0—偏心距

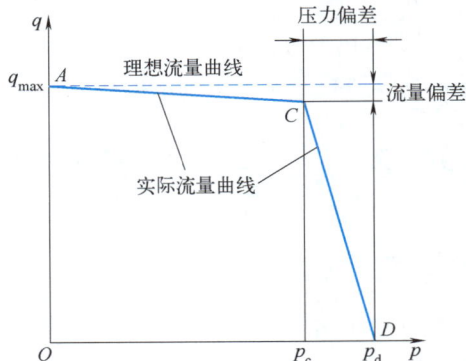

图 2-11　限压式变量叶片泵流量压力的特性曲线

3. 双作用叶片泵

（1）双作用叶片泵的结构和工作原理　双作用叶片泵的工作原理如图 2-12 所示，它由定子 1、转子 2、叶片 3、配油盘、转动轴和泵体组成。转子和定子中心重合，定子内表面由 2 段长半径圆弧、2 段短半径圆弧和 4 段过渡曲线组成，近似椭圆形。转子旋转后，叶片在离心力和作用在根部的压力油的作用下从槽中伸出并紧压在定子的内表面上。这样，在两叶片之间、定子的内表面、转子的外表面和两侧配油盘间形成了一个个密封容积腔。当转子按图 2-12 所示方向旋转时，密封容积腔的容积在经过渡曲线运动到短半径圆弧的过程中，叶片外伸，密封容积腔的容积增大，形成部分真空而吸入油液；转子继续转动，密封容积腔的容积从短半径的圆弧经过渡曲线运动到长半径圆弧的过程中，叶片被定子内壁逐渐压入槽内，密封容积腔的容积减小，将压力油从压油口压出。在吸、压油区之间有一段封油区，将吸、压油腔分开。因此，转子每转一周，每个密封容积腔吸油和压油各两次，故称为双作用叶片泵。双作用叶片泵大多是定量泵。

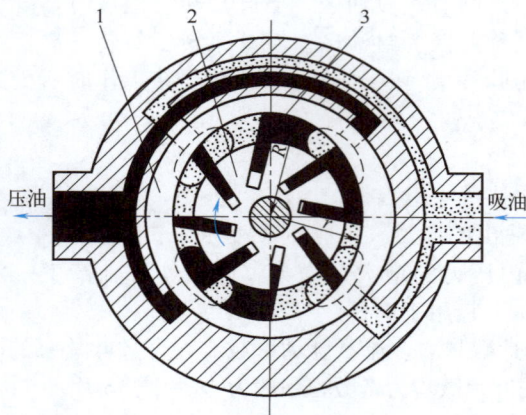

图 2-12　双作用叶片泵工作原理
1—定子；2—转子；3—叶片

压油

吸油

（2）双作用叶片泵的特点与应用

① 双作用叶片泵叶片前倾 $10°\sim14°$，其目的是减小压力角，减小叶片与槽之间的摩擦，以便于叶片在槽内滑动。

② 双作用泵一般不能改变排量，只用作定量泵。

③ 为使径向力完全平衡，密封容积腔数（即叶片数）应当为双数。

④ 为保证叶片紧贴定子内表面以可靠密封，在配油盘对应于叶片根部处开有一环形槽，槽内有两通孔与压油孔道相通，从而引入压力油作用于叶片根部。

⑤ 定子内曲线利用综合性能较好的等加速、等减速曲线作为过渡曲线，且过渡曲线与弧线交接处应圆滑过渡，可使叶片紧压在定子内表面保证密封性，以减少冲击、噪声和磨损。

⑥ 双作用叶片泵具有径向力平衡、运转平稳、输油量均匀和噪声小等特点。但它的结构复杂，吸油特性差，对油液的污染也比较敏感，故一般用于中压液压系统中。

任务 2　大型汽车起重机液压泵的选用

学习目标

1. 理解不同种类柱塞泵的典型结构及特点，能够说明柱塞泵的工作原理、结构特点和典型应用；

2. 掌握恒压变量泵的特点，并能分析其工作原理；

3. 理解不同种类液压泵的优缺点，能够根据工况，选择合适的液压泵。

小李接到了一个新的任务，为公司正在设计的一款大型汽车起重机选用合适的液压泵。该汽车起重机使用柴油机为动力源，转速范围为800～2100r/min。目前已知要求液压泵能够提供210L/min的流量，系统正常工作时最大压力大约为28MPa。该液压系统较为复杂，需要设置一个单独的小排量液压泵作为辅助油源，因此，要求主液压泵尾部能够串联一个小液压泵。因液压系统结构的需要，选择变量泵。为了减少公司准备的液压泵的种类，希望尽可能从现有型号中选择，见表2-3。

任务：选择合适的液压泵。

表2-3　部分可供选择的液压泵及主要参数

序号	型号	类型	排量/(mL/r)	额定压力/MPa	额定转速/(r/min)	最高转速/(r/min)	容积效率
1	CBZT110	齿轮式	110	23	2800	3000	0.92
2	VP115	叶片式	115	25	1800	2100	0.93
3	A10V140	斜盘式柱塞泵	140	28	2000	2200	0.94
4	A11V130	斜盘式柱塞泵	130	35	2500	2600	0.94
5	A7V117	斜轴式柱塞泵	117	31.5	2400	2800	0.94
6	108CY-1B	斜轴式柱塞泵	108	31.5	1800	2000	0.94

📚 自主探索

请自行查阅有关资料，完成如下问题。

引导问题1：柱塞泵的特点是什么？

引导问题2：从结构形式分，柱塞泵有哪些类型？分别有什么优缺点？

引导问题3：斜盘式柱塞泵可以制作成变量泵吗？如何实现的？

引导问题4：柱塞泵的柱塞数量通常是奇数还是偶数？为什么？

引导问题5：液压泵选用的一般原则是什么？

引导问题6：柱塞泵的发展方向有哪些？

📄 相关知识

柱塞泵是利用柱塞在缸体中做往复运动，使密封容积发生变化来实现吸油与压油的液压泵。

由于仅使用一个柱塞的柱塞泵只能断续供油，因此实用的柱塞泵常使用多个柱塞。按柱塞的排列和运动方向的不同，柱塞泵可分为径向柱塞泵和轴向柱塞泵两大类。径向柱塞泵由于径向尺寸大、结构复杂、噪声大等缺点，主要设计成高压或超高压泵。按照结构的不同，轴向柱塞泵又可分为斜盘式和斜轴式两种。

2.1　斜盘式轴向柱塞泵

斜盘式轴向柱塞泵因其具有斜盘而得名，简称斜盘泵。

（1）工作原理　图2-13所示为斜盘式轴向柱塞泵的工作原理。它由柱塞5、缸体7、配油盘10和斜盘1等主要零件组成。轴向柱塞泵的柱塞平行或近似平行于缸体轴线。斜盘1

和配油盘 10 固定不动,斜盘法线和缸体轴线间的交角为 γ。缸体由主轴 9 带动旋转,缸体上均匀分布着若干个轴向柱塞孔,孔内装有柱塞 5,内套筒 4 在定心弹簧 6 的作用下,通过压盘 3 使柱塞头部的滑履 2 和斜盘紧密接触,同时外套筒 8 使缸体 7 和配油盘 10 紧密接触,起密封作用。当缸体按图 2-13 所示方向转动时,由于斜盘 1 和压盘 3 的作用,迫使柱塞 5 在缸体 7 内做往复运动,柱塞在转角 0～π 范围内逐渐向外伸出,柱塞底部缸孔的密封工作容积增大,通过配油盘的吸油窗口吸油;在 π～2π 范围内,柱塞被斜盘逐渐推入缸体,使柱塞底部缸孔容积减小,通过配油盘的压油窗口压油。缸体每旋转一周,每个柱塞各完成一次吸压油循环。

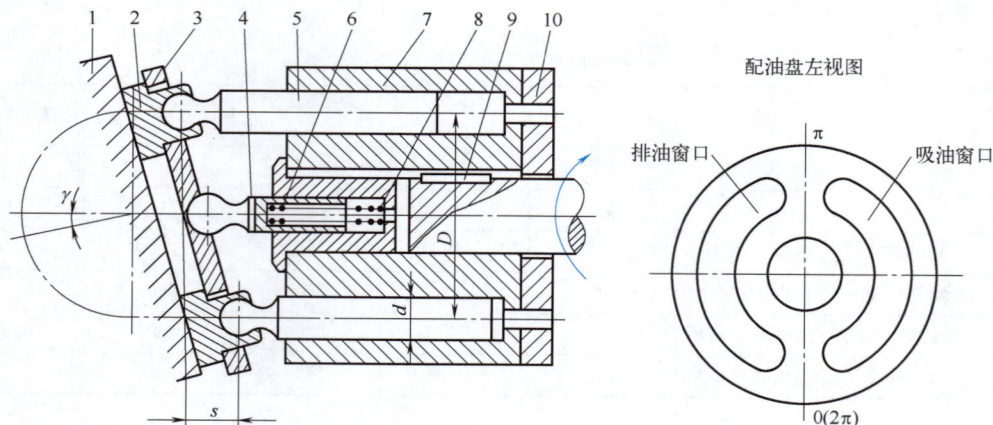

图 2-13 斜盘式轴向柱塞泵的工作原理

1—斜盘;2—滑履;3—压盘;4—内套筒;5—柱塞;6—定心弹簧;
7—缸体;8—外套筒;9—主轴;10—配油盘

图 2-14 给出了一种斜盘式定量柱塞泵的结构。该泵主要由传动轴、缸体组件、壳体、配油盘、止推板(相当于斜盘)等主要零件组成。与图 2-13 中的结构略有不同,此泵的传动轴穿过止推板和配油盘,且两端使用轴承支承,称为通轴结构。此结构在需要时,可以设计成尾部串泵结构。

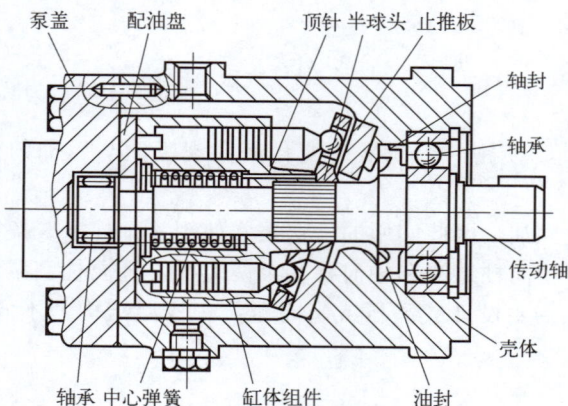

图 2-14 斜盘式定量柱塞泵结构

图 2-15 所示为一种手动变量的斜盘式柱塞泵的结构。此泵是非通轴式的轴向柱塞泵。该泵可以看成是在右侧的泵本体部分的基础上增加左侧变量控制部分构成的。泵本体部分包括壳体 1、弹簧 2、缸体 3、配油盘 4、前泵体 5、主轴 6、柱塞 7、轴承 8、滑履 9、压盘 10、斜盘 11 等零部件。主轴 6 旋转时带动缸体 3 旋转,同时柱塞 7 在缸体 3 内伸缩,实现吸油和排油功能。变量控制部分包括轴销 12、变量活塞 13、丝杠 14、手轮 15、变量机构壳体 16 等零部件。手轮 15 旋转,带动丝杠 14 旋转,拉动变量活塞 13 上下移动,最终通过轴销 12 带动斜盘 11 摆动。变量活塞 13 上行时,斜盘 11 的摆角变小,实现泵的排量减小。反之,泵的排量变大。

手动变量方式结构简单，但是操纵不便。如果更换成液压控制、电液控制、电机控制等方式，便得到了不同种类的变量泵。

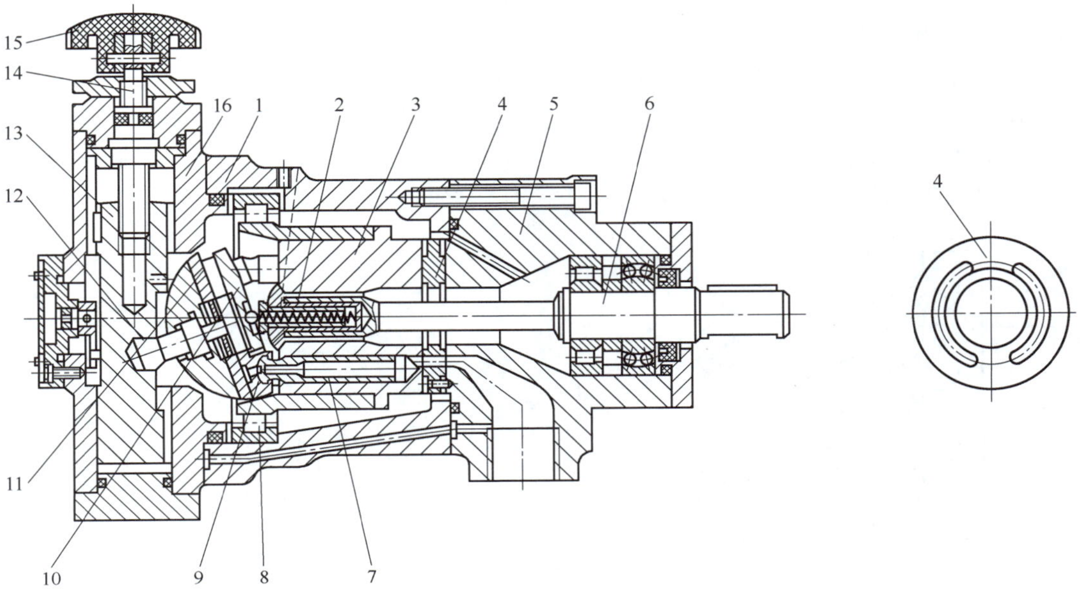

图 2-15　手动变量的斜盘式柱塞泵的结构

1—壳体；2—弹簧；3—缸体；4—配油盘；5—前泵体；6—主轴；7—柱塞；8—轴承；9—滑履；
10—压盘；11—斜盘；12—轴销；13—变量活塞；14—丝杠；15—手轮；16—变量机构壳体

（2）排量和流量计算　如图 2-13 所示，若柱塞个数量为 z，柱塞的直径为 d，柱塞分布圆直径为 D，斜盘倾角为 γ，每个柱塞的行程为 $L = D \tan \gamma$。z 个柱塞的排量为

$$V = \frac{\pi}{4} d^2 D z \tan \gamma \tag{2-11}$$

若泵的转速为 n，容积效率为 η_V，则泵的实际输出流量为

$$q = \frac{\pi}{4} d^2 D z n \eta_V \tan \gamma \tag{2-12}$$

2.2　斜轴式轴向柱塞泵

柱塞缸体的轴线与泵传动轴的轴线交成某一角度的轴向柱塞泵，称为斜轴式轴向柱塞泵，简称斜轴泵。斜轴泵与斜盘泵相比较，具有变量调节范围大、结构强度高、抗污染性能好、寿命长等优点。它的缺点是尺寸大、结构复杂、尾部不能串泵等。

（1）工作原理　斜轴式轴向柱塞泵主要有两种形式：双铰式和无铰式。当前以无铰式居多，故此处仅介绍无铰式。图 2-16 给出了一种典型的无铰斜轴式泵的结构原理。该泵由传动主轴 1、连杆 2、柱塞 3、缸体 4、中心轴 5、球面配油盘 6 及壳体和后盖（图中未画出）等组成。缸体 4 与传动主轴 1 轴线对成一倾斜角，缸体 4 通过中心轴 5 支承在壳体内。传动主轴 1 右端连接有驱动盘 7，用万向铰链和连杆 2 与缸体 4 中的柱塞 3 相连。当原动机带动泵的传动主轴 1 旋转时，连杆-柱塞副交替"拨动"缸体在具有弧形窗口的球面配油盘 6 上做滑动旋转。由于传动主轴 1 和缸体 4 的轴线有一夹角，柱塞 3 由下止点向上止点运动时便获得一个吸油行程，通过吸油口及球面配油盘 6 的弧形窗口将油液吸入缸体 4 缸孔内。当柱

塞 3 由上止点向下止点运动时，便产生压油行程，将充满缸体 4 缸孔内的油液经球面配油盘 6 的出油口排出。从驱动轴方向看，如果泵是顺时针方向旋转（右转），则吸油口在后盖的左侧，而压油口在后盖的右侧。同理，如果驱动轴逆时针方向旋转（左转），则吸油口在后盖的右侧，而压油口在后盖的左侧。

　　斜轴式柱塞泵既可以制作成定量泵，也可以制作成变量泵。图 2-17 给出了一种斜轴式定量轴向柱塞泵的结构。该泵由传动主轴 1、壳体 2、芯轴 3、碟形弹簧 4、球面配油盘 6、后盖 8、柱塞 10、缸体 11 等组成，采用球面配油，圆锥滚子轴承组支承传动轴及驱动盘。此处，柱塞 10 的结构与图 2-16 不同，为一体式锥形结构。

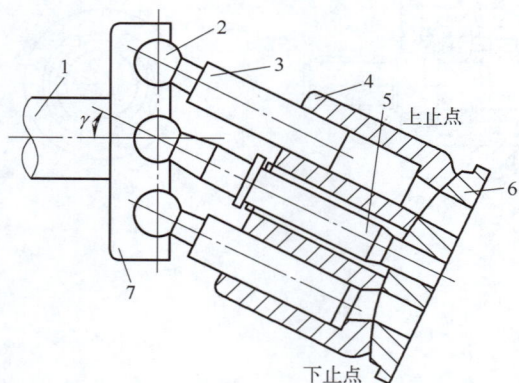

图 2-16　无铰斜轴式柱塞泵结构原理

1—传动主轴；2—连杆；3—柱塞；4—缸体；
5—中心轴；6—球面配油盘；7—驱动盘

图 2-17　斜轴式定量轴向柱塞泵的结构

1—传动主轴；2—壳体；3—芯轴；4—碟形弹簧；
5—弹簧座；6—球面配油盘；7—O 形圈；8—后盖；
9—定位销；10—柱塞；11—缸体

　　若改变缸体相对于传动主轴的倾角大小，即可实现改变泵的排量，从而得到变量泵。图 2-18 给出了一种斜轴式变量泵的结构。

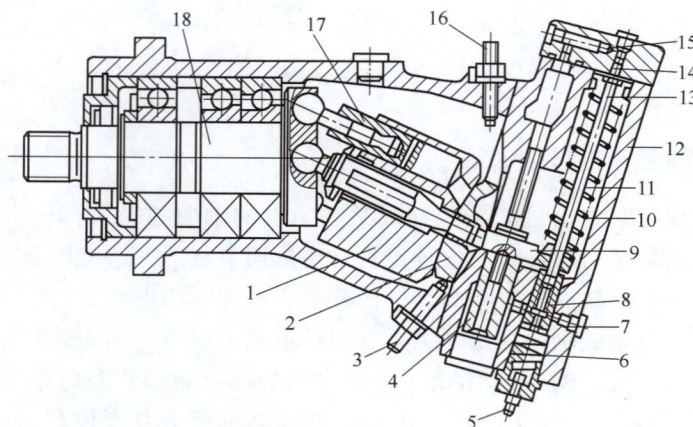

图 2-18　斜轴式变量泵的结构

1—缸体；2—配油盘；3—最大摆角限位螺钉；4—变量活塞；5—调节螺钉；6—调节弹簧；7—阀套；
8—控制阀芯；9—拨销；10—大弹簧；11—小弹簧；12—后盖；13—导杆；14—先导活塞；
15—节流阻尼；16—最小摆角限位螺钉；17—连杆柱塞副；18—传动主轴

　　斜轴式变量泵可以看成由泵本体和变量控制部分组成。泵本体包括缸体 1、配油盘 2、连杆柱塞副 17、传动主轴 18 等零件组成。变量控制部分包括拨销 9、变量活塞 4、调节螺钉 5、调节弹簧 6、阀套 7、控制阀芯 8、大弹簧 10、小弹簧 11、后盖 12、导杆 13、先导活塞 14、节流阻尼 15、最大摆角限位螺钉 3、最小摆角限位螺钉 16 等零件组成。变量活塞 4 在控制阀芯 8 的控制下上下移动，从而通过拨销 9 带动配油盘 2 和缸体 1 上下摆动，实现对泵排量的控制。最大摆角限位螺钉 3 用于限制配油盘 2 的最大摆动角度，以实现对泵最大排量的限制。类似的，最小摆角限位螺钉 16 用于限制配油盘 2 的最小摆动角度，以实现对泵最小排量的限制。

由于斜轴泵的传动轴与缸体存在一定角度，斜轴泵一般不能通轴驱动，即尾部不能串联液压泵。一方面，在同等技术水平下，斜轴泵比斜盘泵更容易做成较大的倾角，故更容易做成更大排量的泵。另一方面，由于斜轴泵结构较复杂，外形尺寸和质量均较大，由于靠摆动缸体来改变排量，故其体积和变量机构的惯量较大，变量机构动作的响应速度较慢。

（2）排量和流量计算　斜轴泵的排量计算与斜盘泵的排量计算相似，请参照前面的内容。

（3）柱塞泵的应用和特点

① 改变斜盘式轴向柱塞泵的斜盘倾角或斜轴式轴向柱塞泵缸体倾角的大小，就能改变柱塞的行程长度，从而改变柱塞泵的排量和流量；改变倾角方向，就能改变吸油和排油的方向，使其成为双向变量泵。

② 柱塞泵柱塞数一般为奇数，且随着柱塞数量的增多，流量的脉动性也相应减小。一般柱塞泵的柱塞数为 7 或 9。

③ 组成密封容积的零件为圆柱形的柱塞和缸孔，加工方便，配合精度高，密封性能好，在高压情况下，仍有较高的容积效率；主要零件均处于受压状态，材料强度可得到充分发挥。因此，常用于高压场合。

④ 柱塞泵结构紧凑，效率高，允许转速高。柱塞泵有排量小于 1mL/r 的微型泵，也有排量超过 1000mL/r 的大排量泵。

⑤ 斜盘式轴向柱塞泵的尾部可以串联液压泵，为组成多泵系统提供了便利。

因此，在需要高压、大流量、大功率的系统中和流量需要调节的场合，柱塞泵，特别是轴向柱塞泵得到了广泛的应用。

🚇 工作实施

① 考虑液压泵的类型。由于需要使用变量泵，故排除序号 1 的齿轮式液压泵。

② 考虑工作压力。系统最高工作压力为 28MPa，可以排除序号 2 的叶片泵，因为其额定工作压力为 25MPa。

③ 考虑液压系统需要在主液压泵尾部串联辅助液压泵，因此不适合选用斜轴式柱塞泵，由此排除序号 5 和序号 6 的液压泵。

④ 考虑系统需要的最大流量为 210L/min，从表 2-3 可见，可选的两个液压泵的容积效率均为 0.94。柴油机最大转速为 2100r/min，可知液压泵最小排量为

$$V_{min} = \frac{210/0.94}{2100} = 106.4 \text{（mL/r）}$$

注意，序号 3 的液压泵额定转速仅为 2000 r/min，但其排量有 140 mL/r，流量能满足系统要求。根据上述计算结果，序号 3 和序号 4 均满足要求。

⑤ 序号 3 和序号 4 的液压泵在压力，流量，能否变量、串泵等方面均能满足系统需要。进一步结合额定压力、转速、可靠性等因素，选择序号 4 的液压泵作为本系统的液压泵。

📁 知识拓展

恒压变量泵

恒压变量泵是限压式变量泵的另一个名称。图 2-19 给出了一种恒压变量泵的控制原理及其压力-流量特性曲线。该恒压变量泵由泵本体、恒压阀、变量缸等主要部分组成。恒压阀是一个两位三通液控比例换向阀。变量缸的有杆腔内置有复位弹簧。变量缸的活塞杆与泵的斜盘铰接，其活塞位置决定了泵的排量。当泵的工作压力小于恒压阀设定的压力值 p_s （补偿压力）时，恒压阀在其右侧弹簧作用下工作在右位，变量缸无杆腔的油液经恒压阀的 A 口至 T 口流至泵的壳体，其活塞在左侧复位弹簧和无杆腔内油液的综合作用下处于最右端，恒压变量泵处于最大排量，即全流量输出。当工作压力达到设定值 p_s 时，来自泵本体的油液通过恒压阀左侧的 X 口推动阀芯右移，高压油液通过恒压阀的 P 口至 A 口进入变量缸的无杆腔，推动变量泵活塞左移，泵的排量减小，使泵的输出流量减小，并保持压力维持在设定值 p_s 上。理想情况下，此类型变量泵的特性曲线应该如图 2-19 中的虚线 A-D-C 所示，由此产生了压力偏差 Δp。在实际的泵中，由于泄漏和弹簧的影响，其特性曲线略有倾斜，如图 2-19 中的实线 A-B-C 所示。恒压变量泵理想的工作区间是其特性曲线中的 BC 段。在此，泵的排量会根据系统需要自动调节，只输出系统所需要的流量，没有多余的流量浪费，其压力大小保持为恒压阀的设定值。

相对于定量系统，因为恒压变量系统只输出负载所需要的流量，因此没有溢流损失，仅有节流损失，可以节省一定的能量。

当负载压力超过恒压阀的设定压力值 p_s 时，恒压变量泵的排量减少至最小，仅用于维持泄漏，不对外输出流量，此状态称为待命状态。恒压变量系统待命时，在整个管路系统中保持高压，某些对响应速度要求高的应用场合比较适用。因为具有最高压力控制作用，其也常用于液压系统的压力切断保护。

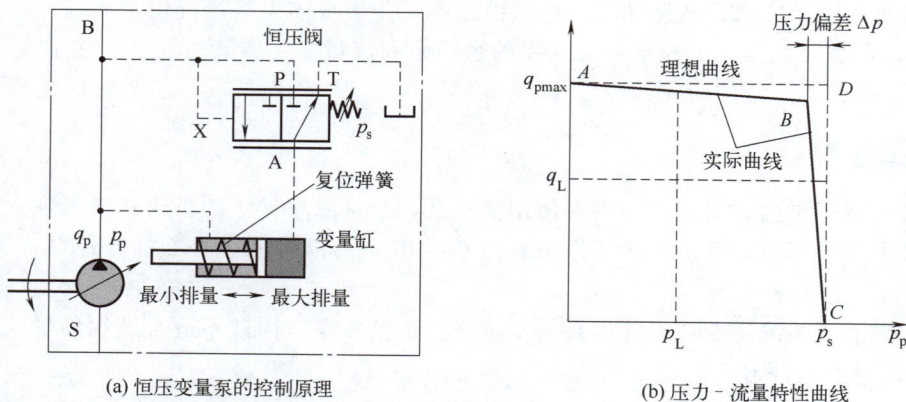

(a) 恒压变量泵的控制原理　　　　　　(b) 压力-流量特性曲线

图 2-19　恒压变量泵的控制原理及其压力-流量特性曲线

✒️ 练习题

2-1　液压泵按结构形式可分为哪几种？按压力的大小可分为哪几种？

2-2　液压泵正常工作应具备哪些条件？

2-3　液压泵的排量和流量取决于哪些参数？理论流量和实际流量之间有什么关系？

2-4　简述齿轮泵的困油现象。这一现象有什么危害？可采取什么措施解决？

2-5　齿轮泵、双作用叶片泵、单作用叶片泵在结构上各有哪些特点？在工作原理上各有哪些特点？如何正确判断转子的转向？如何正确判断吸、压油腔？

2-6　简述齿轮泵、叶片泵、轴向柱塞泵的齿轮吸、压油时的特点。齿轮泵、叶片泵的压力提高受哪些因素的影响？采取哪些措施来提高齿轮泵和叶片泵的压力？

2-7　为什么轴向柱塞泵适用于高压？

2-8　某液压泵的工作压力为 $p=10\text{MPa}$，排量 $V=100\text{cm}^3/\text{r}$，转速 $n=1450\text{r/min}$，容积效率 $\eta_\text{v}=0.95$，总效率 $\eta=0.9$。试求：①液压泵的输出功率。②电动机的驱动功率。

2-9　某一柱塞泵，柱塞直径 $d=32\text{mm}$，分布圆直径 $D=68\text{mm}$，柱塞数 $z=7$，斜盘倾角 $\gamma=22°30'$，转速 $n=960\text{r/min}$，输出压力 $p=10\text{MPa}$，容积效率 $\eta_\text{v}=0.95$，机械效率 $\eta=0.90$。试求：柱塞泵的理论流量、实际流量；驱动泵所需电动机的功率。

👥 素质提升

阐述下面语句的意思，谈谈对"尊重规则、执行规则、创新规则"的理解以及其在学习、生活中的实际意义。

"离娄之明、公输子之巧，不以规矩，不能成方圆；师旷之聪，不以六律，不能正五音；尧舜之道，不以仁政，不能平治天下。"——孟子《孟子·离娄章句》

"那些仅仅循规蹈矩过活的人，并不是在使社会进步，只是在使社会得以维持下去。"——泰戈尔

"欲成方面圆而随其规矩，则万事之功形矣，而万物莫不有规矩，议言之士，计会规矩也。"——韩非《韩非子》

项目3 ▶▶

液压执行元件及其在汽车起重机中的应用

任务1 汽车起重机垂直支腿液压缸的选用

学习目标

1. 掌握不同种类液压缸的结构特点及工作原理，能够根据实际工况，选择合理的液压缸方案；

2. 理解液压缸各主要参数，掌握其计算方法，能够根据工况计算液压缸参数并选型。

任务书

小李接到了一个新的任务，为公司正在设计的一款汽车起重机的垂直支腿选用合适的液压缸。根据其他同事提供的资料，已知需要安装4条垂直支腿，支腿液压系统使用的液压泵排量 $V=50\text{mL/r}$，容积效率 η_v 为 0.92；使用柴油机为动力源，其转速有 800r/min 或 1800r/min 两个挡位。系统设计要求的参数如表 3-1 所示。请从现有液压缸型号中选择，当前可供选择的液压缸见表 3-2。

任务：选择或设计合适的液压缸。

表 3-1 对垂直支腿液压缸的要求

序号	参数	要求	备注
1	单条支腿液压缸能承受的最大负载	25t	
2	活塞杆全伸出时间	≤30s	所有垂直支腿同步伸出时
3	活塞杆全缩回时间	≤20s	所有垂直支腿同步缩回时
4	行程	≥680mm	

表 3-2 部分可供选择的液压缸及其主要参数

序号	缸径/mm	杆径/mm	额定压力/MPa	行程/mm	杆端安装形式	作用方式
1	90	63	25	550	球头型	单作用
2	90	63	25	550	法兰型	双作用
3	100	75	25	700	耳环型	双作用
4	100	75	25	700	球头型	双作用
5	125	75	25	730	螺纹型	双作用
6	125	75	25	730	球头型	双作用

自主探索

请自行查阅有关资料，完成如下问题。

引导问题 1：在液压系统中，液压缸的功能或作用是什么？

引导问题 2：从结构特点分，液压缸有哪些类型？按力的作用方式分，液压缸有哪些类型？

引导问题 3：常见的液压缸与外界设备的安装形式有哪些？

引导问题 4：液压缸的速度和力是如何计算的？

引导问题 5：从结构组成上说，液压缸包括哪些主要的零部件或装置？

引导问题 6：液压缸的发展方向有哪些？

相关知识

液压系统的执行元件包括液压缸和液压马达。液压缸是将液体的压力能转变为机械能的、做直线往复运动（或摆动运动）的液压执行元件。它结构简单、工作可靠。用它来实现往复运动时，可免去减速装置，并且没有传动间隙，运动平稳，因此在各种液压系统中得到广泛应用。

从结构组成上说，液压缸基本上由缸筒、缸盖、活塞、活塞杆、密封装置、缓冲装置与排气装置组成。缓冲装置与排气装置视具体应用场合选定，其他装置则必不可少。下面主要介绍液压缸的结构、工作原理及性能参数的计算。

1.1 液压缸典型结构和组成

液压缸的种类多种多样，按用途可分为两大类，即普通液压缸和特殊液压缸。普通液压缸按受液压力作用的情况，可分为单作用式、双作用式。单作用液压缸只有一个方向的运动依靠液压力来实现，如图 3-1 所示。图 3-1（a）和（b）分别给出了活塞式和多级伸缩式单作用液压缸的实物图。单作用液压缸的复位动作可以由弹簧实现，也可以由其他外力实现。图 3-2 示出了几种不同种类的单作用液压缸的图形符号。双作用液压缸的伸缩运动都是依靠液压力实现的，如图 3-3 所示为一种单杆活塞式双作用液压缸。图 3-4（a）、（b）和（c）分别给出了单双杆活塞式、多级伸缩式双作用液压缸的图形符号。

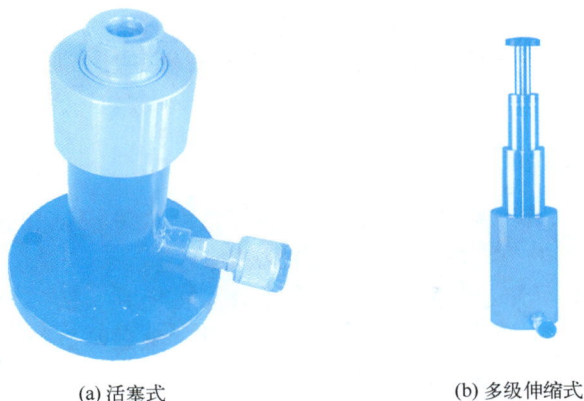

(a) 活塞式　　　　　　　　(b) 多级伸缩式

图 3-1　单作用液压缸实物

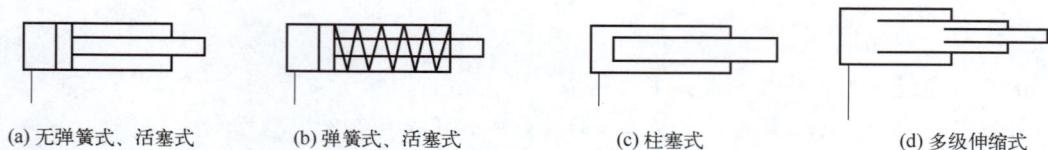

(a) 无弹簧式、活塞式　　(b) 弹簧式、活塞式　　(c) 柱塞式　　(d) 多级伸缩式

图 3-2　单作用液压缸的图形符号

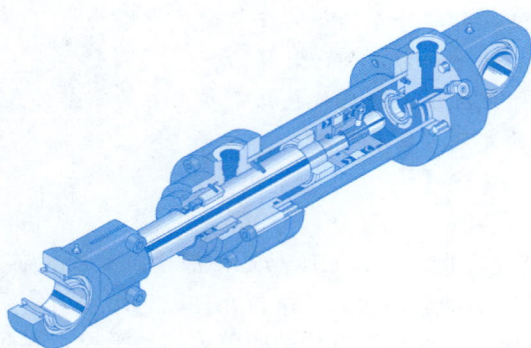

图 3-3　单杆活塞式双作用液压缸

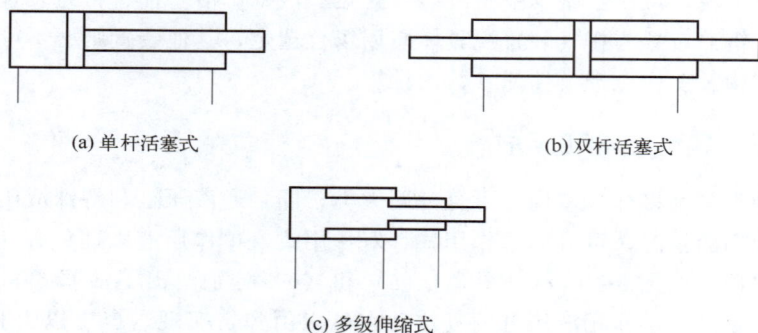

(a) 单杆活塞式　　　　　　　　(b) 双杆活塞式

(c) 多级伸缩式

图 3-4　双作用液压缸的图形符号

单杆液压缸
工作原理

按结构形式，液压缸可分为活塞式（图 3-4）、柱塞式［图 3-2（c）］、多级伸缩式［图 3-1（b）］、齿轮齿条式等种类。根据活塞杆数量的多少，活塞式液压缸包括单杆式和双杆式。

在诸多种类中，单杆活塞式液压缸是在工程上应用最多的一类。下面以此类液压缸为例介绍液压缸的组成。

1.2　单杆活塞式液压缸结构

单杆活塞式液压缸只有一端有活塞杆，与双杆活塞式液压缸相比，节省了安装空间。图 3-5 是一种工程上应用的单杆活塞式液压缸的结构。

结合图 3-3 和图 3-5 可知，此类液压缸由缸底 1、缸筒 10、活塞 5、活塞杆 16、导向套 12 和缸盖 13 等主要零件组成。缸底与缸筒焊接成一体，缸盖与缸筒采用螺纹连接。缸筒内置了活塞，将缸筒的空间分成左、右两部分。因左侧没有活塞杆，右侧有活塞杆，因此左、右两腔分别称为无杆腔和有杆腔。同时，因为油液在左侧的作用面积较大，左腔又可以称为大腔；因为活塞杆的存在，右侧的作用面积为环形面积，相对较小，右腔又可以称为小腔。

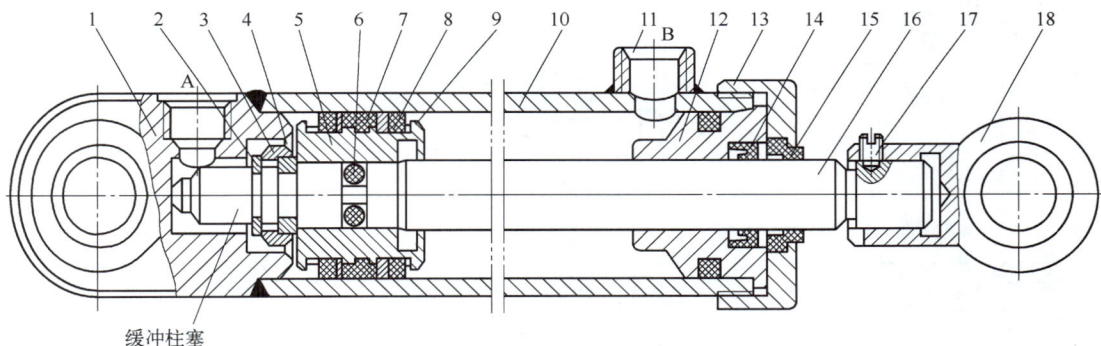

缓冲柱塞

图 3-5 单杆活塞式液压缸的结构

1—缸底；2—弹簧挡圈；3—卡环帽；4—轴用卡环；5—活塞；6—O 形密封圈；7—支承环；
8—挡圈；9—Y 形密封圈；10—缸筒；11—管接头；12—导向套；13—缸盖；
14—Y 形密封圈；15—防尘圈；16—活塞杆；17—紧定螺钉；18—耳环

液压油进入液压缸的任意一腔后作用在活塞上，即可产生力。为了实现力的输出，设置了穿过缸盖的活塞杆，缸筒内的一端连接活塞，另一端设置有耳环（或其他方式），以与外部设备连接。为了便于对活塞杆进行导向和支承，还设置了导向套。此外，为防止油液由高压腔向低压腔泄漏或向外泄漏，在活塞与活塞杆、活塞与缸筒、导向套与缸筒、导向套与活塞杆之间均设置有密封圈。为防止活塞快速退回到行程终端时撞击缸底，活塞杆左端设置了缓冲柱塞。为了防止污染物进入液压缸内部，在缸盖外侧还装有防尘圈。

当液压缸无杆腔油液对活塞的作用力超过有杆腔的作用力时，油液由 A 口进入无杆腔，有杆腔油液从 B 口流出，活塞带动活塞杆伸出。当液压缸有杆腔油液对活塞的作用力超过无杆腔的作用力时，油液由 B 口进入有杆腔，无杆腔油液从 A 口流出，活塞带动活塞杆缩回。

1.2.1 缸体与端盖的连接方式

缸筒是液压缸的主体，端盖（包括缸盖和缸底）装在缸筒的两端，在工作时都要承受很大的液压力。因此，它们应有足够的强度和刚度，同时还必须连接可靠。液压缸与端盖的连接方式很多，常见的连接形式如图 3-6 所示。

法兰式连接［图 3-6（a）］结构较简单，加工和装拆都很方便，连接可靠，但径向尺寸和质量都较大。卡环式连接［图 3-6（b）］结构紧凑，连接可靠，装拆较方便，但卡环槽对缸筒强度有所削弱，需加厚缸筒壁厚。卡环式连接有外卡环连接和内卡环连接。螺纹式连接分外螺纹连接［图 3-6（c）］和内螺纹连接［图 3-6（d）］两种，其特点是重量轻，外形尺寸小，但缸筒端部结构复杂，装卸需专用工具，旋端盖时易损坏密封圈。拉杆式连接［图 3-6（e）］结构通用性好，缸筒加工容易，装拆方便，但外形尺寸较大，质量也较大，拉杆受力后会拉伸变形，影响端部密封效果。焊接式连接［图 3-6（f）］外形尺寸较小，结构简单，但焊接时易引起缸筒变形。

选用何种连接方式主要取决于液压缸的工作压力、缸筒材料和具体的工作条件等。一般铸钢、锻钢制造的大中型液压缸多采用法兰式连接，用无缝钢管制作的缸筒常采用法兰式、螺纹式、卡环式连接，小型液压缸可用螺纹式连接或焊接式连接，较短的中低压液压缸常采用拉杆式连接。

(a) 法兰式　　　　　　　(b) 卡环式　　　　　　　(c) 外螺纹式

(d) 内螺纹式　　　　　　(e) 拉杆式　　　　　　　(f) 焊接式

图 3-6　缸筒与端盖的连接

1.2.2　活塞的结构

（1）活塞的结构形式　活塞的结构形式是根据密封装置的形式来选定的，通常分为整体活塞和组合活塞两类。整体活塞［图 3-7（a）］结构简单，加工方便，可安装 O 形密封圈、唇形密封圈和活塞环等。组合活塞［图 3-7（b）］可采用组合密封圈，但结构复杂，加工量较大。

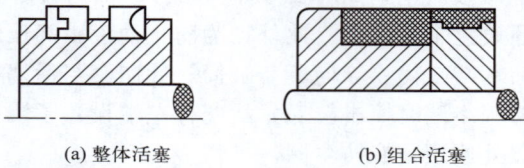

(a) 整体活塞　　　　　(b) 组合活塞

图 3-7　活塞结构形式

（2）活塞与活塞杆的连接形式　活塞与活塞杆的内端有多种连接形式，所有连接形式均要有可靠的锁紧措施，以防止工作时由于活塞往复运动而松开。在活塞与活塞杆之间应设置静密封。活塞与活塞杆的连接形式如图 3-8 所示。

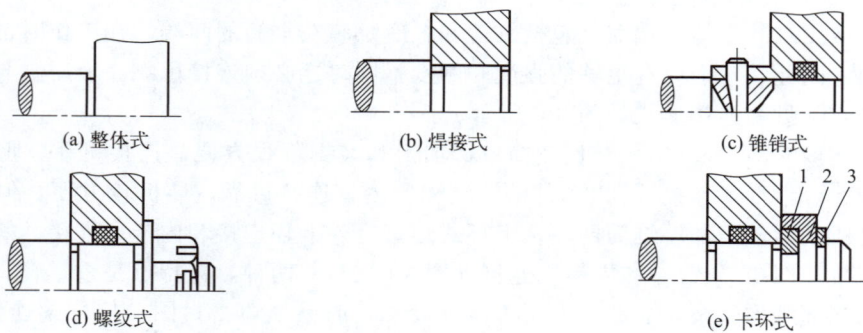

(a) 整体式　　　　　　(b) 焊接式　　　　　　(c) 锥销式

(d) 螺纹式　　　　　　　　　　　　　　　(e) 卡环式

图 3-8　活塞与活塞杆的连接形式

1—卡环；2—轴套；3—弹簧圈

整体式［图 3-8（a）］和焊接式连接［图 3-8（b）］结构简单，轴向尺寸小，承载能力强，无需密封圈，但损坏后需整体更换。锥销式连接［图 3-8（c）］加工方便，装配简单，但承载能力较小。螺纹式连接［图 3-8（d）］结构简单，装拆方便，但需要考虑螺纹的放松。卡环式连接［图 3-8（e）］装拆方便，连接可靠，但结构较复杂。

一般情况下使用螺纹式连接；轻载时可采用锥销式连接；高压和振动较大时可采用螺纹式或卡环式连接；当活塞行程较短，且活塞与活塞杆相差不多时，可采用整体式连接。焊接式使用较少。

1.2.3 液压缸的安装定位

液压缸的缸筒和活塞杆都需要与外部设备进行可靠的安装和定位。液压缸在机体上的安装定位方式有法兰式、耳环式、耳轴式和底脚式等多种方式。当缸筒与设备本体间没有相对运动时，可采用底脚或法兰来安装定位。如果液压缸两端都有底脚时，一般固定一端，使另一端浮动，以适应热胀冷缩的需要。如果缸筒与机体间需要相对摆动，则可采用耳轴和耳环等连接方式。图 3-9 给出了多种活塞杆与外部设备的安装定位形式。缸筒也可参考这些安装定位形式。具体选用时可参考有关手册。

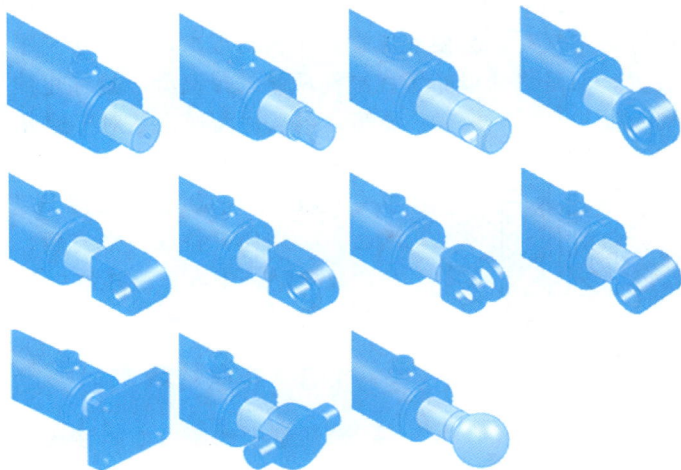

图 3-9　活塞杆与外部设备的安装定位形式

1.2.4 缓冲与排气

（1）缓冲装置　当液压缸驱动质量较大、移动速度较快的工作部件时，一般应在液压缸内设置缓冲装置，以免产生液压冲击、噪声，甚至造成液压缸的损坏。尽管液压缸中缓冲装置结构形式很多，但其工作原理都是相同的，即当活塞快速运动到接近缸盖时，增大排油阻力，使液压缸的排油腔产生足够的缓冲压力，以实现活塞减速，从而避免活塞与缸盖快速相撞。常见的缓冲装置如图 3-10 所示。

图 3-10（a）所示为间隙式缓冲装置。当缓冲柱塞 A 进入缸盖上的内孔时，被封闭的油液只能经环形间隙排出，缓冲油腔 B 产生缓冲压力，使活塞速度降低。这种装置在缓冲开始时产生的缓冲制动力大，但很快便降下来，最后作用力较小，故缓冲效果很差，并且缓冲压力不可调节。但由于结构简单，所以在一般系列化的成品液压缸中多采用这种缓冲装置。

图 3-10（b）所示为可调节流式缓冲装置。当缓冲柱塞进 A 入缸盖上的内孔时，回油口被柱塞堵住，只能通过节流阀回油，腔 B 缓冲压力升高，使活塞减速，其缓冲特性类同于间隙式，缓冲效果较差。当活塞反向运动时，压力油通过单向阀 D 很快进入液压缸内，故活塞不会因推力不足而产生启动缓慢现象。这种缓冲装置可以根据负载情况调整节流阀 C 的开度，改变缓冲压力的大小，因此适用范围较广。

图 3-10（c）所示为可变节流式缓冲装置。它在缓冲柱塞 A 上开有三角节流沟槽，节流面积随着缓冲行程的增大而逐渐减小。由于这种缓冲装置在缓冲过程中能自动改变节流口的

(a)间隙式　　　　　　(b)可调节流式　　　　　　(c)可变节流式

图 3-10　液压缸的缓冲装置

A—缓冲柱塞；B—缓冲油腔；C—节流阀；D—单向阀

大小，因而使缓冲作用均匀，冲击压力小，但结构较复杂。

（2）排气装置　在安装过程中或在停止工作一段时间后，液压系统中往往会有空气渗入。特别是液压缸中存有空气时，会使液压缸产生爬行或振动。对于要求不高的液压缸，往往不设专门的排气装置，而是将油口布置在缸筒两端的最高处，这样也能使空气随油液排往油箱，再从油面逸出。对于速度稳定性要求较高的液压缸或大型液压缸，常在液压缸两侧的最高处设置专门的排气装置，如排气塞、排气阀等，见图 3-11。当松开排气塞螺钉后，让液压缸全行程空载往复运动若干次，液压缸中的空气即可排出。然后，再拧紧排气塞螺钉，液压缸便可正常工作。

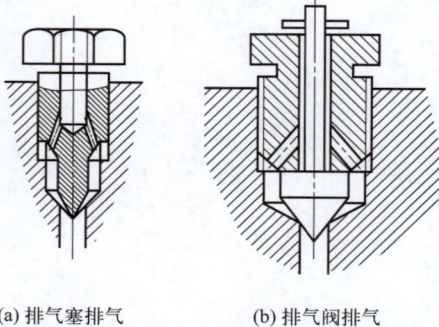

(a) 排气塞排气　　　(b) 排气阀排气

图 3-11　排气装置

1.3　液压缸的密封

液压缸中的压力油能够从固定部件的连接处和相对运动部件的配合处泄漏，即外泄漏和内泄漏。可以利用密封件阻止泄漏，以保证液压缸的正常工作。常用密封件的形式、特点与使用范围如下。

1.3.1　O 形密封圈

O 形密封圈是一种截面为圆形的橡胶圈，如图 3-12 所示。它的主要优点是形状简单、成本低。O 形密封圈单圈即可对两个方向起密封作用，密封性能好，动摩擦阻力小。O 形

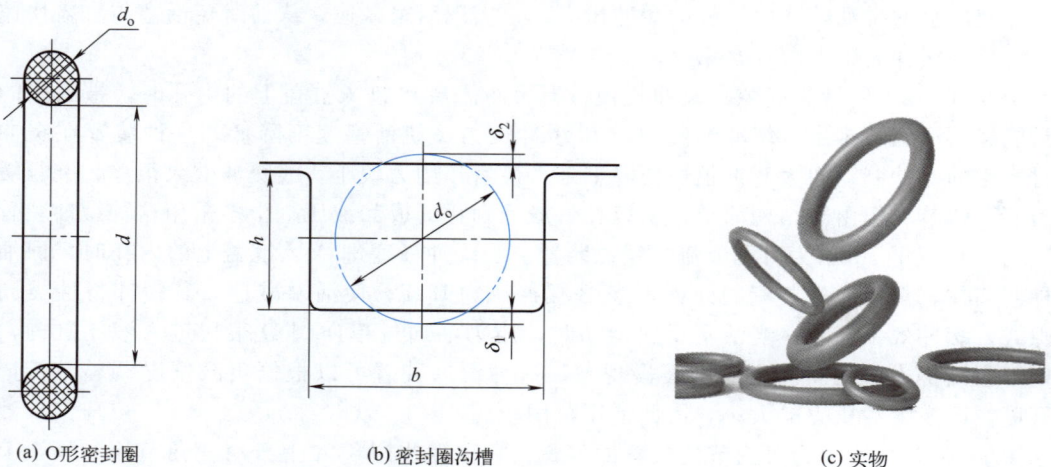

(a) O 形密封圈　　　　　　(b) 密封圈沟槽　　　　　　(c) 实物

图 3-12　O 形密封圈及沟槽

密封圈对油液温度、压力的适应性好，其工作压力可达 70MPa 甚至更高，适用温度范围为 $-30\sim120$℃，适用速度范围为 $0.005\sim0.3$m/s。O 形密封圈应用广泛，既可作为静密封，又可作为动密封；既可用于外径密封，又可用于内径密封和端面密封；密封部位结构简单，占用空间小，装拆方便。其缺点是密封圈安装槽的精度要求高，在做动密封时，启动摩擦阻力较大，容易发生扭转，寿命较短。

安装 O 形密封圈时应注意以下几点。

① O 形密封圈在安装时必须保证适当的预压缩量，压缩量的大小直接影响 O 形密封圈的使用性能和寿命，过小不能密封，过大则摩擦力增大，且易损坏。为了保证 O 形密封圈有一定的预压缩量，安装槽的宽度 b 大于 O 形密封圈的直径 d_o，而深度 h 则比 d_o 小，其尺寸和表面粗糙度应按有关手册给出的数据严格保证。

② 在静密封中，当压力大于 32MPa 时，或在动密封中，当压力大于 10MPa 时，O 形密封圈就会被挤入间隙中而损坏，以致密封效果降低或失去密封作用。为此需在 O 形密封圈低压侧安放 $1.2\sim2.5$mm 厚的聚四氟乙烯或尼龙制成的挡圈。双向受高压时，两侧都要加挡圈，如图 3-13 所示。

③ O 形密封圈一般用丁腈橡胶制成，它与石油基液压油有良好的相容性。当采用磷酸酯基液压油时，应选用三元乙丙橡胶等材料制作的 O 形圈。

图 3-13　挡圈的设置
(a) 单侧　　(b) 双侧

④ 在安装过程中，不能划伤 O 形圈，所通过的轴端、轴肩必须倒角或修圆。通过外螺纹时应用金属导套。

1.3.2　Y 形密封圈

Y 形密封圈的截面呈 Y 形（图 3-14），属于唇形密封圈，一般用丁腈橡胶制成。它依靠

(a) 截面　　(b) 实物
图 3-14　Y 形密封圈

略为张开的唇边贴于偶合面，在油压作用下，接触压力增大，使唇边贴得更紧而保持密封，且在唇边磨损后有一定的自动补偿能力。因此，Y 形密封圈从低压到高压的压力范围内都有良好的密封性，且稳定性和耐压性好，滑动摩擦阻力和启动摩擦阻力小，运动平稳，使用寿命长。但在工作压力波动大、滑动速度较高时，Y 形密封圈易翻转。Y 形密封圈主要用于往复运动的密封，适用于工作温度为 $-30\sim100$℃，工作压力小于 20MPa，速度小于 0.5m/s 的场景。

另一种小 Y 形密封圈（又称 Yx 形密封圈）是 Y 形密封圈的改型产品，与常规 Y 形密封圈相比宽度较大，其宽度为长度的 2 倍以上，因而在沟槽中不易翻转（图 3-15）。Yx 形密封圈有高、低两个唇，分为孔用型和轴用型两种。其低唇与密封面接触，滑动摩擦阻力小，耐磨性好，寿命长；高唇与非运动表面有较大的预压缩量，摩擦阻力大，工作时不易窜动。小 Y 形密封圈常用聚氨酯橡胶制成，低速和快速运动时均有良好的密封性能，一般适用于工作压力小

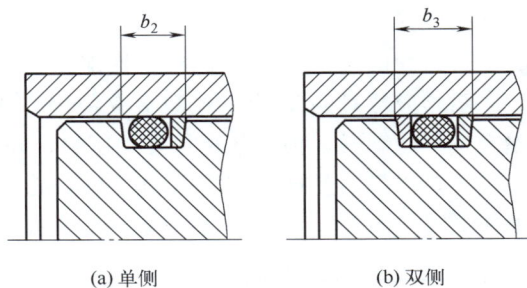

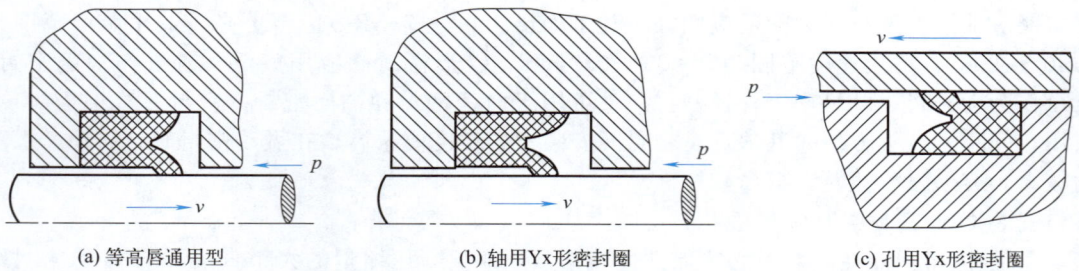

(a) 等高唇通用型　　　　(b) 轴用Yx形密封圈　　　　(c) 孔用Yx形密封圈

图 3-15　Y 形密封圈的类型

于 32MPa、温度为－30～80℃的场合。

1.3.3　V形密封圈

V 形密封圈的截面为 V 形，如图 3-16 所示。V 形密封圈由压环、V 形圈和支承环三部分组合而成。

V 形密封圈的主要优点是密封性能良好，耐高压，使用寿命长。可根据不同的工作压力，选用相应数量的 V 形密封圈重叠使用，并通过调节压紧力获得最佳的密封效果。当活塞在偏载下运动时，仍能获得很好的密封。缺点是摩擦阻力及轴向结构尺寸较大，拆换不方便。它主要用于活塞杆的往复运动密封，适宜在工作压力小于 50MPa、温度在－40～80℃的条件下工作。

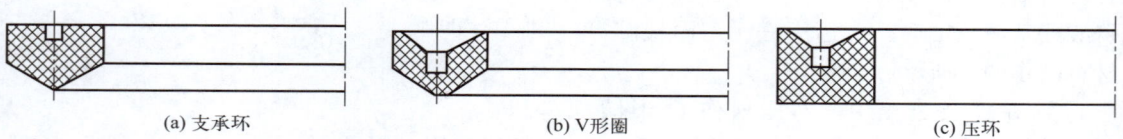

(a) 支承环　　　　　　(b) V形圈　　　　　　　(c) 压环

图 3-16　V 形密封圈

V 形密封圈使用时的注意事项如下。

① V 形密封圈是由支承环、V 形圈和压环三个圈叠在一起使用的（图 3-17）。压环与滑动面之间的间隙应尽可能小，支承环与孔和轴的间隙一般为 0.25～0.4mm。安装时，支承环应放在承受油液压力的一侧。V 形密封圈常用纯橡胶和夹织橡胶制成，使用时应交替组装，其数量可根据使用压力选定。

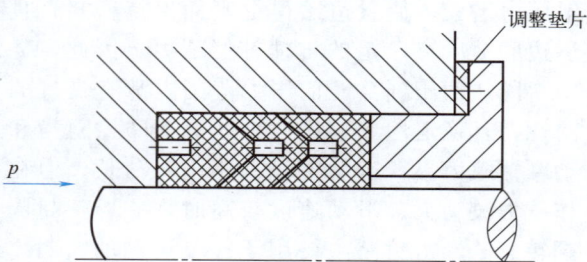

图 3-17　V 形密封圈的调整

② 由于 V 形密封圈在使用中会逐渐变形磨损，必须经常调节其压紧力，如图 3-17 所示，一般加调整垫片或用螺母进行调节。

③ 密封圈安装槽的入口处应倒角或倒圆角，以便安装。

1.3.4　组合式密封圈

组合式密封圈有滑环组合 O 形密封圈、组合 U 形密封圈、复合唇形密封圈和双向组合唇形密封圈等多种形式。图 3-18 所示为滑环组合 O 形密封圈，它由截面为矩形的聚四氟乙烯塑料滑环 2 和 O 形密封圈 1 组合而成。滑环与金属的摩擦因数小，因而耐磨；O 形密封圈弹性好，能从滑环内表面施加一向外的涨力，使滑环产生微小变形而紧贴密封面，故其使用寿命比单独使用 O 形密封圈提高很多倍，摩擦阻力小且稳定。缺点是抗侧倾能力稍差，安装不够方便。这种组合密封圈可用于要求滑动阻力小、动作循环频率很高的场合，如伺服液压缸等。

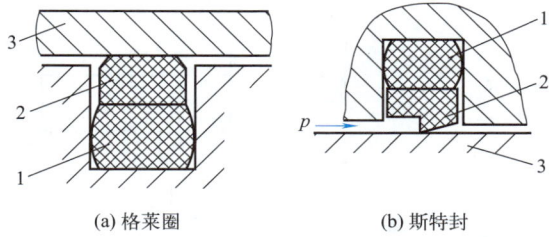

(a) 格莱圈　　(b) 斯特封

图 3-18　组合式密封圈

1—O 形密封圈；2—滑环；3—被密封零件

1.3.5　防尘圈

防尘圈设置在活塞杆或柱塞密封圈的外部，以防止外界灰尘、砂粒、雨雪等异物进入液压缸内。目前常用的防尘圈一般为唇形，按其有无骨架分为骨架式和无骨架式两种。其中，以无骨架式防尘圈应用最普遍，其工作状态如图 3-19 所示。其特点是：支承部分的尺寸较大，强度好，没有必要增设骨架，因此结构简单，装卸方便，除尘效果好。安装时，防尘圈的唇部对活塞杆应有一定的过盈量，以便当活塞杆做往复运动时，唇口刃部能将黏附在杆上的杂物清除掉。

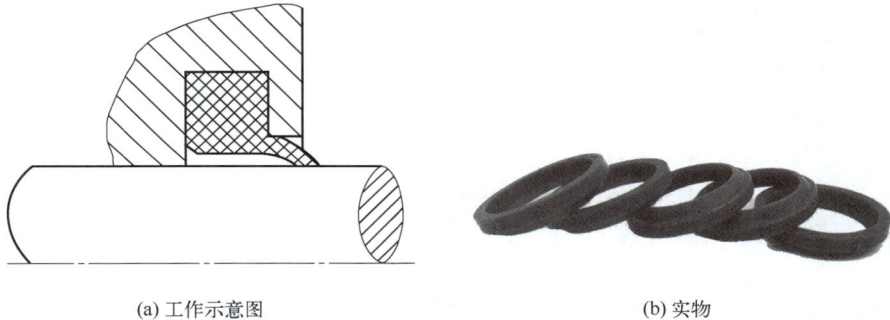

(a) 工作示意图　　　　　　　　(b) 实物

图 3-19　防尘圈

1.4　液压缸主要参数计算

1.4.1　液压缸的压力

① 工作压力 p　指油液作用在活塞单位面积上的法向力，单位为 Pa。由于压力是由于负载的存在而产生的，液压缸的工作压力是随负载变化的。负载越大，液压缸的工作压力越大。

② 额定压力 p_n　额定压力也称为公称压力，是液压缸能长期工作的最高压力。国家标准规定的液压缸公称压力系列包括 0.63、1、1.6、2.5、4、6.3、10、16、20、25、31.5、40（MPa）。

1.4.2　液压缸的输出力

液压缸的理论输出力 F 等于油液的压力 p 和工作腔有效面积 A 的乘积，即

$$F = pA \tag{3-1}$$

由于液压缸内部存在密封圈摩擦阻力、回油阻力等，故液压缸的实际输出力小于理论输出力。

图 3-20 所示为单杆活塞式液压缸处于不同进出油状态时的示意图。由于两腔的有效面积不同，所以在相同压力条件下，液压缸往复运动的输出力也不同。

无杆腔进油时［图 3-20 (a)］，活塞的推力 F_1 为

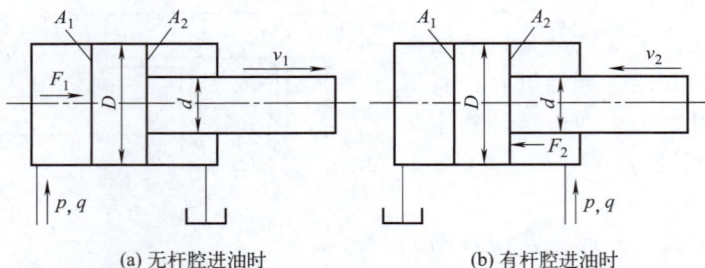

(a) 无杆腔进油时　　　　　　　　(b) 有杆腔进油时

图 3-20　单杆活塞式液压缸示意图

$$F_1 = p_1 A_1 - p_2 A_2 = \frac{\pi}{4} D^2 (p_1 - p_2) + \frac{\pi}{4} d^2 p_2 \tag{3-2}$$

有杆腔进油时 [图 3-20 (b)]，活塞的推力 F_2 为

$$F_2 = p_1 A_2 - p_2 A_1 = \frac{\pi}{4} D^2 (p_1 - p_2) - \frac{\pi}{4} d^2 p_1 \tag{3-3}$$

式中　p_1——液压缸的进油压力，Pa；

　　　p_2——液压缸的回油压力，Pa；

　　　D——活塞直径（即缸体内径），m；

　　　d——活塞杆直径，m；

　　　A_1——无杆腔活塞有效工作面积，m^2；

　　　A_2——有杆腔的活塞有效工作面积，m^2。

比较式（3-2）和式（3-3），由于 $A_1 > A_2$，故 $F_1 > F_2$，即活塞杆伸出时，推力较大；活塞杆缩回时，拉力较小。因而，它适用于伸出时承受工作载荷，缩回时为空载或轻载的场合。

1.4.3　液压缸的输出速度

$$v = \frac{q}{A} \tag{3-4}$$

式中　v——液压缸的输出速度，m/s；

　　　A——液压缸工作腔的有效面积，m^2；

　　　q——输入液压缸工作腔的流量，m^3/s。

对于图 3-20 所示的单杆活塞式液压缸，当其无杆腔进油时 [图 3-20 (a)]，运动速度 v_1 为

$$v_1 = \frac{q}{A_1} = \frac{4q}{\pi D^2} \tag{3-5}$$

有杆腔进油时 [图 3-20 (b)]，活塞的运动速度 v_2 为

$$v_2 = \frac{q}{A_2} = \frac{4q}{\pi (D^2 - d^2)} \tag{3-6}$$

比较式（3-5）和式（3-6），由于 $A_1 > A_2$，故 $v_1 < v_2$，即活塞杆伸出时，速度较小；活塞杆缩回时，速度较大。因而，它适用于伸出时慢速，缩回时快速的场合。

1.4.4　液压缸的速比 λ_v

同样对于图 3-20 所示的单杆活塞式液压缸，由于两腔有效面积不向，液压缸在活塞前进时的输出速度 v_1 与活塞后退时的输出速度 v_2 也不相同，通常将液压缸往复运动输出速度

之比（速比）称为 λ_v，所以

$$\lambda_v = \frac{v_2}{v_1} = \frac{A_1}{A_2} \tag{3-7}$$

由式（3-5）和式（3-6）可得，液压缸往复运动时的速比为

$$\lambda_v = \frac{v_2}{v_1} = \frac{D^2}{D^2 - d^2} \tag{3-8}$$

式（3-8）表明，当活塞杆直径越小时，速比 λ_v 越接近于 1，两个方向的速度差值越小。速比不宜过小，以免造成活塞杆过细，稳定性不好。常用速比的推荐值如表 3-3 所示。

表 3-3　液压缸往复速比推荐值

工作压力 p/MPa	$\leqslant 10$	$12.5 \sim 20$	>20
往复速比 λ_v	1.33	$1.46 \sim 2$	2

1.4.5　液压缸的功率

（1）输出功率 P_0　液压缸输出的是机械功率，单位为 W，其值为

$$P_0 = Fv \tag{3-9}$$

式中　F——作用在活塞杆上的外负载，N；

　　　v——活塞的平均运动速度，m/s。

（2）输入功率 P_i　液压缸输入的是液压功率，单位为 W，它等于压力和流量的乘积，即

$$P_i = pq \tag{3-10}$$

式中　p——液压缸的工作压力，Pa；

　　　q——液压缸的输入流量，m^3/s。

1.5　液压缸的差动连接

单杆活塞缸的两腔同时通入压力油的油路连接方式称为差动连接，做差动连接的单杆活塞式液压缸称为差动液压缸，如图 3-21 所示。在忽略两腔连通油路压力损失的情况下，两腔的油液压力相等。但由于无杆腔受力面积大于有杆腔，活塞向右的作用力大于向左的作用力，活塞杆做伸出运动，并将有杆腔的油液挤出，流进无杆腔，加快活塞的运动速度。

若活塞的速度为 v_3，则无杆腔进油量为 $v_3 A_1$，有杆腔的排油量为 $v_3 A_2$，因而有 $v_3 A_1 = q + v_3 A_2$，故活塞杆的伸出速度 v_3 为

$$v_3 = \frac{q}{A_1 - A_2} = \frac{4q}{\pi d^2} \tag{3-11}$$

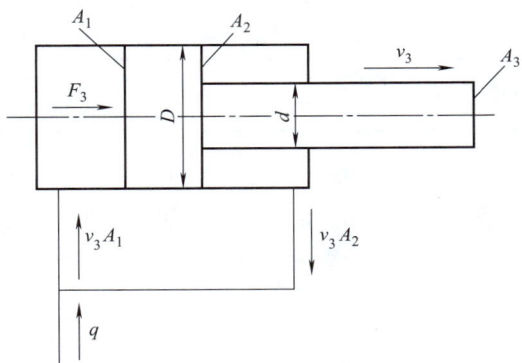

图 3-21　差动连接的液压缸

差动连接时，$p_2 \approx p_1$，活塞的推力 F_3 为

$$F_3 = p_1 A_1 - p_2 A_2 \approx \frac{\pi}{4} D^2 p_1 - \frac{\pi}{4}(D^2 - d^2)p_1 = \frac{\pi}{4} d^2 p_1 \tag{3-12}$$

由式（3-11）和式（3-12）可知，差动连接时，实际起有效作用的面积是活塞杆的横截面积。由于活塞杆的截面积总是小于活塞的面积，因而与非差动连接无杆腔进油工况相比，在输入油液压力和流量相同的条件下，活塞运动速度较大而推力较小。因此，这种方式广泛用于组合机床的液压动力滑台和其他机械设备的快速运动中。

如果要使活塞往复运动速度相等，即 $v_2 = v_3$，则经推导可得 D 与 d 必存在 $D = \sqrt{2}\,d$ 的比例关系。

1.6 液压缸的设计

1.6.1 液压缸内径计算

工程上计算液压缸内径 D 通常采用两种方法。

① 根据负载大小和选定的系统压力，通过式（3-13）计算确定。

$$D = \sqrt{\frac{4F}{\pi p} \times 10^{-3}} = 3.57 \times 10^{-2} \sqrt{\frac{F}{p}} \tag{3-13}$$

式中　D——液压缸内径，m；

　　　F——液压缸输出力，kN；

　　　p——作用在液压缸上的有效压力，MPa，当无背压时，p 为系统工作压力，当有背压时，p 为系统工作压力与背压之差。

② 根据液压缸的输出速度 v 和所选定的系统流量 q，由式（3-14）计算确定。

$$D = \sqrt{\frac{4q}{\pi v}} = 1.128 \sqrt{\frac{q}{v}} \tag{3-14}$$

设计时，在计算求得 D 后，还应按《流体传动系统及元件　缸径及活塞杆直径》（GB/T 2348—2018）将计算结果圆整，参见表 3-4。圆整后，液压缸的工作压力也要进行相应调整。

表 3-4　液压缸缸径和活塞杆直径　　　　　　　　　　　单位：mm

缸径	8、12、16、20、25、32、40、50、60、63、80、90、100、(110)、125、140、160、(180)、200、220、250、280、320、(360)、400、(450)、500
活塞杆直径	4、5、6、8、10、12、14、16、18、10、22、25、28、(30)、32、36、40、45、50、56、(60)、63、70、80、90、100、110、(120)、125、140、160、180、200、220、250、280、320、360、400、450

1.6.2 活塞杆直径计算

活塞杆直径 d 也有按速比和按强度两种计算方法。

按速比 λ_v 计算时由式（3-15）计算确定。

$$d = D\sqrt{\frac{\lambda_v - 1}{\lambda_v}} \tag{3-15}$$

式中　λ_v——速比；

　　　D——液压缸内径，m；

　　　d——活塞杆直径，m。

计算求得的 d 值也应按国标圆整为标准值，见表 3-4。λ_v 值可以根据工作压力的范围参考表 3-3 选取合适值，以避免不合理的速比可能导致的活塞杆强度无法保证。表 3-5 列出了不同速比时 d 和 D 的关系。

表 3-5　不同 λ_v 下 d 与 D 的关系

速比 λ_v	1.15	1.25	1.33	1.46	2
活塞杆直径 d	$0.36D$	$0.45D$	$0.5D$	$0.56D$	$0.71D$

1.6.3　液压缸长度

液压缸长度主要由最大行程决定。此外，还要考虑活塞宽度、活塞杆导向长度等因素。通常活塞宽度 $B=(0.6\sim1.0)D$，在 $D<80\mathrm{mm}$ 时，导向长度 $C=(0.6\sim1.0)D$；而在 $D\geqslant 80\mathrm{mm}$ 时，$C=(0.6\sim1.0)d$。从制造角度考虑，一般液压缸长度不应超过直径 D 的 $20\sim 30$ 倍。

1.6.4　液压缸的壁厚

液压缸壁厚 δ 可根据结构设计确定，但在工作压力较高或缸径较大时，必须进行强度验算，一般在 $\dfrac{D}{\delta}\geqslant 16$ 时用薄壁简化公式校核，而在 $\dfrac{D}{\delta}<16$ 时用厚壁简化公式校核。

薄壁简化公式为

$$\delta\geqslant\frac{p_y D}{2[\sigma]}\qquad\qquad(3\text{-}16)$$

厚壁简化公式为

$$\delta=\frac{D}{2}\left(\sqrt{\frac{[\sigma]+0.4p_y}{[\sigma]-1.3p_y}}-1\right)\qquad\qquad(3\text{-}17)$$

式中　p_y——实验压力（液压缸额定压力 $p_n\leqslant 16\mathrm{MPa}$ 时，$p_y=1.5p_n$，$p_n>16\mathrm{MPa}$，$p_y=1.2p_n$）；

$[\sigma]$——液压缸材料许用应力，Pa。

除此之外，往往还需要进行活塞杆强度与稳定性、螺纹连接强度等方面的校核。

🛠 工作实施

① 考虑液压缸的作用方式。汽车起重机依靠垂直支腿将车体支承脱离地面。当车体下放时，虽然有车体的重力将液压缸的活塞杆压回，但是，为了保证车辆的正常行驶，需要将支腿完全离开地面一小段距离，因此需要选择双作用液压缸。可以直接排除序号 1 的液压缸。

② 考虑液压缸杆端与外界的安装形式。由于起重机的工作环境复杂多变，垂直支腿要考虑适应各种凹凸不平的地面，以保证起重机安全可靠地支承。因此，垂直支腿液压缸杆端的安装形式优选球头型，即序号 4 和序号 6 符合条件。

③ 根据对液压缸最大负载 F_{max} 的要求，结合表 3-2 中液压缸的额定压力，可以得到液压缸的缸径 D 应符合下式。

$$D\geqslant\sqrt{\frac{4F_{max}}{\pi p}}=\sqrt{\frac{4\times 25000\times 9.8}{3.14\times 25\times 10^6}}=0.112\ (\mathrm{m})$$

由此，排除序号 4 的液压缸，仅剩下序号 6 的液压缸。

④ 校核液压缸的伸缩时间。系统最大流量为

$$q_{max}=Vn_2\eta_v=50\times 1800\times 0.92=82.8\ (\mathrm{L/min})$$

一个液压缸的无杆腔面积 A_1 和有杆腔面积 A_2 分别为

$$A_1 = \frac{\pi D^2}{4} = \frac{3.14 \times 125^2}{4} = 12266 \, (\text{mm}^2)$$

$$A_2 = \frac{\pi(D^2 - d^2)}{4} = \frac{3.14 \times (125^2 - 75^2)}{4} = 7850 \, (\text{mm}^2)$$

4 个液压缸同时运动，活塞杆的伸出速度为

$$v_1 = \frac{q_{max}}{zA_1} = \frac{82.8}{4 \times 12266} = 1.69 \, (\text{m/min})$$

活塞杆的缩回速度为

$$v_2 = \frac{q_{max}}{zA_1} = \frac{82.8}{4 \times 7850} = 2.64 \, (\text{m/min})$$

液压缸活塞杆全伸出的时间为

$$t_1 = \frac{L}{v_1} = \frac{0.730}{1.69} = 0.432 \text{min} = 25.9 \, (\text{s})$$

液压缸活塞杆全缩回的时间为

$$t_2 = \frac{L}{v_2} = \frac{0.730}{2.64} = 0.276 \text{min} = 16.6 \, (\text{s})$$

经过对液压缸伸缩时间的校核，可知序号 6 的液压缸满足表 3-1 中列出的指标。

综上所述，选用序号 6 的液压缸作为该汽车起重机的垂直支腿液压缸。

任务 2　汽车起重机卷扬液压马达的选用

学习目标

1. 掌握不同种类液压马达的特点和工作原理，能够识读和绘制液压马达的图形符号；

2. 理解液压马达各主要参数，能够计算液压马达的转速、功率等参数，合理选用液压马达；

3. 理解液压泵和液压马达的区别。

任务书

现需要为公司正在设计的一款汽车起重机的卷扬系统选用合适的液压马达。如图 3-22 所示，某型号起重机卷扬系统的钢丝绳最大负载 $F_{max} = 37.5 \text{kN}$，设计钢丝绳最大线速度 v_r

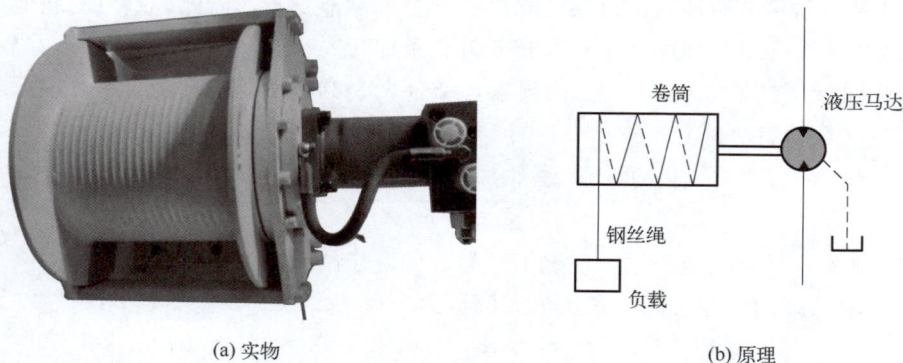

(a) 实物　　　　　　　　　　　　　　(b) 原理

图 3-22　某起重机卷扬系统示意图

不小于 120m/min，系统提供的最大流量 $q_{max}=250L/min$，卷筒内置的减速机减速比为 36.5，机械效率 $\eta_r=0.9$，卷筒直径 $D=0.5m$。假设液压马达的回油压力为 1MPa，卷筒上的钢丝绳只有一层且其直径尺寸可以忽略。

任务：试从表 3-6 中选择合适的液压马达。

表 3-6　部分可供选择的液压马达

序号	型号	排量/mL	额定压力/MPa	额定转速/(r/min)	容积效率 η_v	机械效率 η_m
1	CMZT100	80	21	3000	0.90	0.83
2	CMZT125	125	21	2200	0.90	0.83
3	A2FM56	56	31	5000	0.93	0.89
4	A2FM63	63	31	5000	0.93	0.89
5	A2FM80	80	31	4500	0.93	0.89

自主探索

请自行查阅有关资料，完成如下问题。

引导问题 1：在液压系统中，液压马达的功能或作用是什么？

引导问题 2：按结构特点分，液压马达有哪些类型？

引导问题 3：液压马达和液压泵有哪些区别？

引导问题 4：液压马达的输出转矩和转速是如何计算的？

引导问题 5：斜盘轴向柱塞液压马达的工作原理是怎样的？

引导问题 6：液压马达的发展方向有哪些？

相关知识

将压力能转化为机械能，并能实现连续旋转运动的液压执行元件称为液压马达。从能量转化的角度看，液压马达与液压泵是相反的。从结构上看，液压马达与液压泵类似，基本结构形式有齿轮式、叶片式和柱塞式等。按照排量是否可以调节，液压马达可以分为定量和变量两种。表 3-7 给出了常见的几种液压马达的图形符号。

表 3-7　液压马达的图形符号和说明

图形符号	名称	说明
	单向定量液压马达	只能单向旋转,排量不可调整;可以不设置泄漏管路
	双向定量液压马达	可双向旋转,排量不可调整;一般需要设置泄漏管路
	单向变量液压马达	只能单向旋转,排量可调整;可以不设置泄漏管路

图形符号	名称	说明
	双向变量液压马达	可双向旋转,排量可调整;一般需要设置泄漏管路

按照转速,液压马达可分为低速大转矩(额定转速低于 500r/min)和高速小转矩(额定转速高于 500r/min)两大类。低速液压马达的基本形式有曲轴连杆式、静力平衡式、内曲线多作用式和摆线式等。低速液压马达的主要特点是输出转矩大,转速低,低速稳定性好(一般可在 5～10r/min 内平稳工作,少数可少至 1r/min 以下),因此能直接与工作机构连接,不需要减速装置,使得传动机构大为简化。此外,低速液压马达具有较高的启动效率,广泛应用于工程机械、船舶、冶金、采矿、起重以及塑料加工机械等领域。高速液压马达的主要特点是工作转速比较高,输出转矩不大,转动惯量小,具有较高的调节灵敏度,因此应该较为广泛。高速液压马达主要有外啮合齿轮式液压马达、叶片式液压马达和轴向柱塞式液压马达。齿轮式液压马达的功率和转矩一般较小,额定压力一般在 20MPa 左右,适用于小功率,常用于转速在 600～3000r/min 的应用场合。叶片式液压马达不适用于转速太低(如 50～150r/min)的低速回转,但其输出功率与转矩比外啮合齿轮式液压马达略大一些。轴向柱塞式液压马达允许较高的转速,可达 6000r/min 甚至更高,额定工作压力一般可达 35MPa,因此该类型的液压马达应用最为广泛。轴向柱塞式液压马达又可以分为斜盘式和斜轴式两种。下面对两者工作原理进行介绍。

2.1 斜盘式轴向柱塞式液压马达

图 3-23 所示为斜盘式轴向柱塞式液压马达及其内部结构。此类液压马达的工作原理如图 3-24 所示。当压力油经配油盘的窗口进入缸体的柱塞孔时,柱塞在压力油的作用下被顶出柱塞孔压在斜盘上,假设斜盘作用在某一柱塞上的反作用力为 F,F 可分解为 F_r 和 F_t 两个分力。其中,轴向分力 F_r 和作用在柱塞后端的液压力相平衡,其值为 $F_r = \dfrac{\pi d^2 p}{4}$;而垂直于轴向的分力 $F_t = F_r \tan\gamma$,使缸体产生一定的转矩,其大小为

$$T_i = F_r a = F_r R \sin\varphi = F_r \tan\gamma R \sin\varphi = \frac{\pi d^2}{4} p R \tan\gamma \sin\varphi \tag{3-18}$$

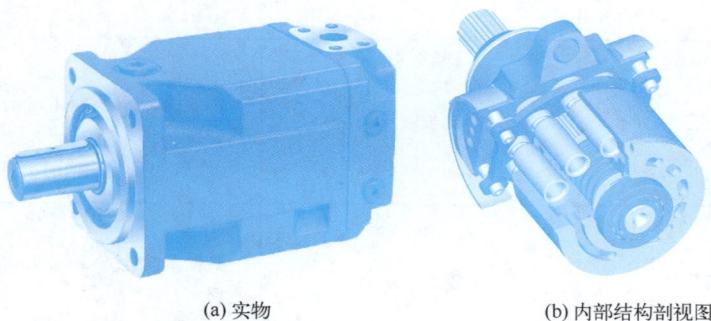

(a) 实物　　　　　　　(b) 内部结构剖视图

图 3-23　一种典型的斜盘式轴向柱塞式液压马达

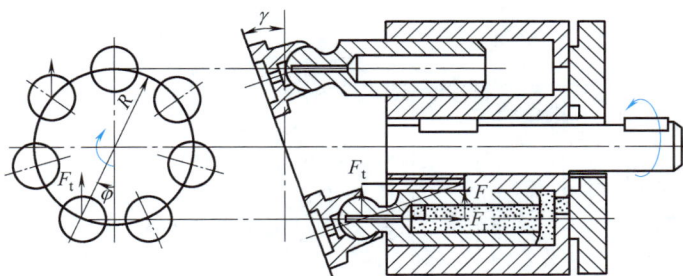

图 3-24 斜盘式轴向柱塞式液压马达结构示意图

液压马达的压力油产生的转矩应该是处于高压腔的所有柱塞产生的转矩的总和，即

$$T = \sum \frac{\pi d^2}{4} pR \tan\gamma \sin\varphi \tag{3-19}$$

同理，液压马达的排油也会产生一定的转矩，但这是阻力矩。当计算液压马达的输出转矩时，需要注意的是，液压马达进出口压力差才是有效利用的压力。

由于柱塞的瞬时方位角 φ 是变化的，柱塞产生的转矩也随之变化，故液压马达产生的总转矩是脉动的。若互换液压马达的进、回油路，液压马达将反向转动；若改变斜盘倾角，液压马达的排量便随之发生改变，从而可以调节输出转矩或转速。

2.2　斜轴式轴向柱塞式液压马达

此类型液压马达最大的特点是缸体与传动轴有一定的角度，因此而得名，见图 3-25 和图 3-26。此类型液压马达与前述斜盘式液压马达产生转矩的原理类似，此处不再赘述。值得注意的是，其中心连杆做成锥形，依靠连杆的锥体与内壁的接触迫使缸体转动。由于连杆轴线与缸体孔轴线的夹角很小，从而大大减小了柱塞与缸体之间的侧向力，柱塞与缸体孔之间的摩擦力也大大减小。因此，斜轴式液压马达可以制作成更大的缸体摆角。

(a) 实物　　　　　　　　　　　　　(b) 剖面

图 3-25　一种典型的斜轴式轴向柱塞式液压马达

斜盘式液压马达的斜盘最大倾角一般为 20°左右，而斜轴式液压马达的最大缸体摆角可达 40°。因此，缸体孔直径相同的斜轴式液压马达要比斜盘式液压马达有更大的排量及更大的输出转矩。另外，斜轴式液压马达的效率略高于斜盘式液压马达，且允许有更高的转速。但是，由于斜轴式液压马达的变量要靠缸体摆动来完成，因此液压马达外形体积较大，快速变量时需要克服较大的惯性矩，动态响应要比斜盘式液压马达慢。

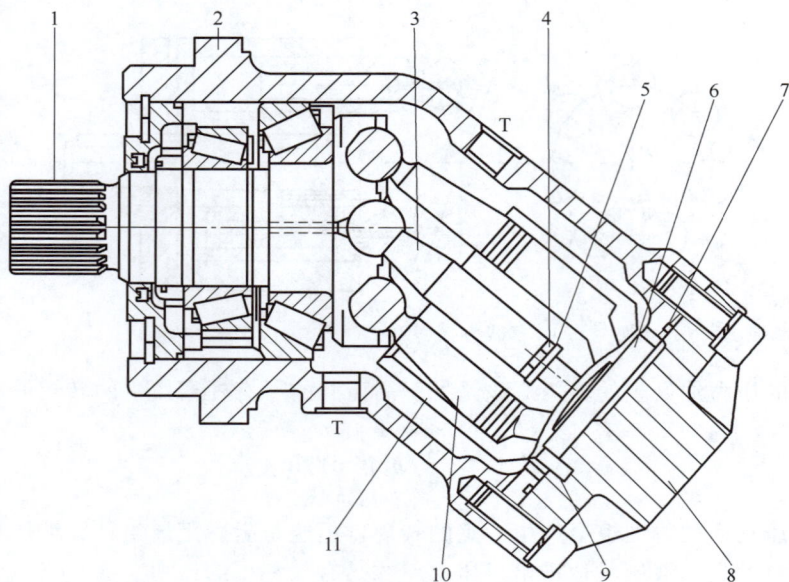

图 3-26 斜轴式轴向柱塞式液压马达结构示意图

1—传动轴；2—壳体；3—中心连杆；4—弹簧；5—垫片；6—配油盘；
7—支撑盘；8—后盖；9—定位销；10—柱塞；11—缸体

2.3 径向柱塞式液压马达

径向柱塞式液压马达的结构如图 3-27 所示。当压力油经固定的配油轴 5 的窗口进入缸体 2 内柱塞 1 的底部时，柱塞 1 向外伸出，紧紧顶住定子 4 的内壁。由于定子 4 与缸体 2 存在一偏心距，定子 4 在柱塞 1 与定子 4 接触处对柱塞产生垂直自身接触面的反作用力。此力可分解为沿柱塞 1 轴向和径向的两个分力。轴向分力与油压作用在柱塞 1 底部产生的力相抵消。径向分力对缸体 2 产生一转矩，使缸体 2 旋转。缸体 2 再通过端面连接的传动轴向外输出转矩和转速。

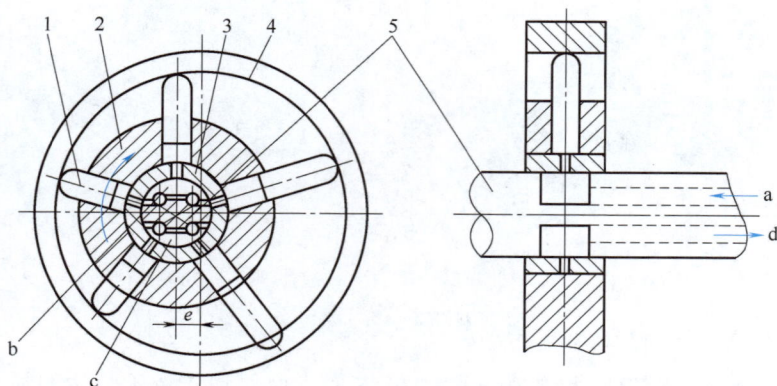

图 3-27 径向柱塞式液压马达结构示意图

1—柱塞；2—缸体；3—衬套；4—定子；5—配油轴

以上分析的是一个柱塞产生转矩的情况。在压油区作用有多个柱塞，在这些柱塞上所产生的转矩都使缸体旋转，当然，处于排油区的柱塞也会因排油压力的作用对缸体产生阻力矩。两个力矩之和即为液压马达的输出力矩。径向柱塞式液压马达多用于低速大转矩的情况。

2.4　液压马达的主要性能参数

从液压马达的功用来看，其主要性能参数为转速 n、转矩 T 和效率 η。

（1）转速 n

$$n = \frac{q}{V}\eta_{\mathrm{mv}} \qquad (3\text{-}20)$$

式中　V——液压马达的排量；

　　　q——实际供给液压马达的流量；

　　　η_{mv}——液压马达的容积效率。

（2）转矩 T　液压马达的输出转矩

$$T = T_{\mathrm{t}}\eta_{\mathrm{mm}} = \frac{\Delta p V}{2\pi}\eta_{\mathrm{mm}} \qquad (3\text{-}21)$$

式中　T_{t}——马达的理论输出转矩，$T_{\mathrm{t}} = \dfrac{\Delta p V}{2\pi}$；

　　　Δp——液压马达利用油液的有效压力，即进出口压差，等于进油口压力 p_1 减去出油口压力 p_2；

　　　η_{mm}——机械效率。

（3）液压马达的总效率 η　液压马达的总效率为马达的输出功率 $2\pi n T$ 和输入功率 $\Delta p q$ 之比，即

$$\eta = \frac{2\pi n T}{\Delta p q} = \eta_{\mathrm{mv}}\eta_{\mathrm{mm}} \qquad (3\text{-}22)$$

从式（3-22）可知，液压马达的总效率等于液压马达的机械效率与容积效率的乘积。

2.5　变量控制

轴向柱塞式液压马达和变量泵一样，也可以做成变量形式，即成为变量马达。在马达进口流量或马达进出口压差不变的情况下，通过调节马达的排量也可改变马达的转速或输出转矩。

轴向柱塞式液压马达和部分径向马达都可以通过调节其变量机构来进行变量控制。和泵的变量控制一样，由于推动变量机构的力比较大，通常都是用控制阀控制变量活塞去推动变量机构，从而实现排量的调节。已有产品中包括电控（或液控）变量马达、恒压力控制变量马达等多种形式。下面以液控两点变量式液压马达为例，进行原理说明。

图 3-28 给出了一种液控两点变量式液压马达的液压原理。A 口和 B 口为液压马达的进出油口，X 口为控制油口。从图 3-28 中可见，除液压马达本体之外，该液压马达还包括变量缸、连杆、换向阀、节流孔、两个单向阀及相关油路等。液控两点变量式液压马达可以通过在 X 口施加不同的先导压力获得最大和最小两个不同大小的排量。为了获取控制变量用的油液，在液压马达的两个油口分别设置了单向阀，以取出压力较高的油液供换向阀使用。

如图 3-28（a）所示，当 X 口的控制压力较小时，换向阀工作在右位，变量缸内的油液经节流孔和换向阀的 A 口至 T 口流入液压马达的壳体中（最后到油箱中）。因此，变量缸活塞处于最右端，该马达处于最大排量位置，可以输出较大的转矩和较低的转速。当 X 口的控制压力较大，超过换向阀右侧弹簧的预设压力时，换向阀切换至左位，换向阀的控制油液

经 P 口至 A 口，经过节流孔后进入变量缸的无杆腔。变量缸活塞杆伸出，通过连杆推动液压马达变量至最小排量。此时，液压马达可以运行在较高的转速下，但是驱动负载的能力较小。图 3-28（b）给出了此液压马达的变量特性曲线。

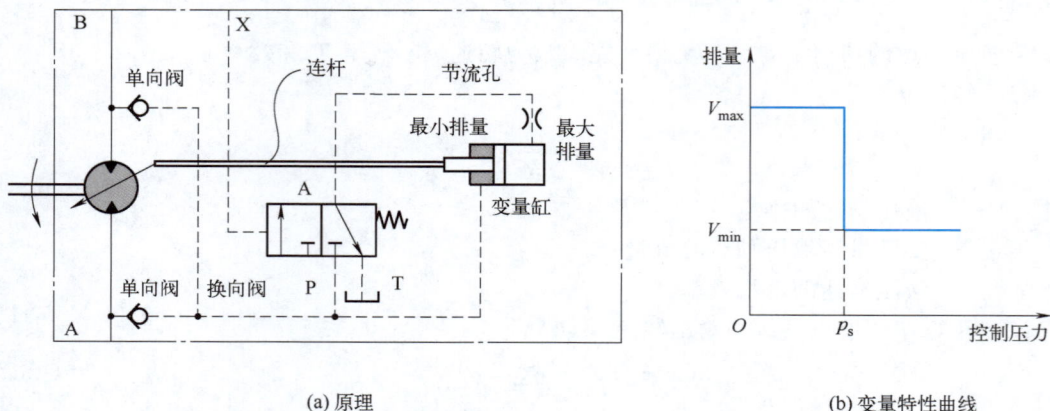

(a) 原理   (b) 变量特性曲线

图 3-28　液控两点变量式液压马达

此液压马达可以用于工程机械的行走驱动系统、卷扬系统等，实现轻载高速、重载低速的设计思路。

轴向柱塞式液压马达具有结构紧凑、体积小、重量轻、功率密度大、效率高、易实现变量等优点，在工程机械、运输机械、矿山机械、冶金机械、船舶、舰艇、飞机等领域得到广泛应用。但轴向柱塞式液压马达的结构较复杂，耐油液污染能力差，价格贵。

工作实施

（1）液压马达的转矩计算　负载需要的最大转矩 T_1 为

$$T_1 = F_{max} \frac{D}{2} = \frac{37.5 \times 10^3 \times 0.5}{2} = 9375 \ (\text{N} \cdot \text{m})$$

对于液压马达来说，其最大转矩 T_2 为

$$T_2 = \frac{T_1}{i\eta_r} = \frac{9375}{36.5 \times 0.9} = 285.4 \ (\text{N} \cdot \text{m})$$

（2）液压马达的排量计算　如果选用齿轮式液压马达，额定压力为 21MPa，则工作压差 $p_1 - p_2 = 21 - 1 = 20$（MPa）。

$$V_{m1} = \frac{2\pi T_2}{(p_1 - p_2)\eta_{m1}} = \frac{2 \times 3.14 \times 285.4}{20 \times 0.83} = 108.0 \ (\text{mL})$$

如果选用柱塞式液压马达，额定压力为 31MPa，则工作压差 $p_1 - p_2 = 31 - 1 = 30$（MPa）。

$$V_{m2} = \frac{2\pi T_2}{(p_1 - p_2)\eta_{m2}} = \frac{2 \times 3.14 \times 285.4}{30 \times 0.89} = 67.2 \ (\text{mL})$$

根据至此的计算，表 3-6 中可能的选项有序号 2 和序号 5。

（3）液压马达的转速计算　液压马达的实际转速 n_m 应该不小于

$$n_m \geqslant \frac{v_r i}{\pi D} = \frac{120 \times 36.5}{3.14 \times 0.5} = 2788 \ (\text{r/min})$$

可见，序号 2 的额定转速不满足要求，可能的选项只有序号 5，即 A2FM80。

当油液以最大流量进入此液压马达时，其实际转速为

$$n_{mr} = \frac{q_{max}\eta_{mv}}{V} = \frac{2.50 \times 0.93}{80 \times 10^{-3}} = 2906 \ (r/min)$$

可见，实际转速大于需求转速，满足系统要求。

（4）延伸的讨论　从以上计算可见，在设计时，由于在使用压力方面做了一定的保留，设计压力为 31MPa，使得在选用柱塞式液压马达时，其排量要大于 67.2mL。假如适当提高使用压力，例如选用 34MPa，液压马达的排量大于 61.1mL 即可。也就是说，序号 4 中的 A2FM63 就可以满足系统需要。一般来说，A2FM63 要比 A2FM80 的体积小、重量轻，且价格便宜。然而，更高的工作压力可能导致使用寿命缩短、管路等处泄漏的可能性增加等潜在问题。

从以上讨论可知，系统设计过程中，存在一些设计者可以自行决定的因素，由此可能会有很多合适的选项，需要设计者在成本、体积、重量、使用寿命等诸多因素上综合考虑。此外，液压马达是标准液压元件，一般由专业的厂家生产，液压系统设计者可以挑选合适的产品。

📁 知识拓展

从能量转化的观点来看，液压泵与液压马达是可逆液压元件，向任何一种液压泵输入工作液体，都可使其变成液压马达工况；反之，当液压马达的主轴由外力矩驱动旋转时，也可变为液压泵工况。因为它们具有同样的基本结构要素——密闭而又可以周期变化的容积和相应的配油机构。但是，由于液压马达和液压泵的工作条件不同，对它们的性能要求也不一样，所以，同类型的液压马达和液压泵之间，仍存在许多差别。

第一，液压马达应能够正、反转，因而要求其内部结构对称，例如配油盘结构、油口尺寸，这也决定了液压马达一般有泄油口，而部分液压泵有泄油口，部分没有。

第二，液压马达的转速范围需要足够大，特别对它的最低稳定转速有一定的要求。因此，它通常都采用滚动轴承或静压滑动轴承。

第三，液压马达由于在输入压力油条件下工作，因而不必具备自吸能力，因此液压马达的油口尺寸相对较小。

第四，液压马达需要良好的初始密封性，以提供必要的启动转矩。

综上所述，由于存在着这些差别，使得液压马达和液压泵在结构上比较相似，但不能可逆工作。

✏️ 练习题

3-1　液压系统的执行元件有哪几种？分别实现什么功能？

3-2　液压马达按其结构类型分为哪几种形式？按额定转速可分为哪几种形式？

3-3　液压缸的主要参数有哪几个？如何计算？

3-4　活塞式液压缸可分为哪两种结构？有何特点？

3-5　密封装置有哪些结构形式？如何选用？

3-6　如何实现液压缸的排气和缓冲？

3-7　设计一单杆活塞式液压缸，已知外载 $F = 3 \times 10^4 N$，活塞和活塞处密封圈摩擦阻力为 $F_f = 10 \times 10^2 N$，液压缸的工作压力为 5MPa，试计算液压缸内径 D。若活塞最大移动速度为 0.05m/s，液压缸的容积效率为 0.9，应选用多大流量的液压泵？若泵的总效率为 0.8，电动机的驱动功率应为多少？

3-8 某液压马达要求输出 $25.5\text{N}\cdot\text{m}$ 的转矩，转速为 30r/min，排量为 105mL/r，机械效率和容积效率均为 0.90，出口压力为 $2\times10^{5}\text{Pa}$，试求液压马达所需的流量和压力各为多少？

3-9 柱塞式液压缸柱塞的直径 $d=100\text{mm}$，输入的流量 $q=20\text{L/min}$，求柱塞运动的速度 v 为多少？

3-10 已知某液压马达的排量为 260mL/r，入口压力为 10MPa，出口压力为 1.0MPa，总效率为 0.8，容积效率为 0.9。当输入流量为 22L/min 时，求液压马达实际转速和输出转矩。

3-11 某一差动液压缸，求在 $V_{快进}=V_{快退}$ 和 $V_{快进}=2V_{快退}$ 两种条件下，活塞面积 A_1 与活塞面积 A_2 之比。

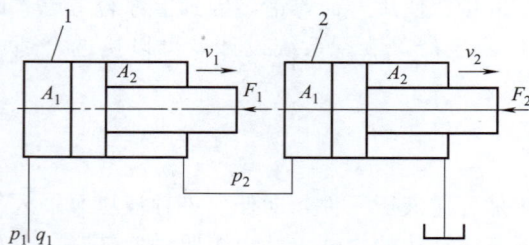

题 3-12 图

3-12 如题 3-12 图所示，两个结构相同相互串联的液压缸，无杆腔的面积 $A_1=100\times10^{-4}\text{m}^2$，有杆腔的面积 $A_2=80\times10^{-4}\text{m}^2$，缸 1 的输入压力 $p_1=0.9\text{MPa}$，输入流量 $q=12\text{L/min}$，不计摩擦损失表泄漏，求：

① 两缸承受相同负载（$F_1=F_2$）时，该负载的数值及两缸的运动速度；

② 缸 2 的输入压力是缸 1 的一半（$p_1=2p_2$）时，两缸各能承受多少负载？

③ 缸 1 不承受负载（$F_1=0$）时，缸 2 能承受多少负载？

项目4 ▶▶

液压辅助元件及其在汽车起重机中的应用

任务1　汽车起重机液压油箱的分析

📚 学习目标

1. 熟悉油箱的典型结构及常用附件，能够说明各自的作用；
2. 掌握常见过滤器的类型及主要性能指标，能够根据实际情况选择合适的过滤器；
3. 了解热交换器的种类及特点；
4. 熟悉并能说明管路组件的类型、特点及使用条件。

📋 任务书

小李在车间看到一个"铁皮柜子"，上面安装了很多他不认识的零件和管接头。看了图纸后，他才知道这是油箱，如图 4-1 所示。以前小李从没有想过油箱这么复杂。

任务：请帮助小李弄清楚油箱和上面零部件的作用。

图 4-1　油箱

请自行查阅有关资料，完成如下问题。

引导问题1：油箱主要有哪些功能？

引导问题2：油箱上常见的附件有哪些？

引导问题3：油箱通常由哪些常用材质制成？如何对内壁做防锈处理？

引导问题4：油箱的体积如何确定和计算？

引导问题5：在设计油箱时，吸油口和回油口在液压油箱的什么位置？有哪些基本要求？

📄 相关知识

液压辅助元件是液压系统不可缺少的组成部分，在液压系统中起辅助作用，其把组成液压系统的各种液压元件连接起来，并保证液压系统正常工作。液压辅助元件包括油箱、过滤器、蓄能器、热交换器、油管组件等。

实践证明，液压辅助元件虽起辅助作用，但由于设计、安装和使用时，对液压辅助元件的疏忽大意，往往造成液压系统不能正常工作。因此，对液压辅助元件的正确设计、选择和使用应给予足够的重视。

除油箱需根据机械装置和工作条件来进行必要的设计外，常用液压辅助元件已标准化、系列化，选用时，可按系统的最大压力和最大流量合理选用。

1.1 油箱

（1）油箱的功用与分类　油箱的基本功能是储存工作介质，散发系统工作时产生的热量，分离油液中混入的空气，沉淀杂质。油箱上安装有很多辅件，如过滤器、冷却器、加热器及液位计等。

按油箱内液面是否与大气相通，油箱可分为开式油箱与闭式油箱。开式油箱如图4-2所示。闭式油箱则用于水下和高空等无稳定气压的场合。开式油箱的液面与大气相通，在油箱盖上装有空气过滤器，结构简单，安装维护方便，在一般的液压系统普遍采用。闭式油箱一

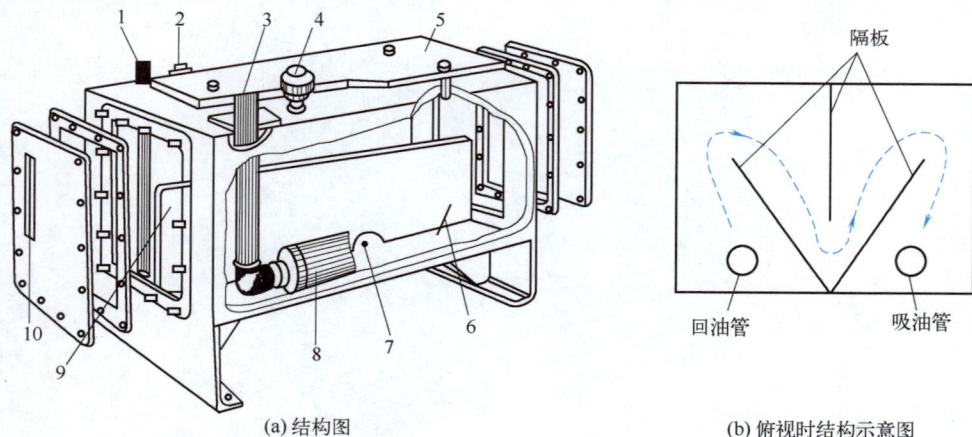

(a) 结构图　　　　　　　　　　　　　　(b) 俯视时结构示意图

图 4-2　开式油箱

1—回油管；2—泄油管；3—吸油管；4—空气过滤器；5—安装板；6—隔板；
7—放油口；8—吸油过滤器；9—清洗窗；10—液位计

般用于压力油箱，内充一定压力的惰性气体，充气压力可达 0.05MPa。这里仅介绍开式油箱。如果按油箱的形状来分，可分为矩形油箱和圆罐形油箱。矩形油箱制造容易，箱上易安放液压元件，所以被广泛采用。圆罐形油箱强度高、重量轻、易于清扫，但制造较难，占用空间较大，在大型冶金设备中经常采用。

（2）油箱的设计要点　在初步设计时，油箱的有效容积 V 可按下述经验公式确定

$$V = mq_p \tag{4-1}$$

式中　V——油箱的有效容积，L；

$\quad q_p$——液压泵的流量，L/min；

$\quad m$——系数，min，低压系统为 2～4min，中压系统为 5～7min，中高压或高压系统为 6～12min。

对功率较大且连续工作的液压系统，必要时还要进行热平衡计算，以最终确定油箱容量。

设计油箱时应考虑如下几点。

① 油箱必须有足够大的容积。一方面应尽可能地满足散热的要求，另一方面，在液压系统停止工作时，应能容纳系统中的所有工作介质，而工作时又能保持适当的液位。

② 吸油管和回油管应插入最低液面以下，以防止吸空和回油飞溅产生气泡。管口与箱底、箱壁的距离一般不小于管径的 3 倍。吸油管可安装 100 μm 左右的过滤器，安装位置要便于装卸过滤器。回油路上可以安装回油过滤器。回油管口要斜切 45°角并面向箱壁，以防止回油冲击油箱底部的沉积物，同时也有利于散热。

③ 吸油管和回油管之间的距离要尽可能地远些，它们之间应设置隔板，以加大液流循环的途径，这样能提高散热、分离空气及沉淀杂质的效果。隔板高度为液面高度的 2/3～3/4。

④ 为了保持油液清洁，油箱应有周边密封的盖板，各进出管路管口处应妥善密封。盖板上装有空气过滤器，注油及通气一般都通过空气过滤器来完成。为便于放油和清理，箱底要有一定的斜度，并在最低处设置放油阀或放油螺塞。对于不易开盖的油箱，要设置清洗孔，以便于油箱内部的清理。

⑤ 油箱底部应距地面 150mm 以上，以便于搬运、放油和散热。在油箱的适当位置要设吊耳，以便吊运，还要设置液位计，以监视液位。

⑥ 油箱多使用 2～4mm 厚的碳钢钢板焊接而成。对油箱内表面的防腐处理要给予充分的注意。常用的方法如下。

a. 酸洗后磷化。适用于所有介质，但受酸洗磷化槽限制，油箱不能太大。

b. 喷丸后直接涂防锈油。适用于一般矿物油和合成液压油，不适合含水液压油。因不受处理条件限制，大型油箱较多采用此方法。

c. 喷砂后热喷涂氧化铝。适用于除水-乙二醇外的所有介质。

d. 喷砂后进行喷塑。适用于所有介质。但受烘干设备限制，油箱不能过大。

考虑油箱内表面的防腐处理时，不但要考虑介质的相容性，还要考虑处理后的可加工性、制造到投入使用之间的时间间隔以及经济性。条件允许时，采用不锈钢制油箱无疑是最理想的选择。

1.2　过滤器

过滤器的主要功能是清除油液中的固体杂质，使油液保持清洁，延长液压元件的使用寿命，保证系统工作可靠。图 4-3 所示为过滤器的图形符号。

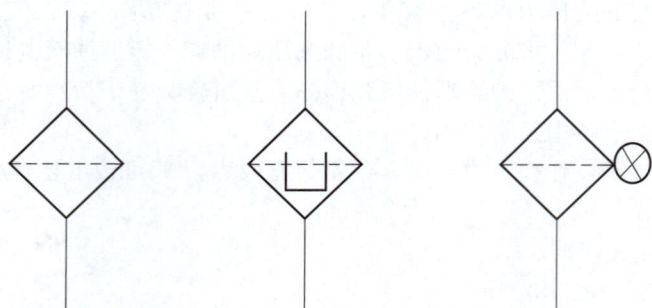

(a) 一般符号   (b) 磁性过滤器的符号   (c) 带污染指示器的过滤器符号

图 4-3   过滤器的图形符号

（1）过滤器的主要性能指标

① 过滤精度。表示过滤器对各种不同尺寸污染颗粒的滤除能力。常用的评定指标为绝对过滤精度和过滤比。绝对过滤精度是指能通过滤芯元件的坚硬球状颗粒的最大尺寸，它反映了滤芯的最大通孔尺寸。它是选择过滤器要参考的最重要的性能指标。过滤比 β_x 是指过滤器上游油液中大于某尺寸 x 的颗粒数与下游油液中大于 x 的颗粒数之比。β_x 越大，过滤精度越高。

② 压降特性和纳垢容量。压降特性是指油液通过过滤器滤芯时所产生的压力损失。过滤精度越高，压降越大。纳垢容量是指过滤器的压降达到规定值前，可以滤除或容纳污染物的数量。

（2）过滤器的主要类型   过滤器主要分为网式过滤器、线隙式过滤器、纸芯式过滤器、烧结式过滤器、磁性过滤器。

① 网式过滤器。图 4-4 所示为网式过滤器，它的结构是在周围开有很多窗孔的塑料或金属筒形骨架上包钢丝网，过滤精度由网孔大小和层数决定。网式过滤器结构简单，通流能力大，清洗方便，压降小（一般为 0.025MPa），但过滤精度低，常用于泵入口处，用来滤除混入油液中的较大颗粒的杂质，保护液压泵免遭损坏。因为需要经常清洗，安装时需要注意便于拆装。

② 线隙式过滤器。图 4-5 所示为线隙式过滤器，它用铜线或铝线 2 密绕在筒形芯架的

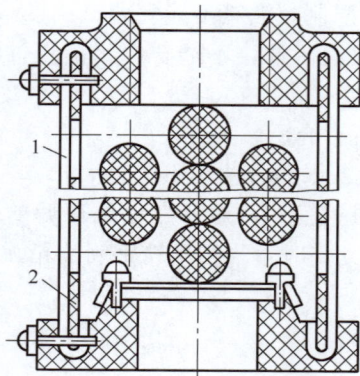

图 4-4   网式过滤器

1—筒形骨架；2—钢丝网

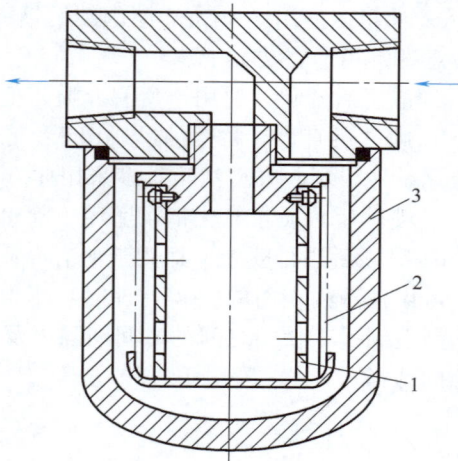

图 4-5   线隙式过滤器

1—芯架；2—线圈；3—壳体

外部组成滤芯，并装在壳体 3 内（用于吸油管路中的过滤器则无壳体）。线隙式过滤器依靠铜（铝）丝间的微小间隙来滤除固体颗粒，油液经线间缝隙和芯架槽孔流入过滤器内，再从上部孔道流出。这种过滤器结构简单，通流能力强，不易清洗，过滤精度高于网式过滤器，一般用于低压回路或辅助回路。

③ 纸芯式过滤器。图 4-6 所示为纸芯式过滤器的结构。纸芯式过滤器又称纸质过滤器，其结构类同于线隙式，只是滤芯为滤纸，油液经过滤芯时，通过滤纸的微孔滤去固体颗粒。为了增大滤芯强度，一般滤芯由三层组成：外层 2 为粗眼钢板网，中间层 3 为折叠成 W 形的滤纸，里层 4 由金属网与滤纸一并折叠而成。滤芯中央还装有支承弹簧 5。纸芯式过滤器过滤精度高，可在高压下工作，结构紧凑，重量轻，通流能力大，但易堵塞，无法清洗，需经常更换滤芯，常用于过滤精度要求高的高压系统。

④ 烧结式过滤器。图 4-7 所示为烧结式过滤器，选择不同粒度的粉末烧结成不同厚度的滤芯可以获得不同的过滤精度。油液从侧孔进入，依靠滤芯颗粒之间的微孔滤去油液中的杂质，再从中孔流出。烧结式过滤器的过滤精度较高，滤芯强度大，抗冲击性能好，能在高温下工作，有良好的抗腐蚀性，且制造简单。缺点是易堵塞，难清洗，使用过程中烧结颗粒可能会脱落。一般用于过滤精度要求较高的液压系统中。

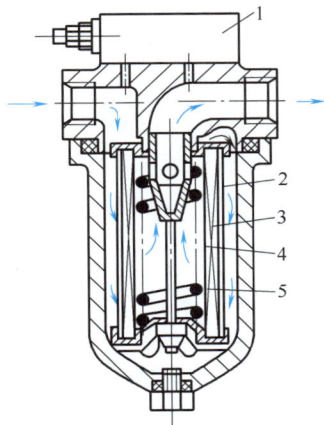

图 4-6　纸芯式过滤器

1—污染指示器；2—滤芯外层；3—滤芯中间层；
4—滤芯里层；5—支承弹簧

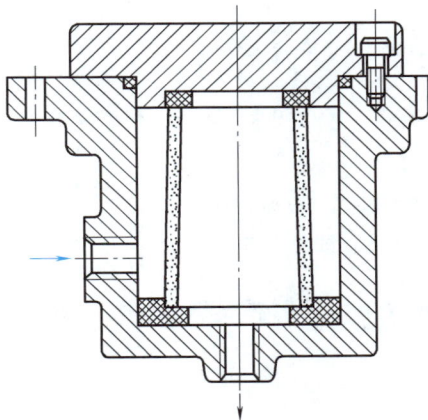

图 4-7　烧结式过滤器

⑤ 磁性过滤器。磁性过滤器往往是在过滤器中增加磁铁来实现的。磁性过滤器的图形符号如图 4-3（b）所示，其利用磁铁吸附铁磁性微粒，对其他污染物不起作用，故一般不单独使用。

（3）过滤器的安装位置

① 安装在泵的吸油口。用来保护泵，使其不致吸入较大的机械杂质。根据泵的要求，可用较粗精度的过滤器，为了不影响泵的吸油性能，防止发生气穴现象，过滤器的过滤能力至少应为泵流量的 2 倍，压力损失要尽可能小。

② 安装在泵的出油口。可保护系统中除泵和溢流阀之外的所有元件。这种安装主要用来滤除进入液压系统的杂质，一般采用过滤精度 $10\sim15\mu m$ 或更高精度的过滤器。它应能承受油路的工作压力和冲击压力，其压力降应小于 0.35MPa，并应有安全阀或堵塞状态发信装置，以防泵过载和滤芯损坏。

③ 安装在系统的回油路上。可滤除油液流回油箱之前的污染物，为液压泵提供清洁的油液。因回油路压力很低，可采用滤芯强度不高的精过滤器，并允许过滤器有较大的压力降。

④ 安装在系统的分支油路上。当泵的流量较大时，若仍在上述位置安装，过滤器可能过大。为此，可在只有泵流量20%～30%的支路上安装小规格过滤器，以对油液起滤清作用。这种过滤方法在工作时，只有系统流量的一部分通过过滤器，因而其缺点是不能完全保证液压元件的安全。

⑤ 安装在系统外的过滤回路上。大型液压系统可专设一由液压泵和过滤器构成的滤油子系统，以滤除油液中的杂质，保护主系统。过滤车即是这种专设的过滤系统。

安装过滤油器时应注意，一般过滤器只能单向使用，即进、出口不可互换，以利于滤芯的清洗和安全。因此，过滤器不要安装在液流方向可能变换的油路上，必要时可增设单向阀和过滤器。

1.3 热交换器

液压系统中油液的工作温度一般以40～60℃为宜，最高不超过65℃。油温过高或过低都会影响系统正常工作。为控制油液温度，油箱上常安装冷却器和加热器。冷却器和加热器的图形符号见图4-8。

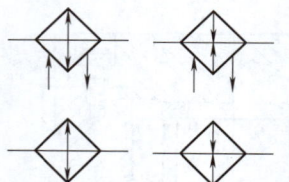

(a)冷却器符号　(b)加热器符号

图4-8　热交换器图形符号

（1）冷却器　图4-9所示的冷却器是一种水冷式强制对流式多管冷却器，油液从进油口a流入，从出油口b流出。冷却水从进水口流入，通过多根水管后由出水口流出。油液在水管外部流动时，它的行进路线因冷却器内设置了隔板而加长，因而增加了散热效果。近年来出现一种翅片管式冷却器，水管外面增加了许多横向或纵向散热翅片，显著增加了散热面积，提升了热交换效果，其散热面积可达光滑管的8～10倍。

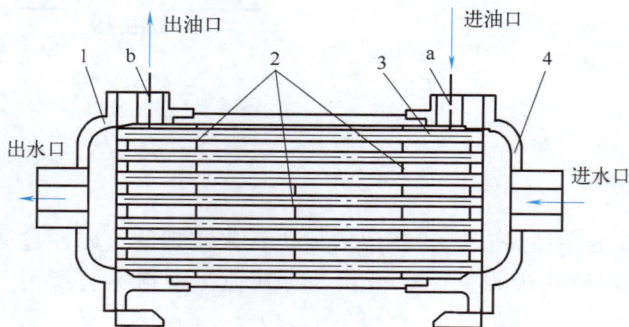

(a)原理

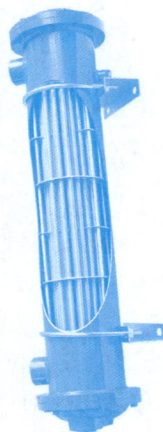

(b)实物

图4-9　水冷式强制对流式多管冷却器

1—左端盖；2—隔板；3—水管；4—右端盖；a—进油口；b—出油口

当液压系统散热量较大时，可使用化工行业中的水冷式板式换热器，它可及时地将油液中的热量散发出去。其参数及使用方法见相应的产品说明。

在一些不易获得水源的场合，例如工程机械上，可以使用风冷式冷却器。此类冷却器的特点是使用空气作为热交换的介质进行热量交换，热量通过空气带走，所以也称作空气冷却器。图 4-10 给出了典型的风冷式冷却器实物。

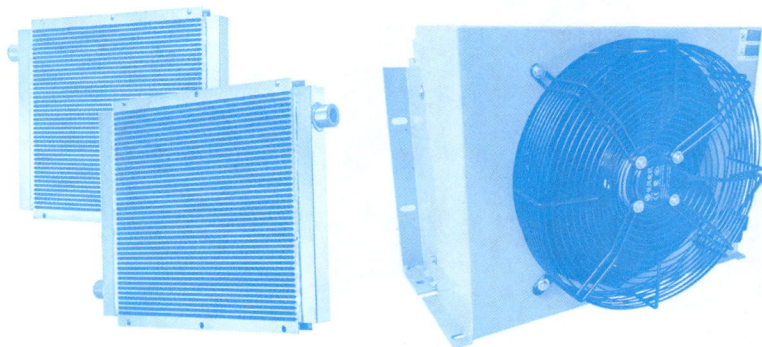

图 4-10　一种风冷式冷却器

一般冷却器的最高工作压力在 1.6MPa 以内，使用时应安装在回油管路或低压管路上，所造成的压力损失一般为 0.01～0.1MPa。图 4-11 所示是冷却器常用的一种连接方式。冷却器的安装位置对其使用寿命影响很大。

在液压系统中，一般有三种冷却方式：一是泄漏油冷却；二是回油冷却；三是独立循环冷却。在实际使用中，回油路上设置冷却器最为常见。设计时，要因地制宜地选择冷却方式。

（2）加热器　液压系统的加热一般采用电加热器实现，加热器的安装方式如图 4-12 所示，它用法兰盘水平安装在油箱侧壁上，发热部分全部浸在油液内。加热器应安装在油液流动处，以利于热量交换。由于油液是热的不良导体，单个加热器的功率容量不能太大，以免其周围油液的温度过高而发生变质现象。

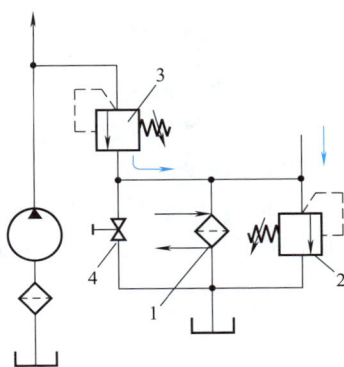

图 4-11　冷却器的连接方式
1—冷却器；2—背压阀；
3—溢流阀；4—截止阀

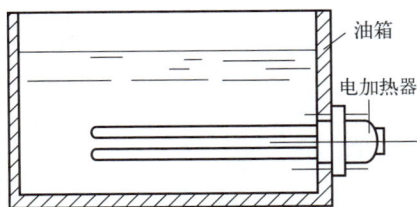

(a) 安装示意图

(b) 实物

图 4-12　加热器

1.4　液位计

为了及时了解油箱内的液位高低，油箱上一般安装有液位计（图 4-13）。图 4-13（a）给出了一种常见的液位计实物，这是一种利用连通器原理来显示油箱内部液位的液位计，此液位计还集成了温度计。图 4-13（b）给出了液位计的图形符号。

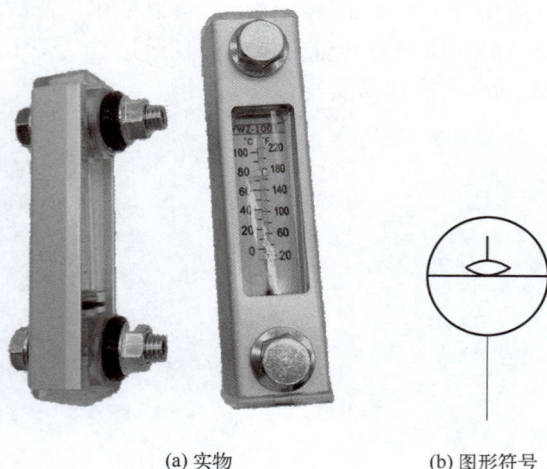

(a) 实物　　　　　　　　(b) 图形符号

图 4-13　液位计

1.5　油管组件

（1）油管　液压系统中使用的油管包括钢管、铜管、尼龙管、塑料管、橡胶软管等多种类型，应根据液压元件的安装位置、使用环境和工作压力等进行选择。

钢管能承受高压（可达 35MPa 以上）、价格低廉、耐油、抗腐蚀、刚性好，但装配时不能任意弯曲，安装尺寸要精确，因而多用于中、高压系统的压力管道，见图 4-14。一般中、高压系统用 10 号、15 号冷拔无缝钢管，低压系统可用焊接钢管。

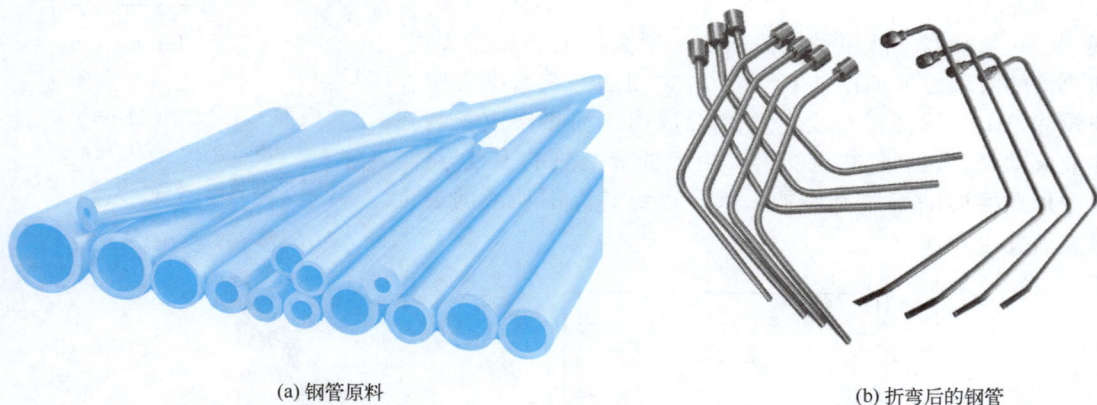

(a) 钢管原料　　　　　　　　　　　　(b) 折弯后的钢管

图 4-14　钢管

紫铜管装配时，易弯曲成各种形状，但承压能力较低（一般不超过 10MPa）。铜是贵重材料，抗振能力较差，又易使油液氧化，应尽量少用。紫铜管一般只用在液压装置内部配接不便之处。黄铜管可承受较高的压力（25MPa），但不如紫铜管那样容易弯曲成形。

尼龙管是一种新型的乳白色半透明管，承压能力因材料而异，目前的技术可达 20MPa，但是目前在液压系统中应用较少。

耐油塑料管价格便宜，装配方便，可以目视油液的流动，但其承压能力差，只适用于工作压力小于 0.5MPa 的管道，如回油路、泄油路等。塑料管长期使用后会变质老化。

橡胶软管用于两个相对运动件之间的连接，或元件存在振动的场合。如图 4-15 所示，橡胶软管一般由几层钢丝编织或缠绕的耐油橡胶制成，钢丝层数越多，耐压等级越高。目前的技术，高压橡胶软管的耐压等级可达 45MPa 以上。低压橡胶软管由夹有帆布的耐油橡胶或聚氯乙烯制成，多用于低压回油管道。

(a) 成捆的橡胶软管   (b) 横截面

图 4-15　橡胶软管

（2）管接头　液压系统中油液的泄漏多发生在管路的连接处，所以管接头的重要性不容忽视。在强度足够的条件下，管接头必须能在振动、压力冲击下保持管路的密封性。在高压处油液不能向外泄漏，在有负压的吸油管路中，不允许空气向内渗入。常用的管接头有以下几种。

① 焊接式管接头。如图 4-16 所示，此类管接头利用接管与钢管焊接得到完整的管路，多用于钢管连接中。图 4-16（a）所示的管接头不使用密封圈，其接头体与液压元件之间使

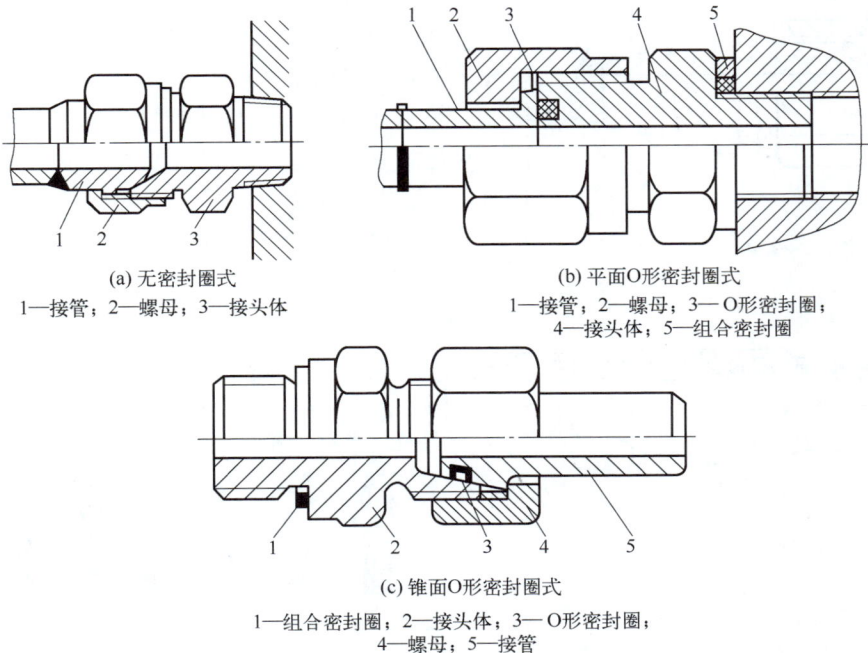

(a) 无密封圈式
1—接管；2—螺母；3—接头体

(b) 平面O形密封圈式
1—接管；2—螺母；3— O形密封圈；
4—接头体；5—组合密封圈

(c) 锥面O形密封圈式
1—组合密封圈；2—接头体；3— O形密封圈；
4—螺母；5—接管

图 4-16　焊接式管接头

用锥螺纹密封，与接管之间利用球面进行密封，结构简单而可靠。图4-16（b）所示的管接头，其接头体与液压元件之间使用组合密封圈密封；接头体与接管连接端均加工成平面，两者之间利用O形密封圈密封。图4-16（c）所示的管接头，其接头体与液压元件之间使用组合密封圈密封；接头体与接管连接端分别加工成外锥面和内锥面，两者之间利用O形密封圈密封。

② 卡套式管接头。如图4-17所示，这种管接头也用于钢管连接中。它利用卡套卡住钢管进行密封，轴向尺寸精度要求不高，装拆简便，不必事先焊接或扩口，但对油管的径向尺寸精度要求较高，一般用精度较高的冷拔精密无缝钢管作油管。接头体与卡套之间利用锥面密封，接头体与液压元件之间使用密封圈密封。

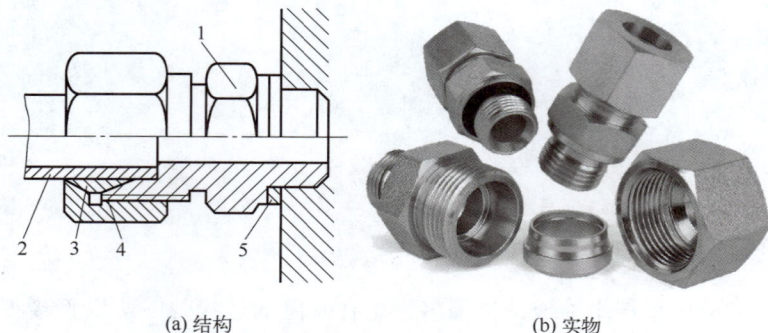

(a) 结构　　　　　　　　　　　(b) 实物

图4-17　卡套式管接头

1—接头体；2—钢管；3—卡套；4—螺母；5—密封圈

③ 扩口式管接头。如图4-18所示，扩口式管接头由接头体1、管套2和接头螺母3组成。它只适用于薄壁铜管、工作压力不大于8MPa的场合，拧紧接头螺母，通过管套就使带有扩口的管子压紧密封。其适用于低压系统。

图4-18　扩口式管接头

1—接头体；2—管套；3—接头螺母

④ 胶管接头。胶管接头有可拆式和扣压式两种，随管径不同，可用于工作压力在6～40MPa的液压系统中。图4-19所示为扣压式管接头，这种管接头的连接和密封部分与普通的管接头是相同的，只是要把接管加长，芯管1和接头外套2一起将软管夹住（需在专用设备上扣压而成），使管接头和胶管连成一体。

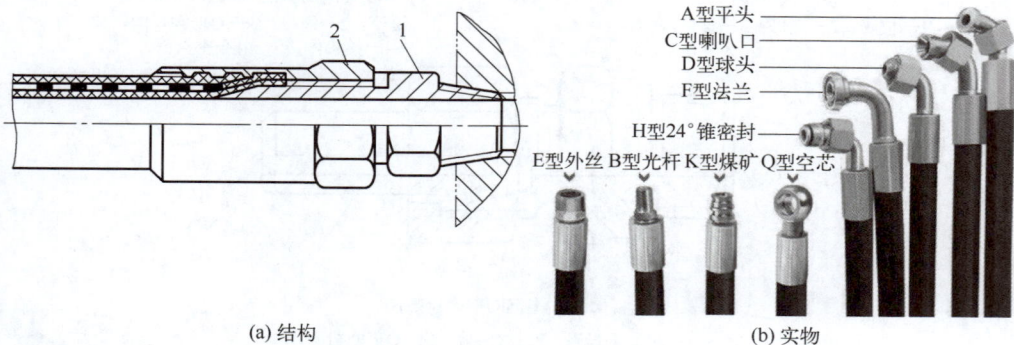

(a) 结构　　　　　　　　　　　(b) 实物

图4-19　扣压式管接头

1—芯管；2—接头外套

⑤ 快速接头。快速接头全称为快速装拆管接头，无需装拆工具，适用于经常装拆处。图 4-20 所示的快速接头安装于油路接通的工作位置。需要断开油路时，可用力把外套 4 向左推，再拉出接头体 5，钢球 3（有 6～12 颗）即从接头体槽中退出。同时，单向阀的锥形阀芯 2 和 6 分别在弹簧 1 和 7 的作用下将两个阀口关闭，油路即断开。这种管接头结构复杂，压力损失大，价格昂贵。

(a) 结构   (b) 实物

图 4-20　快速接头

1,7—弹簧；2,6—锥形阀芯；3—钢球；4—外套；5—接头体

⑥ 伸缩管接头。如图 4-21 所示，这种接头用于两根管子有相对直线运动要求的场合。这种管接头的结构类似一个柱塞缸。移动管的外径必须精密加工，固定管的管口处则需加粗，并设置导向部分和密封装置。

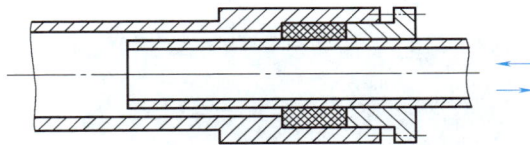

图 4-21　伸缩管接头

⑦ 中心回转接头。中心回转接头主要用于有回转运动的液压、气动机械的管道的连接，如挖掘机、起重机、高空作业车等工程机械。它被用于连接相对固定部件和旋转部件的液压、气动管路，电路，水路等，以避免软管连接在旋转运动时发生管路互相缠绕。中心回转接头主要由壳体、芯轴、压盖、旋转密封件和标准件等组成。图 4-22 给出了中心回转接头的结构。中心回转接头芯轴上一般带有固定用的法兰，壳体连接上车管路，芯轴连接下车管路。当设备旋转时，设备的转动部分通过壳体上的拨叉带动壳体，壳体与内部芯轴产生相对旋转运动，由于环形油道的设计，圆周范围内可任意转向，均能保持壳体油道与对应芯轴油道贯通，实现连续回转。

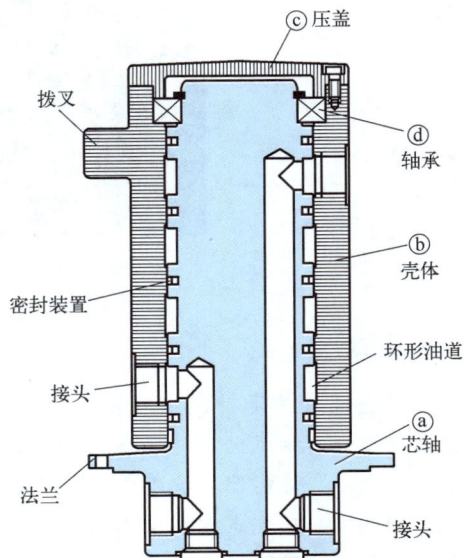

图 4-22　中心回转接头

　　油箱是液压系统中重要的液压辅助元件，不仅发挥着储油的作用，还有散热、分离空气以及沉淀杂质等多种用途。不仅如此，由于油箱有较大的体积和表面积，很多其他液压辅助元件也安装在油箱上或附近。这些液压辅助元件包括过滤器、液位计、散热器等。这些辅助元件的具体作用见"相关知识"部分内容。

任务 2　蓄能器在起重机上的应用分析

学习目标

　　1. 掌握常见蓄能器的种类及特点；
　　2. 熟悉蓄能器的功能及典型用法；
　　3. 了解蓄能器的选型计算方法。

任务书

　　小李在学习起重机底盘上的液压系统的装配时，发现有些底盘上没有常见的钢板弹簧，而是一个个的"铁罐子"（圆圈处），如图 4-23 所示。他请教了师傅，得知这个"铁罐子"叫蓄能器，用于替代常规的钢板弹簧。

　　任务：请查找资料，掌握蓄能器的原理和作用。

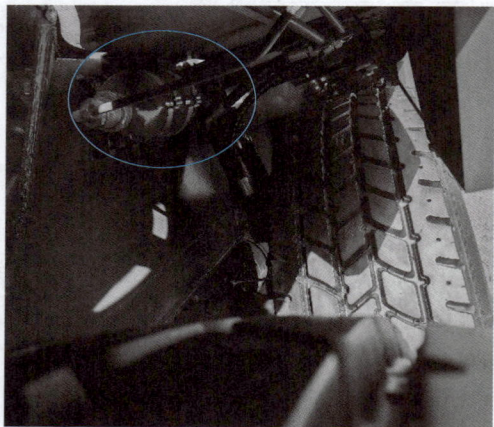

图 4-23　某起重机油气悬挂照片

自主探索

　　请自行查阅有关资料，完成如下问题。
　　引导问题 1：按照储存能量方式的不同，蓄能器有哪些常见种类？
　　引导问题 2：蓄能器主要有哪些常见的用途？
　　引导问题 3：充气式蓄能器有哪些不同结构类型？
　　引导问题 4：蓄能器在安装使用时有哪些需要注意的要点？
　　引导问题 5：蓄能器的发展方向和新进展是什么？

蓄能器是液压系统中的储能元件，它可以储存多余的能量，并在需要时释放出来供给液压系统。

按照蓄能方式的不同，蓄能器可以分为重力式、弹簧式和充气式三大类。重力式蓄能器通过提升加载在密封活塞上的质量块，把液压系统中的压力能转化为重力势能积蓄起来。此类蓄能器结构简单、压力稳定，缺点是安装局限性大，只能垂直安装；质量块惯性大，不灵敏。弹簧式蓄能器依靠压缩弹簧把液压系统中的过剩压力能转化为弹簧势能存储起来，需要时释放出去。其结构简单，成本较低。但是因为弹簧伸缩量有限，而且弹簧的伸缩对压力变化不敏感，消振功能差，所以只适合小容量、低压系统，或者用作缓冲装置。目前大量使用的蓄能器是充气式蓄能器。此类蓄能器是利用气体膨胀和压缩进行工作的。充气式蓄能器根据结构的不同分为活塞式、气囊式、隔膜式三种。

（1）蓄能器的分类

① 活塞式蓄能器（图 4-24）。活塞式蓄能器主要由活塞、缸体、两端的缸盖、充气阀等零部件组成。活塞 1 将缸体 2 分成两个腔，上腔中为压缩气体（氮气），下腔中是高压油液。气体由设置在上部缸盖上的充气阀 3 充入。下部缸盖上设计有油孔 a，实现与液压系统的连通。活塞 1 上装有密封圈，活塞的凹部面向气体，以增加气室的容积。活塞 1 随着压力油的储存和释放而在缸体 2 内来回滑动。这种蓄能器结构简单、使用寿命长，主要用于大体积和大流量的场合。但因活塞有一定的惯性和密封圈存在较大的摩擦力，所以反应不够灵敏，不宜用于吸收脉动和液压冲击的场合以及低压系统。此外，活塞的密封圈磨损后，会使气液混合，影响液压系统的工作稳定性。

② 气囊式蓄能器。气囊式蓄能器主要包括充气阀 1、壳体 2、气囊 3 和提升阀 4 等零部件，其结构如图 4-25 所示。气囊 3 用耐油橡胶制成，固定在耐高压的壳体 2 的上部。气囊 3

活塞式蓄能器

气囊式蓄能器

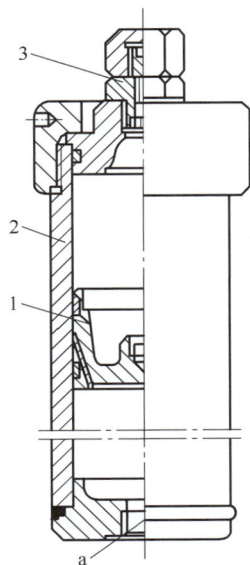

图 4-24　活塞式蓄能器

1—活塞；2—缸体；3—充气阀；a—油孔

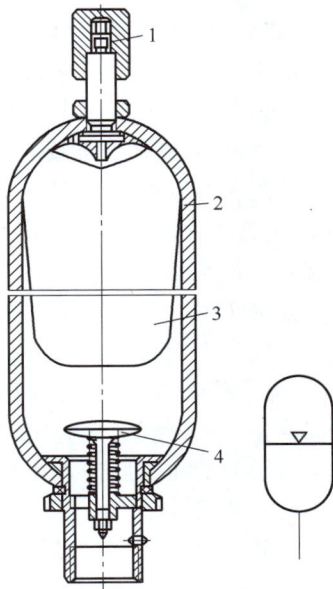

图 4-25　气囊式蓄能器

1—充气阀；2—壳体；3—气囊；4—提升阀

通过提升阀 4 充入惰性气体。壳体 2 下端的油口处设置有提升阀 4，用于在油液全部排出时，防止气囊膨胀挤出油口。此结构使气、液密封可靠，并且因气囊惯性小而具有较快的响应速度。因此，这种蓄能器应用非常广泛，可以用于蓄能和吸收冲击的场合。

③ 隔膜式蓄能器。隔膜式蓄能器的工作原理如下：容器被隔膜分成两个部分——上部和下部。上部是蓄能器内的高压气体，而下部则是工作流体。当流体进入蓄能器时，隔膜会随着流体的进入而受压，从而压缩上部的气体。当需要释放储存的能量时，压缩气体会推动隔膜，将储存的流体推出蓄能器。这种蓄能器结构简单、反应灵敏、使用寿命长，主要用于小体积和小流量的吸收压力脉动和冲击的场合。图 4-26 给出了一种隔膜式蓄能器的实物。

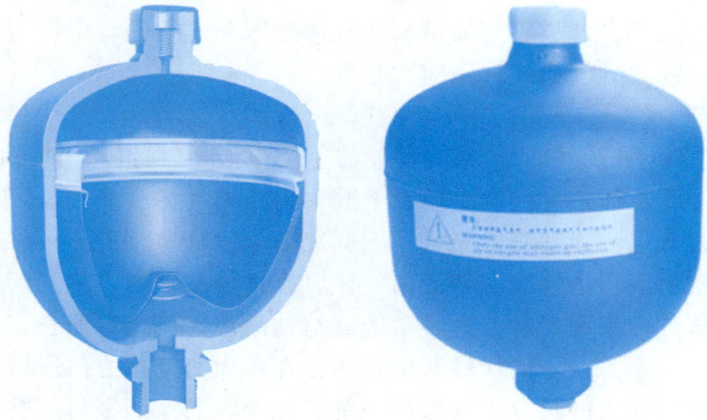

(a) 内部剖视图   (b) 实物

图 4-26　隔膜式蓄能器

（2）蓄能器的功用

① 用作辅助动力源。在间歇工作或实现周期性动作循环的液压系统中，蓄能器可以把液压泵输出的多余压力油储存起来，当液压系统需要时，由蓄能器释放出来，这样可以减少液压泵的额定流量，从而减小电动机的功率消耗，降低液压系统的温升。

② 保压补漏。若液压缸需要在相当长的一段时间内保压而无动作，可用蓄能器保压并补充泄漏，这时可令泵卸荷，实现一定的节能效果。

③ 用作应急动力源。有些液压系统（如静压轴承供油系统），当泵出现故障或停电不能正常供油时，可能会发生事故，或有的系统要求在供油突然中断时，执行元件应继续完成必要的动作（如为了安全起见，液压缸活塞杆应缩回缸内）。因此，应在系统中增设蓄能器作应急动力源，以便在短时间内维持一定压力。

④ 吸收液压系统的冲击和脉动。蓄能器能吸收系统压力突变时产生的冲击，如液压泵突然启动或停止，液压阀突然关闭或开启，液压缸突然运动或停止；也能吸收液压泵工作时的流量脉动所引起的压力脉动，相当于在油路中的平滑滤波（在泵的出口处并联一个反应灵敏而惯性小的蓄能器）。

（3）蓄能器的容量计算　容量是选用蓄能器的依据，其大小视用途而异，现以气囊式蓄能器为例加以说明。

① 蓄能时的容量计算。蓄能器存储和释放压力油的容量和气囊中气体体积的变化量相等，而气体状态的变化应符合波义耳气体定律，即

$$p_0 V_0^n = p_1 V_1^n = p_2 V_2^n \tag{4-2}$$

式中　p_0——气囊工作前的充气压力（绝对压力），MPa；

$\quad\quad V_0$——气囊工作前所充气体的体积，因此时气囊充满壳体内腔，故 V_0 即为蓄能器的容量，L；

$\quad\quad p_1$——系统最高工作压力（绝对压力），即蓄能器储油完成时的压力，MPa；

$\quad\quad V_1$——气囊压缩后相对于 p_1 时的气体体积，L；

$\quad\quad p_2$——系统最低工作压力（绝对压力），即蓄能器释放完油液时的压力，MPa；

$\quad\quad V_2$——气囊膨胀后相对于 p_2 时的气体体积，L；

$\quad\quad n$——气体多变指数，当蓄能器用于保压和补充泄漏时，气体压缩过程缓慢，与外界热交换得以充分进行，可认为是等温变化过程，这时取 $n=1$，而当蓄能器作辅助或应急动力源时，释放液体的时间短，气体快速膨胀，热交换不充分，这时可视为绝热过程，取 $n=1.4$。

体积差 $\Delta V = V_2 - V_1$ 为供给给液压系统油液的体积，代入式（4-2）可得

$$V_0 = \left(\frac{p_2}{p_0}\right)^{\frac{1}{n}} V_2 = \left(\frac{p_2}{p_0}\right)^{\frac{1}{n}} (V_1 + \Delta V) = \left(\frac{p_2}{p_0}\right)^{\frac{1}{n}} \left[\left(\frac{p_2}{p_1}\right)^{\frac{1}{n}} V_0 + \Delta V\right]$$

故得

$$V_0 = \frac{\Delta V \left(\dfrac{p_2}{p_0}\right)^{\frac{1}{n}}}{1 - \left(\dfrac{p_2}{p_1}\right)^{\frac{1}{n}}} \tag{4-3}$$

若已知 V_0，也可反过来求出储能时的吸油体积 $\Delta V = V_2 - V_1$，即

$$\Delta V = p_0^{\frac{1}{n}} V_0 \left[\left(\frac{1}{p_2}\right)^{\frac{1}{n}} - \left(\frac{1}{p_1}\right)^{\frac{1}{n}}\right] \tag{4-4}$$

关于充气压力 p_0 的确定：理论上 $p_0 = p_2$，但是为保证在 p_2 时蓄能器仍有能力补偿系统泄漏，应使 $p_0 < p_2$，一般 $p_0 = (0.8 \sim 0.85) p_2$ 或 $0.9 p_2 > p_0 > 0.25 p_1$。

② 缓和液压冲击时的容量计算。当蓄能器用于吸收冲击时，其容量的计算与管路布置、液体流态、阻尼及泄漏大小等因素有关，准确计算比较困难。一般按经验公式计算缓冲最大冲击压力时所需要的蓄能器最小容量，即

$$V_0 = \frac{0.004 q p_1 (0.0164 L - t)}{p_1 - p_2} \tag{4-5}$$

式中　V_0——蓄能器的容量，L；

$\quad\quad q$——阀口关闭时的管内流量，L/min；

$\quad\quad p_2$——阀口关闭前的管内压力（绝对压力），MPa；

$\quad\quad p_1$——系统允许的最大冲击压力（绝对压力），MPa；

$\quad\quad L$——发生液压冲击的管长，即压力油源到阀口的管道长度，m；

$\quad\quad t$——阀口关闭时间，s，突然关闭时 $t=0$。

根据计算结果，正确选择蓄能器。

（4）蓄能器的安装　安装蓄能器时应考虑以下几点。

① 吸收液压冲击或压力脉动时，蓄能器宜放在冲击源或脉动源处；补油保压的时候，蓄能器宜放在尽可能接近的相关执行装置处。

② 蓄能器一般应该垂直安装，油口向下，只有在空间位置受限的时候才允许倾斜或水平安装。

③ 蓄能器与管路系统之间应该设置截止阀，供充气和检修的时候使用，还可以用于调整蓄能器的排出量。

④ 蓄能器与液压泵之间应设置单向阀，以防止液压泵停车或卸荷的时候，蓄能器内的压力油倒流回液压泵。

⑤ 充气式蓄能器中一般使用氮气，允许的工作压力视蓄能器的结构形式而定。蓄能器是压力容器，使用的时候必须注意安全。

⑥ 必须将蓄能器牢固地固定在托架或基础上。

⑦ 蓄能器必须安装于便于检查、维修的位置，并远离热源。

（5）蓄能器充气　蓄能器补充氮气通常有两种方式。

① 当蓄能器使用压力低于 8MPa 时，可通过氮气瓶和充氮工具来补充氮气。如图 4-27 所示，将充氮工具一端与氮气瓶相连，另一端与蓄能器相连，打开氮气瓶阀门即可完成充气。

② 当蓄能器使用压力高于 8MPa，通过氮气瓶和充氮工具已无法完成充气时，可将充氮车、充氮工具、氮气瓶三者配合使用来给蓄能器补充氮气。首先，用高压软管将氮气瓶和充氮车进气口连接起来，充氮车出气口通过充氮工具与蓄能器进气口连接起来，在充氮车上设定好输出压力，然后打开氮气瓶阀门，充氮车接上电源，打开充氮车开机旋钮即可进行充气。

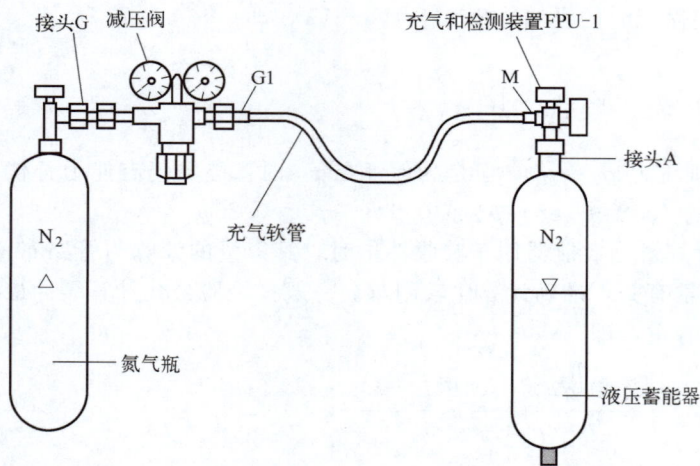
(a) 示意图

(b) 充氮工具

图 4-27　蓄能器充气

工作实施

蓄能器是液压系统中的储能元件，可以储存多余的能量，并在需要的时候释放出来。目前市面上有多种类型的蓄能器，性能特点各异。汽车起重机悬挂上使用的是气囊式蓄能器，可以吸收液压系统的脉动和冲击。

任务 3　液压系统测试元件的选用

学习目标

1. 了解常见物理量测量用仪表的种类及特点，并能够说明其工作原理；
2. 能够根据实际测试需要，选用合适的仪表或传感器。

任务书

为了更好地掌握系统性能参数，公司决定对某新品的卷扬系统进行测试，如图 4-28 所示。图 4-28（a）所示为某起重机卷扬系统实物照片。图 4-28（b）给出了简化后的液压原理图，并标记了传感器的位置。已知其钢丝绳最大线速度 v_r 为 120m/min，系统提供的最大流量 $q_{max}=250$L/min，卷筒直径 $D=0.5$m，卷筒边缘直径为 0.68m。液压马达的容积效率不小于 0.95，A 口最高压力约为 30MPa，回油口 B 压力约为 1MPa。使用的数据采集设备接收信号的类型优选电流信号，数据采集设备实物图见图 4-29。

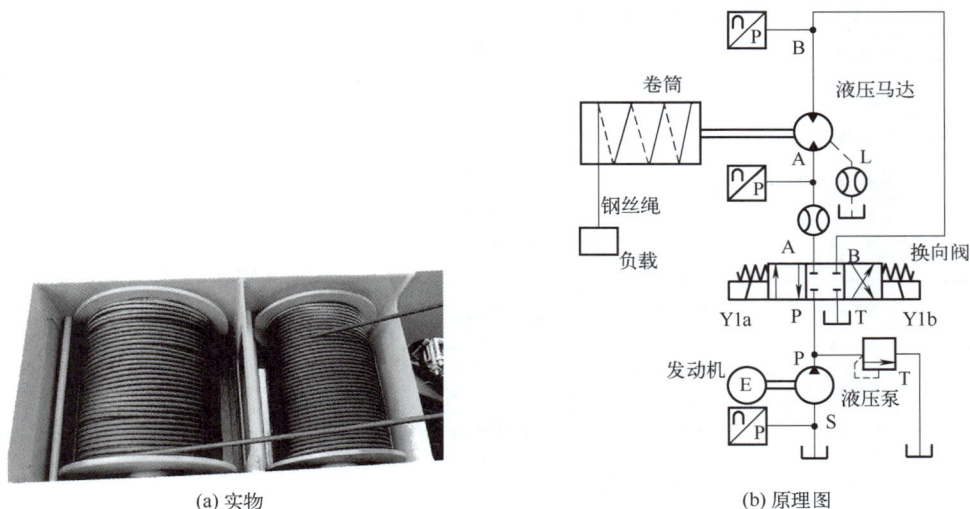

(a) 实物　　　　　　　　　　(b) 原理图

图 4-28　某起重机卷扬系统

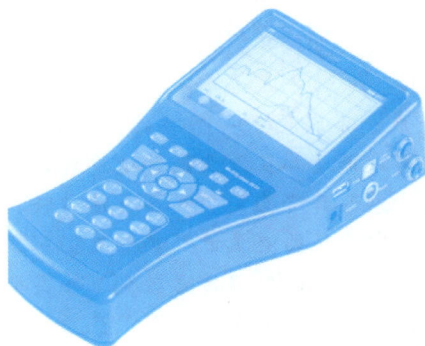

图 4-29　使用的数据采集设备

任务：试从表 4-1、表 4-2 中选择合适的液压测试仪表或元件，以完成图 4-28（b）中标注参数的测量，并完成表 4-3。

表 4-1 可供选择的压力传感器列表

编号	名称	测量压力范围/MPa	输出信号
P1	压力传感器	0～1.6	4～20mA
P2	压力传感器	0～1.6	0～10V
P3	压力传感器	0～10	4～20mA
P4	压力传感器	0～25	4～20mA
P5	压力传感器	0～40	4～20mA
P6	压力传感器	0～40	0～10V
P7	压力传感器	0～60	4～20mA
P8	压力传感器	−0.1～0.1	4～20mA
P9	压力传感器	−0.1～0.1	0～10V

表 4-2 可供选择的流量计列表

编号	类型	测量压力范围/(L/min)	输出信号	精度	最大耐压/MPa
Q1	涡轮流量计	10～150	4～20mA	≤±0.5%	42
Q2	涡轮流量计	15～300	0～10V	≤±0.5%	42
Q3	涡轮流量计	15～300	4～20mA	≤±0.5%	42
Q4	涡轮流量计	30～1000	4～20mA	≤±0.5%	32
Q5	齿轮流量计	0.01～10	4～20mA	≤±0.3%	42
Q6	齿轮流量计	0.02～18	4～20mA	≤±0.3%	42

表 4-3 测点使用的测试元件（未完成）

序号	需要测量的物理量名称	选择的测试仪表或元件的编号
1	液压马达 A 口的压力	
2	液压马达 B 口的压力	
3	液压泵吸油口 S 的压力	
4	液压马达 A 口的流量	
5	液压马达的泄漏流量	

自主探索

请自行查阅有关资料，完成如下问题。

引导问题 1：根据任务中的数据计算在最快提升速度时，可提升的重物的质量。

引导问题 2：常见的压力传感器有哪些类型？各有什么特点？

引导问题 3：液压系统测试中常见的流量计有哪些类型？各有什么特点？

引导问题 4：液压系统测试中常见的位移传感器有哪些类型？各有什么特点？

引导问题 5：在选用传感器时，通常考虑哪些因素？

液压系统有很多参数指标，包括压力、温度、速度等。要想理解和掌握液压系统的性能，就需要准确知道系统各个参数的具体数值。这就需要借助各种测量用的仪表或元件。下面具体介绍各参数的测试仪表或元件。

3.1 压力

压力的测试包括压力表和压力传感器两大类。

3.1.1 压力表

压力表是通过将表内敏感元件（弹簧管、膜盒）的弹性形变，由表内机芯的转换机构传导至指针，从而引起指针转动来显示压力。在液压系统中，弹簧管式压力表的应用最多。图4-30 给出了单圈弹簧管式压力表的结构示意图和实物。从图 4-30 中可知，弹簧管 1 是压力表的测量元件，是一根弯成 270°圆弧的椭圆截面空心金属管。管子的自由端 B 封闭，管子的另一端固定在接头 9 上。当接入被测压力 p 后，椭圆形截面在压力的作用下将趋于圆形，而弯成圆弧形的弹簧管也随之产生向外挺直的扩张变形。此变形使弹簧管的自由端 B 产生位移。输入压力越大，产生的变形也越大。弹簧管自由端 B 的位移通过拉杆 2 使扇形齿圈 3 做逆时针偏转，于是指针 5 通过同轴的中心齿轮 4 的带动而做顺时针偏转，在面板 6 的刻度标尺上显示出被测压力的数值。由于弹簧管自由端的位移与被测压力之间具有正比关系，因此弹簧管压力表的刻度标尺是线性的。游丝 7 用来克服因扇形齿圈和中心齿轮间的传动间隙产生的仪表变差。改变调整螺钉 8 的位置（即改变机械传动的放大系数），可以实现压力表量程的调整。

右侧边栏：压力表工作原理

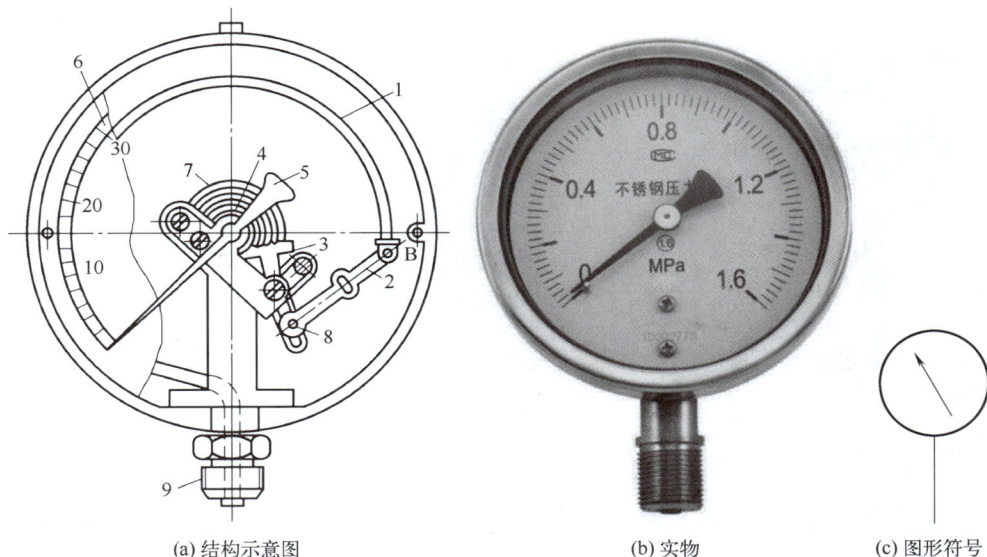

(a) 结构示意图   (b) 实物   (c) 图形符号

图 4-30 压力表

1—弹簧管；2—拉杆；3—扇形齿圈；4—中心齿轮；5—指针；6—面板；7—游丝；8—调节螺钉；9—接头

为了测量不同等级的压力，压力表有多个量程规格。常见的量程有 0～0.6、0～1、0～1.6、0～2.5、0～4、0～6、0～10、0～16、0～25、0～40、0～60（MPa）。在选用时，为了保证必要的安全和精度，压力表量程的选择应考虑工作压力的 1.5～3.0 倍。

压力表的精度等级是用其允许偏差与量程的百分比来表示的。普通压力表包括 1.0 级、1.6 级、2.5 级和 4.0 级。图 4-30 (b) 中所示压力表的量程是 0~1.6MPa，精度等级是 1.6 级。

3.1.2　压力传感器

压力传感器是一种将压力信号转换为电信号输出的传感器。压力传感器一般由弹性敏感元件和位移敏感元件（或应变计）组成。弹性敏感元件的作用是使被测压力作用于某个面积上并转换为位移或应变，然后由位移敏感元件转换为与压力成一定关系的电信号。根据工作原理，压力传感器可分为压阻式（图 4-31）、压电式、应变式、电容式等。图 4-31 (a) 给出了压阻式压力传感器的工作原理。压阻式压力传感器又称扩散硅压力传感器，是一种利用单晶硅材料的压阻效应和集成电路技术制成的传感器。单晶硅材料在受到力的作用时，电阻率发生变化，通过测量电路 ［图 4-31 (b)］ 就可输出正比于力的变化的电信号。硅膜片的一面是与被测压力连通的高压腔，另一面是与大气连通的低压腔。硅膜片一般设计成周边固支的圆形，直径与厚度的比为 20~60。在圆形硅膜片定域扩散 4 条 P 杂质电阻条，并接成全桥，其中两条位于压应力区，另两条处于拉应力区，相对于膜片中心对称。当基片受到外力作用而产生形变时，各电阻值将发生变化，电桥就会产生相应的不平衡输出。用作压阻式传感器的膜片材料主要为硅片（或锗片）。

这种传感器采用集成工艺将电阻条集成在单晶硅膜片上，制成硅压阻芯片，并将此芯片的周边固定封装于外壳之内，并引出电极线。图 4-31 (c) 给出了一种压力传感器的实物。图 4-31 (d) 所示为压力传感器的图形符号。

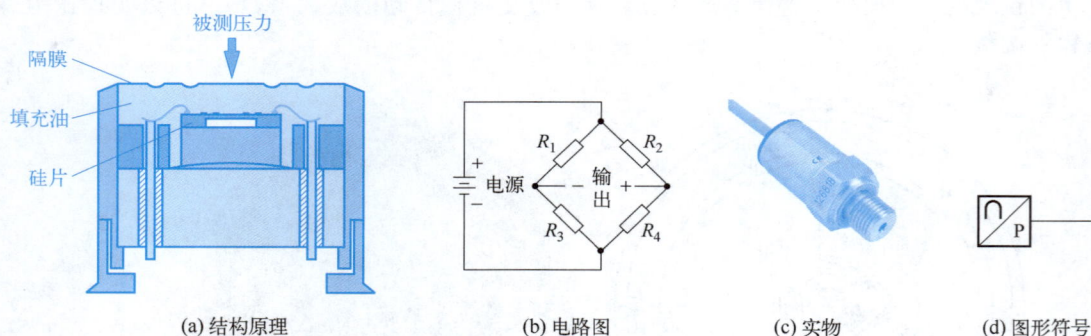

(a) 结构原理　　　　(b) 电路图　　　　(c) 实物　　　　(d) 图形符号

图 4-31　压阻式传感器

压力传感器也包括多种规格、多种精度等级，以适应不同等级压力的测试、不同测量精度的需求。

3.2　流量

液压系统中多使用流量计（流量传感器）测量液压油的流量。常见的类型有涡轮式（图 4-32）和齿轮式两种。

3.2.1　涡轮流量计

图 4-32 (a) 给出了涡轮流量计的原理。涡轮流量计主要包括壳体、转子、前后导向、轴承及检测元件等零部件。壳体为管状零件，在其中心安放了一个两端由轴承支撑的带有涡轮叶片的转子。当流体通过时，冲击涡轮叶片并使之旋转。在一定的流量范围内，对一定黏度的流体介质，涡轮叶片的旋转角速度与流体流速成正比。由此，流体流速可通过转子的角

速度得到，从而可以计算得到通过涡轮叶片的流体的流量，涡轮叶片的转速通过装在机壳外的传感线圈来检测，当涡轮叶片切割由壳体内永久磁铁产生的磁力线时，就会引起传感线圈中磁通的变化，传感线圈将检测到的磁通变化信号送入前置放大器，对信号进行放大、整形，产生与流速成正比的脉冲信号，送入单位换算与流量计算电路得到并显示累积流量值；同时，也将脉冲信号送入频率电流转换电路，将脉冲信号转换成模拟电流量，进而得到瞬时流量值。图 4-32（b）给出了一种涡轮流量计的实物。图 4-32（c）所示为涡轮流量计的图形符号。

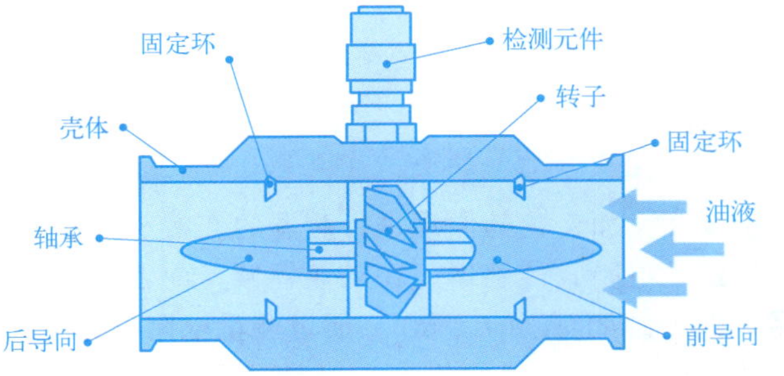

| (a)结构原理 | (b)实物 | (c)图形符号 |

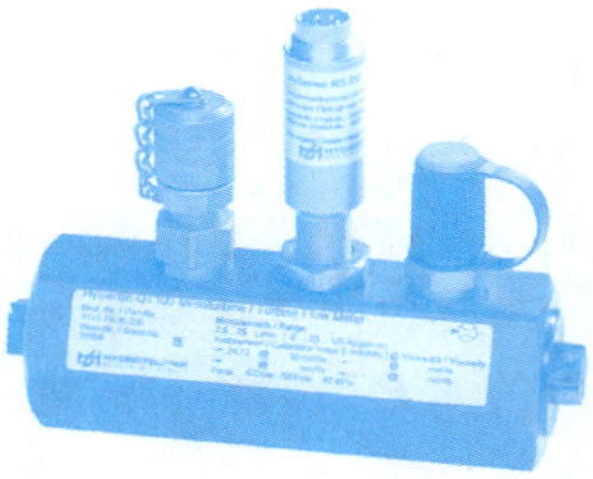

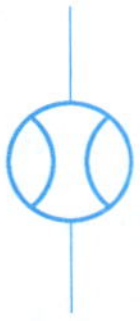

图 4-32　涡轮流量计

3.2.2　齿轮流量计

齿轮流量计的原理与齿轮式液压马达相似，属容积式流量计。两个精密齿轮可在测量腔内自由旋转，齿轮与外壳之间形成密封腔。被测量的流体推动齿轮转动。齿轮的旋转频率与流量成正比，并通过外壳壁上的非侵入式传感器测得。一种常见的齿轮流量计如图 4-33 所示。

齿轮流量计与涡轮流量计相比，具有精度高、流体黏度适用范围大、响应慢等特点。测量范围从每分钟几毫升至数百升不等。

图 4-33　齿轮流量计

3.3　温度

液压系统中的温度传感器用于感知液压油的温度变化，并以电信号的形式输出。此类传感器常被安装在油箱或管路中，以确保液压系统在适当的温度范围内运行。按测量方式，温度传感器可分为接触式和非接触式两大类；按照传感器材料及电子元件特性，分为热电偶和热电阻两类。在工业应用中，为了便于安装及延长传感器的使用寿命，通常采用外加套管的方式，套管一般为铠装式。

3.3.1　热电偶

热电偶是一种常用的测温元件，由两种不同材料的导体组成。图 4-34（a）示出了热电偶的工作原理。当两种导体（如铜和铜镍合金）的两端焊接在一起时，即形成一个热电偶。当热电偶感受到温度变化时，由于两种材料的热膨胀系数不同，导体内部产生电动势。这个电动势与温度之间存在一定的函数关系，通过测量电动势的大小，就可以确定温度的值。此类传感器可以测量很宽范围的温度，且价格低廉、无需供电、简单耐用。图 4-34（b）给出了几种不同样式的此类温度传感器的实物。图 4-34（c）给出了温度传感器（温度计）的一

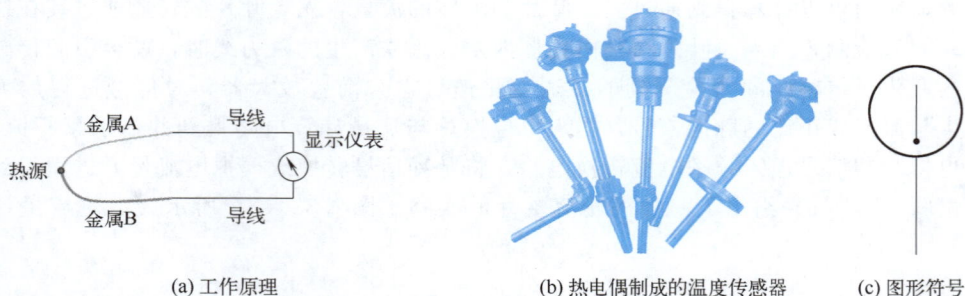

(a) 工作原理　　　　　　(b) 热电偶制成的温度传感器　　　(c) 图形符号

图 4-34　热电偶及温度传感器的图形符号

般图形符号。

3.3.2　热电阻

热电阻是利用导体或半导体的阻值随温度变化而变化的原理进行测温的。按照材料的不同，其可分为金属热电阻式传感器和半导体热敏电阻式传感器。在工业领域，前者常见的有铂热电阻（典型的如 PT100）和铜热电阻（典型的如 Cu50）两种。通过测量电阻值的变化，就可以计算出油温的值。此类传感器具有体积小、响应快的优点，但是需要电源供电（图4-35）。图 4-35（a）给出了绕线式铂热电阻结构。此结构是简单地将小直径的铂丝缠绕在由非导电材料制成的绝缘芯轴上，芯轴具有固定导线的作用，便于连接到外部。铂丝通常通过点焊连接到较粗的导线上。然后，整体外覆一层非导电的保护涂层，如陶瓷或玻璃涂层。图4-35（b）给出了几种铂热电阻温度传感器。

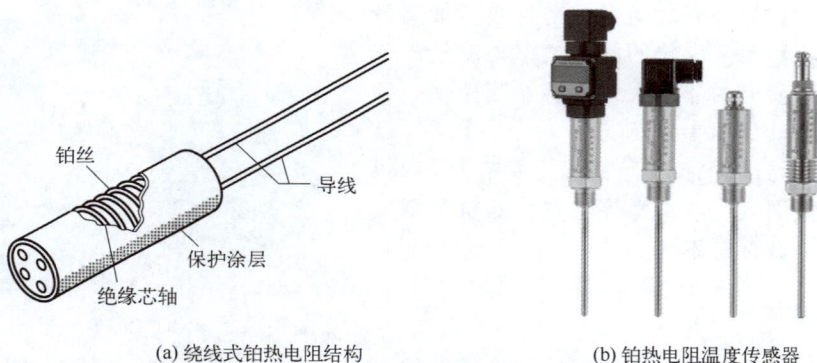

(a) 绕线式铂热电阻结构　　　　　　(b) 铂热电阻温度传感器

图 4-35　铂热电阻温度传感器

理论上，2 根引线即可完成温度的测量。此方案成本最低，但会引入导线造成的误差。因此，产生了 3 线或 4 线传感器。增加的引线是为了增设内部电路以消除导线引起的误差。

3.3.3　红外测温仪

红外测温仪是一种非接触式的测量温度的设备，如图 4-36 所示。如图 4-36（a）所示，其主要原理是利用物体表面的红外辐射来求得被测温度。任何物体只要它的温度高于绝对零度（−273℃），就有热能转变的热辐射向外部发射。当物体的温度在 1000℃ 以下时，其热辐射中最强的电磁波是红外光波。红外测温仪由光学系统、红外探测器、信号放大器、指示器等部分组成。测温时，被测物体发射出的红外光能量通过红外测温仪的光学系统汇聚其视场内的红外光能量，红外光能量聚焦在红外探测器上转换为相应的电信号，该信号再经转换，变为被测目标的温度值，在 LCD 显示屏上显示出来。图 4-36（b）给出了一种红外测温仪的实物。

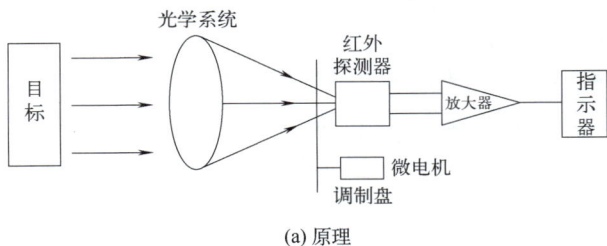

(a) 原理　　　　　　　　　　　　　　(b) 实物

图 4-36　红外测温仪

红外测温仪的优点是非接触，可以实现远距离测量，速度快，操作简单，可便携，常用于液压系统的日常检查工作中。

3.4　位移

在液压系统中，位移的测量包括测量液压缸的位移和液压马达的位置。常见的位移传感器有线性可变差动变压器式位移传感器（LVDT）、旋转编码器式位移传感器和磁致伸缩式位移传感器等类型。

3.4.1　线性可变差动变压器式位移传感器（LVDT）

LVDT 是利用变压器的磁感应原理工作的。图 4-37 给出了此类传感器的原理、结构和实物。LVDT 主要包括一个初级线圈和一对次级线圈。初级线圈置于中间，次级线圈则沿相反方向串联，并布置在初级线圈的两侧。运动部件是导磁铁芯，可以在空心线圈中移动，连接到要测量位移的物体上。圆柱形的屏蔽层和不锈钢外壳可以保护线圈免受损坏，并且还

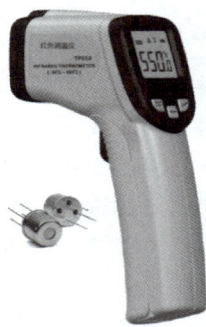

(a) 原理

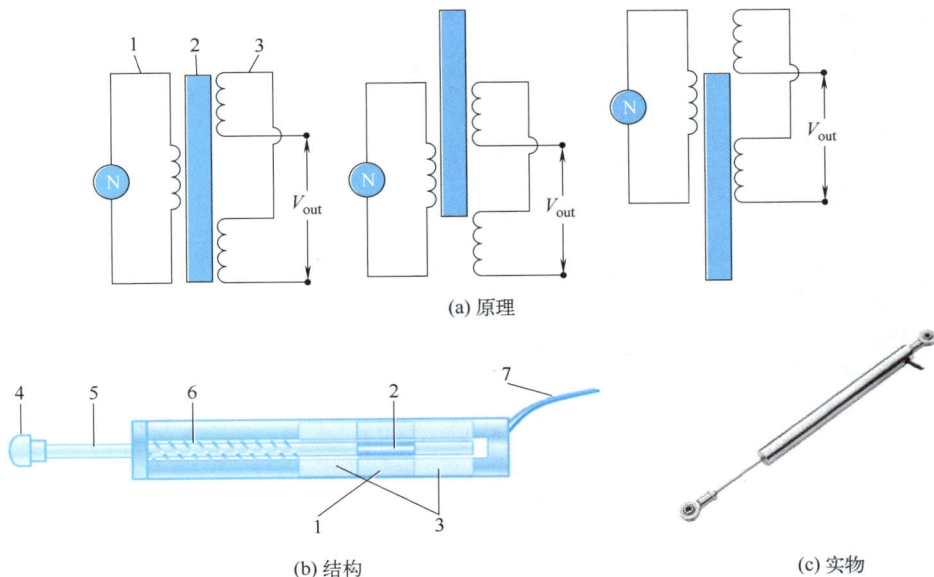

(b) 结构　　　　　　　　　　　　　　(c) 实物

图 4-37　线性可变差动变压器式位移传感器

1—初级线圈；2—铁芯；3—次线级圈；4—触头；5—轴；6—弹簧；7—导线

可以容纳感应磁场，提供电磁屏蔽。运行时，在初级线圈上施加一个小的交流电压，称为"励磁信号"，进而在两个相邻的次级线圈中感应出电动势（变压器原理），铁芯在不同的位置，次级线圈电势差不同，进而通过感应电压确定铁芯的位置。如果铁芯恰好位于空心管的中央，则两个次级线圈中的感应电动势会相互抵消，因为它们的相位相差 $180°$，因此最终的输出电压为零。当铁芯向一侧稍微移动时，其中一个次级线圈中的感应电压将变得大于另一个次级线圈中的感应电压，从而产生电势差，并且输出交变电压。当铁芯通过中心位置，从一端移动到另一端时，输出电压从最大值变为零，然后再次回到最大值，但是，在此过程中，其相角改变了 $180°$。这使 LVDT 能够产生交流电信号，其幅度表示铁芯从中央位置开始的移动量，并且其相位角表示铁芯的移动方向。因此，这是一种绝对式传感器。

LVDT 与其他类型的位移传感器相比，其主要优势在于坚固耐用，理论上有无限寿命，因为感应元件之间没有物理接触，没有磨损。因其分辨率高、线性度高、可测量绝对位置、位移测量范围较广（可达数米）、功耗低（一般小于 1 W）的优点，常用于测量液压缸和阀芯位移。但此类传感器对外磁场和温度敏感，易受振动影响。

3.4.2 旋转编码器式位移传感器

旋转编码器式位移传感器是集光机电技术于一体的位移（速度）传感器，如图 4-38 所示。图 4-38（a）给出了旋转编码器式位移传感器的原理。当旋转编码器轴带动圆盘旋转时，光源发出的光被圆盘上的光栅狭缝切割成断续光线，并被感光元件接收产生初始信号。该信号经后面的处理电路处理后，输出脉冲或代码信号。通过累计的信号数量即可得到编码器的转数，进而计算出位移或速度。此类传感器既可以测量位移，也可以测量速度，同时还能判别方向。根据具体结构的不同，旋转编码器可分为增量式编码器和绝对式编码器。利用旋转编码器可以制成拉线式位移传感器，其结构和实物分别如图 4-38（b）和图 4-38（c）所示。此位移传感器主要由编码器、线鼓、钢丝绳、卷簧组成。将钢丝绳与被测物体连接，被测物体运动时，拉动钢丝绳并带动编码器工作发出信号，再结合线鼓的直径，即可计算出被测物体的位移或速度。卷簧的主要作用是回收钢丝绳。

此类传感器的特点是体积小，重量轻，品种多，功能全，频响高，分辨率高，力矩小，能耗低，寿命长，常用于液压缸的位移测量。

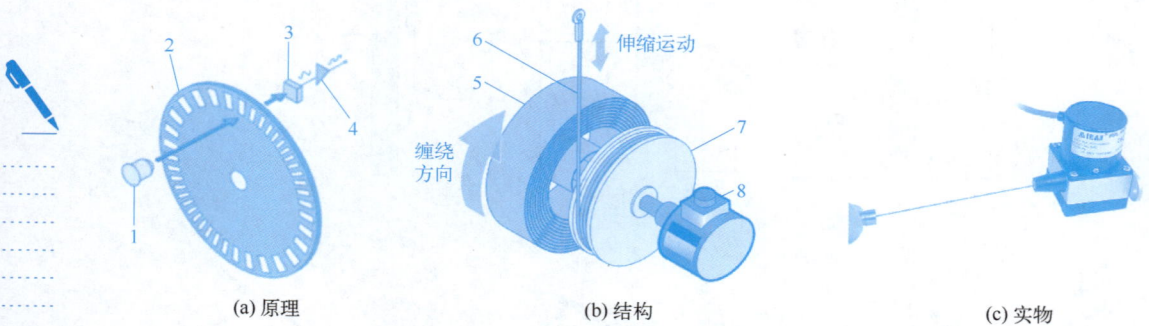

(a) 原理　　　　　　　(b) 结构　　　　　　　(c) 实物

图 4-38　旋转编码器式位移传感器

1—光源；2—圆盘；3—感光元件；4—处理电路；5—卷簧；6—钢丝绳；7—线鼓；8—编码器

3.4.3 磁致伸缩式位移传感器

磁致伸缩式位移传感器的检测机理是基于传感器核心检测元件——磁致伸缩波导丝与游标磁环间的"魏德曼效应"，如图 4-39 所示。

(a) 原理

1—激励回路；2—保护层；3—屏蔽层；4—绝缘层；
5—安培环形磁场；6—激励脉冲；7—检波线圈；
8—魏德曼扭转应力波；9—游标磁环；10—游标磁环磁场；11—末端阻尼器件

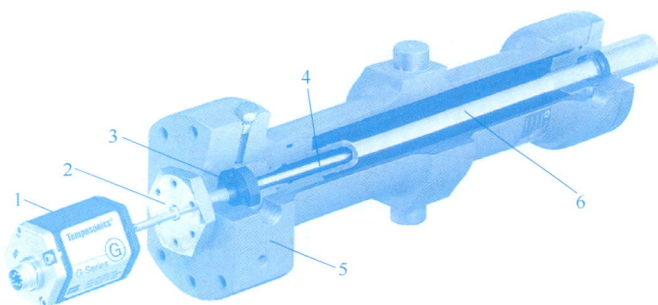

(b) 安装示意图

1—电子舱；2—法兰；3—磁环；4—保护套；5—缸底；6—活塞杆

图 4-39　磁致伸缩式位移传感器

图 4-39（a）给出了磁致伸缩式传感器的工作原理。测量时，设置在传感器电子舱中的激励模块会在激励回路（波导丝）中施加激励脉冲。此脉冲以光速在波导丝周围形成周向的安培环形磁场。该磁场与游标磁环的永磁磁场发生耦合作用，在波导丝表面形成魏德曼扭转应力波，扭转应力波以波速（约 2830m/s）由产生点向波导丝的两端传播，传向末端的扭转应力波被阻尼器件吸收，传向激励端的信号则被检波线圈接收。控制模块计算出激励脉冲与接收信号间的时间差，再乘以扭转应力波在波导材料中的传播速度，即可计算出扭转应力波发生位置与测量基准点间的距离，实现对游标磁环位置的实时精确测量。磁致伸缩式位移传感器可以用于测量液压缸的位移，其内置于液压缸的安装示意图如图 4-39（b）所示。此类传感器具有精度高（微米级）、环境适应性强、无磨损、测量范围大（最大可达数十米）等优点。

3.5　速度

用于测量液压马达或液压缸运动速度的传感器很多。常见的有光电编码器式传感器和霍尔效应传感器。这里仅介绍霍尔效应传感器。

霍尔效应传感器是根据霍尔效应制作的一种磁场传感器，如图 4-40 所示。霍尔效应是磁电效应的一种，图 4-40（a）给出了霍尔效应的原理。霍尔效应是指当磁场以垂直于载流导电板平面的方向穿过导电板时，会在导电板上产生电压。霍尔效应背后的基本物理原理是洛伦兹力。当电子垂直于所施加磁场的方向移动时，洛伦兹力将作用于电子，这个力垂直于所施加的磁场和电流的方向，这导致电子沿着导体（霍尔元件）以弯曲路径移动，因此会在导电板上产生净电荷，从而产生电压，称为霍尔电压。基于此原理，霍尔效应被用作磁性传感器。图 4-40（b）给出了封装后的霍尔元件及制成的霍尔效应传感器实物。典型的将霍尔效应传感器用于测量齿轮转速的安装方式如图 4-40（c）所示。传感器需贴近齿轮安装，当齿轮旋转时，引起传感器附近磁场变化，传感器通过感知磁场变化，即可获得齿轮的转速。

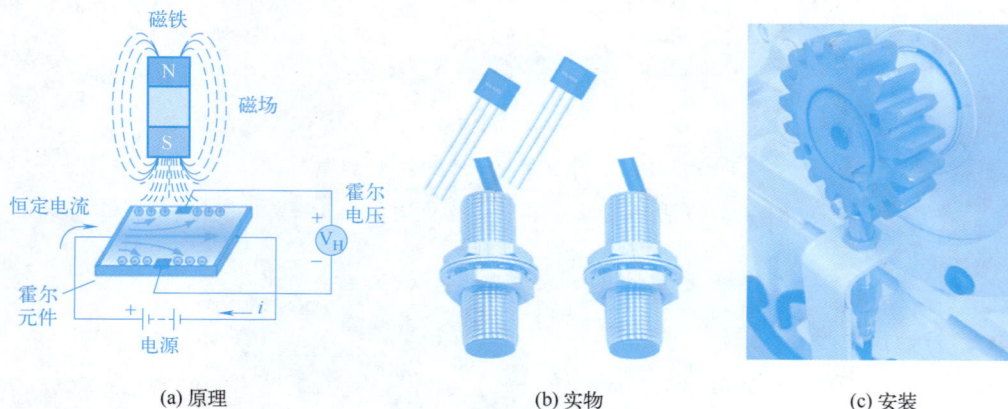

(a) 原理　　　　　　　　　　　(b) 实物　　　　　　　　　　　(c) 安装

图 4-40　霍尔效应传感器

此类传感器成本低，响应快，寿命长，可测量的速度范围大，可以在粉尘、烟雾等恶劣环境中使用。

3.6　传感器选用的一般原则

① 传感器一般需要供电，常见的供电要求为直流 24V。常见的输出信号有电流型、电压型及脉冲信号等类型。电流信号的典型值为 $4\sim20\text{mA}$，电压信号的典型值为 $0\sim10\text{V}$。如果考虑测试环境的干扰，应优先选用电流型。

② 传感器的量程要适合。过大的量程将引入较大的测量误差，可能会影响测量结果。

③ 传感器的频率响应特性决定了被测量的频率范围必须在允许频率范围内才保持不失真。采样定理要求采样频率至少是信号最高频率的 2 倍。

④ 传感器的安装方式。传感器的安装方式有多种，测量同一参数的不同类型的传感器，其安装方式可能有很大不同。需要根据液压设备的接口类型和安装空间来选择合适的安装方式。同时，还要考虑安装的方便性和可靠性，以确保传感器能够牢固地安装在设备上，并且不会影响设备的正常运行。

工作实施

在选用传感器时，要注意需要测量的物理量的类型、范围、精度等。有时候，还需要考虑信号类型是否能够匹配采集设备。对于有动态响应要求的测试，还要考虑传感器的响应。

（1）压力传感器的选择　对于液压马达 A 口的压力，由于最高工作压力约为 30MPa，在表 4-1 中可供选择的有 P5、P6 和 P7。进一步考虑，P7 的测量范围（$0\sim60\text{MPa}$）远超最高工作压力，因此不合适。再结合采集设备接收信号的类型优选电流信号，遂放弃 P6，最终选择 P5 测量液压马达 A 口的压力。

对于液压马达 B 口的压力，由于工作压力约为 1MPa，在表 4-1 中可供选择的有 P1 和 P2。再结合采集设备接收信号的类型优选电流信号，遂放弃 P2，最终选择 P1 测量液压马达 B 口的压力。

对于液压泵吸油口 S 的压力，由于液压泵吸油时，此处会产生一定的真空，因此需要选择能够测量负压的传感器。可以考虑表 4-1 中的 P8 和 P9。再结合采集设备接收信号的类型优选电流信号，遂放弃 P9，最终选择 P8 测量液压泵吸油口 S 的压力。

（2）流量计的选择　对于液压马达 A 口的流量，由于最大流量为 250L/min，在表 4-2 中可供选择的流量计有 Q2、Q3 和 Q4。进一步考虑 Q4 的测量范围（30～1000L/min）远超最大流量，且最大耐压 32MPa 与工作压力 30MPa 很接近，因此 Q4 不合适。再结合采集设备接收信号的类型优选电流信号，遂放弃 Q2。最终选择 Q3 测量液压马达 A 口的流量。

对于液压马达的泄漏流量，最大值可能是 $250 \times (1-0.95) = 12.5$（L/min）。结合表 4-2，只能选择齿轮流量计 Q6。

根据以上信息，完成相关测试元件的选用见表 4-4。

表 4-4　测点使用的测试元件（已完成）

序号	需要测量的物理量名称	选择的测试仪表或元件的编号
1	液压马达 A 口的压力	P5
2	液压马达 B 口的压力	P1
3	液压泵吸油口 S 的压力	P8
4	液压马达 A 口的流量	Q3
5	液压马达的泄漏流量	Q6

（3）延伸的讨论　从以上讨论可知，在测试元件的选择过程中，需要考虑很多因素，常见的如传感器的量程、输出信号类型等。此外，还可能涉及接线长度、连接或固定的形式。有时候还要考虑是否能够尽可能利用现有的传感器以减少购置的费用和供货期等情况。

练习题

4-1　蓄能器有什么用途？它有哪些类型？简述活塞式蓄能器的工作原理。

4-2　过滤器安装在系统的什么位置？它的安装特点是什么？

4-3　油箱在液压系统中起什么作用？在其结构设计中应注意哪些问题？

4-4　有一气囊式蓄能器用作动力源，容量为 3L，充气压力 $p_0 = 3.2$MPa。液压系统的最高压力 $p_1 = 6$MPa，最低压力 $p_2 = 4$MPa，求蓄能器能够输出的油液体积。

4-5　油管有哪些种类？各有何特点？如何选用？

4-6　油管的接头的作用是什么？它有哪几种常用形式？接头处是如何密封的？

4-7　传感器的选用原则有哪些？

素质提升

阅读下面文章，谈谈对大国工匠的理解，以及文章对自己的启发。

郑志明. 我是怎么成为大国工匠的 [J]. 中国工会财会，2025（2）：63-64.

项目5 ▶▶

液压控制元件及其在汽车起重机中的应用

任务 1　汽车起重机水平支腿回路的设计与装调

🔖 学习目标

1. 了解换向阀的作用、种类；
2. 了解换向阀的结构，能够说明换向阀的工作原理，能正确绘制换向阀的图形符号；
3. 理解三位换向阀常见的中位机能及特点，并掌握其典型应用；
4. 理解并能分析换向回路的原理及特点。

📖 任务书

　　公司正在设计一台汽车起重机，现在需要为水平支腿设计液压回路。如图 5-1 所示，水平支腿的作用主要是扩大支腿的支撑范围，要求任意一条水平支腿能够独立地按需要伸缩，且能在合适的位置停留。

　　任务：请以一条水平支腿为例，设计液压回路，并分析其工作原理。

图 5-1　某起重机的水平支腿

📖 自主探索

　　请自行查阅有关资料，完成如下问题。

　　引导问题1：换向阀的作用是什么？

引导问题 2：换向阀有哪些类型？

引导问题 3：换向阀图形符号的绘图原则是什么？

引导问题 4：何为换向阀的中位机能？有哪些常见的中位机能？各有什么特点？应用在哪些场合？

引导问题 5：换向阀的操纵方式有哪些？各有什么特点？

📄 相关知识

1.1 换向阀的作用、种类

换向阀是利用阀芯相对阀体的位置改变，使油路接通、断开或改变液流方向，从而控制执行元件的启动、停止或改变其运动方向的液压阀。

换向阀的种类很多，具体类型见表 5-1。

表 5-1　换向阀的类型

分类方式	类型
按阀芯结构分	滑阀式、转阀式、球阀式
按工作位置数量分	二位、三位、四位
按通路数量分	二通、三通、四通、五通等
按操纵方式分	手动、机动、电磁、液动、电液

1.2 换向阀的工作原理、结构和图形符号

图 5-2 所示为滑阀式换向阀的工作原理。当阀芯处于当前位置时，P、T、A 和 B 共四个油口均被封闭，互不连通，因此，液压缸停留在当前位置。当阀芯向左移动一定距离时，液压泵的压力油从阀的 P 口经 A 口进入液压缸左腔，推动活塞向右移动，液压缸右腔的油液经 B 口流回油箱；反之，活塞向左运动。常见的滑阀式换向阀的结构原理图和图形符号见表 5-2。

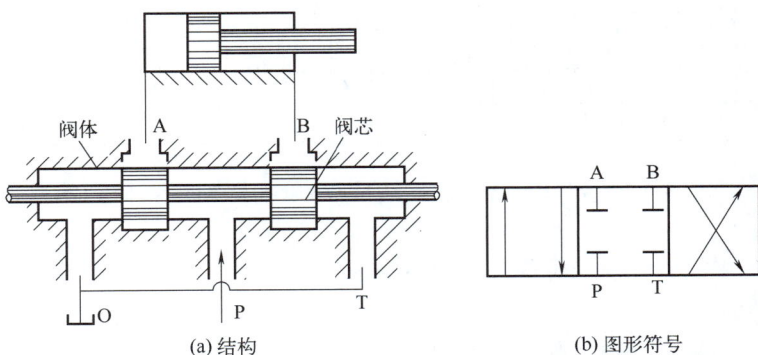

(a) 结构　　　　　　　(b) 图形符号

图 5-2　滑阀式换向阀的工作原理

结合表 5-2，总结换向阀的图形符号的含义和绘图原则如下。

① 用方框表示阀的工作位置，有几个方框就表示有几个工作位置。

② 任意一个方框与外部相连接的主油口数有几个，就表示几"通"。

③ 方框内的箭头表示该位置油路接通，但不表示液流的流向；方框内的符号"⊥"或"⊤"表示此通路被阀芯封闭。

表 5-2 常用滑阀式换向阀的结构原理和图形符号

名称	结构原理图	图形符号	备注	
二位二通阀			阀芯目前处于常态位,断开油路。阀芯可向右运动,接通油路(相当于一个开关)	
二位三通阀			阀芯目前处于常态位,接通 P 口与 A 口的油路,B 口被封闭。阀芯可向右运动,接通 P 口与 B 口的油路,A 口被封闭(从一个方向变换成另一个方向)	
二位四通阀			不能使执行元件在任一位置处停止运动	执行元件正反向运动时回油方式相同
三位四通阀			能使执行元件在任一位置处停止运动	
二位五通阀			不能使执行元件在任一位置处停止运动	执行元件正反向运动时可以得到不同的回油方式
三位五通阀			能使执行元件在任一位置处停止运动	

(备注列中部竖排:控制执行元件换向)

左侧二维码文字:
换向阀-二位二通
换向阀-二位四通
换向阀-三位四通
换向阀-三位五通

④ 一般情况下,字母 P 和 T 分别表示阀的进油口和回油口,而与执行元件连接的油口用字母 A、B 表示。

⑤ 三位阀的中间方框和二位阀弹簧侧的方框为常态位。绘制液压系统原理图时,油路应连接在换向阀的常态位上。

⑥ 控制方式和复位弹簧应画在方框的两端。

1.3 换向阀的中位机能

换向阀各阀口的连通方式称为阀的机能,不同的机能可满足系统的不同要求,对于三位阀,阀芯处于中间位置时(即常态位)各油口的连通形式称为中位机能。表 5-3 为常见的三位四通、五位五通换向阀中位机能的形式、结构简图和中位机能符号。由表 5-3 可以看出,不同的中位机能是通过改变阀芯的形状和尺寸得到的。

表 5-3　三位换向阀的中位机能

类型	三位四通阀结构简图	中位机能符号		作用、特点
		三位四通	五位五通	
O 型				换向精度高,但有冲击,缸被锁紧,泵不卸荷,其他并联执行元件可运动
H 型				换向阀各油口互通,换向平稳,液压缸成浮动式。泵卸荷,其他执行元件不能并联使用
Y 型				换向较平稳,冲击量小,缸浮动,泵不卸荷,其他并联执行元件可运动
P 型				换向最平稳,冲击量较小,对于双杆缸成浮动式,对单杆缸成差动回路,泵不卸荷,其他并联执行元件可运动
M 型				换向精度高,但有冲击,缸被锁紧,泵卸荷,其他并联执行元件不能并联使用

在分析和选择阀的中位机能时,通常考虑以下几点。

① 系统保压与卸荷。当 P 口被堵塞时,如 O 型、Y 型,系统保压,液压泵能用于多缸液压系统。当 P 口和 T 口相通时,如 H 型、M 型,这时整个系统卸荷。

② 换向精度和换向平稳性。当工作油口 A 和 B 都堵塞时,如 O 型、M 型,换向精度高,但换向过程中易产生液压冲击,换向平稳性差。当工作油口 A 和 B 都通 T 口时,如 H 型、Y 型,换向时液压冲击小,平稳性好,但换向精度低。

③ 启动平稳性。阀处于中位时,A 口和 B 口都不通油箱,如 O 型、P 型、M 型,启动时,油液能起缓冲作用,易于保证启动的平稳性。

④ 液压缸"浮动"和在任意位置锁住。当 A 口和 B 口接通时,如 H 型、Y 型,液压缸处于"浮动"状态,可以通过其他机构使工作台移动,调整其位置。当 A 口和 B 口都被堵塞时,如 O 型、M 型,则可使液压缸在任意位置停止并被锁住。

1.4　几种常用换向阀的操纵方式

(1) 手动换向阀　手动换向阀是利用手动杠杆(手柄)操纵阀芯运动,以实现换向的换向阀,它有弹簧自动复位和弹簧钢球定位两种,如图 5-3 所示。

图 5-3 (a) 所示为弹簧钢球定位式手动换向阀,当阀芯向左或向右移动后,就可借助钢

球使阀芯保持在左端或右端的工作位置上。图 5-3（c）为其图形符号。该阀适用于机床、液压机、船舶、部分工程机械等需较长时间保持工作状态的场合。

图 5-3（b）所示为弹簧自动复位式手动换向阀，向右推动手柄 1 时，阀芯 2 向左移动，使油口 P、A 接通，T、B 接通。若向左推动手柄，阀芯向右运动，则油口 P 与 B 相通，A 与 T 相通。松开手柄后，阀芯依靠复位弹簧的作用自动弹回到中位，油口 P、B、A、T 互不相通。图 5-3（d）所示为其图形符号。自动复位式手动换向阀适用于动作频繁、持续工作时间较短的场合，操作比较安全，常用于工程机械的液压系统中。

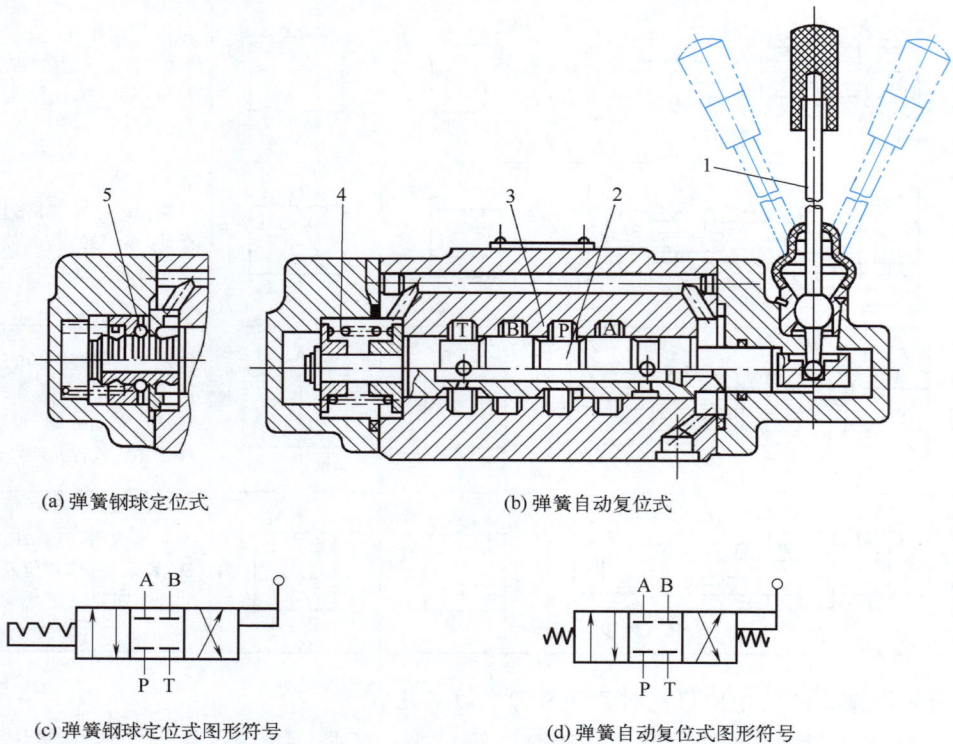

换向阀-
手动

(a) 弹簧钢球定位式　　　　　　　　　(b) 弹簧自动复位式

(c) 弹簧钢球定位式图形符号　　　　　　(d) 弹簧自动复位式图形符号

图 5-3　三位四通手动换向阀
1—手柄；2—阀芯；3—阀体；4—弹簧；5—钢球

（2）机动换向阀　机动换向常用于控制机械设备的行程，又称行程阀。它是利用安装在运动部件上的凸轮或铁块（挡铁）使阀芯移动而实现换向的。机动换向阀通常是二位阀，有二通（图 5-4）、三通、四通和五通几种。

图 5-4（a）所示为二位二通机动换向阀的结构。图示位置在弹簧 4 的作用下，阀芯 3 处于左端位置，此时油口 P 和 A 不连通；当挡铁压住滚轮 2 使阀芯 3 移到右端位置时，油口 P 和 A 接通。图 5-4（b）所示为其图形符号。

机动换向阀具有结构简单、工作可靠、位置精度高等优点。改变挡铁的斜角 α，就可改变换向时阀芯的移动速度，即可调节换向过程的时间。机动换向阀必须安装在运动部件附近，故连接管路较长，且调整不便。

（3）电磁换向阀　电磁换向阀是利用电磁铁的吸力来推动阀芯移动，从而改变阀芯位置的换向阀。一般为二位阀和三位阀，通道数有二通、三通、四通和五通，如图 5-5 所示。

电磁换向阀按使用的电源不同，分为交流型和直流型两种。交流电磁铁使用的电压多为

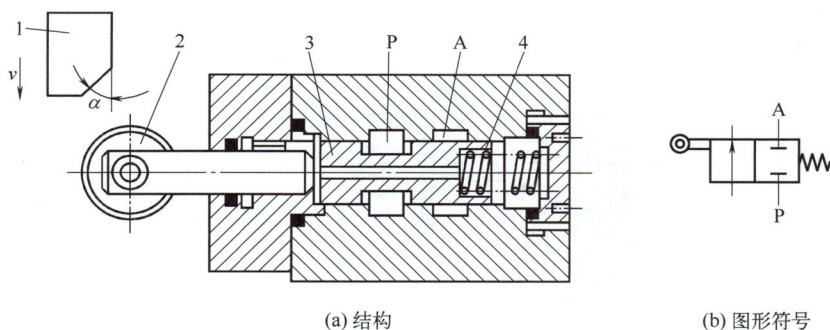

(a) 结构　　　　　　　　　　　　　(b) 图形符号

图 5-4　二位二通机动换向阀

1—挡铁；2—滚轮；3—阀芯；4—弹簧

220V，换向时间短（0.01～0.03s），启动力大，电气控制线路简单。但工作时冲击和噪声大，阀芯吸不到位，容易烧毁线圈，所以寿命短；其允许切换频率一般为 10 次/min。直流电磁铁的电压多为 24V，换向时间长（0.05～0.08s），启动力小，冲击小，噪声小，对过载或低电压反应不敏感，工作可靠，寿命长，切换频率可达 120 次/min，需配备专门的直流电源，因此费用较高。

　　图 5-5（a）所示为二位三通干式交流电磁换向阀的结构。图示位置电磁铁不通电，油口 P 和 A 连通，油口 B 断开；当电磁铁通电时，衔铁 1 吸合，推杆 2 将阀芯 3 推向右端，使油口 P 和 A 断开，与 B 接通。图 5-5（b）所示为其图形符号。

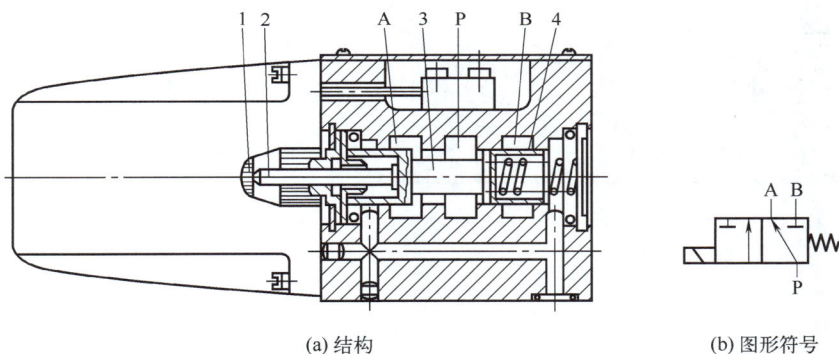

(a) 结构　　　　　　　　　　　　　(b) 图形符号

图 5-5　二位三通干式交流电磁换向阀

1—衔铁；2—推杆；3—阀芯；4—弹簧

　　图 5-6 所示为三位四通湿式直流电磁换向阀。图 5-6（a）所示为三位四通湿式直流电磁换向阀的结构。当两边电磁铁都不通电时，阀芯 3 在两边对中弹簧 4 的作用下处于中位，油口 P、T、A、B 互不相通；当左边电磁铁通电时，左边衔铁吸合，推杆 2 将阀芯 3 推向右端，油口 P 和 B 接通，A 与 T 接通；当右边电磁铁通电时，则油口 P 和 A 接通，B 与 T 接通。其图形符号如图 5-6（b）所示。

　　电磁换向阀具有换向灵敏、操作方便、布置灵活、易于实现设备的自动化等特点，因而应用最为广泛。但由于电磁铁吸力有限，因而要求切换的流量不能太大，一般在 63L/min以下，且回油口背压不宜过高，否则易烧毁电磁铁线圈。

　　（4）液动换向阀　液动换向阀是利用控制油路的压力油来推动阀芯移动（图 5-7），从而改变阀芯位置的换向阀。此类阀广泛用于大流量的控制回路。

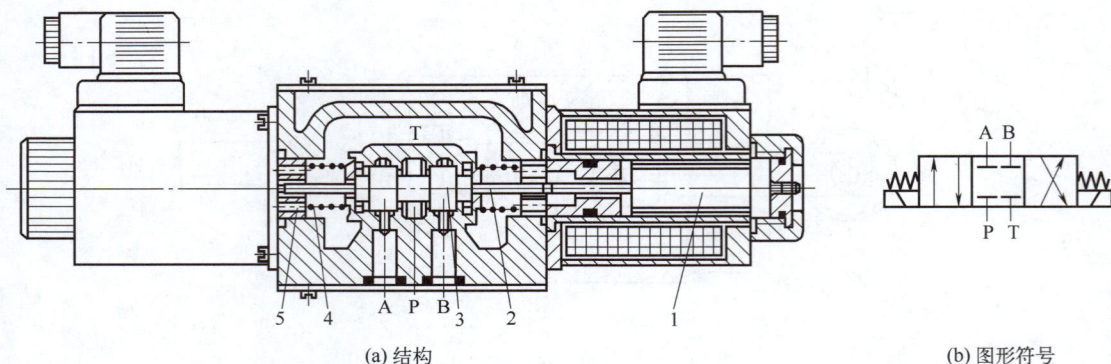

(a) 结构   (b) 图形符号

图 5-6 三位四通湿式直流电磁换向阀

1—衔铁；2—推杆；3—阀芯；4—弹簧；5—挡圈

图 5-7（a）所示为三位四通液动换向阀的结构。阀上设有两个控制油口 K_1 和 K_2；当两个控制油口都未通压力油时，阀芯在两端对中弹簧的作用下处于中位，油口 P、T、A、B 互不相通；当 K_1 接压力油、K_2 接油箱时，阀芯在压力油的作用下右移，油口 P 与 A 接通，B 与 T 接通；反之，当 K_2 通压力油、K_1 接油箱时，阀芯左移，油口 P 与 B 接通，A 与 T 接通。其图形符号如图 5-7（b）所示。

换向阀-
液动

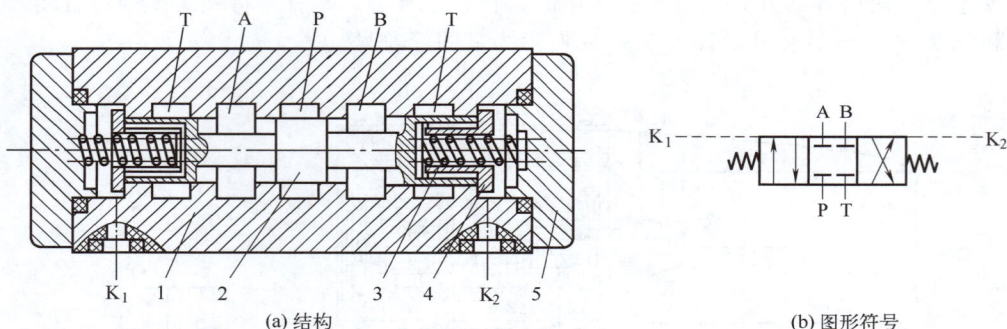

(a) 结构   (b) 图形符号

图 5-7 三位四通液动换向阀

1—阀体；2—阀芯；3—弹簧；4—挡圈；5—端盖

液动换向阀常用于流量大、压力高的场合。液动换向阀常与电磁换向阀组合成电液换向阀，以实现自动换向。

（5）电液换向阀　电液换向阀是由电磁换向阀和液动换向阀组合而成的复合阀，如图 5-8 所示。电磁换向阀起先导阀的作用，用来改变液动换向阀的控制油路的方向，从而控制液动换向阀的阀芯位置；液动换向阀为主阀，实现主油路的换向。由于推动主阀芯的液压力可以很大，故主阀芯的尺寸可以做大，允许大流量液流通过。这样就可以实现用小规格的电磁铁控制大流量的液动换向阀。

图 5-8（a）所示为电液换向阀的结构原理。当先导阀的电磁铁都不通电时，先导阀的阀芯在对中弹簧作用下处于中位，主阀芯左、右两腔的控制油液通过先导阀中间位置与油箱连通，主阀芯在对中弹簧作用下也处于中位，主阀的油口 P、A、B、T 均不通。当先导阀左边电磁铁通电时，先导阀芯右移，控制油液经先导阀再经左单向阀进入主阀左腔，推动主阀芯向右移动，这时主阀右腔的油液经右边的节流阀及先导阀回油箱，使主阀 P 口与 A 口接

通，B 口与 T 口接通；反之，先导阀右边电磁铁通电，可使油口 P 与 B 接通，A 与 T 接通（主阀芯移动速度可由节流阀的开口大小调节）。图 5-8（b）所示为电液换向阀的图形符号，图 5-8（c）所示为简化符号。

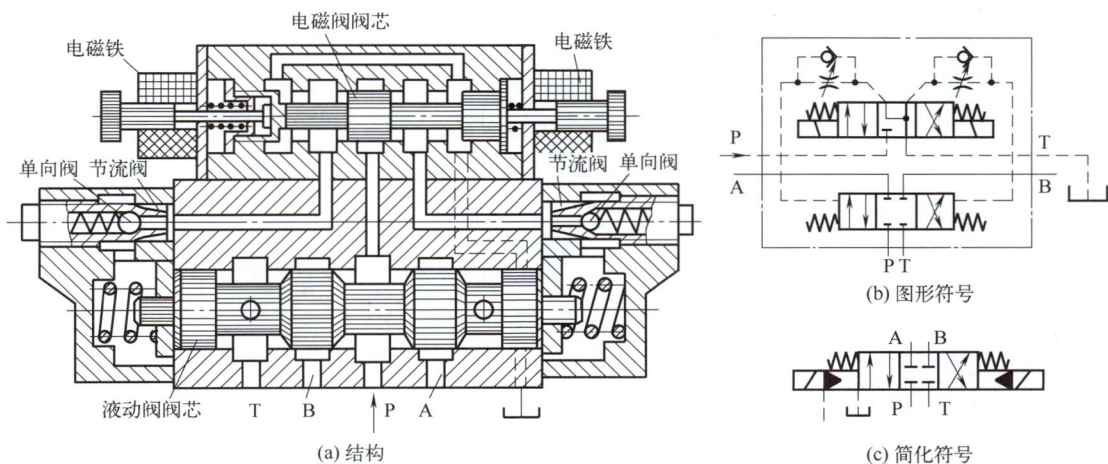

图 5-8　电液换向阀

1.5　换向阀的应用

在液压系统中，换向阀常用于控制执行元件的启动、停止及换向，此类回路称为方向控制回路。方向控制回路有换向回路和锁紧回路。这里仅介绍换向回路。

（1）采用换向阀的换向回路　执行元件的换向，一般可采用各种换向阀来实现。在容积调速的闭式回路中，也可以利用双向变量泵控制油流的方向来实现液压缸（或液压马达）的换向。

依靠重力或弹簧返回的单作用液压缸可以采用二位三通换向阀进行换向，如图 5-9（a）所示。双作用液压缸，一般都可采用二位四通（或五通）及三位四通（或五通）换向阀来进行换向，按不同用途还可选用各种不同的控制方式的换向回路。

电磁换向阀换向回路应用最为广泛，尤其在自动化程度要求较高的组合机床等液压系统中被普遍采用。对于流量较大和换向平稳性要求较高的场合，电磁换向阀换向回路已不能适应上述要求，往往采用以手动换向阀或机动换向阀作先导阀，而以液动换向阀为主阀的换向回路，也可以采用电液换向阀换向回路。

图 5-9（b）所示为手动转阀（先导阀）控制液动换向阀的换向回路。回路中用辅助泵 2 给转阀 3 提供低压控制油，通过转阀 3（三位四通）来控制液动换向阀 4 的阀芯移动，实现液压缸的换向。当转阀 3 在右位时，控制油进入液动换向阀 4 的左端，右端的油液经转阀回油箱，使液动换向阀 4 的左位接入，活塞下移。当转阀 3 切换至左位时，即控制油使液动换向阀 4 换向至右位，活塞向上缩回。当转阀 3 在中位时，液动换向阀 4 两端的控制油通油箱，在弹簧力的作用下，阀芯回复到中位，主泵 1 卸荷，液压缸停止移动。

在机床夹具、油压机和起重机等不需要自动换向的场合，常常采用手动换向阀来进行换向。

在液动换向阀换向回路或电液换向阀换向回路中，控制油液除用辅助泵供给外，在一般

(a) 二位三通换向阀控制单作用液压缸　　(b) 先导阀－液动换向阀控制双作用液压缸

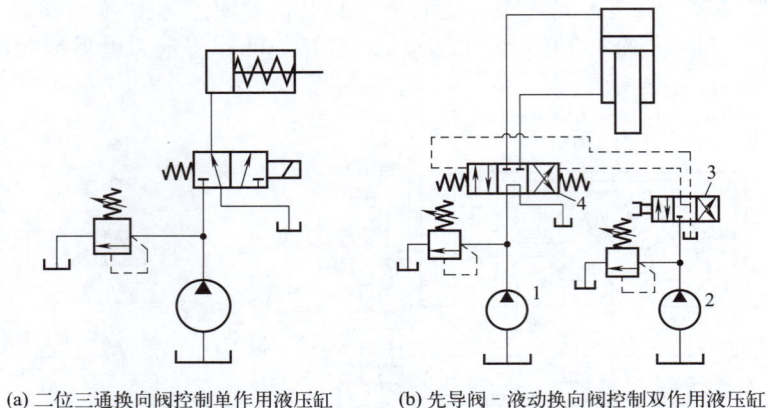

图 5-9　采用换向阀的换向回路

1—主泵；2—辅助泵；3—转阀；4—液动换向阀

图 5-10　采用双向变量泵
的换向回路

1—双向变量泵；2—补油泵；3—单
向阀；4—换向阀；5—液压缸；
6,8—溢流阀；7—安全阀

的系统中，也可以把控制油路直接接入主油路。但是，当主阀采用 M 型或 H 型中位机能时，必须在回路中设置背压阀，保证控制油液有一定的压力，以控制换向阀阀芯的移动。

（2）采用双向变量泵的换向回路　采用双向变量泵的换向回路如图 5-10 所示，常用于闭式油路中，采用变化供油方向来实现液压缸或液压马达换向。图 5-10 中，若双向变量泵 1 吸油侧供油不足，可由补油泵 2 通过单向阀 3 来补充；双向变量泵 1 吸油侧多余的油液可通过液压缸 5 进油侧压力控制的二位二通换向阀 4 和溢流阀 6 流回油箱。

溢流阀 6 和 8 的作用是使液压缸活塞向右或向左运动时泵的吸油侧有一定的吸入压力，以改善泵的吸油性能，同时使活塞运动平稳。溢流阀 7 作为安全阀使用，可以防止系统高压侧出现过载。

工作实施

根据任务要求，设计了如图 5-11 所示的液压回路。该系统主要由油箱、液压泵、溢流阀、液压缸和换向阀组成。使用液压缸驱动水平支腿伸缩运动。液压泵为系统提供高压油液。溢流阀用于限制系统的最高工作压力。换向阀是一个 M 型中位机能的三位四通手动换向阀。

当控制水平支腿伸出时，通过操控换向阀的手柄使之工作在右位。液压泵输出的油液经换向阀的 P 口至 A 口，进入液压缸的无杆腔。液压缸有杆腔的油液流出，经换向阀的 B 口至 T 口，流回油箱。此时，液压缸的活塞杆伸出，推动水平支腿伸出。

当控制水平支腿缩回时，通过操控换向阀的手柄使之工作在左位。液压泵输出的油液经换向阀的 P 口至 B 口，进入液压缸的有杆腔。液压缸无杆腔的油液流出，经换向阀的 A 口至 T 口，流回油箱。此时，液压缸的活塞杆缩回，拉动水平支腿缩回。

当水平支腿伸缩到合适的位置时，换向阀复位，其以中位接入系统。液压缸两腔油液被封闭住，活塞杆与水平支腿均停止运动。液压泵的油液经换向阀的 P 口至 T 口回油箱。

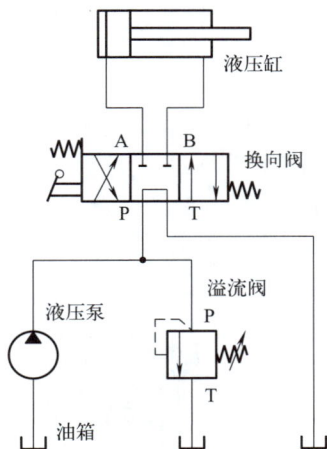

图 5-11　水平支腿液压原理

知识拓展

实验：

参照图 5-11，利用实验台搭建换向回路，检验其效果。

任务 2　汽车起重机垂直支腿回路的设计

学习目标

1. 掌握单向阀的工作原理、特点，能够分析其工作原理；
2. 理解并能够分析液压锁紧回路的工作原理。

任务书

公司正在开发一台汽车起重机，现在需要为起重机的垂直支腿设计液压回路。垂直支腿主要是为了支承起整个车体，为吊装提供稳定可靠的平台，见图 5-1。要求任意一条垂直支腿能够独立地按需伸缩、停止，且能在任意大小负载下保持合适的位置，不会自行伸缩。

任务：请以一条垂直支腿为例，设计液压回路，并分析其工作原理。

自主探索

请自行查阅有关资料，完成如下问题。

引导问题 1：单向阀由哪些基本结构组成？

引导问题 2：单向阀是通过哪些特殊的部件来实现单向流动功能的？

引导问题 3：常见的单向阀的种类有哪些？各应用在什么场合？

引导问题 4：单向阀里面的弹簧起到了什么关键作用？

2.1 单向阀工作原理

单向阀是控制油液单方向流动的方向控制阀（图 5-12），属于方向控制阀中的一类。常用的单向阀有普通单向阀和液控单向阀两种。

（1）普通单向阀　普通单向阀只允许液流沿着一个方向流动，反向被截止，故又称止回阀。图 5-12（a）和（b）所示分别为管式和板式单向阀。图形符号如图 5-12（c）所示。

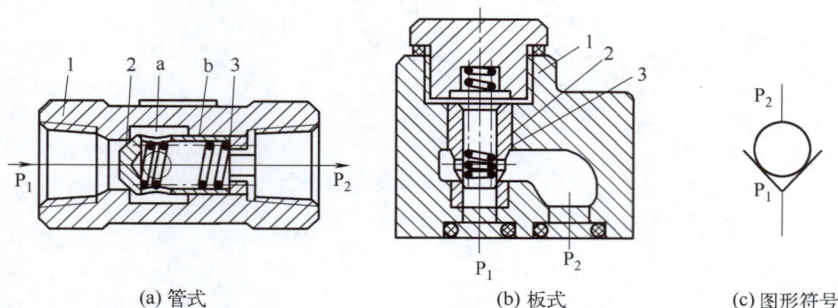

(a) 管式　　　　　　　　　(b) 板式　　　　　　　　　(c) 图形符号

图 5-12　普通单向阀

1—阀体；2—阀芯；3—弹簧

原理分析：当液流从进油口 P_1 流入时，克服作用在阀芯 2 上的弹簧 3 的作用力以及阀芯 2 与阀体 1 之间的摩擦力而顶开阀芯，并通过阀芯上的径向孔 a、轴向孔 b 从出油口 P_2 流出；当液流反向从 P_2 口流入时，在液压力和弹簧力共同作用下，阀芯被压紧在阀座上，阀口关闭，实现反向截止。

一般情况下，单向阀中的弹簧仅用于克服阀芯的摩擦阻力和惯性力，所以其刚度较小，开启压力很小，一般为 0.035～0.05MPa。若将单向阀中的弹簧换成刚度较大的弹簧时，可用作背压阀，开启压力为 0.2～0.6MPa。

（2）液控单向阀　液控单向阀与普通单向阀相比（图 5-13），在结构上增加了控制活塞 1 和控制油口 K，如图 5-13（a）所示，除可以实现普通单向阀的功能外，还可以根据需要由外部油压来控制，以实现油液的逆向流动。当控制油口 K 没有通入压力油时，它的工作原理与普通单向阀完全相同，即压力油可以从 P_1 口流向 P_2 口，但反向流动被截止。当控制油口 K 通入足够大压力的控制油时，活塞 1 向上移动，顶开阀芯 2，使油口 P_1 和 P_2 相通，油液可以反向通过。为了减小控制活塞移动时的阻力，设一外泄油口 L，可以消除 a 腔内油液压力对打开压力的影响。此阀称为外泄式液控单向阀。a 腔也可以直接与 P_1 口连通，见图 5-13（b）。但是，需要注意此处油液压力对活塞动作的影响。

图 5-13（b）所示为带卸荷阀芯的液控单向阀。当控制油口通入压力油（p_K）时，控制活塞先顶起卸荷阀芯，使主油路的压力降低，然后控制活塞以较小的力将阀芯 2 顶起，使 P_1 和 P_2 口相通。此阀可用于压力较高的场合。

内泄式和外泄式液控单向阀的图形符号分别如图 5-13（c）和（d）所示。

液控单向阀在液压系统中应用十分普遍，常用于保压、锁紧回路。

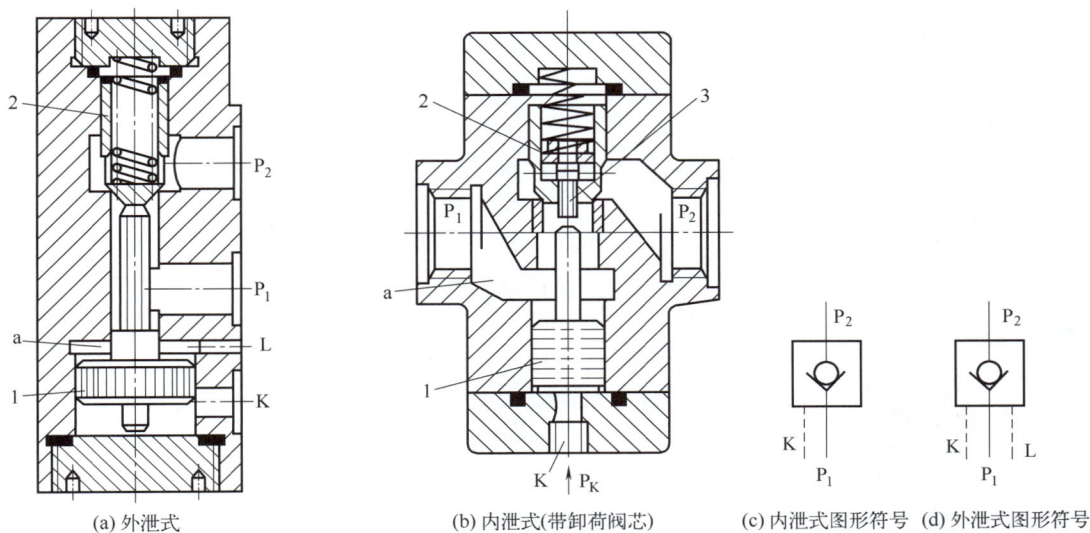

| (a) 外泄式 | (b) 内泄式（带卸荷阀芯） | (c) 内泄式图形符号 | (d) 外泄式图形符号 |

图 5-13　液控单向阀

1—控制活塞；2—阀芯；3—顶杆

2.2　锁紧回路工作原理分析

为了使工作部件能在任意位置停留，以及在停止工作时防止在受力的情况下发生移动，可以采用锁紧回路。使用两个液控单向阀的锁紧回路的主要应用场合有飞机起落架的锁紧、汽车起重机支腿、矿山采掘机械液压支架锁等。

图 5-14 是采用液控单向阀的锁紧回路。在液压缸的进、回油路中都串接了液控单向阀（又称液压锁），活塞可以在行程的任何位置锁紧。其锁紧精度只受液压缸内少量的内泄漏影响，因此锁紧精度较高。采用液控单向阀的锁紧回路，换向阀的中位机能应使液控单向阀的控制油液卸压（中位机能为 H 型或 Y 型），此时，液控单向阀应关闭，活塞停止运动。

假如采用 O 型或 M 型中位机能，在换向阀中位时，由于液控单向阀的控制腔压力油被封闭而不能使其立即关闭，直至由换向阀的内泄漏使控制腔泄压后，液控单向阀才能关闭，从而影响其锁紧精度。

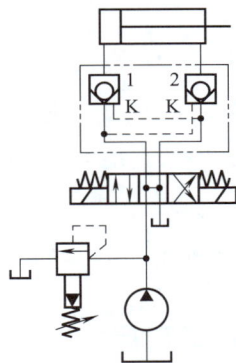

图 5-14　采用液控单向
阀的锁紧回路

1,2—液控单向阀（液压锁）

2.3　单向阀选型的基本原则

在具体选用单向阀时，除了要根据需要合理选择开启压力外，还应特别注意工作时的流量应与阀的额定流量相匹配，因为当通过单向阀的流量远小于额定流量时，单向阀有时会产生振动，流量越小、开启压力越高、油中含气越多，越容易产生振动。在选用液控单向阀时，要注意控制压力是否能够满足反向开启的要求，并根据需要选择内泄式、外泄式和带卸荷阀芯这三种液控单向阀。同时，在应用外泄式液控单向阀时，应使外泄油液单独回油箱。

🔧 工作实施

根据任务要求，设计了如图 5-15 所示的液压回路。该系统主要由油箱、液压泵、溢流阀、液压缸、液压锁和换向阀组成。利用液压缸的伸缩运动实现起重机车体的垂直升降。液压泵为系统提供高压油液。溢流阀用于限制系统的最高工作压力。换向阀是一个 Y 型中位机能的三位四通手动换向阀。液压锁是由两个液控单向阀并联组成的。

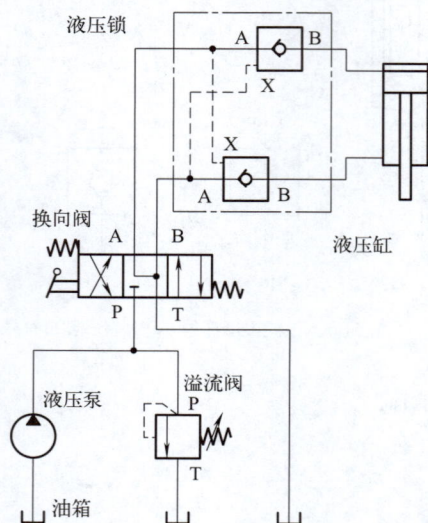

图 5-15 垂直支腿液压原理

当需要升起车体时，通过操控换向阀的手柄使之工作在右位。液压泵输出的油液经换向阀的 P 口至 A 口、上侧液控单向阀的 A 口至 B 口进入液压缸的无杆腔。同时，部分油液进入下侧液控单向阀的控制口并将此阀打开。液压缸有杆腔的油液流出，经下侧液控单向阀的 B 口至 A 口、换向阀的 B 口至 T 口流回油箱。此时，液压缸的活塞杆伸出，将车体垂直抬升。

当需要落下车体时，通过操控换向阀的手柄使之工作在左位。液压泵输出的油液经换向阀的 P 口至 B 口、下侧液控单向阀的 A 口至 B 口进入液压缸的有杆腔。同时，部分油液进入上侧液控单向阀的控制口并将此阀打开。液压缸无杆腔的油液流出，经上侧液控单向阀的 B 口至 A 口、换向阀的 A 口至 T 口流回油箱。此时，液压缸的活塞杆缩回，车体落下。

当水平支腿伸缩到合适的位置时，换向阀复位，其中位接入系统。液压缸两腔油液被封闭，活塞杆与车体均停止运动。由于 Y 型中位机能的 P 口是封闭的，液压泵的油液经溢流阀流回油箱。

任务 3 汽车起重机油源调压回路的设计与装调

📖 学习目标

1. 了解溢流阀的种类及特点，能够识读并绘制其图形符号；
2. 理解溢流阀的工作原理，掌握其典型应用；
3. 了解溢流阀的流量-压力特性，能够根据工作条件，选择合适的溢流阀；
4. 掌握典型调压回路的工作原理，并能够设计、装调简单的调压回路。

📋 任务书

某汽车起重机液压系统设计过程中，其油源需要设计一个调压回路。要求该回路在设备正常工作时为系统提供稳定的油源，在设备短时不工作时能够卸荷以节约能源。

任务：请绘制出详细的原理图并说明其原理。

📚 自主探索

请自行查阅有关资料，完成如下问题。

引导问题1：从结构上分，溢流阀包括哪两大类？分别有什么特点？

引导问题2：溢流阀有哪些常见的用途？

引导问题3：在使用先导式溢流阀的两级或多级调压回路中，远程控制阀和主溢流阀在压力设定上有什么要求？

引导问题4：内泄式溢流阀与外泄式溢流阀在结构和性能方面有哪些区别？

📄 相关知识

3.1 溢流阀及其性能特点

溢流阀在液压系统中的作用是通过阀口的溢流来实现调压、稳压或限压，按其结构不同，可分为直动式和先导式两大类。

（1）直动式溢流阀 直动式溢流阀是靠系统中的压力油直接作用于阀芯上与弹簧弹力相平衡的原理来工作的，如图5-16所示。直动式溢流阀具有结构简单、制造容易、成本低等优点。但缺点是油液压力直接和弹簧弹力平衡，所以压力稳定性差。当系统压力较高时，要求弹簧刚度大，使阀的开启性能差，故一般只用于低压小流量场合。图5-16（a）所示为直动式溢流阀的结构。图5-16（b）所示为直动式溢流阀的图形符号。图5-16（c）给出了螺纹式、板式和插装式溢流阀的实物。

直动式溢流阀

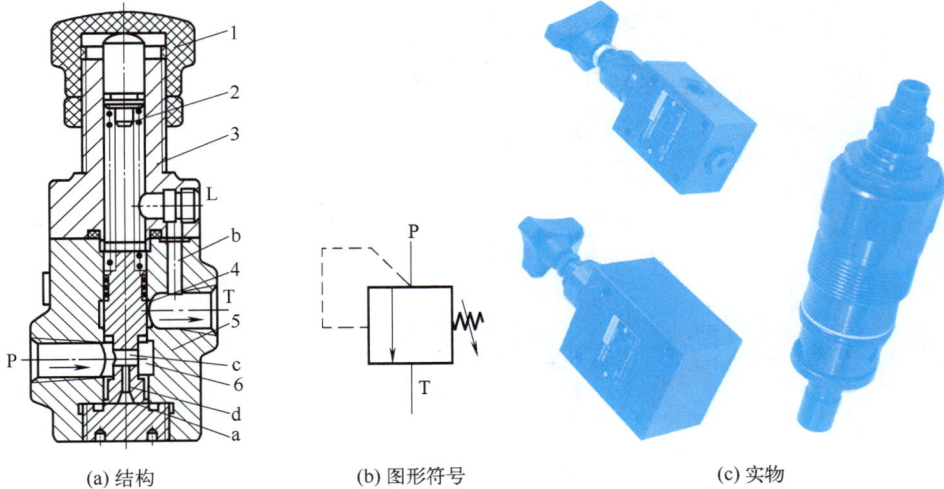

(a) 结构　　　　　　　　(b) 图形符号　　　　　　　　(c) 实物

图5-16　直动式溢流阀

1—调压螺母；2—调压弹簧；3—上盖；4—主阀芯；5—阀体；6—环形腔
a—锥孔；b—内泄孔道；c—径向小孔；d—轴向阻尼小孔；L—泄油口

工作原理：如图5-16（a）所示，P口是进油口，T口是回油口。压力油从P口进入环形腔6，经主阀芯4上的径向小孔c、轴向阻尼小孔d、锥孔a后作用在阀芯底端。当进油压力升高，主阀芯4所受的油液压力超过弹力时，主阀芯4上移，阀口被打开，油口P和T相通，实现溢流。阀口的开度经过一个过渡过程后，便稳定在某一位置上，进油口压力p也稳定在某一调定值上。通过调压螺母1，可以改变调压弹簧2的预紧力，这样就可调节进油口的压力p。主阀芯4上的阻尼小孔d的作用是对阀芯的动作产生阻尼，提高阀的工作平稳性。图5-16（a）中L为泄油口。溢流阀工作时，油液通过间隙泄漏到阀芯上端的弹簧腔，通过阀体上的 b 孔与回油口 T 相通，此时 L 口堵塞，这种连接方式称为内泄式。若将 b 孔堵塞，同时打开 L 口，可以将泄漏油直接引回油箱，这种连接方式称为外泄式。当溢流阀稳定工作时，作用在阀芯上的油液压力和弹簧弹力相平衡（忽略阀芯自重、摩擦力等），则有

$$pA = F_s$$
$$p = F_s/A \tag{5-1}$$

式中　p——溢流阀的设定压力，Pa；

　　　F_s——调压弹簧弹力，N；

　　　A——阀芯底部有效作用面积，m^2。

对于特定的阀，A 值是恒定的，调节 F_s 就可调节进口压力 p 的设定值。当系统压力变化时，阀芯会做相应的波动，然后在新的位置上平衡；与之相应的弹簧弹力也要发生变化，但相对于调定的弹簧弹力来说变化很小，所以认为 p 值基本保持恒定。

（2）先导式溢流阀　先导式溢流阀由先导阀和主阀两部分组成，如图 5-17 所示。它是利用主阀芯上、下两端的压力差所形成的作用力和弹簧弹力相平衡的原理来工作的。先导式溢流阀的结构如图 5-17（a）所示，图 5-17（b）所示为其图形符号。

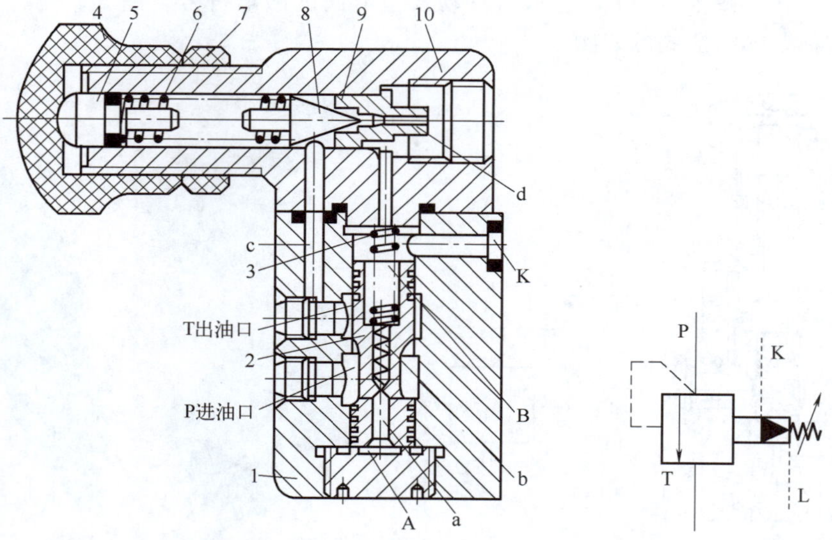

(a) 结构　　　　　　　　　　　(b) 图形符号

图 5-17　先导式溢流阀

1—主阀体；2—主阀芯；3—复位弹簧；4—调节螺母；5—调节杆；6—调压弹簧；7—螺母；8—锥阀芯；
9—锥阀座；10—阀盖；a，b—轴向小孔；c—油道；d—小孔

先导式溢流阀工作原理如下。

如图 5-17 所示，P 是进油口，T 是回（出）油口。压力油从 P 口进入，通过阀芯轴向小孔 a 进入主阀芯 2 下端的 A 腔，同时经轴向小孔 b 孔进入主阀芯 2 上端的 B 腔，又经小孔 d 作用在先导阀的锥阀芯 8 上。当进油压力 p 较低，不足以克服调压弹簧 6 的弹力 F_s 时，锥阀芯 8 关闭，主阀芯 2 上、下两端压力相等，主阀芯 2 在复位弹簧 3 的作用下处于最下端位置，油口 P 和 T 不通，溢流口关闭。当进油压力升高，作用在锥阀芯上的液压力大于 F_s 时，锥阀芯 8 被打开，压力油便经油道 c、回油口 T 流回油箱。由于阻尼孔 b 的作用，

使主阀芯 2 上端的压力 p_1 小于下端的压力 p，形成了压力差 $\Delta p = p - p_1$。当这个压力差 Δp 超过复位弹簧 3 的弹力 F_{s0}（实际很小）时，主阀芯 2 上移，进油口 P 和回油口 T 相通，实现溢流。所调节的进油压力 p 要经过一个过渡过程才能达到平衡状态。当溢流阀稳定工作时，作用在主阀芯上的液压力和弹簧弹力相平衡（忽略阀芯自重、摩擦力等），则有

$$pA = p_1 A + F_{s0} \tag{5-2}$$

式中　p——进油口压力，Pa；

　　p_1——主阀芯上腔压力，Pa；

　　F_{s0}——主阀芯弹簧力，N；

　　A——主阀芯有效作用面积，m^2。

由式（5-2）可知，p_1 是由先导阀弹簧调定的，基本为定值。主阀芯上腔的复位弹簧 3 的刚度可以较小，且 F_{s0} 的变化也较小，所以当溢流量发生变化时，溢流阀进油压力 p 的变化较小。因此，先导式溢流阀相对直动式溢流阀具有较好的稳压性能。但它的反应不如直动式溢流阀灵敏，一般适用于压力较高、流量较大的场合。

先导式溢流阀有一个远程控制口 K。如果将此口连接另一个远程调压阀（其结构和先导阀部分相同），调节远程调压阀弹簧的弹力，即可调节主阀芯上腔的油液压力，从而对溢流阀的进油压力实现远程调压。但远程调压阀调定的压力不能超过先导阀调定的压力，否则不起作用。当远程控制口 K 通过二位二通阀接通油箱时，主阀芯上腔的油液压力接近于零，复位弹簧很软，溢流阀进油口处的油液以很低的压力将阀口打开，流回油箱，实现卸荷。不需要使用远程控制口时，使用螺堵将其堵死即可。

先导阀的油液经油道 c 与主阀的 T 口连通，这种连接方式称为内泄式。若将油道 c 堵塞，并在合适的位置开设独立的 L 口，可以将先导阀的油液直接引回油箱，这种连接方式称为外泄式。在选用溢流阀的泄漏油排放方式时，内泄式比外泄式节省了一条泄漏管路，但是其设定压力会受到回油口压力的影响。图 5-17 （b）所示为先导式溢流阀的图形符号。

（3）溢流阀的性能　溢流阀的性能包括静态性能和动态性能两类，下面只对其静态性能作简单介绍。

① 调压范围。溢流阀的调压范围是指阀所允许使用的最小和最大压力值。在此范围内，所调压力能平稳上升或下降，且压力无突跳和迟滞现象。

② 流量-压力特性（启闭特性）。启闭特性是溢流阀最重要的静态特性，是评价溢流阀定压精度的重要指标。它是指溢流阀从关闭状态到开启，然后又从全开状态到关闭的过程中，压力与溢流量之间的关系。图 5-18 所示为直动式溢流阀与先导式溢流阀启闭特性曲线。由于开启和闭合时，阀芯摩擦力方向不同，故阀的开启特性曲线和闭合特性曲线不重合。一般认为通过 1% 额定溢流量时的压力为溢流阀的开启压力和闭合压力。开启压力与额定压力的比值称为开启比，闭合压力与

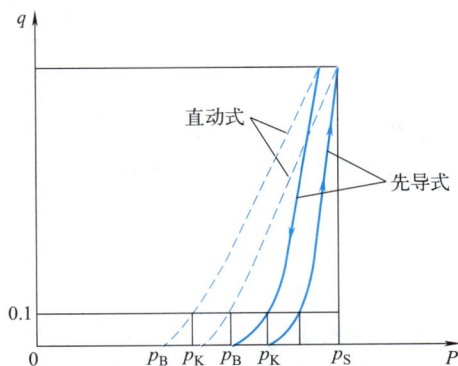

图 5-18　溢流阀的启闭特性曲线

额定压力的比值称为闭合比。比值越大，它的调压偏差 $p_S - p_B$、$p_S - p_K$ 的值越小，则阀的定压精度越高。

③ 卸荷压力。卸荷压力是指溢流阀的远程控制口与油箱接通，系统卸荷时，溢流阀的

进、出油口的压力差。卸荷压力越小，流经阀时压力损失就越小。

3.2 溢流阀的应用

溢流阀有多种用法，可组成具有不同功能的回路。

① 用作调压阀，形成调压回路。

a. 单级调压回路。在定量泵供油的液压系统中，在液压泵的出口处都并联有溢流阀，以限制系统的最高工作压力，实现保护液压泵的目的。同时，配合回路中的流量阀，可以将液压泵多余的油液溢流回油箱，保证泵的工作压力基本不变。图 5-19 所示为溢流阀作定压溢流用。通过调节溢流阀的压力，可以改变液压泵的输出压力。当溢流阀的调定压力确定后，液压泵就在溢流阀的调定压力下工作，从而实现了对液压系统进行调压和稳压控制。图5-19 中双点划线框内的部分是一种应用于液压系统中的最简单的油源形式。

b. 二级调压回路。图 5-20 所示为二级调压回路。该回路可实现两种不同的系统压力的控制，由主溢流阀（实质是先导型溢流阀）和远程调压阀（实质是直动式溢流阀）各调一级。当二位二通电磁换向阀处于图示位置时，系统压力由主溢流阀调定。当换向阀得电时，系统压力由远程调压阀调定。但要注意：远程调压阀的调定压力一定要小于主溢流阀的调定压力，否则不能实现远程调压。当系统压力由远程调压阀调定时，主溢流阀的先导阀阀口处于关闭状态，但主阀处于开启状态，液压泵的溢流油液经主阀回油箱。这时远程调压阀亦处于工作状态，并有少量油液通过。应当指出：若将换向阀与远程调压阀对换位置，该回路仍可实现二级调压功能。

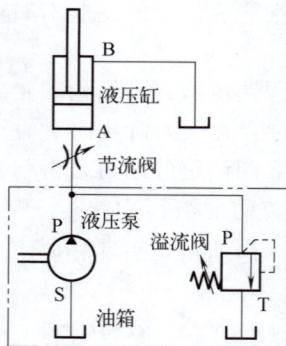

图 5-19　单级调压回路

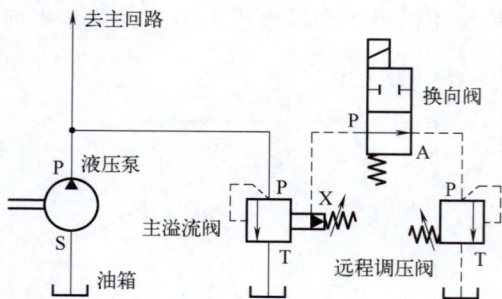

图 5-20　二级调压回路

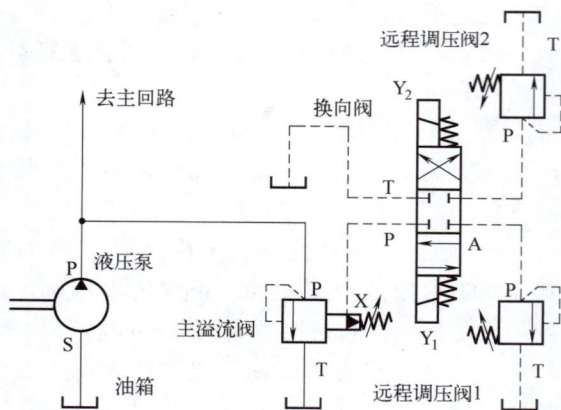

图 5-21　三级调压回路

c. 多级调压回路。图 5-21 所示为三级调压回路，可以实现三个不同的压力设定值。三级压力分别由主溢流阀、远程调压阀 1 和远程调压阀 2 调定。当电磁铁 Y_1、Y_2 失电时，系统压力由主溢流阀调定。当 Y_1 得电时，系统压力由远程调压阀 1 调定。当 Y_2 得电时，系统压力由远程调压阀 2 调定。在这种调压回路中，远程调压阀 1 和远程调压阀 2 的设定压力要低于主溢流阀的设定压力，而远程调压阀 1 和远程调压阀 2 的设定压力之间没有严格的大小关系。当远程调压阀 1 或远程调压阀 2 工作时，其作用相当于主溢流阀上的另一个先导阀。

② 防止系统过载，作为安全阀。在变量泵调速系统中，系统正常工作时，溢流阀常闭。当系统过载时，阀口打开，使油液排入油箱，溢流阀用作安全阀，起到保护作用，如图5-22所示的安全阀。

③ 用作背压阀。在液压系统的回油路上串接一个溢流阀，可以形成一定的回油阻力，这种阻力称为背压。结合图5-22，背压阀的使用可以改善执行元件的运动平稳性。附带的缺点是增大了能量损失。

④ 实现远程调压。将先导式溢流阀的远程控制口与一个作为远程调压阀使用的直动式溢流阀连接，可实现远程调压功能，如图5-23所示。在远程调压阀的设定压力小于主溢流阀的设定压力的情况下，液压泵最高工作压力由远程调压阀决定。实时调整远程调压阀的设定压力，即可实现对液压泵最高工作压力的实时调节。

⑤ 用作卸荷阀，形成卸荷回路。将二位二通电磁换向阀接先导式溢流阀的远程控制口，可使液压泵卸荷，降低功率消耗，减少系统发热，如图5-24所示。当换向阀处于当前的常态位置时，液压泵处于卸荷状态。当换向阀得电时，其上位接入系统，主溢流阀的先导油路与油箱之间的连接被切断，液压泵的最高工作压力由主溢流阀限定。

图 5-22　溢流阀作为安全阀和背压阀的回路

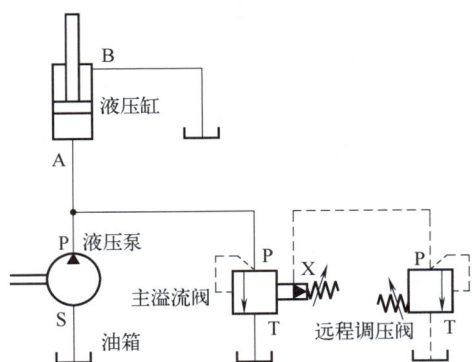

图 5-23　使用溢流阀的远程调压回路

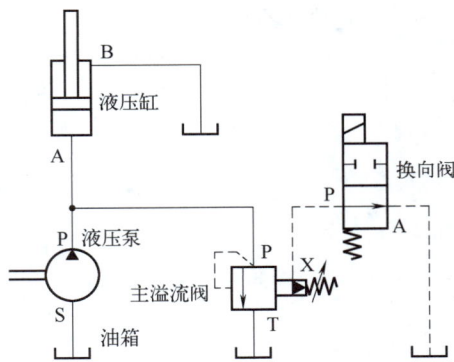

图 5-24　使用先导式溢流阀的卸荷回路

溢流阀远程控制

溢流阀卸荷回路

工作实施

设计的回路如图5-24所示。该回路主要包括液压泵、油箱、液压缸、主溢流阀、换向阀及相关管路等。换向阀是一个二位二通电磁换向阀。主溢流阀是一个先导式溢流阀，其控制口通过换向阀与油箱连接。当换向阀得电时，系统正常工作，主溢流阀限制系统最高工作压力。当换向阀失电，其P口与A口处于连通状态时，主溢流阀开启，处于卸荷状态，避免能量浪费。

知识拓展

实验：
参照图5-20，利用实验台搭建二级调压回路，检验其效果。

任务 4 汽车起重机先导油源的分析

学习目标

1. 了解减压阀的种类及特点，能够识读并绘制其图形符号；
2. 理解减压阀的工作原理，掌握其典型应用；
3. 掌握典型减压回路的工作原理，并能够分析及设计简单的调压回路。

任务书

小李拿到了一份汽车起重机的液压原理图。该设备使用液控换向阀，相应的使用了液压手柄，降低了操作人员的工作强度。该液压的先导油源是利用从主回路引出分支油路来实现的，为液压手柄等元件提供了先导油液。

任务：图 5-25 给出了此部分的原理和实物，试分析其原理。

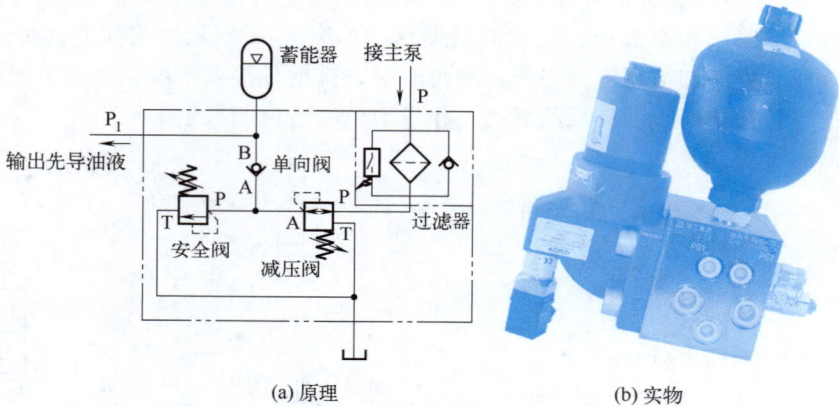

(a) 原理　　　　　　　　　　(b) 实物

图 5-25　先导供油部分的回路及实物

自主探索

请自行查阅有关资料，完成如下问题。

引导问题 1：减压阀的作用是什么？

引导问题 2：从结构上分，减压阀包括哪两大类？分别有什么特点？

引导问题 3：从图形符号看，溢流阀和减压阀有哪些异同点？

引导问题 4：减压阀为什么都设置有泄漏口？其作用是什么？

相关知识

4.1　减压阀

减压阀是利用压力油流经缝隙（减压口）时产生压力损失，使其出口压力低于进口压力，并保持压力恒定的一种压力控制阀，因此又称定值减压阀。它和溢流阀类似，也有直动式和先导式两种。

4.1.1　直动式减压阀

图 5-26 给出了直动式减压阀的原理和图形符号。直动式减压阀主要由阀体、阀芯、弹簧和手轮等零部件组成。阀体上设置有进油口 P、出油口 A 和泄油口 L。常态下，阀芯处于最左侧，油液可以自由地从 P 口流向 A 口。同时，A 口油液通过油道作用在阀芯左侧端面上，产生的力与右侧的弹簧力平衡。当出油口 A 的压力超过右侧弹簧的等效压力时，阀芯向右移动，将减压口通流面积减小，以保持出油口 A 的压力恒定。由此可知，弹簧力的大小决定了减压阀出油口 A

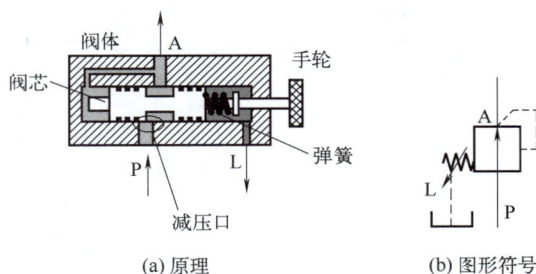

图 5-26　直动式减压阀

处的压力大小。如果 A 口压力因某些原因不断升高，阀芯将持续右移，不断关小减压口，以增大此处的压力损失，尽力维持 A 口压力基本恒定。

类似的，当进油口 P 的压力增大时，由于减压口通流面积没有变化，A 口压力将随之增大。阀芯将向右移动，减压口变小，压力损失增大，使得 A 口压力基本恒定。反之，当进油口 P 的压力减小时，由于减压口面积没有变化，A 口压力将随之减小。阀芯将向左移动，减压口变大，压力损失减小，使得 A 口压力基本恒定。

通过旋转右侧的手轮即可调整弹簧力，从而实现对减压阀设定压力的调节。泄油口 L 将弹簧腔内油液导出至油箱。

直动式减压阀结构简单、响应快，但是阀芯移动会导致弹簧力变化，使阀压力设定值发生改变，特别是在大流量或较大压力时。

4.1.2　先导式减压阀

图 5-27（a）所示为先导式减压阀的结构原理，图 5-27（b）所示为其图形符号。

工作原理：如图 5-27（a）所示，该阀由上部的先导阀和下部的主阀两部分组成。P_1、P_2 口分别为进、出油口，L 口为泄油口。当压力为 p_1 的油液从 P_1 口进入，经减压口后从出油口 P_2 流出，其压力为 p_2，压力油经阀体 6 和端盖 8 的流道作用于主阀芯 7 的底部，经阻尼孔 9 进入主阀弹簧腔，并经流道 a 作用在先导阀阀芯 3 上。当出口压力低于调压弹簧 2 的调定值时，先导阀关闭，通过阻尼孔 9 的油液不流动，主阀芯 7 上、下两腔压力相等，主阀芯 7 在复位弹簧 10 的作用下处于最下端位置，减压口全部打开，不起减压作用，出油口压力 p_2 等于进油口压力 p_1；当出油口压力超过调压弹簧 2 的调定值时，先导阀阀芯 3 打开，油液经泄油口 L 流回油箱。

由于油液流经阻尼孔 9 时会产生压力降，使主阀芯下腔压力大于上腔压力。当此压力差所产生的作用力大于复位弹簧力时，主阀芯上移，作用力使减压口关小，减压效果增强，出油口压力 p_2 减小。经过一个过渡过程后，出油口压力 p_2 便稳定在先导阀所调定的压力值上。调节调压手轮 1 即可调节减压阀的出油口压力 p_2。

由于外界干扰，如果进油口压力 p_1 升高，出油口压力 p_2 也升高，主阀芯受力不再平衡并向上移动，减压口面积减小，压力损失增大，出油口压力 p_2 降低至调定值，主阀芯达到新的平衡状态；反之亦然。

先导式减压阀有远程控制口 K，可实现远程调压，原理与溢流阀的远程控制原理相同。

由以上分析可知，先导式减压阀的设定值由先导阀决定，而油液从主阀流过。与直动式减压阀相比，先导式减压阀更适合设计成大流量的阀，且减压效果更好。

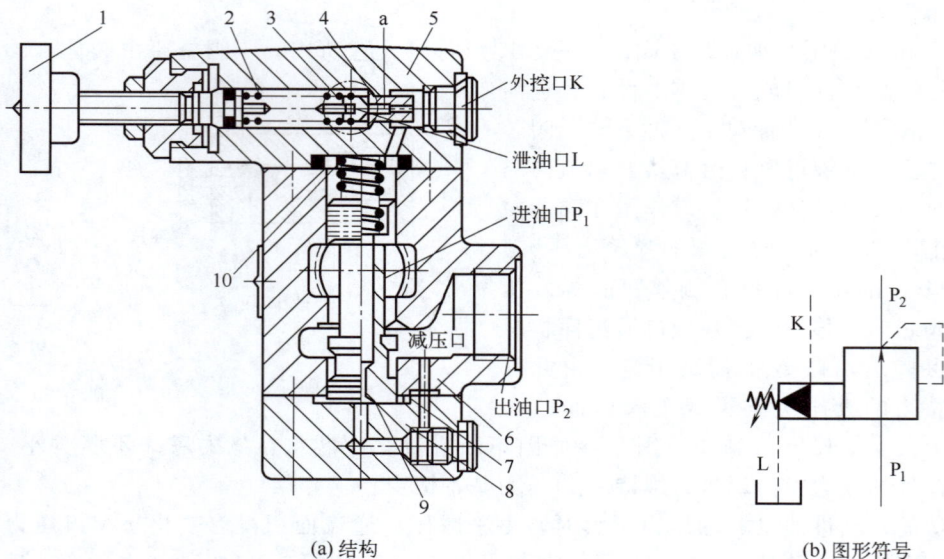

外控口K
泄油口L
进油口P_1
减压口
出油口P_2

先导式减压阀

(a) 结构

K　　P₂

L　　P₁

(b) 图形符号

图 5-27　先导式减压阀

1—调压手轮；2—调压弹簧；3—先导阀阀芯；4—先导阀座；5—阀盖；6-阀体；7—主阀芯；
8—端盖；9—阻尼孔；10—复位弹簧；a—流道

4.1.3　三通减压阀

当出油口压力过高时，上述的减压阀一般只能关闭进油口与出油口的油道，但并不能防止出油口因其他原因产生的压力升高。这些原因可能是负载变大、热膨胀等。为了解决这一问题，出现了三通减压阀。图 5-28 给出了三通减压阀的原理和图形符号。结合图 5-26 可知，此原理与直动式减压阀非常相似。不同之处在于，在图 5-28 中，当减压阀关闭后，如果油口 A 的压力继续升高，阀芯将继续向右移动而连通油口 A 和油口 T，实现溢流阀的功能，防止油口 A 的压力继续升高。

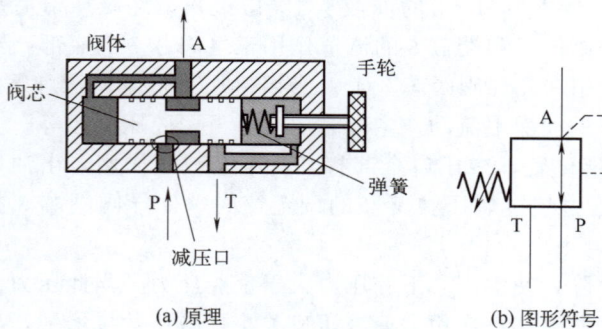

阀体　　A　　手轮
阀芯
弹簧
P　　T
减压口

(a) 原理

A

T　　P

(b) 图形符号

图 5-28　三通减压阀

图 5-29（a）给出了 DR 系列三通减压阀的结构。该阀主要由阀体、阀芯、弹簧、调节装置、螺堵、单向阀等零部件组成。阀体上的 P 口是进油口；A 口是减压后的出油口；T 口为回油口，一般接油箱。初态时，减压口 9 全开，油口 P 和油口 A 是连通的。A 口的油液压力通过油道 6 作用于阀芯 2 的右侧。弹簧 3 作用于阀芯 2 的左侧。当油口 A 的压力超过弹簧 3 的预紧力时，阀芯 2 向左移动，减小减压口 9 的通流面积，以增强减压作用，维持油口 A 的压力恒定。如果 A 口的压力在减压口 9 完全关闭后还能持续升高，阀芯 2 将不断左移而压缩弹簧 3，并打开油口 A 与油口 T 的通路。此时，A 口的油液将从台肩 8 处流向油口 T，最终流回油箱，以避免油口 A 的压力升高，从而实现溢流功能。单向阀的作用是当油口 P 的压力低于油口 A 的压力时，油口 A 的油液会反向流至油口 P。此外，拆除螺堵 1，可以获得一个油口 M，用于连接压力表等元件以测量减压阀后的压力。该阀的图形符号如图 5-29

（b）所示。图 5-29（c）给出了该阀的实物。

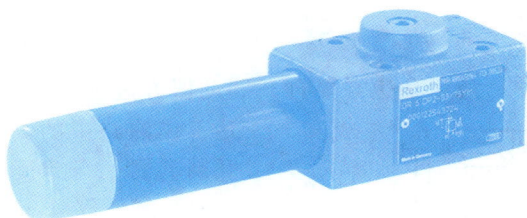

(a) 结构

(b) 图形符号

(c) 实物

图 5-29　DR 系列三通减压阀

1—螺堵；2—阀芯；3—弹簧；4—调节装置；5—单向阀；6—油道；7—弹簧腔；8—台肩；9—减压口

4.2　减压阀的应用

4.2.1　获得低压油液，用于工作压力较低的支路

当液压系统主回路的工作压力较高而局部回路或支路需要低压时，可以采用减压回路，如图 5-30 所示。例如，机床液压系统中的定位、夹紧、分度回路以及液压元件的先导油路等，这些回路往往需要比主油路压力低的油液。减压回路较为简单，一般是在需要低压的支路上串接减压阀。采用减压回路虽能方便地获得某支路稳定的低压，但压力油经过减压阀后

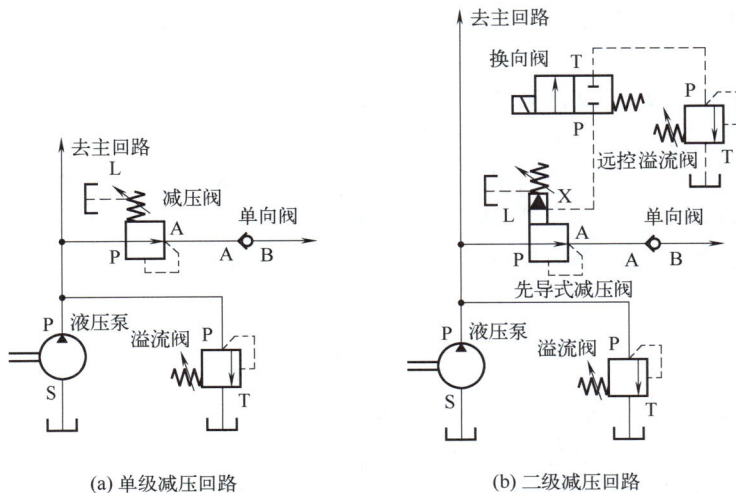

(a) 单级减压回路

(b) 二级减压回路

图 5-30　典型的减压回路

会产生压力损失。

最常见的减压回路为将定值减压阀与主油路相连，如图 5-30（a）所示。回路中的单向阀用于主油路压力降低（低于减压阀调定压力）时防止油液倒流，起短时保压作用。减压回路中也可以采用类似二级或多级调压的方法获得二级或多级减压。图 5-30（b）所示为利用先导式减压阀的远控口接一个远控溢流阀，其可由先导式减压阀和远控溢流阀分别设置一级压力。但要注意，远控溢流阀的调定压力值一定要低于先导式溢流阀的调定减压值。

为了使减压回路工作可靠，减压阀的最低调整压力不应小于 0.5MPa，最高调整压力至少应比系统压力小 0.5MPa。当减压回路中的执行元件需要调速时，调速元件应放在减压阀的后面，以避免减压阀泄漏（指由减压阀泄油口流回油箱的油液）对执行元件的速度产生影响。

4.2.2 用于限制制动回路的最高压力

在图 5-31 所示回路中，液压马达需要打开制动器方可工作。通过使用梭阀，将液压马达工作油路中的高压值选择出来，用于打开制动器。当此压力值小于减压阀的设定值时，减压阀处于全开状态，无减压作用。当液压马达的工作压力升高超过减压阀的设定值时，减压阀进入工作状态，以保证进入制动器的油液的压力不会超过其设定值。当液压马达两腔工作压力均降至低压时，制动器内的油液经单向阀返回，制动器对液压马达进行制动。此回路实现了使用减压阀限制进入制动器的油液的最高压力，避免造成制动器损坏。

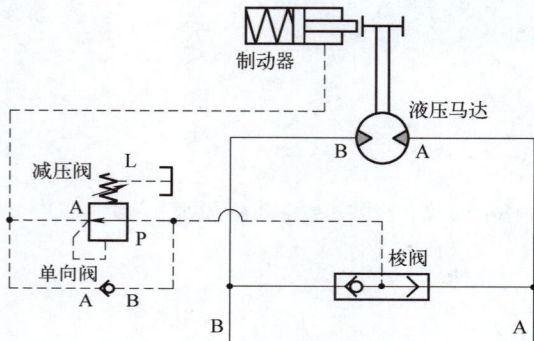

图 5-31　将减压阀用于限制制动回路最高压力

工作实施

如图 5-25 所示，此先导油源主要包括过滤器、减压阀、安全阀、单向阀、蓄能器等元件。P 口与液压系统中现有的主泵高压油口连接，T 口与油箱连接，P_1 口与需要使用先导油液的元件或回路连接。

工作原理：高压油液经过过滤器过滤后，进入减压阀的 P 口至 A 口，得到合适压力的油液。此油液经单向阀流出，由 P_1 口去系统中需要的地方。过滤器用于保证油液清洁，且集成了单向阀和压力继电器，分别用于在滤芯发生堵塞时旁通油液和发信。安全阀用于当减压阀出现故障时限制先导油液的最高压力，以保护下游的元件。单向阀用于防止停机时蓄能器内油液的回流。蓄能器起到吸收压力波动，以及液压系统瞬间流量需求大时补充油液的作用。

知识拓展

液压先导手柄是减压阀的一个典型应用场景（图 5-32），在工程机械上应用非常普遍。使用液压先导手柄配套液控换向阀，取代机械操纵的手动换向阀，是降低操作人员劳动强度的有效途径之一。图 5-32（a）给出了一种液压先导手柄的内部结构。该液压先导手柄主要包括手柄 5、4 个减压阀和壳体 10 等部分。每个减压阀均由 1 个阀芯 6、1 个控制弹簧 7、1

个复位弹簧 8 和 1 个柱塞 9 组成。常态下，油口 1～4 通过各自阀芯 6 上的孔 11 与油箱连通。结合图 5-32（a），以油口 3 输出先导油液为例进行说明。当向右顺时针扳动手柄时，柱塞 9 被压下，同时压缩控制弹簧 7 和复位弹簧 8。控制弹簧 7 向下推动阀芯 6，关闭油口 3 与回油口 T 的连接，并打开其与进油口 P 的连接，油口 3 输出相应的先导油液。由于油口 3 的油液压力作用在阀芯 6 的下端面上，当阀芯 6 受力平衡时，油口 3 的压力与控制弹簧 7 的力相平衡，由此得知油口 3 的压力与柱塞 9 的行程成比例，因而与手柄 5 的位置相关。该液压先导手柄可以输出 4 路先导油液，可以控制 2 个三位液控换向阀工作。实物见图 5-32（b）。

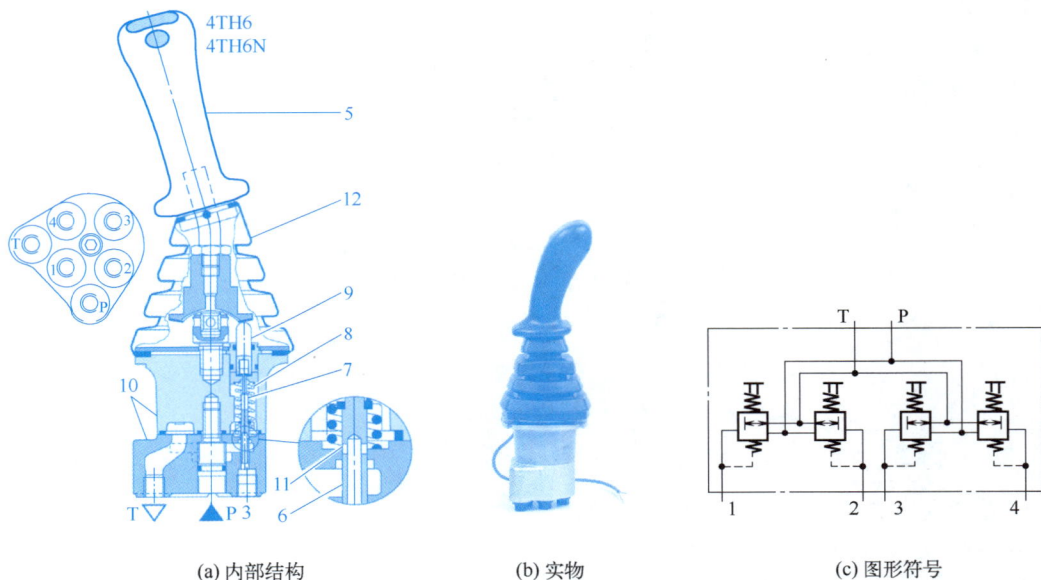

(a) 内部结构　　　　　　(b) 实物　　　　　　(c) 图形符号

图 5-32　液压先导手柄

1～4—油口；5—手柄；6—阀芯；7—控制弹簧；8—复位弹簧；9—柱塞；10—壳体；11—孔；
12—保护套；P—进油口；T—回油口

知识拓展

实验：

参照图 5-30（b），利用实验台搭建二级减压回路，检验其效果。

任务 5　汽车起重机变幅回路的分析

学习目标

1. 了解顺序阀的种类及特点，能够识读并绘制其图形符号；
2. 理解顺序阀的工作原理，掌握其典型应用；
3. 理解并掌握顺序阀与溢流阀的异同点；
4. 掌握典型顺序动作回路的工作原理，并能够分析顺序动作回路的工作原理及特点。

变幅系统是起重机不可或缺的子系统之一。变幅系统使用液压缸作为执行元件,液压缸伸缩运动驱动吊臂做变幅动作。

任务:图 5-33 所示为某起重机的变幅系统回路,试分析其原理。

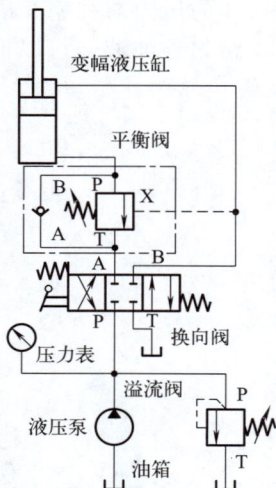

图 5-33 起重机的变幅系统回路原理图

📖 自主探索

请自行查阅有关资料,完成如下问题。

引导问题 1:顺序阀的作用是什么?

引导问题 2:根据控制方式和泄漏油去向的不同,顺序阀分为哪几类?

引导问题 3:从图形符号看,溢流阀和顺序阀有哪些异同点?

引导问题 4:顺序阀的常见用途有哪些?

📄 相关知识

顺序阀利用系统中油液压力的变化来控制油路的通断,从而控制多个执行元件顺序动作。按照工作原理和结构的不同,顺序阀可分为直动式和先导式两类;按照控制方式的不同,又可分内控式和外控式两种。

(1)工作原理 图 5-34 所示为直动式顺序阀,其结构原理如图 5-34(a)所示。P_1 口为进油口,P_2 口为出油口。压力油经 P_1 口流入,经阀体 4、底盖 7 的通道作用到控制活塞 6 的底部,使阀芯 5 受到一个向上的作用力。当进油压力低于调压弹簧 2 的调定压力时,阀芯 5 在调压弹簧 2 的作用下处于下端位置,进油口 P_1 和出油口 P_2 不通。当进油口压力超过调压弹簧 2 的调定压力时,控制活塞 6 推动阀芯 5 上移,进油口 P_1 和出油口 P_2 连通,油液从顺序阀流过。顺序阀的开启压力由调压弹簧 2 调节。在阀中设置控制活塞 6,活塞的端面面积比阀芯 5 的端面面积小,可减小调压弹簧 2 的刚度。

控制油液直接来自进油口,这种控制方式称为内控式;若将底盖旋转 90°安装,并将外控口 K 打开,同时堵塞油道 a,可得到外控式顺序阀。外泄油口 L 单独接回油箱,这种形式称为外泄式；若将外泄油口 L 关闭，并在阀体 4 上开设合适的油道将弹簧腔与出油口 P_2 连通，便得到了内泄式顺序阀。

图 5-34（b）～（e）所示为内控内泄式、内控外泄式、外控内泄式和外控外泄式顺序阀的图形符号。需要注意的是，顺序阀只能正向通流，反向不能通流。因此，在实际应用中，顺序阀并联单向阀得到单向顺序阀是一种常见的配置。

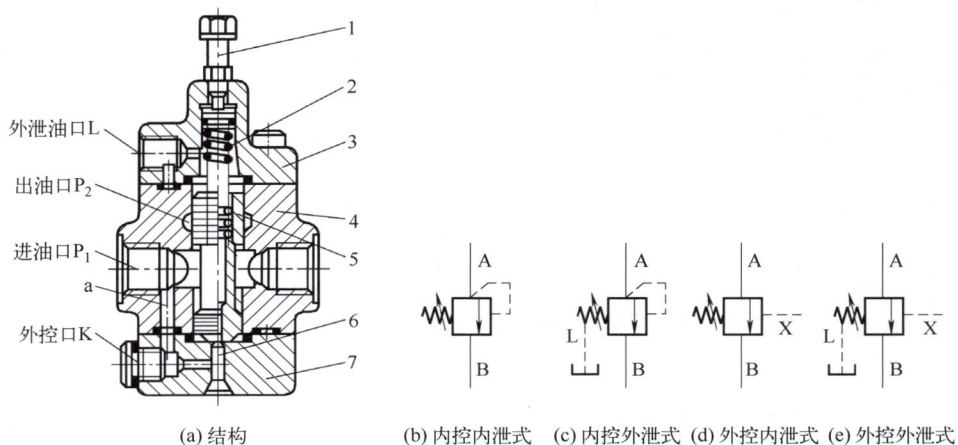

(a) 结构　　(b) 内控内泄式　(c) 内控外泄式　(d) 外控内泄式　(e) 外控外泄式

图 5-34　直动式顺序阀

1—调节螺钉；2—调压弹簧；3—端盖；4—阀体；5—阀芯；6—控制活塞；7—底盖

（2）顺序阀的应用

① 多缸顺序动作的控制。如图 5-35 所示，当二位四通换向阀 5 电磁铁得电时，由于单向顺序阀 3 的调定压力大于液压缸 2 的最高工作压力，液压泵 7 的油液先进入液压缸 2 的无杆腔，实现动作①。当动作①结束后，系统压力升高，达到单向顺序阀 3 的调定压力，油液打开阀 3 并进入液压缸 1 的无杆腔，实现动作②。同理，当二位四通换向阀 5 的电磁铁失电，且单向顺序阀 4 的调定压力大于液压缸 1 返回最大工作压力时，先实现动作③，后实现动作④。

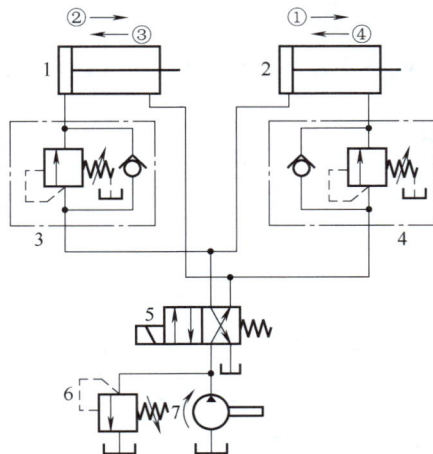

图 5-35　用单向顺序阀的双缸顺序动作回路

1, 2—液压缸；3, 4—单向顺序阀；5—二位四通换向阀；6—溢流阀；7—液压泵

② 负载的平衡与保持。图 5-36 所示为利用顺序阀的负载平衡与保持回路。图 5-36（a）中，为了保证液压缸长时间保持负载在某个位置，增设了内控式顺序阀。同时，在液压缸回缩时，顺序阀可以使液压缸大腔产生背压，以平衡活塞重力及负载，防止失速。为了保证在液压缸伸出时油液正常进入液压缸大腔，在内控式顺序阀左侧并联了一个单向阀。但是，对于图 5-36（a）所示的方案，如果负载变化较大，内控式顺序阀的压力只能按照最大负载设定。当负载较小时，液压缸有杆腔需要较大的压力才能实现液压缸缩回，这会造成较多的能量浪费。由此，产生了使用外控式顺序阀的设计，如图 5-36（b）所示。通过合理的设计，可以实现较小的压力即可打开顺序阀，以减少能量浪费。

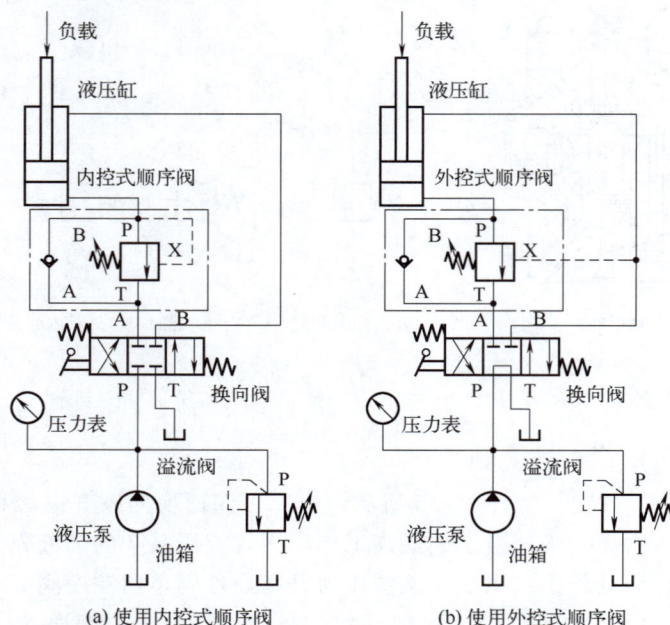

(a) 使用内控式顺序阀   (b) 使用外控式顺序阀

图 5-36　利用顺序阀的负载平衡与保持回路

③ 双泵供油液压系统的卸荷。图 5-37 所示为双泵供油液压系统，泵 1 为低压大流量泵，泵 2 为高压小流量泵。当执行元件快速运动时，两泵同时供油。当执行元件慢速运动时，油路压力升高，外控式顺序阀 3 打开，泵 1 卸荷，仅泵 2 供油，以满足系统需求。

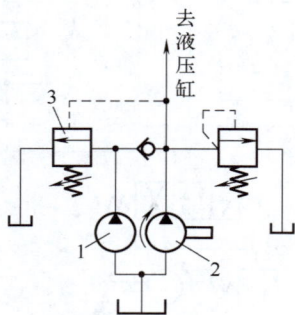

图 5-37　双泵供油液压系统的卸荷
1—低压大流量泵；2—高压小流量泵；3—外控式顺序阀

🎏 工作实施

如图 5-33 所示，变幅系统主要包括液压泵、溢流阀、压力表、换向阀、平衡阀和变幅液压缸等元件。液压泵是定量泵，为系统提供高压油液。溢流阀用于限制液压泵的最高工作压力。换向阀是 O 型中位机能三位四通手动换向阀，用于控制液压缸的伸缩运动。压力表用于实时显示液压泵的工作压力。平衡阀是由一个单向阀和一个顺序阀并联而成。

变幅系统工作原理如下。

变幅起动作：当换向阀工作在右位机能时，液压泵的油液经换向阀的 P 口至 A 口、平衡阀内的单向阀的 A 口至 B 口，进入变幅液压缸的无杆腔。有杆腔的油液流出，经换向阀的 B 口至 T 口流回油箱。变幅液压缸伸出，驱动吊臂变幅角度变大，即变幅起。

变幅落动作：当换向阀工作在左位机能时，液压泵的油液经换向阀的 P 口至 B 口，流入变幅液压缸的有杆腔。同时，部分油液进入平衡阀中顺序阀的控制口 X，将顺序阀的 P 口和 T 口连通。无杆腔的油液流出，经平衡阀内的顺序阀的 P 口至 T 口、换向阀的 A 口至 T 口流回油箱。变幅液压缸缩回，吊臂变幅角度变小，即变幅落。

变幅保持：当吊臂调整至合适角度后，换向阀回到中位。由于换向阀的 P 口封闭，液压泵的油液经溢流阀的 P 口至 T 口流回油箱。由于平衡阀的作用，变幅液压缸无杆腔的油液被锁住，吊臂保持在当前位置。

📁 知识拓展

实验

参照图 5-36，利用实验台搭建顺序动作回路，检验其效果。

任务 6　新型液压阀在汽车起重机上的应用

📖 学习目标

1. 掌握插装阀的工作原理，能够分析插装阀的典型用法原理；
2. 掌握叠加阀的工作原理及特点；
3. 掌握比例阀的工作原理及典型应用。

📋 任务书

小李拿到了一个插装阀用作换向阀的原理图，如图 5-38所示。

任务：试分析其原理。

🎛 自主探索

请自行查阅有关资料，完成如下问题。

引导问题 1：插装阀的特点是什么？

引导问题 2：叠加阀的特点是什么？

引导问题 3：什么是比例阀？包括哪些类型？

引导问题 4：比例阀的发展方向有哪些？

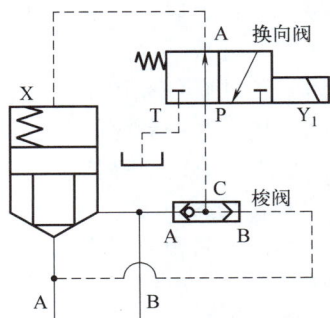

图 5-38　插装阀用作换向阀

插装阀、叠加阀、比例阀是近几十年来发展起来的新型液压元件。与普通液压阀相比较，它有许多优点，被广泛应用于各类设备的液压系统中。

6.1 插装阀

根据安装形式的不同，目前的插装阀可以分为二通插装阀和螺纹插装阀两大类。图5-39所示为这两类插装阀的实物。可见，插装阀必须安装到阀块上才能使用。

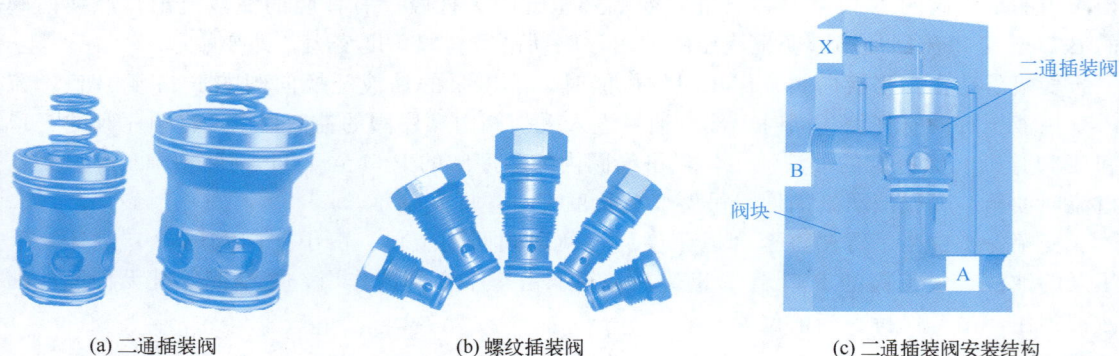

(a) 二通插装阀　　　　　(b) 螺纹插装阀　　　　　(c) 二通插装阀安装结构

图 5-39　插装阀

6.1.1　二通插装阀

二通插装阀又称逻辑阀，本质是一个开关阀。它的基本核心元件是插装元件。插装元件是将液控型、单控制口装于油路主级中的液阻单元。若将一个或若干个插装元件进行不同组合，并配以不同功能的控制阀作为其先导控制级控制其开关，就可以组成各种功能的插装阀组（如方向控制阀、压力控制阀和流量控制阀等）。这类阀具有重量轻、体积小、功率损失小、切换时响应快、冲击小、泄漏小、稳定性好、制造工艺性好等优点，在高压大流量的液压系统中应用很广。

（1）插装阀的工作原理　图5-40所示为插装阀。插装元件3插装在插装块体4中，通过它的开启、关闭动作和开启量的大小来控制液流的通断或压力的高低、流量的大小，以实现对执行元件的方向、压力和速度的控制。

插装单元的工作状态由各种先导元件控制，先导元件是盖板式二通插装阀的控制级。常用的控制元件有电磁球阀和滑阀式电磁换向阀等。先导元件除以板式连接或叠加式连接安装在控制盖板上以外，还经常以插入式的连接方式安装在控制盖板内部，有时也安装在阀体上。控制盖板不仅起盖住和固牢插件的作用，还起着连接插件与先导元件的作用。此外，它还具有各种控制机能，与先导元件一起共同构成插装阀的先导部分。插装阀体上加工有插装单元和控制盖板等的安装连接孔口和各种流道。由于插装阀主要采用集成式连接形式，所以，有时也称插装阀体为集成块体。

图5-40中A、B为主油口，X为控制油口，三者的油压分别为p_A、p_B和p_X，各油腔的有效作用面积分别为A_A、A_B和A_X，其中

$$A_X = A_A + A_B$$

定义面积比为

$$\alpha = A_A / A_X \tag{5-3}$$

根据阀的用途不同，有 $\alpha < 1$ 和 $\alpha = 1$ 两种情况。

设 F_s 为弹簧力，当不计阀芯的重量、摩擦力和液动力时，分以下两种情况讨论。

当 $F_s + p_X A_X > p_A A_A + p_B A_B$ 时，插装阀关闭，A、B 油口不通。

当 $F_s + p_X A_X < p_A A_A + p_B A_B$ 时，插装阀开启，A、B 油口连通。图 5-40（c）为二通插装阀的图形符号。

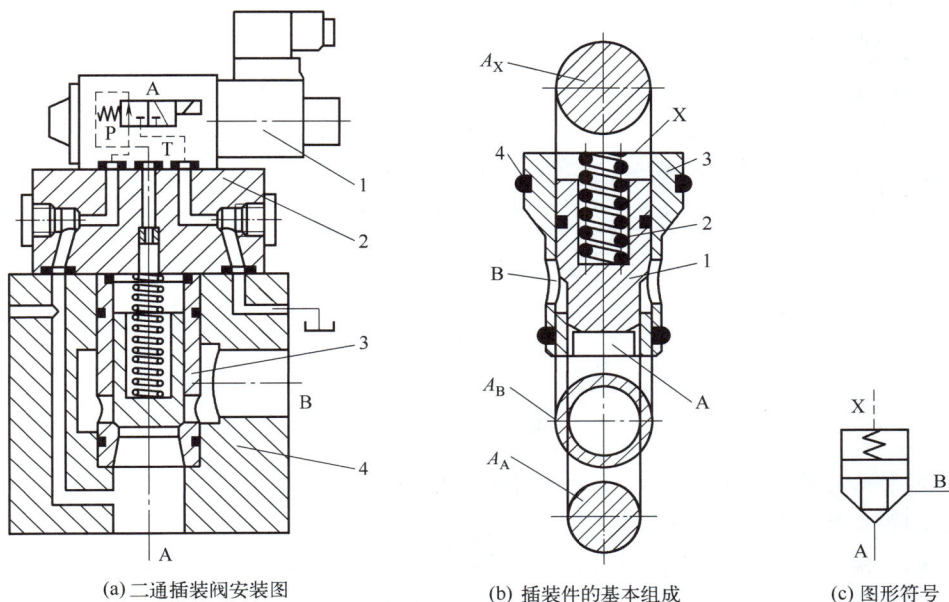

(a) 二通插装阀安装图　　　　(b) 插装件的基本组成　　　　(c) 图形符号

图 5-40　插装阀原理

1—先导元件；2—控制盖板；3—插装元件；4—插装块体

（2）插装阀作方向控制阀　图 5-41 所示为两个将插装阀用作方向控制阀的实例。图 5-41（a）为插装阀用作单向阀的实例。设 A、B 两腔的压力分别为 p_A 和 p_B。当 $p_A > p_B$ 时，阀口关闭，A 和 B 不通；当 $p_A < p_B$ 时，且 p_B 达到一定开启压力时，阀口打开，油液从 B 流向 A。

图 5-41（b）所示为插装阀用作二位三通阀的实例。图 5-41（b）中，用一个二位四通换向阀来转换两个插装阀控制腔中的压力。当电磁阀断电时，A 和 T 接通，A 和 P 断开；当电磁阀通电时，A 和 P 接通，A 和 T 断开。

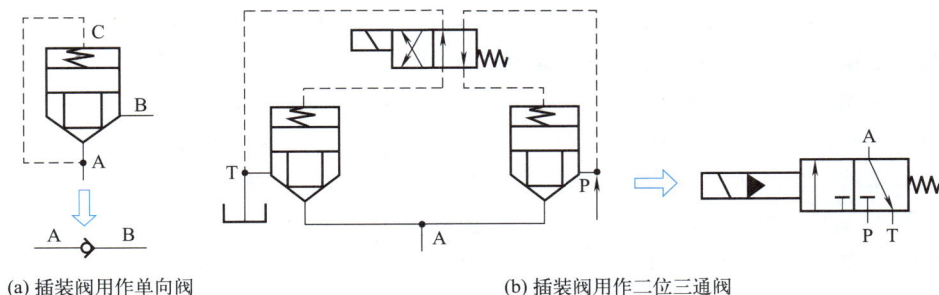

(a) 插装阀用作单向阀　　　　　　　　(b) 插装阀用作二位三通阀

图 5-41　插装阀作方向控制阀

（3）插装阀用作压力控制阀　图 5-42 所示为插装阀用作压力控制阀的实例。图 5-42（a）所示为使用插装阀的先导式溢流阀原理。A 腔压力油经阻尼小孔进入控制腔 C，并与先导阀的进口相通。当 A 腔的油压升高到先导阀的调定值时，先导阀打开，油液流过阻尼孔时造成主阀芯两端压力差，主阀芯克服弹簧力开启，A 腔的油液通过打开的阀口经 B 腔流回油箱，实现溢流稳压。当 B 腔不接油箱而接负载时，就成为一个顺序阀。若在 C 腔再接一个二位二通电磁阀，如图 5-42（b）所示，成为一个电磁溢流阀。当二位二通换向阀通电时，可作为卸荷阀使用。

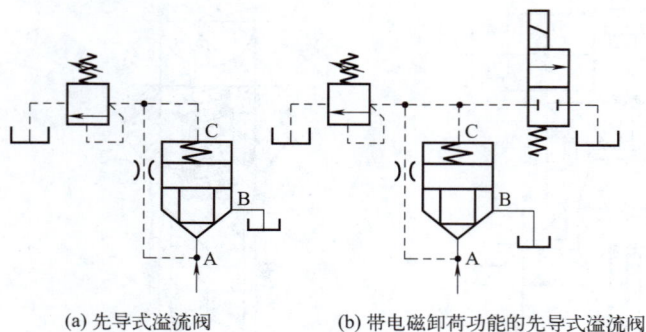

(a) 先导式溢流阀　　　　　(b) 带电磁卸荷功能的先导式溢流阀

图 5-42　插装阀用作压力控制阀

（4）插装阀用作流量控制阀　插装阀用作流量控制阀实例如图 5-43 所示。图 5-43（a）表示插装阀用作流量控制的节流阀。用行程调节器调节阀芯的行程，可以改变阀口通流面积的大小，插装阀可起流量控制阀的作用。如图 5-43（b）所示，在节流阀前串接一个减压阀，减压阀阀芯两端分别与节流阀进出油口相通，利用减压阀的压力补偿功能来保证节流阀两端的压差不随负载的变化而变化，这样就成为一个调速阀。

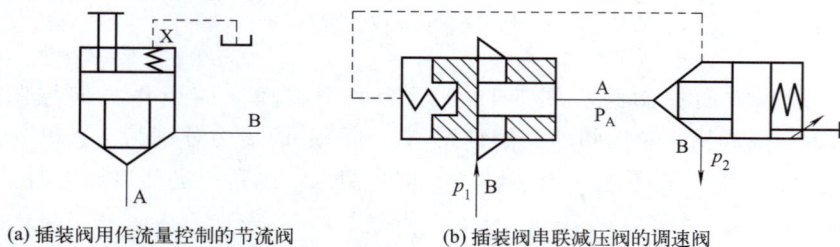

(a) 插装阀用作流量控制的节流阀　　　　　(b) 插装阀串联减压阀的调速阀

图 5-43　插装阀用作流量控制阀

6.1.2　螺纹插装阀

螺纹插装阀具有体积小、结构紧凑、应用灵活、使用方便、价格低等一系列优点，目前已经在液压系统中广泛应用。与二通插装阀相比，螺纹插装阀一般自身可以提供完整的液压阀功能，且多用于小流量系统中。从功能上说，螺纹插装阀与普通阀一样，可以分为压力控制阀、方向控制阀、流量控制阀等类型。下面选取几个阀为例进行讲解。

（1）单向阀　图 5-44 给出螺纹插装式的普通单向阀和液控单向阀。图 5-44（a）中，油液可以从 A 口流入，推开阀芯后，经 B 口流出；油液反向不能流动。图 5-44（b）所示的液控单向阀中，当 X 口压力足够大时，活塞推开阀芯，油液可以从 B 口流向 A 口。

（2）溢流阀　图 5-45 所示为螺纹插装式溢流阀和换向阀。图 5-45（a）所示为一种螺纹插装式溢流阀。螺纹结构用于将阀固定在阀块上。弹簧腔经阀芯内的小孔卸荷。P 口的油液压力

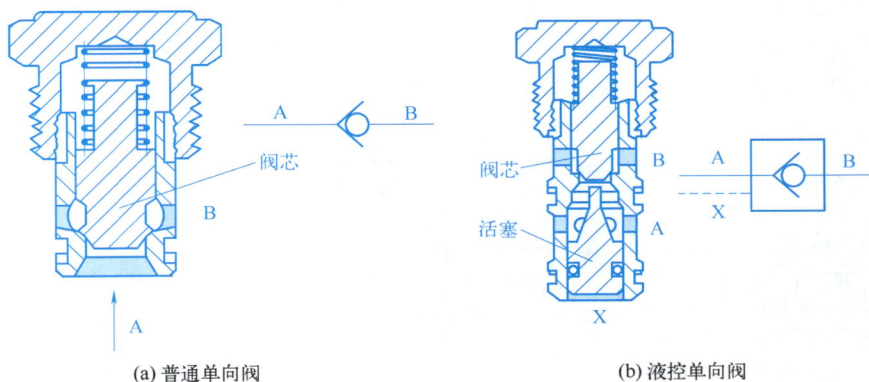

(a) 普通单向阀   (b) 液控单向阀

图 5-44　螺纹插装式单向阀

作用在阀芯端面上，当压力达到弹簧等效压力时，阀芯向上移动，P 口的油液经 T 口流出。

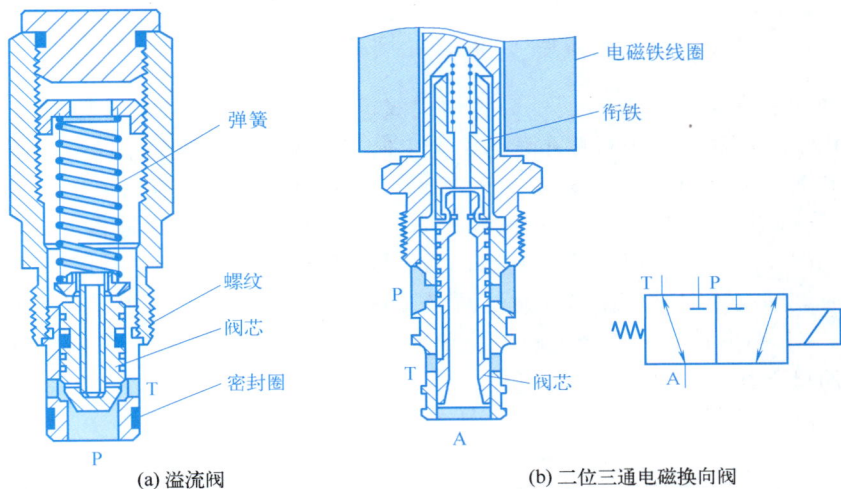

(a) 溢流阀   (b) 二位三通电磁换向阀

图 5-45　螺纹插装式溢流阀和换向阀

（3）换向阀　图 5-45（b）所示为螺纹插装式二位三通电磁换向阀。可见，这个阀有三个油口。电磁铁失电时，弹簧处于图示位置，A 口与 T 口之间通过阀芯中孔连通，油液可以双向自由流通。电磁铁得电时，阀芯上移，C 口封闭，P 口和 A 口连通，两者之间油液自由流通。

6.2　叠加阀

叠加式液压阀简称叠加阀，其阀体既是元件又是具有油路通道的连接体，阀体的上、下面做成连接面。由叠加阀组成的液压系统，阀与阀之间不需要另外的连接体，而是以叠加阀阀体自身作为连接体，直接叠合再用螺栓结合而成。一般来说，同一通径的各种叠加阀的油口和螺钉孔的大小、位置、数量都与相匹配的板式换向阀相同。因此，同一通径的叠加阀只要按一定次序叠加起来，加上电磁控制换向阀，即可组成各种典型的液压系统。叠加阀的分类与一般液压阀相同，可分为压力控制阀、流量控制阀和方向控制阀三大类。其中方向控制阀仅有单向阀类，换向阀不属于叠加阀。

（1）叠加式溢流阀　图 5-46 所示为叠加式溢流阀，其结构如图 5-46（a）所示，它由主阀和先导阀两部分组成。主阀芯为二级同心式结构，先导阀为锥阀式结构。其工作原理与一般的先导式溢流阀相同。图 5-46 中 P 为进油口，T 为出油口，A、B、T 油口是为了沟通上、下元件相对应的油口而设置的。图 5-46（b）所示为其图形符号。

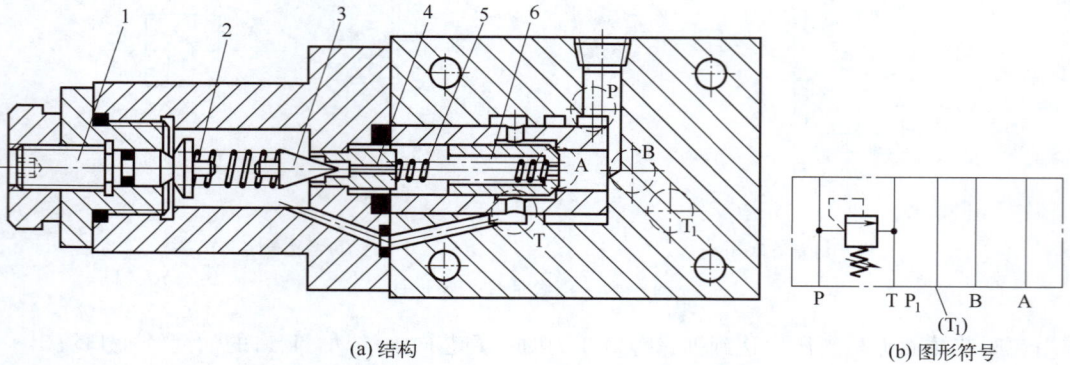

(a) 结构 　　　　　　　　　　　　　　　　　(b) 图形符号

图 5-46　叠加式溢流阀

1—推杆；2—弹簧；3—锥阀；4—阀座；5—弹簧；6—主阀芯

（2）叠加式节流阀　图 5-47 所示为叠加式双单向节流阀，可以用于限制 2 个油路上的流量。在结构上，该阀相当于对称布置的两个单向节流阀。以左侧的单向节流阀为例对其原理做说明，右侧与之类似。如图 5-47（a）所示，单向节流阀主要包括一个单向阀 2、一个节流阀芯 3、调节螺栓 4 和弹簧 5。当油液经 A_1 口流入，经节流口 1 后由 A_2 口流出，此时该阀起节流阀的作用。当油液将 A_2 口流入，油液压力会推动单向阀 2 并压缩弹簧 5，经 A_1 口流出，此时该阀起单向阀的作用。通过调节两侧的调节螺栓可以控制节流阀的开口大小。图 5-47（b）为其图形符号。符号中的 P_1、P_2、T_1 和 T_2 并未在图 5-47（a）中显示，这是因为这 4 个油口不在该剖面中。

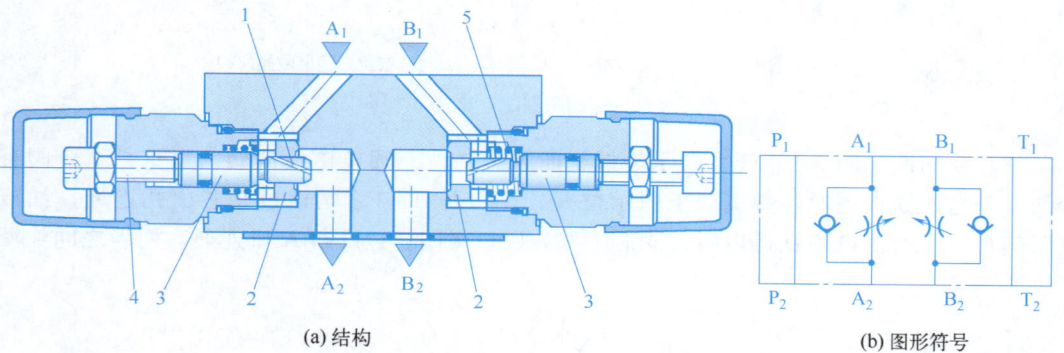

(a) 结构 　　　　　　　　　　　　　　　　　(b) 图形符号

图 5-47　叠加式双单向节流阀

1—节流口；2—单向阀；3—节流阀芯；4—调节螺栓；5—弹簧

6.3　比例阀

电液比例阀简称比例阀，它是根据输入电气信号的指令，连续成比例地控制系统的压力、流量等参数，使之与输入电气信号成比例地变化。比例阀是由直流比例电磁铁与液压阀两部分组成。其液压阀部分与一般液压阀差别不大，而直流比例电磁铁和一般电磁阀所用的电磁铁不同，如图 5-48 所示。图 5-48（a）给出了一种典型的比例电磁铁结构。比例电磁铁结构主要由推杆、限位片、导套、隔磁环、衔铁、线圈、轴承环等组成。其工作原理是磁力线总是具有沿着磁阻最小的路径闭合，并有试图缩短磁通路径以减小磁阻。采用比例电磁铁可得到与给定电流成比例的位移输出和吸力输出，见图5-48（b）。

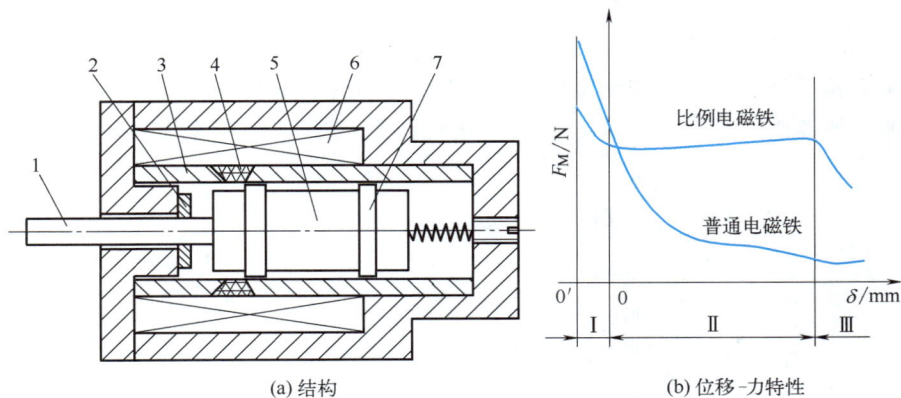

(a) 结构　　　　　　　　　　　　(b) 位移-力特性

图5-48　比例电磁铁

1—推杆；2—限位片；3—导套；4—隔磁环；5—衔铁；6—线圈；7—轴承环

比例阀多用于开环液压控制系统中，实现对液压参数的遥控，也可以作为信号转换与放大元件，用于闭环控制系统。与普通的液压阀相比，比例阀明显简化液压系统，能实现复杂程序和运动规律的控制，通过电信号实现远距离控制，大大提高液压系统的控制水平。比例阀由电-机械比例转换装置和液压阀本体两部分组成，分为压力控制阀、流量控制阀和方向控制阀三大类。

（1）电液比例压力阀　图5-49所示为不带电反馈的直动式电液比例压力阀，其结构如图5-49（a）所示。当比例电磁铁输入电流时，衔铁推杆2通过传力弹簧3把电磁推力传给锥阀，与作用在锥阀芯4上的液压力相平衡，决定了锥阀芯4与阀座6之间的开口量。当通

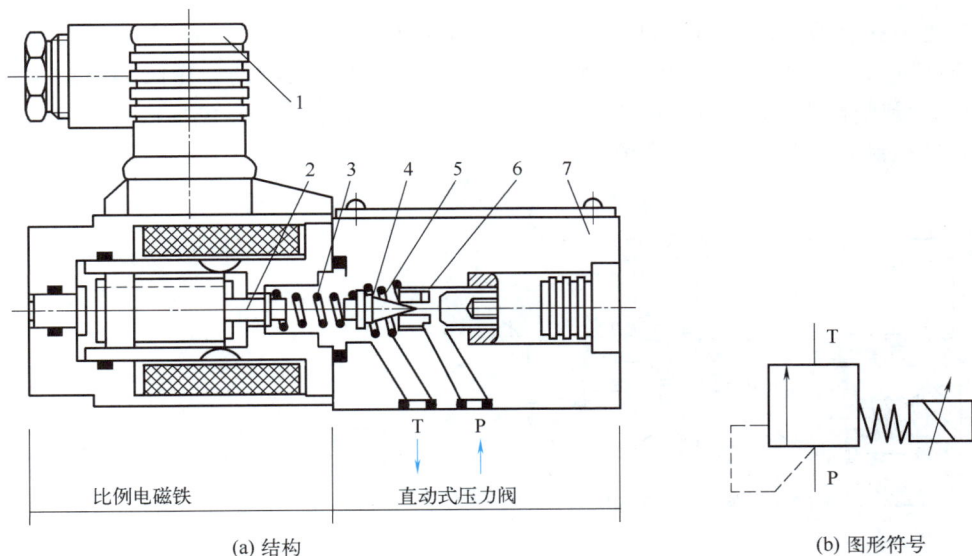

(a) 结构　　　　　　　　　　　　(b) 图形符号

图5-49　不带电反馈的直动式电液比例压力阀

1—插头；2—衔铁推杆；3—传力弹簧；4—锥阀芯；5—防振弹簧；6—阀座；7—方向阀式阀体

过阀口的流量变化时，弹簧变形量的变化很小，可认为被控制油液压力与输入的控制电流近似成正比。这种直动式压力阀可以直接使用，也可作为先导阀组成先导式比例溢流阀和先导式比例减压阀等。图 5-49（b）所示为其图形符号。

（2）电液比例调速阀　图 5-50 所示为电液比例调速阀，图 5-50（a）所示为其结构，图 5-50（b）所示为其图形符号。当比例电磁铁 1 通电后，产生的电磁推力作用在节流阀芯 2 上，与弹簧力相平衡，一定的控制电流对应一定的节流口开度。只要改变输入电流的大小，就可调节通过调速阀的流量。定差减压阀 3 用来保持节流口前后压差基本不变。

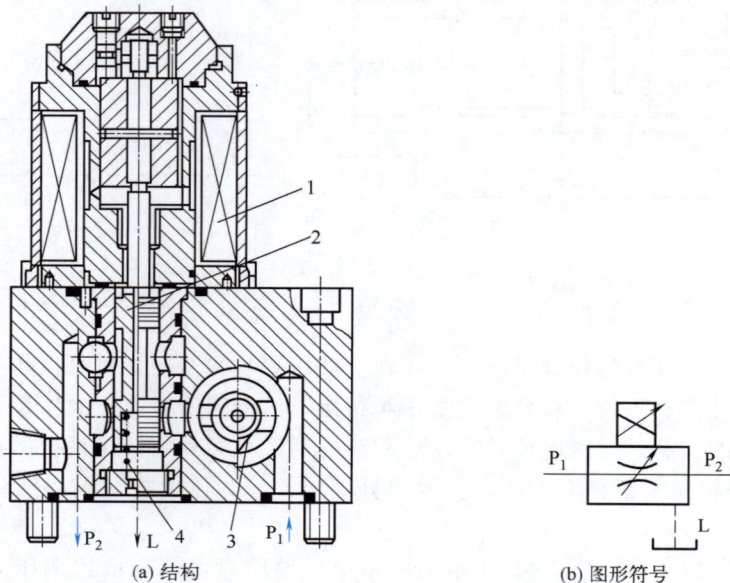

(a) 结构　　　　　　　　　　(b) 图形符号

图 5-50　电液比例调速阀

1—比例电磁铁；2—节流阀芯；3—定差减压阀；4—弹簧

（3）电液比例换向阀　图 5-51 所示为电液比例换向阀，图 5-51（a）所示为其结构，图 5-51（b）所示为其图形符号。电液比例换向阀由比例电磁铁操纵的减压阀和液动换向阀组成。利用先导阀能够与输入电流成比例地改变出口压力，并控制液动换向阀的正反向开口量的大小，并控制系统液流的方向和流量。

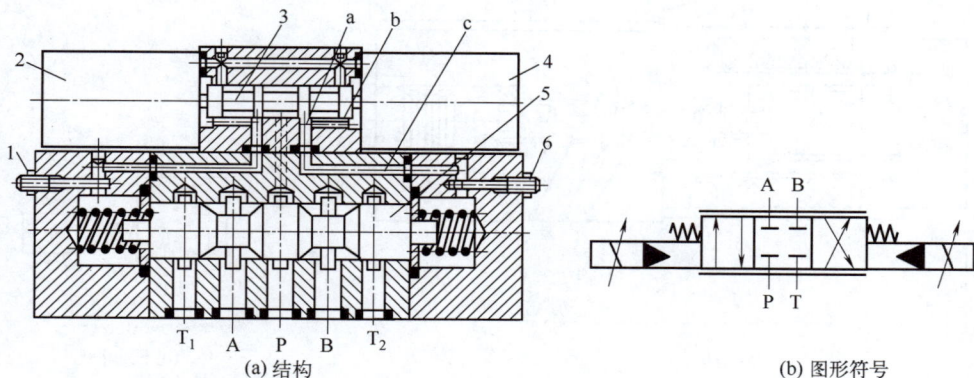

(a) 结构　　　　　　　　　　(b) 图形符号

图 5-51　电液比例换向阀

1,6—螺钉；2,4—电磁铁；3,5—阀芯；a,b,c—孔道

当比例电磁铁 2 通电时，先导阀芯 3 右移，压力油从油口 P 经减压口后，并经孔道 a、b 反馈至阀芯 3 的右端，形成反馈压力与电磁铁 2 的电磁力相平衡，同时，减压后的油液经孔道 a、c 进入换向阀阀芯 5 的右端，推动阀芯 5 左移，使油口 P 与 B 接通。阀芯 5 的移动量与输入电流成正比。若比例电磁铁 4 通电，则可以使油口 P 与 A 接通。先导式比例方向阀主要用于大流量（50L/min 以上）的场合。

工作实施

如图 5-38 所示，该换向阀由一只二通插装阀、一只二位三通电磁换向阀、一只梭阀及相关油路组成。当换向阀的电磁铁 Y_1 不得电时，二通插装阀两个工作油口 A、B 的压力油中的压力较大者被梭阀选出，经换向阀的 P 口至 A 口，进入二通插装阀的控制口 X。此时，不论 A 口或 B 口进油，二通插装阀均处于关闭状态，即 A 口和 B 口不连通。当换向阀的电磁铁 Y_1 得电时，二通插装阀的控制口

图 5-52　等效的二位二通
电液换向阀

X 通过换向阀的右位与油箱连通，实现卸荷。此时，A 口或 B 口的任意一个油口进油，均能推动插件打开二通插装阀，实现 A 口与 B 口连通。因此，该换向阀等效为二位二通电液换向阀，具体符号如图 5-52 所示。

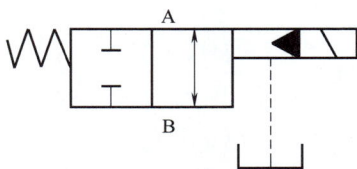

任务 7　多路阀在汽车起重机上的应用

学习目标

1. 了解不同节流口的形式，理解流量阀节流口流量特性；
2. 理解调速阀的结构，能够分析其工作原理；
3. 了解多路阀的结构特点，能够分析多路阀的工作原理；
4. 了解节流阀调速回路的分类与工作特性，能分析其工作原理；
5. 理解调速阀调速回路的工作原理，能分析其工作原理。

任务书

小李在大学期间已经学习了液压传动有关的基本知识，知道液压阀大致可以分为方向阀、压力阀和流量阀三大类。但是他在工作中经常听说"多路阀"这种阀，集成了换向、压力控制、流量控制等多种功能，如图 5-53 所示。

任务：请查找资料，弄清楚多路阀的原理和作用。

图 5-53　一种起重机用多路阀

自主探索

请自行查阅有关资料，完成如下问题。

引导问题 1：节流阀和调速阀有哪些异同点？

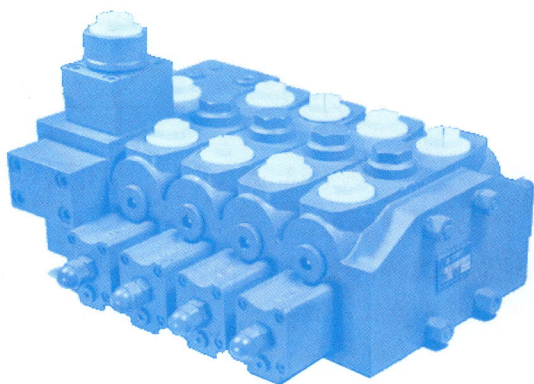

引导问题2：从结构上，液压回路可以分成哪两大类？各有什么特点？

引导问题3：调速回路有哪些主要类型？它们之间有何区别？

引导问题4：节流调速回路有哪些类型？

引导问题5：在同类型的节流调速回路中，使用调速阀和节流阀对系统性能有什么影响？

📄 相关知识

7.1 流量控制阀

流量控制阀通过改变阀口通流面积的大小或流道的长短来调节液阻，从而实现流量的控制和调节，以达到调节执行元件运动速度的目的。常用的流量控制阀有普通节流阀、调速阀、溢流节流阀和分流集流阀。

7.1.1 节流口的流量特性

由流体力学可知，液体流经孔口的流量可表示如下：

$$q = KA\Delta p^m \tag{5-4}$$

式中　K——由节流口形状、流动状态、油液性质等因素决定的系数；

　　　A——节流口的通流面积，m^2；

　　　Δp——节流口的前后压差；

　　　m——压差指数，$0.5 \leqslant m \leqslant 1$。对于薄壁孔，$m=0.5$；对于细长小孔，$m=1$。

由式（5-4）可知：在压差 Δp 一定时，改变节流口面积 A，可改变通过节流口的流量。

7.1.2 节流口的形式

节流阀结构主要取决于节流口的形式，图5-54所示为几种常用的节流口形式。

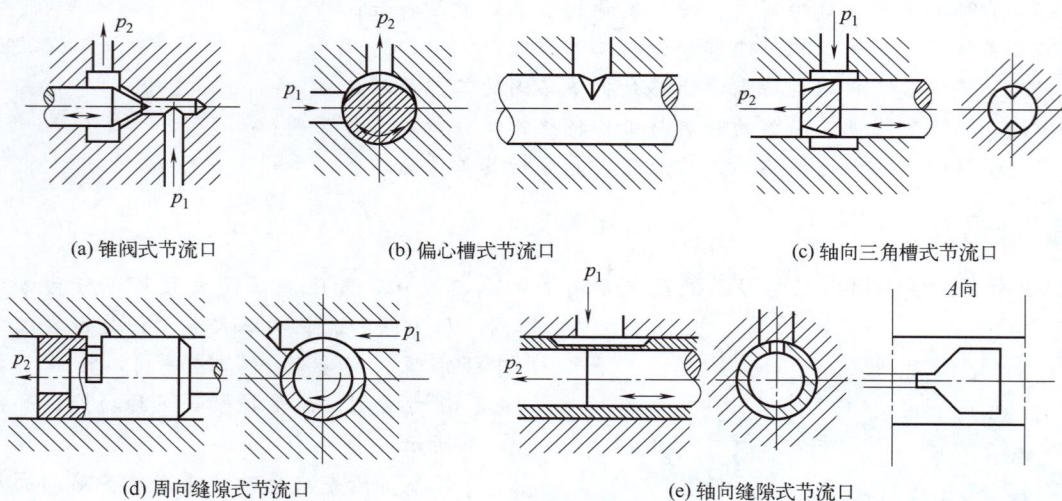

(a) 锥阀式节流口　　　(b) 偏心槽式节流口　　　(c) 轴向三角槽式节流口

(d) 周向缝隙式节流口　　　　　　(e) 轴向缝隙式节流口

图5-54　典型节流口的形式

图5-54（a）所示为锥阀式节流口。当阀芯轴向移动时，就可调节阀芯与阀体形成的环形通道大小，即可改变流量。这种结构加工简单，但通道长，易堵塞，流量受油温影响较大。一般用于对性能要求不高的场合。

图5-54（b）所示为偏心槽式节流口。阀芯上开有一个偏心槽，当转动阀芯时，就可改

变通道的大小，即可调节流量。这种节流口容易制造，但阀芯上的径向力不平衡，旋转费力，一般用于压力较低、流量较大及流量稳定性要求不高的场合。

图 5-54 (c) 所示为轴向三角槽式节流口。阀芯的端部开有若干三角槽，轴向移动阀芯就可改变通流面积，即可调节流量。这种节流口可以得到较小的稳定流量，目前被广泛使用。这里仅以三角槽为例进行说明，也可以使其他形式。

图 5-54 (d) 所示为周向缝隙式节流口。阀芯上开有狭缝，转动阀芯就可改变通流面积大小，从而调节流量。这种节流口可以做成薄刃结构，适用于低压小流量场合。

图 5-54 (e) 所示为轴向缝隙式节流口。在套筒上开有轴向缝隙，阀芯轴向移动即可改变通流面积的大小，从而调节流量。这种节流口小流量时稳定性好，可用于性能要求较高的场合。但套筒在高压下易变形，使用时应改善结构刚度。

7.1.3 节流阀与调速阀

(1) 节流阀的结构与工作原理　图 5-55 (a) 所示为普通节流阀的结构。压力油从进油口 P_1 流入，经流道 a、阀芯 2 左端的轴向三角槽 6，流道 b，最后由出油口 P_2 流出。阀芯 2 在弹簧 1 的作用下始终紧贴在推杆 3 上，旋转调节手柄 4，可通过推杆 3 使阀芯 2 沿轴向移动，即可改变节流口的通流面积，从而调节通过阀的流量。此阀对反向流动的油液也有同样的节流效果。这种节流阀结构简单，价格低廉，调节方便。节流阀的图形符号如图 5-55 (b) 所示。节流阀流量稳定性较差，常用于负载变化不大或对速度稳定性要求不高的液压系统中。

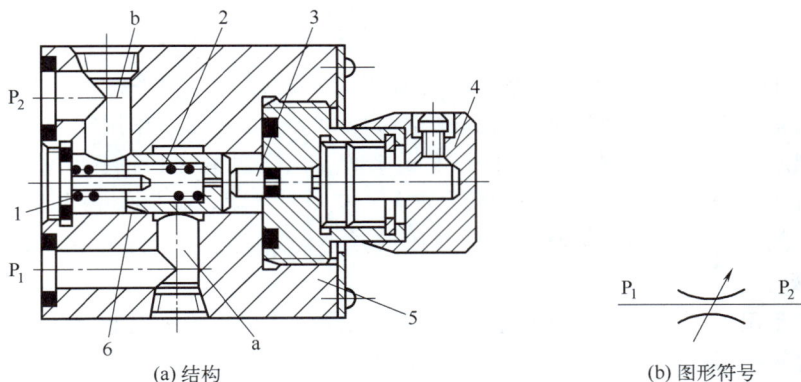

(a) 结构　　　　　(b) 图形符号

图 5-55　普通节流阀

1—弹簧；2—阀芯；3—推杆；4—调节手柄；5—阀体；6—轴向三角槽；a,b—流道

(2) 调速阀的结构与工作原理　为了克服节流阀流量易受负载变化影响的缺点，产生了调速阀。图 5-56 所示为调速阀，其结构如图 5-56 所示，其图形符号如图 5-56 (b) 所示。

如图 5-56 所示，调速阀是由定差减压阀和节流阀串联而成的。定差减压阀对节流阀进行压力补偿，使节流口前后压差基本保持恒定，从而稳定流量。压力为 p_1 的油液经减压口后，压力降为 p_2，并分成两路。一路经节流口压力降为 p_3，其中一部分到执行元件，另一部分经孔道 a 进入减压阀芯上端 b 腔；另一路分别经孔道 e、f 进入减压阀芯下端 d 腔和 c 腔。这样，节流口前后的压力油分别引到定差减压阀阀芯的上端和下端。定差减压阀阀芯两端的作用面积相等，其在上端弹簧力 F_s 和油液压力 p_2 与 p_3 的共同作用下处于平衡位置时有如下力平衡方程（忽略摩擦力等）。

$$p_3 A + F_s = p_2 A_1 + p_2 A_2 \tag{5-5}$$

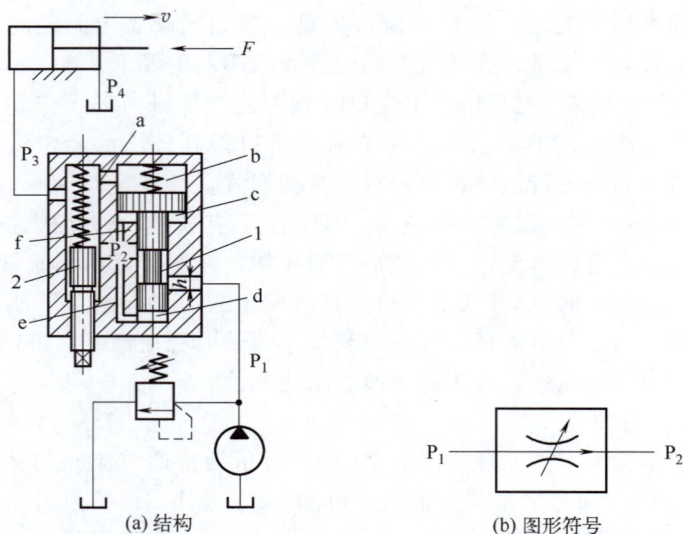

图 5-56　调速阀

1—定差减压阀；2—节流阀；a,e,f—孔道；b,c,d—腔体

式中，A，A_1，A_2 分别为 b 腔、c 腔和 d 腔的压力油作用于阀芯的有效面积，且 $A = A_1 + A_2$，所以有

$$p_2 - p_3 = \frac{F_s}{A} \tag{5-6}$$

式（5-6）说明，节流口前后压差始终与减压阀芯的弹簧力相平衡而保持不变，使得通过节流阀的流量稳定。若负载增加，调速阀出口压力 p_3 也增加，作用在减压阀芯上端的液压力增大，阀芯失去平衡向下移动，于是减压口增大，通过减压口的压力损失减小，p_2 也增大，其差值 $p_2 - p_3$ 基本保持不变；反之亦然。若 p_1 增大，减压阀芯来不及运动，p_2 在瞬间也增大，阀芯失去平衡向上移动，使减压口减小，液阻增加，促使 p_2 又减小，即 $p_2 - p_3$ 仍保持不变。

总之，由于定差减压阀的自动调节作用，节流阀前、后压力差总保持不变，从而保证流量稳定。调速阀正常工作时，至少要求有 0.5MPa 的工作压差。当压差小时，减压阀阀芯在弹簧力作用下处于最下端位置，阀口全开，不能起到稳定节流阀前后压差的作用。需要注意的是，调速阀只能正向过流，反向不能过流。图 5-57 所示为调速阀和节流阀流量特性比较。由于调速阀能使流量不受负载变化的影响，所以适用于负载变化较大或对速度稳定性要求较高的场合。

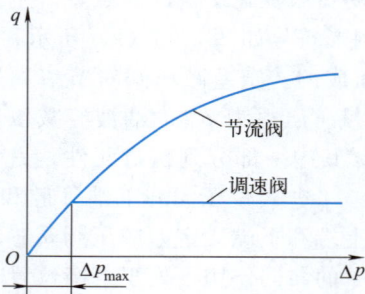

图 5-57　调速阀与节流阀的流量特性比较

（3）溢流节流型调速阀的结构与工作原理　图 5-58 所示为溢流节流型调速阀，其结构如图 5-58（a）所示，图 5-58（b）所示为其图形符号。

溢流节流型调速阀是由节流阀 4 和定差溢流阀 3 并联而成的。定差溢流阀 3 可使节流阀 4 两端压力差保持恒定，从而保证通过节流阀 4 的流量恒定。从泵输出的压力为 p_1 的油液，一部分通过节流阀 4 后压力降为 p_2，进入液压缸 1；另一部分则通过定差溢流阀 3 的溢流口溢回油箱。定差溢流阀 3 的阀芯上端 a 腔与节流阀口后的压力油

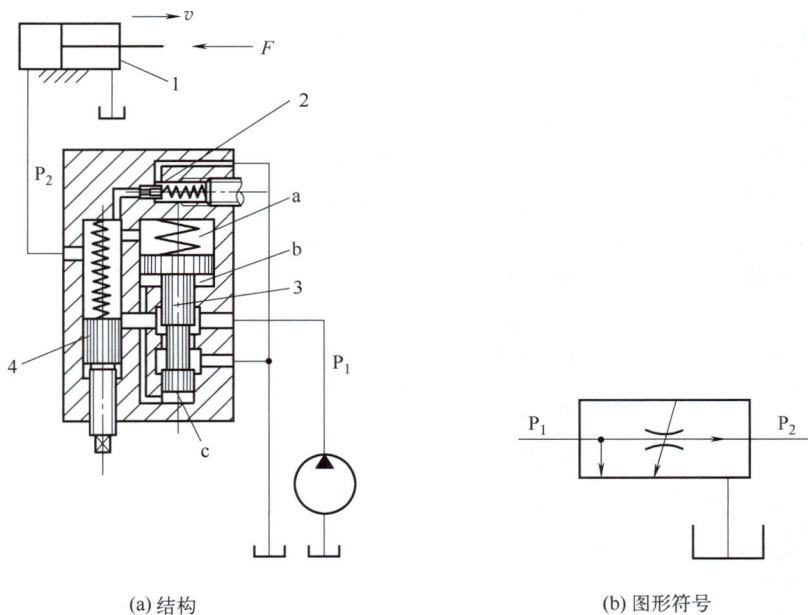

(a) 结构　　　　　　　　　　　　(b) 图形符号

图 5-58　溢流节流型调速阀

1—液压缸；2—安全阀；3—溢流阀；4—节流阀；a,b,c—腔体

p_2 相通，而定差溢流阀芯下端 b 腔和 c 腔则与节流口前的压力油 p_1 相通。这样溢流阀阀芯在弹簧力和油液压力 p_1 和 p_2 的共同作用下处于平衡状态。当负载发生变化时，p_2 随之变化，定差溢流阀使供油压力 p_1 也相应发生变化，保持节流口前后压力差 $p_1 - p_2$ 基本不变，使通过节流口的流量恒定。图 5-58 中 2 为安全阀，用以避免系统过载。

7.1.4　多路阀

多路阀是一种能控制多个液压执行元件的换向阀组合，通常以多个换向阀为主体，集换向阀、单向阀、安全阀、补油阀等于一体的多功能阀。按照阀体结构形式，多路阀可以分为整体式和分片式。图 5-59 给出了两种结构多路阀的实物。前者多为整体铸造而成，结构紧凑、重量轻、压力损失小；但是通用性较差、生产过程中报废率较高、阀体铸造工艺复杂。

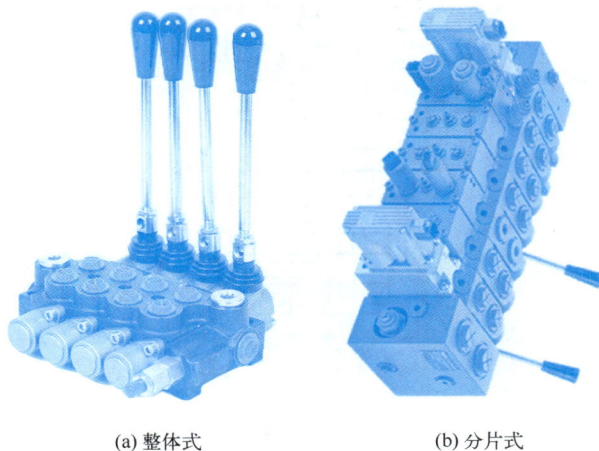

(a) 整体式　　　　　　　　　　　(b) 分片式

图 5-59　不同样式的多路阀

因此，整体式多路阀多用于大批量生产中。分片式多路阀由前盖、后盖及若干片换向阀体拼装而成，可以按需组合。此类阀扩展性强，生产中的单片报废不会影响其他阀片；缺点是体积、重量较大、加工面多、密封面多，油道压力损失大。

按操作形式分为直动式和先导式。直动式通过与阀芯相连的杠杆机构直接控制滑阀换向，一般用于低压、中小流量场合。图 5-59（a）所示为一种使用手柄操作的多路阀。先导式多路阀可分为机液先导式和电液先导式，机液先导式主要利用机械先导手柄输出压力油带动主阀芯运动，电液先导式则使用电信号操作先导阀，先导阀驱动主阀芯。图 5-59（b）所示的多路阀中的第一片阀就是电液先导式的。

按各联换向阀之间的油路连接方式，多路阀分为并联式、串联式、串并联式和复合式油路，如图 5-60 所示。并联式多路阀各联换向阀进油压力相等，回油直接回总回油口，如图

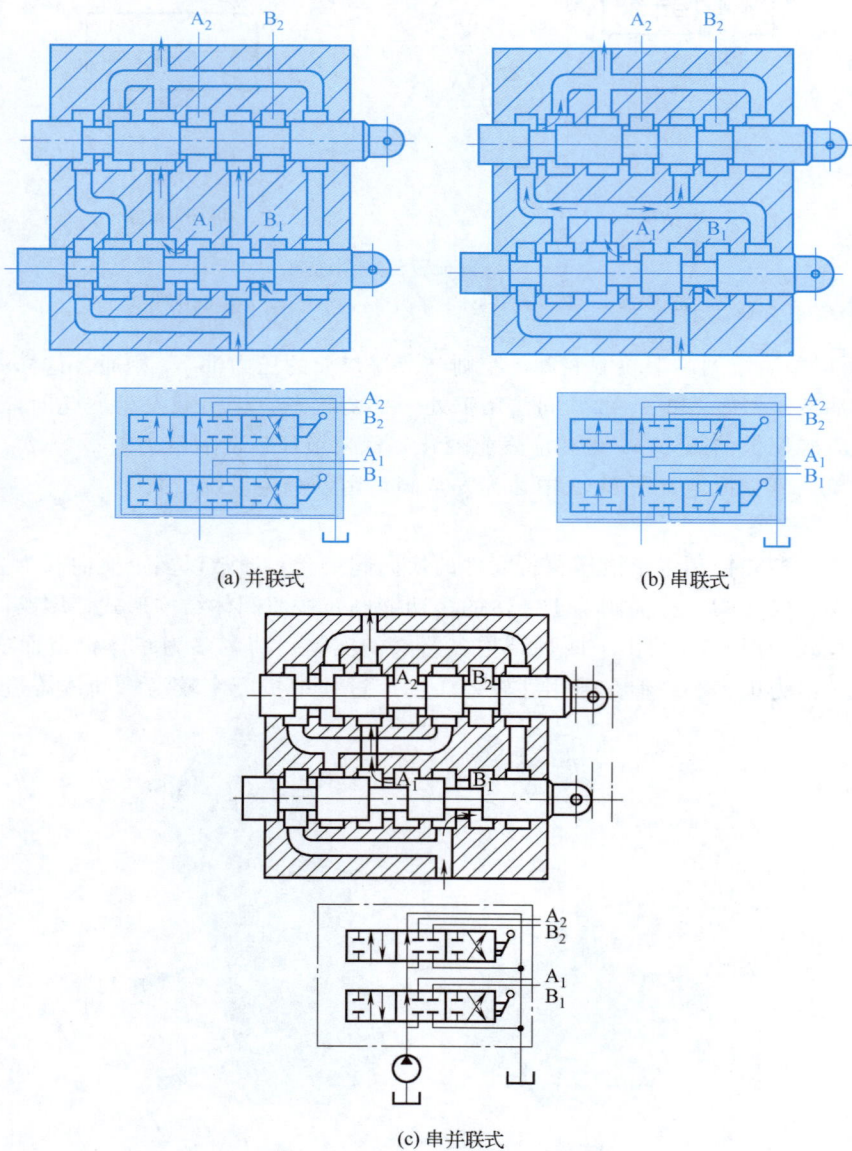

(a) 并联式

(b) 串联式

(c) 串并联式

图 5-60 多路阀的油路连接方式

5-60（a）所示。串联式多路阀除第一联外，其他联的进油口接前一联的回油口，如图 5-60（b）所示。串并联式多路阀是指各联换向阀的进油口串联，回油口与总回油口并联，如图 5-60（c）所示。复合油路是指由两种或两种以上上述油路组成的油路形式。

图 5-60 所示为六通阀。若采用四通阀，则各个阀都不是开中心阀，而必须是闭中心阀，这样才能保证其中任一阀切换到工作位置后，液压油不从其他阀旁路流掉，从而能建立压力。通常还需要附加旁路阀，例如，在首联上安装有卸荷阀，让泵提供的液压油在所有换向阀都在中位时可以卸荷回油箱。因此，四通型多路阀的压力损失小及压力损失与换向联数无关。如果把旁路阀装在靠近液压泵出口，则可以减小通过管路时的压力损失。如果液压源采用恒压变量泵，则旁路阀也可以舍弃。

图 5-61 所示为某型号一联多路阀的剖面图和液压原理。可知，该阀是一个组合阀，包括一只比例换向阀、一只压力补偿阀、两只电液比例减压阀、两只直动式溢流阀、一只单向溢流阀、一只梭阀。比例换向阀的实质是一只既可以接受液压信号控制，又可以接受手柄控

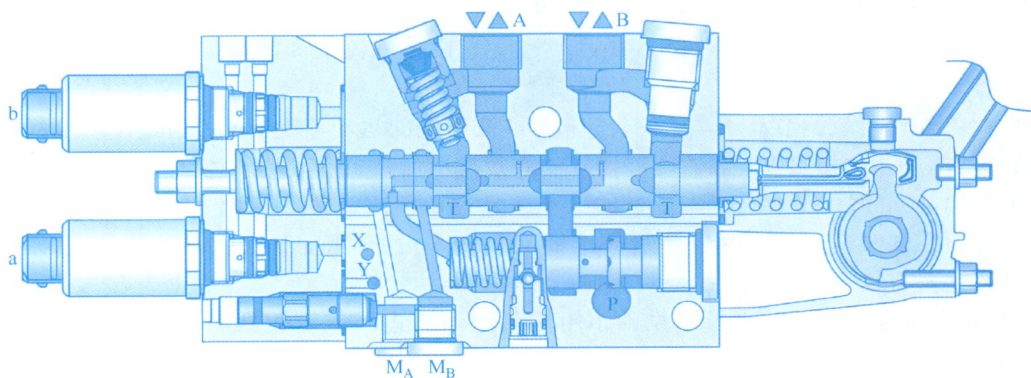

(a) 内部剖视图

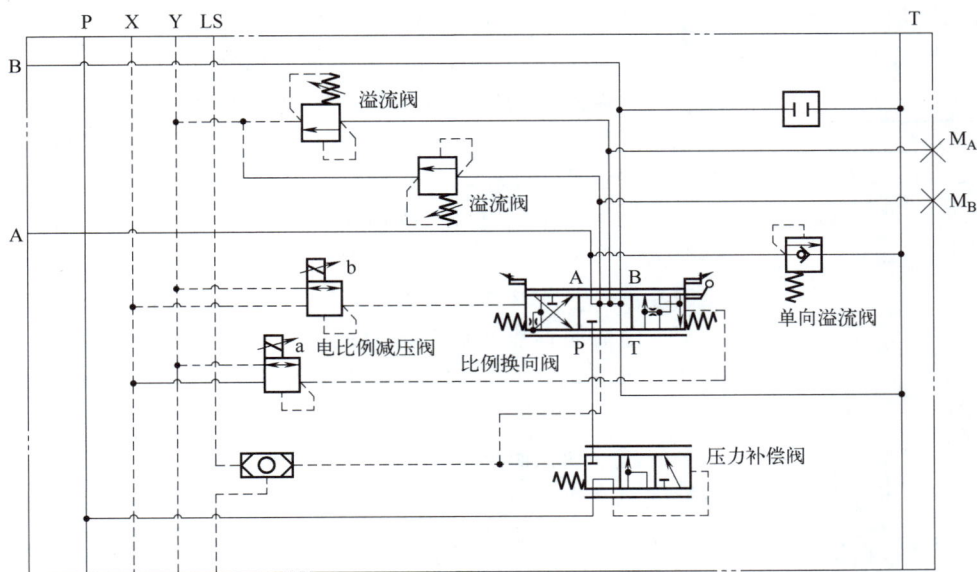

(b) 液压原理

图 5-61　多路阀的剖面图

制的三位四通比例换向阀。此阀阀芯上的孔道，使之能够将负载压力信号传递给压力补偿阀及梭阀。同时，该阀芯上的节流口，使之具备了流量阀的功能。压力补偿阀的作用是对比例换向阀的进油路节流口进行压力补偿，以实现比例调节流量的功能。电液比例减压阀的作用是将电信号成比例地转换成压力信号输出，以控制比例换向阀的换向。当电液比例减压阀 a 得电时，其输出的油液压力作用在比例换向阀的右端；比例换向阀工作在右位，P 口与 A 口连通，B 口与 T 口连通。阀口的开度大小与电信号成正比。两只溢流阀的作用是用于分别限制相应回路反馈压力的最高值。单向阀溢流阀用于限制 A 口油路的最高工作压力。同时，当 A 口压力低于大气压力时，T 口的油液可以经单向阀对 A 口补油。

7.2 速度控制回路

速度控制回路是研究液压系统的速度调节和变换问题，常用的速度控制回路有调速回路、快速回路、速度换接回路等，此处主要对调速回路进行介绍。

从液压马达的工作原理可知，液压马达的转速 n_m 由输入流量 q 和液压马达的排量 V_m 决定，即 $n_m = q/V_m$。对于液压缸，其运动速度 v 由输入流量和液压缸的有效作用面积 A 决定，即 $v = q/A$。

由此可知，要想调节液压马达的转速 n_m 或液压缸的运动速度 v，可通过改变输入流量 q、改变液压马达的排量 V_m 和改变液压缸的有效作用面积 A 等方法来实现。由于液压缸的有效面积 A 是定值，只有改变流量 q 的大小来调速，而改变输入流量 q，可以通过采用流量阀或变量泵来实现；改变液压马达的排量 V_m，可通过采用变量液压马达来实现。因此，调速回路主要有以下三种方式。

① 节流调速回路。由定量泵供油，用流量阀调节进入或流出执行机构的流量来实现调速。

② 容积调速回路。用调节变量泵或变量马达的排量来调速。

③ 容积节流调速回路。用限压变量泵或其他类型的变量泵供油，由流量阀调节进入执行机构的流量，并使变量泵的流量与调节阀的调节流量相适应来实现调速。此外，还可采用几个定量泵并联，按不同速度需要，启动一个泵或几个泵供油实现分级调速。

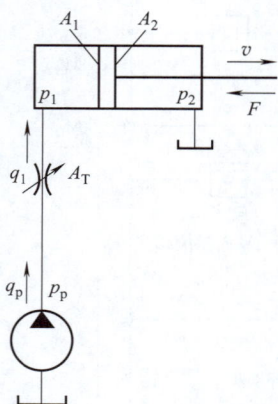

图 5-62 一种不能调速的回路

节流调速回路是通过调节流量阀的通流截面积大小来改变进入执行机构的流量，从而实现运动速度的调节。典型的节流调速回路至少包括定量泵、流量阀、溢流阀和执行元件。如图 5-62 所示，如果回路里只有节流阀而没有溢流阀，则液压泵输出的油液会全部经节流阀流入液压缸。改变节流阀节流口的大小，只能改变油液流经节流阀速度的大小，而总的流量不会改变，在这种情况下，节流阀不能起调节流量的作用，液压缸的速度不会改变。因此，节流调速回路中必须有溢流阀，实现多余油液的分流作用。

按流量阀在回路中的安装位置不同，节流调速回路可分为进油节流调速回路、回油节流调速回路和旁路节流调速回路三种形式。按采用具体流体阀的种类，节流调速回路可分为节流阀调速回路和调速阀调速回路。

（1）采用节流阀的调速回路

① 进油节流调速回路（图 5-63）。进油调速回路是将节流阀装在执行机构的进油路上，

用来控制进入执行机构的流量达到调速的目的，其调速原理如图 5-63（a）所示。其中，定量泵多余的油液通过溢流阀流回油箱是进油节流调速回路工作的必要条件。因此，溢流阀的调定压力与泵的出口压力 p_p 相等。

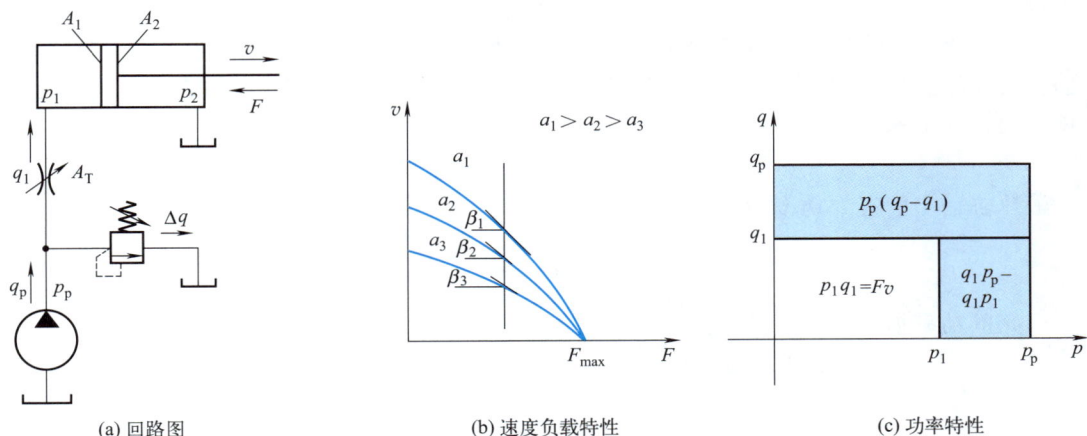

(a) 回路图　　　　(b) 速度负载特性　　　　(c) 功率特性

图 5-63　进油节流调速回路

a. 速度负载特性。当不考虑回路中各处泄漏和油液压缩时，活塞运动速度为

$$v = \frac{q_1}{A_1} \tag{5-7}$$

活塞受力方程为

$$p_1 A_1 = p_2 A_2 + F \tag{5-8}$$

式中，F 为外负载力，N；p_2 为液压缸回油腔压力，Pa，当回油腔通油箱时，$p_2 \approx 0$。于是

$$p_1 = \frac{F}{A_1}$$

进油路上通过节流阀的流量方程为

$$q_1 = KA_T(\Delta p_T)^m = CA_T\left(p_p - \frac{F}{A_1}\right)^m \tag{5-9}$$

合并式（5-7）和式（5-9）可得

$$v = \frac{CA_T}{A_1^{1+m}}(p_p A_1 - F)^m \tag{5-10}$$

$$\Delta p_T = p_p - p_1$$

式中，C 为与油液种类等有关的系数；A_T 为节流阀的开口面积，m^2；Δp_T 为节流阀前后的压差；m 为节流阀的指数，当为薄壁孔口时，$m = 0.5$。

式（5-10）为进油路节流调速回路的速度负载特性方程，它描述了执行元件的速度 v 与负载 F 之间的关系。如以 v 为纵坐标，F 为横坐标，将式（5-10）按不同节流阀通流面积 A_T 作图，可得一组抛物线，称为进油路节流调速回路的速度负载特性曲线，如图 5-63（b）所示。

由式（5-10）和图 5-63（b）可以看出，其他条件不变时，活塞的运动速度 v 与节流阀通流面积 A_T 成正比，调节 A_T 就能实现无级调速。这种回路的调速范围较大，速比可达 100 以上。

当节流阀通流面积 A_T 一定时，活塞运动速度 v 随着负载 F 的增加按抛物线规律下降。但不论节流阀通流面积如何变化，当 $F=p_pA_1$ 时，节流阀两端压差为零，没有油液通过节流阀，活塞也就停止运动。此时，液压泵的全部流量经溢流阀流回油箱。该回路的最大承载能力即为 $F_{max}=p_pA_1$。

b. 功率特性。调速回路的功率特性是以其自身的功率损失（不包括液压缸，液压泵和管路中的功率损失）、功率损失分配情况和效率来表达的。在图 5-63（a）中，液压泵输出功率即为该回路的输入功率，即

$$P_p=p_pq_p$$

液压缸输出的有效功率为

$$P_1=Fv=F\frac{q_1}{A_1}=p_1q_1$$

回路的功率损失为

$$\Delta P=P_p-P_1=p_pq_p-p_1q_1=p_p(q_1+\Delta q)-$$
$$(p_p-\Delta p_T)q_1=p_p\Delta q+\Delta p_Tq_1 \tag{5-11}$$
$$\Delta q=q_p-q_1$$

式中，Δq 为溢流阀的溢流量。

由式（5-11）可知，进油路节流调速回路的功率损失由两部分组成：溢流功率损失 $\Delta P_1=p_p\Delta q$ 和节流功率损失 $\Delta P_2=\Delta p_Tq_1$。其功率特性如图 5-63（c）所示。

回路的输出功率与回路的输入功率之比定义为回路的效率。进油路节流调速回路的回路效率为

$$\eta=\frac{P_p-\Delta P}{P_p}=\frac{p_1q_1}{p_pq_p} \tag{5-12}$$

由于回路存在两部分功率损失，因此进口节流调速回路效率较低。当负载恒定或变化很小时，回路效率可达 0.2～0.6；当负载发生变化时，回路的最大效率为 0.385。这种回路多用于要求冲击小、负载变动小的液压系统中。

② 回油节流调速回路（图 5-64）。回油节流调速回路将节流阀串联在液压缸的回油路上，借助于节流阀控制液压缸的排油量 q_2 来实现速度调节。与进口节流调速一样，定量泵多余的油液经溢流阀流回油箱，即溢流阀保持溢流状态，泵的出口压力即溢流阀的调定压力保持基本恒定，其调速原理如图 5-64（a）所示。

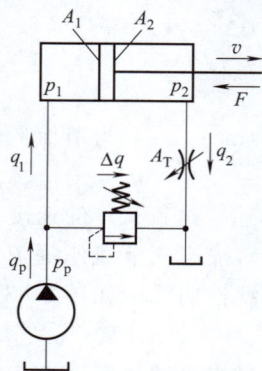

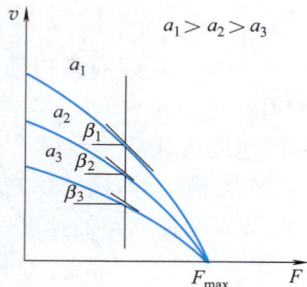

(a) 回路图　　　　(b) 速度负载特性　　　　(c) 功率特性

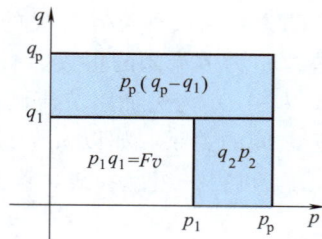

图 5-64　回油节流调速回路

如图 5-64（a）所示，将节流阀串联在液压缸的回油路上，借助节流阀控制液压缸的排油量来调节其运动速度，称为回油路节流调速回路。

采用同样的分析方法，可以得到与进油路节流调速回路相似的速度负载特性

$$v = \frac{CA_{\mathrm{T}}}{A_2^{1+m}}(p_{\mathrm{p}}A_1 - F)^m \tag{5-13}$$

其最大承载能力和功率特性与进油路节流调速回路相同，如图 5-64（c）所示。

虽然进油路和回油路节流调速的速度负载特性公式形式相似，功率特性相同，但它们在以下几方面的性能有明显差别，在选用时应加以注意。

a. 承受负值负载的能力。所谓负值负载就是作用力的方向与执行元件的运动方向相同的负载。回油节流调速的节流阀在液压缸的回油腔能形成一定的背压，能承受一定的负值负载；对于进油节流调速回路，要使其能承受负值负载，就必须在执行元件的回油路上加上背压阀。这必然会导致增加功率消耗，增大油液发热量。

b. 运动平稳性。回油节流调速回路由于回油路上存在背压，可以有效地防止空气从回油路吸入，因而低速运动时不易爬行；高速运动时不易颤振，即运动平稳性好。进油节流调速回路在不加背压阀时不具备这种特点。

c. 油液发热对回路的影响。进油节流调速回路中，通过节流阀产生的节流功率损失转变为热量，一部分由元件散发出去，另一部分使油液温度升高，直接进入液压缸，会使缸的内外泄漏增加，速度稳定性不好。而回油节流调速回路油液经节流阀温升后，直接回油箱，经冷却后再入系统，对系统泄漏影响较小。

d. 实现压力控制的方便性。进油节流调速回路中，进油腔的压力随负载而变化，当工作部件碰到止挡块而停止后，其压力将升到溢流阀的调定压力，可以很方便地利用这一压力变化来实现压力控制；但在回油节流调速回路中，只有回油腔的压力才会随负载变化，当工作部件碰到止挡块后，其压力将降至零，虽然同样可以利用该压力变化来实现压力控制，但其可靠性差，一般不采用。

e. 启动性能。回路节流调速回路中，若停车时间较长，液压缸回油箱的油液会泄漏回油箱，重新启动时，背压不能立即建立，会引起瞬间工作机构的前冲现象，对于进油节流调速，只要在启动时关小节流阀，即可避免启动冲击。

综上所述，进油路、回油路节流调速回路结构简单，价格低廉，但效率较低，只宜用在负载变化不大、低速、小功率场合，如某些机床的进给系统中。

③ 旁路节流调速回路（图 5-65）。将节流阀装在与液压缸并联的支路上，利用节流阀把液压泵供油的一部分排回油箱实现速度调节的回路，称为旁路节流调速回路。如图 5-65（a）所示，在这个回路中，由于溢流功能由节流阀来完成，故正常工作时，溢流阀处于关闭状态，即溢流阀用作安全阀，其调定压力一般为最大负载压力的 1.1～1.2 倍，液压泵的供油压力 p_{p} 取决于负载。

a. 速度负载特性。考虑到泵的工作压力随负载变化，泵的输出流量 q_{p} 应计入泵的泄漏量随压力的变化 Δq_{p}，采用与前述相同的分析方法可得速度表达式为

$$v = \frac{q_1}{A_1} = \frac{q_{\mathrm{pt}} - \Delta q_{\mathrm{p}} - \Delta q}{A_1} = \frac{q_{\mathrm{pt}} - k\left(\dfrac{F}{A_1}\right) - CA_{\mathrm{T}}\left(\dfrac{F}{A_1}\right)^m}{A_1} \tag{5-14}$$

式中，q_{pt} 为泵的理论流量，L/min；k 为泵的泄漏系数；其余符号意义同前。

根据式（5-14），选取不同的 A_{T} 值可得到一组速度负载特性曲线，如图 5-65（b）所

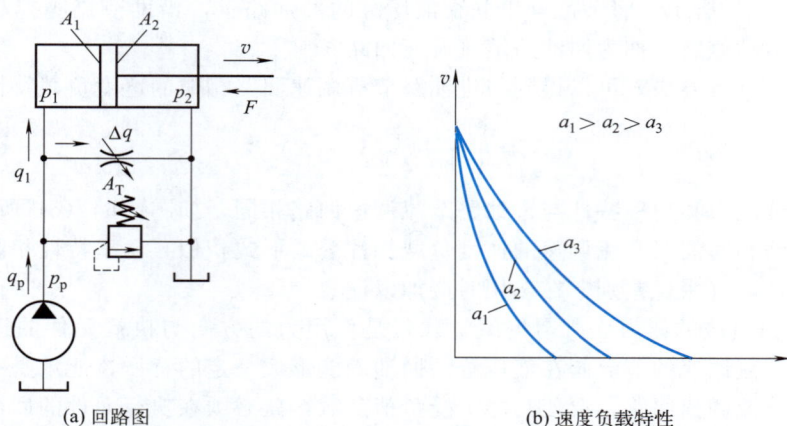

(a) 回路图　　　　　　　　(b) 速度负载特性

图 5-65　旁路节流调速回路

示，可知当 A_T 一定而负载增加时，速度显著下降，即特性很软；但当 A_T 一定时，负载越大，速度刚度越大；当负载一定时，A_T 越小，速度刚度越大，因而旁路节流调速回路适用于高速重载的场合。

由图 5-65（b）可知，回路的最大承载能力随节流阀通流面积 A_T 的增加而减小。当达到最大负载时，泵的全部流量经节流阀流回油箱，液压缸的速度为零，继续增大 A_T 已不起调速作用，故该回路在低速时承载能力低，调速范围小。

b. 功率特性。

回路的输入功率

$$P_p = p_1 q_p$$

回路的输出功率

$$P_1 = Fv = F\frac{q_1}{A_1} = p_1 q_1$$

回路的功率损失

$$\Delta P = P_p - P_1 = p_1 q_p - p_1 q_1 = p_1 \Delta q \tag{5-15}$$

回路效率

$$\eta = \frac{p_1 q_1}{p_p q_p} = \frac{q_1}{q_p} \tag{5-16}$$

由式（5-15）和式（5-16）可知，旁路节流调速只有节流损失，而无溢流损失，因而功率损失比前两种调速回路小，效率高。这种调速回路一般用于功率较大且对速度稳定性要求不高的场合。

④ 换向阀调速回路。工程机械很少使用专门的节流阀来调速，一般使用换向阀（多路阀的核心是换向阀）的阀口开度来实现节流调速。

图 5-66 所示为手动 M 型三位换向阀控制的进油路节流兼回油路节流的调速回路。手动换向阀直接用操纵杆来推动滑阀移动，劳动强度较大，速度微调性能较差，但结构简单。此类阀常用于中小型工程机械。按图示方向，阀芯向右移，液压泵的卸荷通路被切断，同时打开阀口 f_1 和 f_2，将液压泵输出的油液从阀口 f_1 引入液压缸的无杆腔；液压缸有杆腔的油液从阀口 f_2 流回油箱。阀口 f_1 和 f_2，在此分别发挥了进油路调速和回油路调速的作用。调节

阀口 f_1 和 f_2 的通流面积，实质上是借助于节流阻尼来改变主油路和回油路的液流阻力大小，重新分配油液，从而实现无级调速。这种调速回路具有进油路节流和回油路节流的综合调速特性。

图 5-67 所示的是由 M 型三位换向阀控制的旁通路节流兼回油路节流的调速回路。其换向阀与前例虽有同一作用，但轴向尺寸不同。按图示方向，阀芯向左移动，液压泵输出的油液在阀内分成两路：一部分通过阀口 f_0 从旁通路流回油箱；另一部分通过阀口 f_1 沿主油路进入液压缸无杆腔，主油路油压随旁通路节流阀口 f_0 的关小而升高，直到推动活塞工作。液压缸有杆腔的油液则通过阀口 f_2 流回油箱。当阀口 f_0 完全关闭、f_1 和 f_2 阀口开度最大时，液压缸全速运动。因此，只要把阀口 f_0 控制在全开与全闭之间，就能实现旁通路节流无级调速。如果液压缸承受的是负值载荷，这时可利用阀口 f_2 来实现回油路节流调速。当关小阀口 f_2 时，液压缸动作减慢。因此，该调速回路在不同负载情况下具有旁通路节流或回油路节流的调速特性。它常用于功率较大而速度稳定性要求不高的场合。

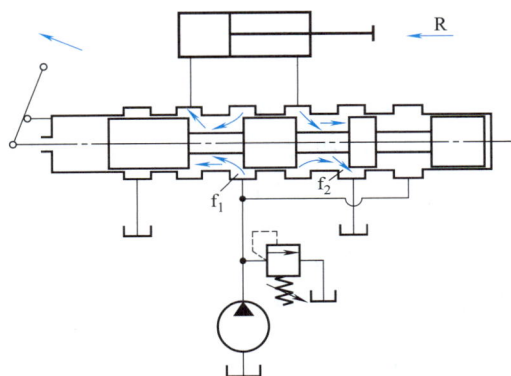

图 5-66　换向阀节流调速回路
（进油路和回油路节流调速回路）

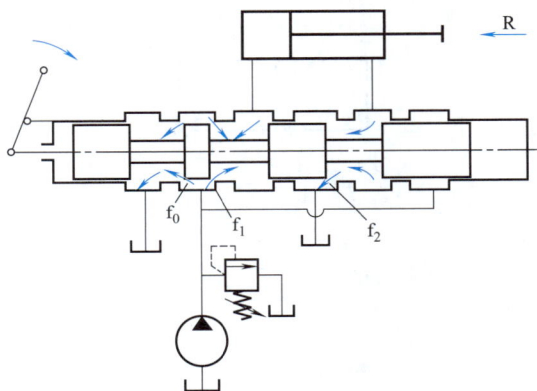

图 5-67　换向阀节流调速回路
（旁通路和回油节流调速回路）

（2）采用调速阀的调速回路　采用节流阀的节流调速回路刚性差，主要因为负载变化引起节流阀前后的压差变化，从而使通过节流阀的流量发生变化。对于一些负载变化较大、对速度稳定性要求较高的液压系统，这种调速回路远不能满足要求，可采用调速阀来改善回路的速度-负载特性。

采用调速阀的调速回路，用调速阀代替前述各回路中的节流阀，也可分别组成进油路、回油路和旁油路节流调速回路，分别如图 5-68（a）、（b）、（c）所示。

采用调速阀组成的调速回路，速度刚性比节流阀调速回路好得多。对旁油路，因液压泵泄漏的影响，速度刚性稍差，但比节流阀调速回路还是好很多。旁油路也有泵输出压力随负载变化、效率较高的特点。图 5-69 是调速阀节流调速的速度负载特性曲线，显然速度刚性、承载能力均比节流阀调速回路好得多。在采用调速阀的调速回路中，为了保证调速阀中定差减压阀起到压力补偿作用，调速阀两端的压差必须大于一定的数值，中低压调速阀为 0.5MPa，高压调速阀为 1MPa，否则定差减压阀失去作用，回路负载特性与节流阀调速回路没有区别。同时，由于调速阀的最小压差比节流阀的压差大，因此其调速回路的功率损失比节流调速回路要大一些，即效率较低。

综上所述，采用调速阀的节流调速回路的低速稳定性、回路刚度、调速范围等，要比采用节流阀的节流调速回路都好，所以它在机床液压系统中获得广泛的应用。

(a) 进油路调速回路(采用调速阀)

(b) 回油路调速回路(采用调速阀)

(c) 旁油路调速回路(采用调速阀)

(d) 采用溢流节流型调速阀

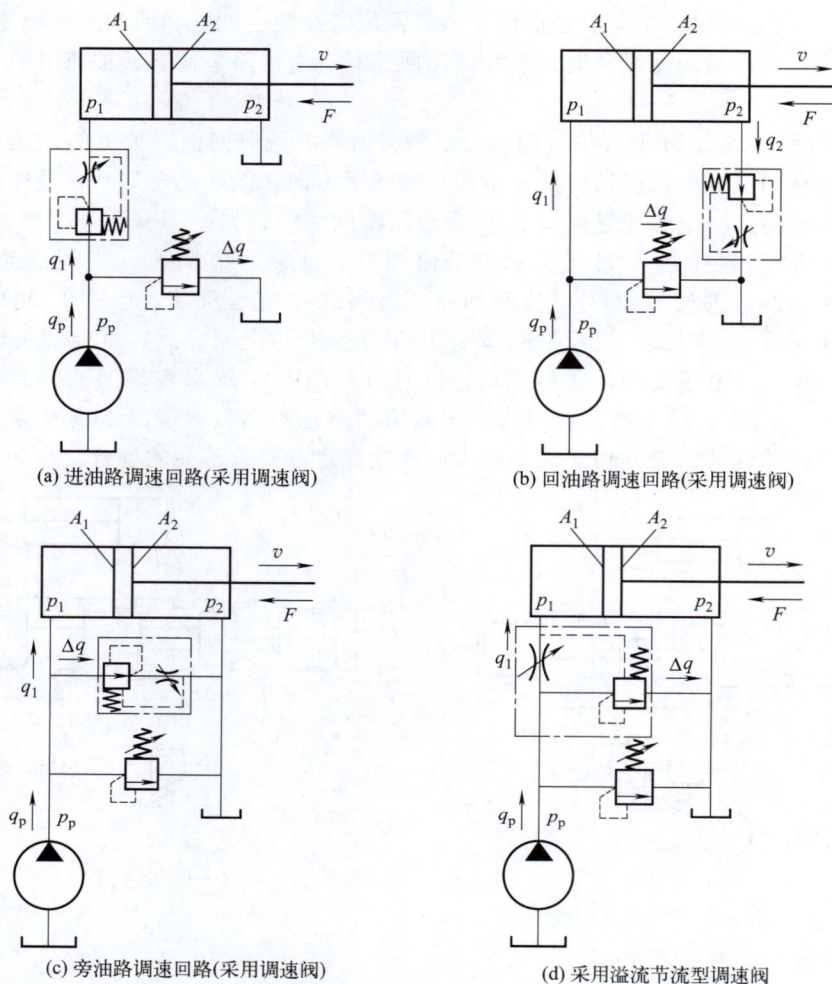

图 5-68　采用调速阀的调速回路

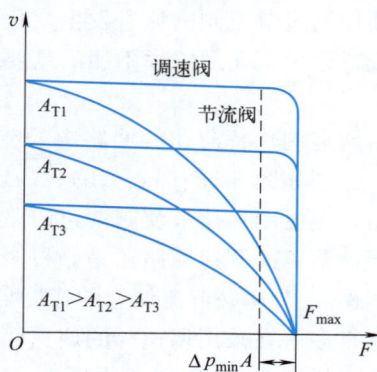

图 5-69　调速阀节流调速的速度负载特性曲线

工作实施

　　多路阀是一种能控制多个液压执行元件的换向阀组合,通常以多个换向阀为主体,集换向阀、单向阀、安全阀、补油阀等于一体的多功能阀。更多内容"相关知识"部分。

任务 8　汽车起重机回转回路分析

📖 学习目标

1. 理解开式回路和闭式回路的工作原理和特点；
2. 掌握液压马达行车制动与驻车制动回路的原理，能够分析液压马达制动回路的原理；
3. 掌握液压马达串并联回路的原理及特点，能分析其工作原理。

📋 任务书

回转系统是起重机必不可少的子系统之一。现有两种不同的回转系统回路图，分别是开式回路和闭式回路，如图 5-70 所示。

任务：请分析回转系统工作原理和特点。

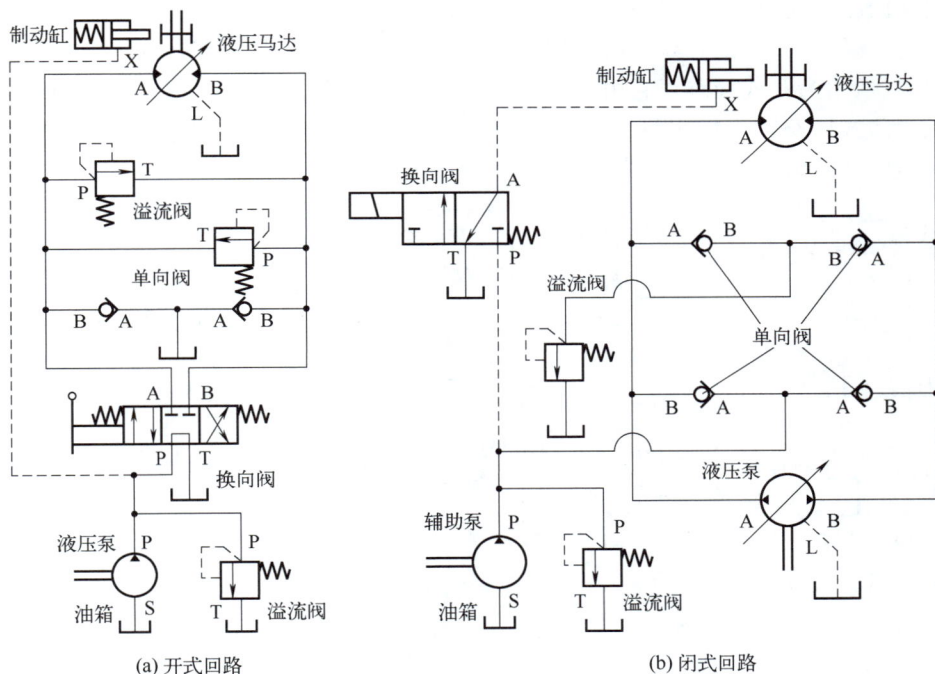

(a) 开式回路　　　　　　　　　　(b) 闭式回路

图 5-70　回转系统原理

📚 自主探索

请自行查阅有关资料，完成如下问题。

引导问题 1：在闭式液压回路中，如何补偿液压泵或液压马达的泄漏？其压力和流量大概取多少？

引导问题 2：容积调速回路有哪些类型？各有什么特点？

引导问题 3：变量泵和变量马达组成的容积调速回路，其调速特性如何？

引导问题 4：在液压系统的调速回路设计时，主要考虑哪些因素？

8.1 容积调速回路

容积调速回路是通过改变回路中液压泵或液压马达的排量来实现调速的。其主要优点是功率损失小（没有溢流损失和节流损失），且其工作压力随负载变化，所以效率高、油液温度低，适用于高速、大功率系统。按油路循环方式不同，容积调速回路有开式回路和闭式回路两种。在开式回路中，液压泵从油箱吸油，执行元件的回油直接回到油箱，油箱容积大，油液能得到较充分冷却，但空气和污染物易进入回路。在闭式回路中，液压泵将油输出进入执行元件的进油腔，又从执行元件的回油腔吸油。闭式回路结构紧凑，只需很小的补油油箱，但冷却条件差。为了补偿工作中油液的泄漏，一般设有补油泵，补油泵的流量为主泵流量的 20%～25%，压力为 3MPa 左右。

容积调速回路通常有三种基本形式：变量泵和定量马达容积调速回路；定量泵和变量马达容积调速回路；变量泵和变量马达容积调速回路。

（1）定量泵和变量马达容积调速回路　定量泵和变量马达容积调速回路如图 5-71 所示。图 5-71（a）所示为开式回路，它由定量泵、变量液压马达、溢流阀、换向阀组成。图 5-71（b）所示为闭式回路，它由定量泵、变量液压马达、安全阀、补油泵、单向阀和补油溢流阀组成。该回路是由调节变量马达的排量 V_m 来实现调速的。

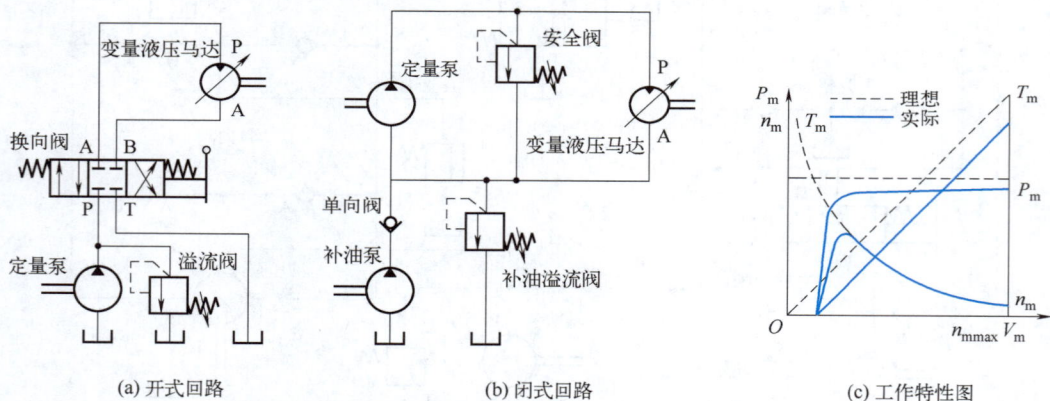

图 5-71　定量泵和变量马达容积调速回路

在这种回路中，液压泵转速 n_p 和排量 V_p 都是常值，改变液压马达排量 V_m 时，马达最大输出转矩 T_m 与 V_m 成正比，输出转速 n_m 则与 V_m 成反比。马达的输出功率 P_m 和回路的工作压力 p 都由负载功率决定，不因调速而发生变化，所以这种回路常被称为恒功率调速回路。回路的工作特性曲线如图 5-71（c）所示，该回路的优点是能在各种转速下保持恒定输出功率不变，其缺点是调速范围较小。同时，该调速回路如果用双向变量马达来实现换向，在换向的瞬间要经过"高转速—零转速—反向高转速"的突变过程。所以，不宜用双向变量马达来实现平稳换向。

综上所述，定量泵变量马达容积调速回路，由于不能用改变马达的排量来实现平稳换向，调速范围比较小（一般为 3～4），因而较少单独应用。

（2）变量泵和定量马达（液压缸）的容积调速回路　这种调速回路由变量泵与定量液压马达或变量泵与液压缸组成。其回路原理图如图 5-72 所示。图 5-72（a）所示为变量泵与液压缸所组成的开式容积调速回路，图 5-72（b）所示为变量泵与定量液压马达组成的闭式容积调速回路。

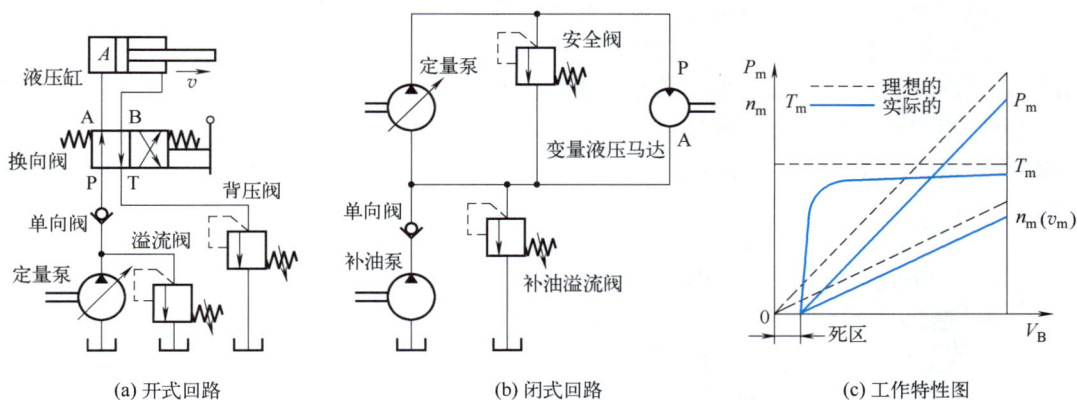

图 5-72　变量泵和定量马达（液压缸）的容积调速回路

其工作原理：在图 5-72（a）中，液压缸活塞的运动速度 v 由变量泵调节。连接在变量泵出口的溢流阀作为安全阀使用。换向阀用于控制液压缸的伸缩运动，不调节油液流量大小。在换向阀与油箱之间串接了一只溢流阀作为背压阀。在图 5-72（b）中，调节变量泵的排量可以调节定量液压马达的转速。安全阀用来防止系统发生过载。补油泵用来补油，其补油压力由补油溢流阀来调节，同时置换部分液压马达 A 口出来的热油，降低系统温升。

当不考虑回路的容积效率时，执行元件的速度 n_m 或（v）与变量泵的排量 V_p 的关系为 $n_m = \dfrac{n_p V_p}{V_m}$ 或 $v = \dfrac{n_p V_p}{A}$。因马达的排量 V_m 和液压缸的有效工作面积 A 是不变的，当变量泵的转速 n_p 不变时，则马达的转速 n_m（或活塞的运动速度 v）与变量泵的排量成正比，是一条通过坐标原点的直线，如图 5-72（c）中虚线所示。实际上回路的泄漏是不可避免的，在一定负载下，需要一定流量才能启动和驱动负载。所以，其实际的 n_m 或（v）与 V_p 的关系如实线所示。这种回路在低速下承载能力差，速度不稳定。

当不考虑回路的损失时，液压马达的输出转矩 T_m（或液压缸的输出推力 F）为 $T_m = \dfrac{\Delta p V_m}{2\pi}$ 或 $F = A(p_p - p_0)$。它表明当泵的输出压力 p_p 和吸油路（也即马达或缸的排油）压力 p_0 不变，马达的输出转矩 T_m 或液压缸输出推力 F 理论上是恒定的，与变量泵的排量无关，故该回路的调速方式又称恒转矩调速。但实际上由于泄漏和机械摩擦等的影响，会存在一个"死区"，如图 5-72（c）所示。马达或液压缸的输出功率随变量泵的排量的增减而线性地增减。

这种回路的调速范围，主要取决于变量泵的变量范围，其次是受回路的泄漏和负载的影响。这种回路的调速范围一般在 40 左右。

综上所述，变量泵和定量液压马达（液压缸）所组成的容积调速回路为恒转矩输出，可正反向实现无级调速，调速范围较大。适用于要求调速范围较大、恒转矩输出的场合，如大型机床的主运动或进给系统中。

（3）变量泵和变量马达容积调速回路　这种调速回路是上述两种调速回路的组合（图5-73），其调速特性也具有两者的特点。

图 5-73（a）所示为双向变量泵和双向变量马达组成的容积式调速回路。回路中各元件

对称布置，改变泵的供油方向，就可实现马达的正反向旋转，单向阀1和单向阀2用于补油泵对油路的双向补油。单向阀3和单向阀4使安全阀能够在两个方向上对回路起过载保护作用。一般机械要求低速时能输出大转矩，高速时能输出大功率，这种回路恰好可以满足这一要求。在低速段，先将马达排量调到最大，用变量泵调速，当泵的排量由小调到最大，马达转速随之升高，输出功率随之线性增加，此时因马达排量最大，马达能获得最大输出转矩，且处于恒转矩状态。高速段，泵为最大排量，用变量马达调速，将马达排量由大调小，马达转速继续升高，输出转矩随之降低。此时，因泵处于最大输出功率状态，故马达处于恒功率状态。

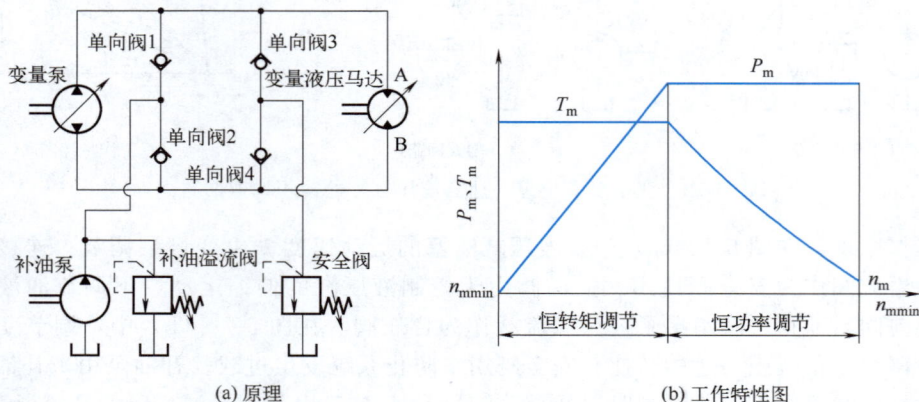

图 5-73　变量泵和变量马达的容积调速回路

这样，就可使马达的换向平稳，且第一阶段为恒转矩调速，第二阶段为恒功率调速。回路特性曲线如图 5-73（b）所示。这种容积调速回路的调速范围是变量泵调节范围和变量马达调节范围的乘积，所以，其调速范围很大（可达 100），并且有较高的效率。它适用于大功率的场合，如矿山机械、起重机械以及大型机床的主运动液压系统。

8.2　容积节流调速回路

容积节流调速回路的基本工作原理是采用限压式（或其他变量形式）变量泵供油、调速阀（或节流阀）调节进入液压缸的流量并使泵的输出流量自动地与液压缸所需流量相适应。

常用的容积节流调速回路包括限压式变量泵与调速阀等组成的容积节流调速回路和差压式变量泵与节流阀等组成的容积调速回路。

8.2.1　限压式容积节流调速回路

图 5-74 所示为限压式变量泵与调速阀组成的调速回路工作原理和工作特性图。在图示位置，液压缸 4 的活塞快速向右运动，变量泵 1 按快速运动要求调节其输出流量，同时调节限压式变量泵的压力调节螺钉，使泵的限定压力大于快速运动所需压力［图 5-74（b）中 AB 段］，泵输出的压力油经调速阀 3 进入液压缸 4，其回油经背压阀 5 回油箱。调节调速阀 3 的流量 q_1 就可调节活塞的运动速度 v，由于 $q_1 < q_p$，压力油迫使泵的出口与调速阀进口之间的油压升高，即泵的供油压力升高，泵的流量便自动减小到 $q_p \approx q_1$ 为止。

这种调速回路的运动稳定性、速度负载特性、承载能力和调速范围均与采用调速阀的节流调速回路相同。图 5-74（b）所示为其调速特性，可知此回路只有节流损失而无溢流损失。

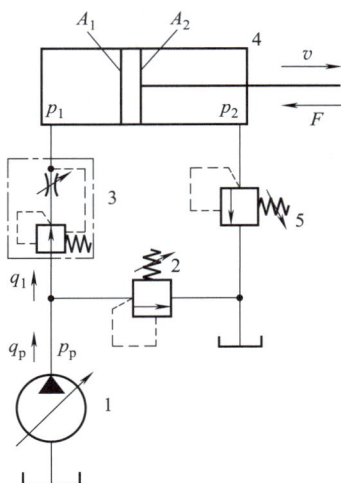

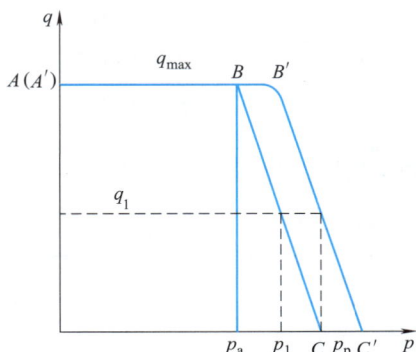

图 5-74　限压式容积节流调速回路

1—变量泵；2—溢流阀；3—调速阀；4—液压缸；5—背压阀（溢流阀）

当不考虑回路中泵和管路的泄漏损失时，回路的效率 η 为

$$\eta=\dfrac{q_1\left(p_1-p_2\dfrac{A_2}{A_1}\right)}{q_1 p_p}=\dfrac{p_1-p_2\dfrac{A_2}{A_1}}{p_p}\tag{5-17}$$

式（5-17）表明：泵的输油压力 p_p 调得低一些，回路效率就可高一些。但为了保证调速阀的正常工作压差，泵的压力应比负载压力 p_1 至少大 0.5MPa。当此回路用于"死挡铁停留"、压力继电器发信实现快退时，泵的压力还应调高些，以保证压力继电器可靠发信，故此时的实际工作特性曲线如图 5-74（b）中 $A'B'C'$ 所示。此外，当 p_p 不变时，负载越小，p_1 便越小，回路效率越低。

综上所述，限压式变量泵与调速阀等组成的容积节流调速回路，具有效率较高、调速较稳定、结构较简单等优点。目前已广泛应用于负载变化不大的中、小功率组合机床的液压系统中。

8.2.2　差压式容积节流调速回路

图 5-75 是差压式变量泵和节流阀组成的容积节流调速回路。该回路采用差压式变量泵供油，通过节流阀来确定进入液压缸或流出液压缸的流量，不但使变量泵输出的流量与液压缸所需要的流量相适应，而且液压泵的工作压力能自动跟随负载压力变化。

该回路的工作原理如下：图 5-75 中节流阀安装在液压缸的进油路上，节流阀两端的压差反馈作用在变量泵的两个控制柱塞上差压式变量泵，其中柱塞 1 的面积 A_1 等于活塞 2 活塞杆面积 A_2。由力的平衡关系，变量泵定子的偏心距 e

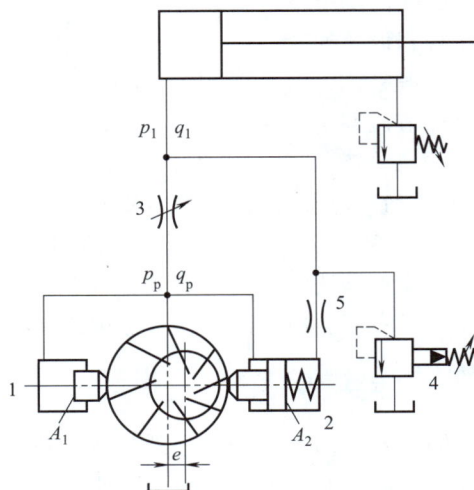

图 5-75　差压式容积节流调速回路

1—柱塞；2—活塞；3—节流阀；
4—溢流阀；5—阻尼孔

的大小受节流阀两端的压差控制，从而控制变量泵的流量。调节节流阀的开口，就可以调节进入液压缸的流量 q_1，并使泵的输出流量 q_p 自动与 q_1 相适应。阻尼孔 5 的作用是防止变量泵定子移动过快发生振荡，4 为安全阀。

该回路的效率比前述容积节流调速回路高，适用于调速范围大、速度较低的中小功率液压系统，常用在某些组合机床的进给系统中。

8.3 调速回路的比较和选用

（1）调速回路的比较 调速回路的比较见表 5-4。

表 5-4 调速回路的比较

回路类型 主要性能		节流调速回路				容积节流调速回路		容积调速回路
		使用节流阀		使用调速阀				
		进油路	旁路	进油路	旁路	限压式	差压式	
机械 特性	速度稳定性	较差	差	好	好	好	好	较好
	承载能力	较好	较差	好	好	好	好	较好
调速范围		较大	小	较大	较大	较大	较大	大
功率 特性	效率	低	较高	低	较高	较高	高	最高
	发热	大	较小	大	较小	较小	小	最小
适用范围		小功率、轻载的中低压系统				中、小功率的 中压系统		大功率、重载、高速的中高压系统

（2）调速回路的选用 选用调速回路时选用主要考虑以下问题。

① 执行机构的负载性质、运动速度、速度稳定性等要求。负载小，且工作中负载变化也小的系统可采用节流阀节流调速；在工作中负载变化较大且要求低速稳定性好的系统，宜采用调速阀的节流调速或容积节流调速；负载大、运动速度高、油的温升要求小的系统，宜采用容积调速回路。

一般来说，功率在 3kW 以下的液压系统宜采用节流调速；功率在 3～5kW 范围的宜采用容积节流调速；功率在 5kW 以上的宜采用容积调速回路。

② 工作环境要求。处于温度较高的环境下工作，且要求整个液压装置体积小、重量轻的情况，宜采用闭式回路的容积调速。

③ 经济性要求。节流调速回路的成本低，功率损失大，效率也低；容积调速回路因变量泵、变量马达的结构较复杂，所以价格高，但其效率高、功率损失小；而容积节流调速则介于两者之间。所以需要综合分析选用哪种回路。

工作实施

图 5-70（a）和（b）分别为开式和闭式回路回转系统。两者均使用变量马达作为执行元件。在回转系统不工作时，制动缸为液压马达提供制动力，保持其静止。

在图 5-70（a）中，该系统使用开式定量泵为系统提供油液，使用 M 型中位机能换向阀控制液压马达的选择方向。两只溢流阀用于制动液压马达。两只单向阀为液压马达的低压侧补充油液。当换向阀处于中位时，液压泵的油液经换向阀的中位卸荷，制动缸对液压马达实施制动。当换向阀处于左位或右位时，液压泵的油液进入制动缸，解除其对液压马达的制动。当换向阀处于左位时，液压泵的油液经换向阀的左位，进入液压马达的 A 口；液压马达 B 口的油液流出，经换向阀的左位回油箱。此时，液压马达正转。当换向阀处于右位时，液压泵的油液经换向阀的右位，进入液压马达的 B 口；液压马达 A 口的油液流出，经换向阀的右位回油箱。此时，液压马达反转。

在图 5-70（b）中，此系统使用闭式变量泵为系统提供油液，通过控制排量控制液压马达的旋转方向。使用一只溢流阀和两只单向阀配合，用于制动液压马达。为了补充液压泵和液压马达的泄漏，使用了辅助泵为其提供油液。辅助泵还为制动缸提供油液。当换向阀处于常态位时，制动缸对液压马达实施制动。当换向阀得电，辅助泵提供的油液进入制动缸，解除制动。液压泵的 A 口和 B 口分别与液压马达的 A 口和 B 口连接。液压泵的出油方向决定了液压马达的选择方向。

两者的特点：在开式回路中，液压泵从油箱吸油，执行元件的回油直接回到油箱。在闭式回路中，液压泵将油输出进入执行元件的进油腔，又从执行元件的回油腔吸油。

📁 知识拓展

液压马达串并联速度换接回路

液压马达串并联速度换接回路如图 5-76 所示。图 5-76（a）所示为液压马达并联回路，液压马达 1、液压马达 2 的主轴刚性连接在一起。切换阀处于左位时，压力油只驱动液压马达 1，液压马达 2 空转。切换阀处于右位时，液压马达 1、液压马达 2 并联。若两只液压马达的排量相等，并联时进入每个马达的流量减少一半，转速相应降低一半，而转矩增加一倍。

图 5-76（b）所示为液压马达串并联回路。用二位四通换向电磁阀作为切换阀，使两只液压马达串联或并联，实现系统实现快慢速切换。当切换阀的上位接入回路时，两液压马达并联，为低速，输出转矩大。当切换阀的下位接入回路，两液压马达串联，为高速，输出转矩小。

液压马达串并联速度换接回路主要用于由液压驱动的行走机械中，例如高空作业车的行走系统中，可根据路况需要提供两挡速度：在平地行驶时为高速，上坡时输出转矩增加，转速降低。

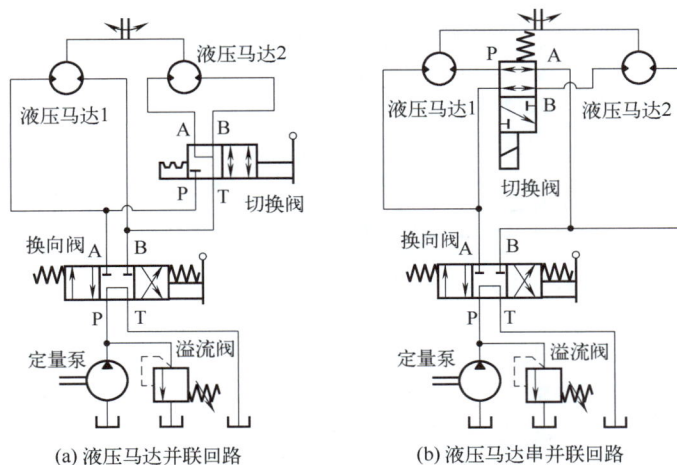

(a) 液压马达并联回路　　　　(b) 液压马达串并联回路

图 5-76　液压马达串并联速度换接回路

任务 9　汽车起重机配重升降回路分析

学习目标

1. 了解同步回路的种类，掌握其工作原理及特点，能够分析同步回路的工作原理；
2. 掌握压力继电器的工作原理及典型用法；
3. 掌握速度换接回路的原理及特点，能分析其工作原理。

任务书

由于汽车起重机需要上路行驶，受相关法律法规限制，大型起重机采用可拆卸配重设计，见图 5-77。这就使得配重需要升降。配重升降系统普遍采用双缸设计，为了避免配重偏斜发生危险，双缸要同步运行。考虑到工作速度需要调节，配重上升速度设计成了快慢两种速度。

任务：试分析图 5-78 所示的配重升降回路的工作原理。

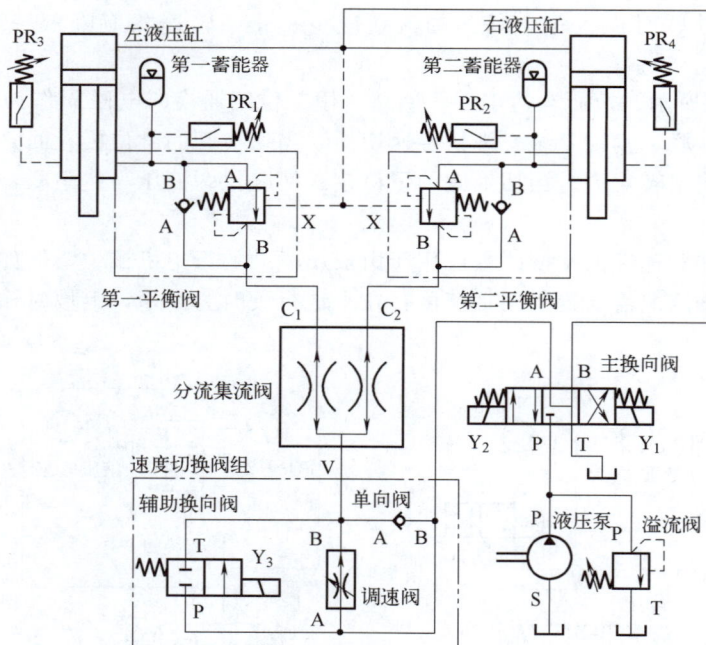

图 5-77　某汽车起重机配重部分照片

图 5-78　配重升降回路图

自主探索

请自行查阅有关资料，完成如下问题。

引导问题 1：压力继电器的作用是什么？

引导问题2：同步回路有哪些常见的种类？

引导问题3：快速运动回路有哪些基本要求？它有哪些常见的回路种类？

引导问题4：常见的速度换接回路有哪些种类？

相关知识

9.1 压力继电器

压力继电器^{压力继电器}

压力继电器是利用油液的压力来启闭电气微动开关触点的液-电转换元件。当油液的压力达到压力继电器的调定压力时，发出电信号，控制电气元件（如电动机、电磁铁等）动作，实现泵的加载或卸荷、执行元件的顺序动作或系统的安全保护和互锁等。

压力继电器有柱塞式、薄膜式、弹簧管式和波纹管式4种结构（图5-79）。图5-79（a）所示为柱塞式压力继电器的结构。当从压力继电器下端进油口 P 进入的油液压力达到弹簧的调定值时，作用在柱塞1上的液压力推动柱塞上移，使微动开关4切换，发出电信号。图5-79（a）中 L 为泄油口，调节螺钉3即可调节弹簧的大小。图5-79（b）所示为其图形符号。

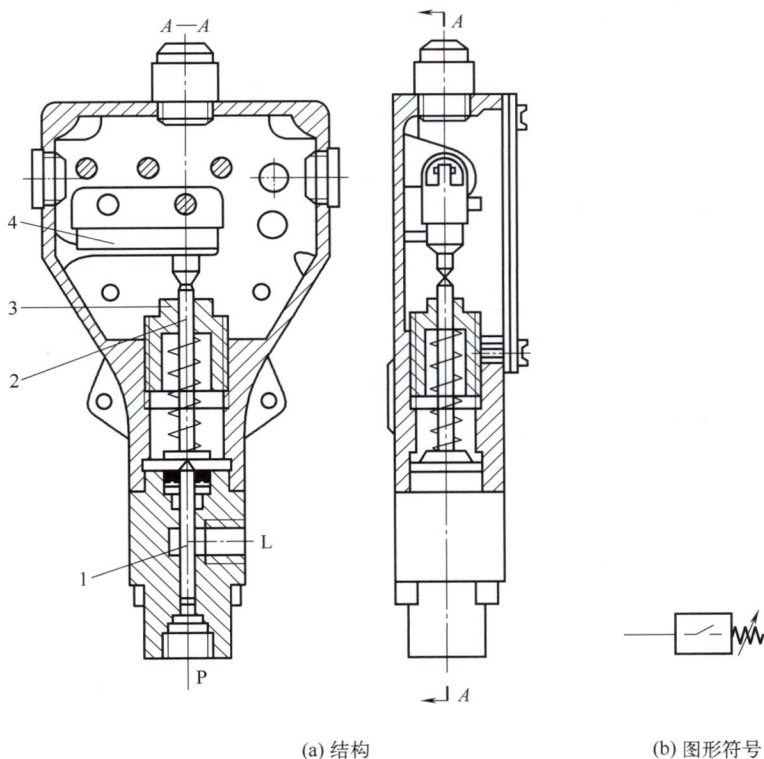

(a) 结构　　　　　(b) 图形符号

图 5-79　压力继电器

1—柱塞；2—顶杆；3—螺钉；4—微动开关

9.2 同步回路

同步回路是指使两个或两个以上的液压缸，在运动中保持相同位移或相同速度的回路。在一泵多缸的系统中，尽管液压缸的有效工作面积相等，但是，由于运动中所受负载不均衡，摩擦阻力也不相等，泄漏量的不同以及制造上的误差等，不能使液压缸同步动作。同步回路的作用就是为了克服这些影响，补偿它们在流量上所造成的变化。

（1）串联液压缸的同步回路　图 5-80 是串联液压缸的同步回路。图 5-80 中第一个液压缸回油腔排出的油液，被送入第二个液压缸的进油腔。如果串联油腔活塞的有效面积相等，便可实现同步运动。这种回路两缸能承受不同的负载，但泵的供油压力要大于两缸工作压力之和。

液压缸的泄漏和制造误差会影响串联液压缸的同步精度。当活塞往复多次后，会产生严重的失调现象，为此要采取补偿措施。图 5-81 是两个单作用缸串联，并带有补偿装置的同步回路。为了达到同步运动，缸 1 有杆腔 A 的有效面积应与缸 2 无杆腔 B 的有效面积相等。在活塞下行的过程中，如缸 1 的活塞先运动到行程终点，触动行程开关 1XK 发信，使电磁铁 1DT 通电，此时压力油便经过二位三通电磁换向阀 3、液控单向阀 5 向缸 2 的 B 腔补油，使缸 2 的活塞继续运动到底。如果缸 2 的活塞先运动到行程终点，触动行程开关 2XK，使电磁铁 2DT 通电，此时压力油便经二位三通电磁换向阀 4 进入液控单向阀的控制油口，液控单向阀 5 反向导通，使缸 1 能通过液控单向阀 5 和二位三通电磁换向阀 3 回油，使缸 1 的活塞继续运动到底，对失调现象进行补偿。

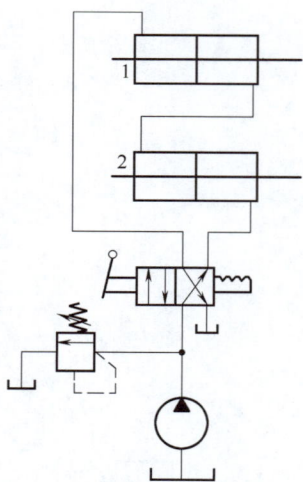

图 5-80　串联液压缸的同步回路

1,2—液压缸

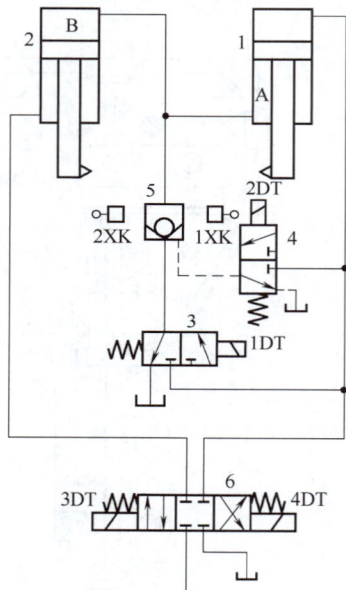

图 5-81　采用补偿措施的串联液压缸同步回路

1,2—液压缸；3，4—二位三通电磁换向阀；
5—液控单向阀；6—三位四通电磁换向阀

（2）流量控制式同步回路

① 用调速阀控制的同步回路。图 5-82 是两个并联的液压缸，分别用调速阀控制的同步回路。两个调速阀分别调节两缸活塞的运动速度，当两缸有效面积相等时，则流量也调整的相同；若两缸面积不等，则改变调速阀的流量也能达到同步的运动。

用调速阀控制的同步回路，结构简单，并且可以调速，但是，由于受到油温变化以及调速阀性能差异等影响，同步精度较低，一般为 5%～7%。

② 用电液比例调速阀控制的同步回路。图 5-83 所示为用电液比例调速阀实现同步运动

的回路。回路中使用了一个普通调速阀1和一个比例调速阀2，它们装在由多个单向阀组成的桥式回路中，分别控制着液压缸3和4的运动。当两个活塞出现位置误差时，检测装置就会发出信号，调节比例调速阀的开度，使缸4的活塞跟上缸3的活塞运动而实现同步。

这种回路的同步精度较高，位置精度可达0.5mm，已能满足大多数工作部件所要求的同步精度。比例阀性能虽然比不上伺服阀，但费用低，系统对环境适应性强。因此，用它来实现同步控制被认为是一个新的发展方向。

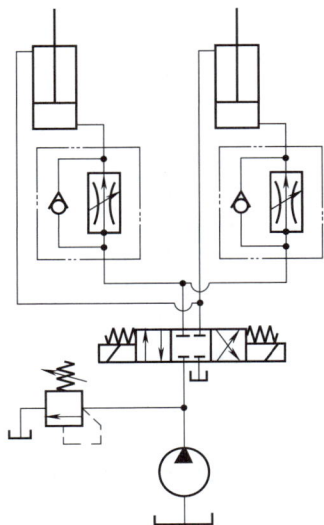

图5-82　调速阀控制的同步回路

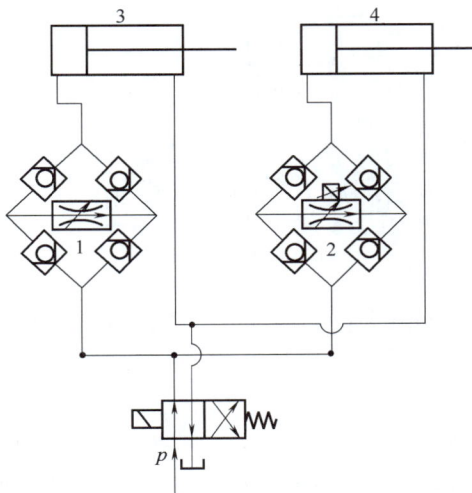

图5-83　电液比例调速阀控制式同步回路
1—普通调速阀；2—比例调速阀；3，4—液压缸

9.3　快速运动回路和速度换接回路

9.3.1　快速运动回路

为了提高生产效率，机器工作部件常常要求实现空行程（或空载）的快速运动。这时要求液压系统流量大而压力低。这和工作运动时一般需要的流量较小和压力较高的情况正好相反。我们对快速运动回路的要求主要是在快速运动时，尽量减小需要液压泵提供的流量，或者在加大液压泵的输出流量后，但在工作运动时又不会过多消耗能量。下面介绍几种常用的快速运动回路。

（1）差动连接回路　这是在不增加液压泵输出流量的情况下，来提高工作部件运动速度的一种快速回路，其实质是改变了液压缸的有效作用面积。

图5-84是用于快、慢速转换的，其中快速运动采用差动连接的回路。当换向阀3左端的电磁铁通电时，阀3左位进入系统，液压泵1输出的压力油同缸右腔的油经3左位、5下位（此时外控顺序阀7关闭）也进入缸4的左腔，进入液压缸4的左腔，实现了差动连接，使活塞快速向右运动。当快速运动结束，工作部件上的挡铁压下机动换向阀5时，泵的压力升高，阀7打开，液压缸4右腔的回油只能经调速阀6流回油箱，这时是工作进给。当换向阀3右端的电磁铁通电时，活塞向左快速退回（非差动连接）。采用差动连接的快速回路方法简单，较经济，但快、慢速度的换接不够平稳。必须注意，差动油路的换向阀和油管通道应按差动时的流量选择，不然流动液阻过大，会使液压泵的部分油从溢流阀流回油箱，速度减慢，甚至不起差动作用。

（2）双泵供油的快速运动回路　这种回路是利用低压大流量泵和高压小流量泵并联为系统供油，如图 5-85 所示。

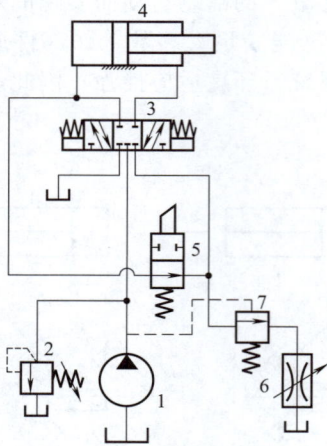

图 5-84　差动连接回路

1—液压泵；2—溢流阀；3—三位五通电磁换向阀；
4—液压缸；5—二位二通机动阀；
6—调速阀；7—外控顺序阀

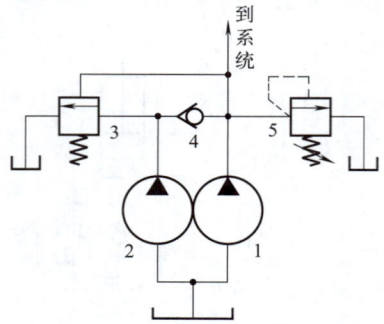

图 5-85　双泵供油快速运动回路

1,2—液压泵；3—卸荷阀；4—单向阀；5—溢流阀

图 5-85 中，1 为高压小流量泵，用以实现工作进给运动。2 为低压大流量泵，用以实现快速运动。在快速运动时，液压泵 2 输出的油经单向阀 4 和液压泵 1 输出的油共同向系统供油。在工作进给时，系统压力升高，打开液控顺序阀（卸荷阀）3 使液压泵 2 卸荷，此时单向阀 4 关闭，由液压泵 1 单独向系统供油。溢流阀 5 控制液压泵 1 的供油压力是根据系统所需最大工作压力来调节的，而卸荷阀 3 使液压泵 2 在快速运动时供油，在工作进给时则卸荷，因此它的调整压力应比快速运动时系统所需的压力要高，但比溢流阀 5 的调整压力低。

双泵供油回路功率利用合理、效率高，并且速度换接较平稳，在快、慢速度相差较大的机床中应用很广泛，缺点是要用一个双联泵，油路系统也稍复杂。

（3）充液增速回路　图 5-86 是增速缸快速运动回路。增速缸是一种复合缸，由活塞缸和柱塞缸复合而成。

当手动换向阀的左位接入系统，压力油经柱塞孔进入增速缸的小腔 1，推动活塞快速向右移动，大腔 2 所需油液由充液阀 3 从油箱吸取，活塞缸右腔的油液经换向阀流回油箱。当执行元件接触工件负载增加时，系统压力升高，顺序阀 4 开启，充液阀 3 关闭，高压油进入增速缸大腔 2，活塞转换成慢速前进，推力增大。换向阀右位接入时，压力油进入活塞缸右腔，打开充液阀 3，大腔 2 的回油流回油箱。该回路增速比大、效率高，但液压缸结构复杂，常用于液压机中。

（4）采用蓄能器的快速运动回路　采用蓄能器的快速回路，是在执行元件不动或需要较少的压力油时，将其余的压力油储存在蓄能器中，需要快速运动时再释放出来。该回路的关键在于能量储存和释放的控制方式。图 5-87 是采用蓄能器的快速运动回路之一，用于液压缸间歇式工作。当液压缸不动时，换向阀 3 中位将液压泵与液压缸断开，液压泵的油经单向阀给蓄能器 4 充油。当蓄能器 4 压力达到卸荷阀 1 的调定压力，阀 1 开启，液压泵卸荷。当需要液压缸动作时，阀 3 换向，溢流阀 2 关闭后，蓄能器 4 和泵一起给液压缸供油，实现快速运动。该回路可减小液压装置功率，实现高速运动。

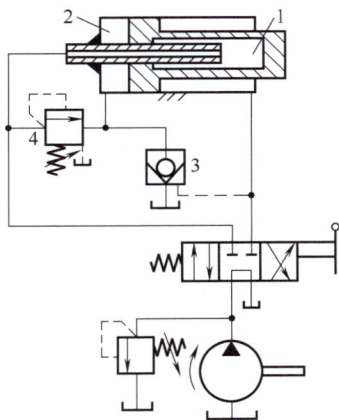

图 5-86　增速缸快速运动回路

1—增速缸小腔；2—增速缸大腔；3—充液阀；4—顺序阀

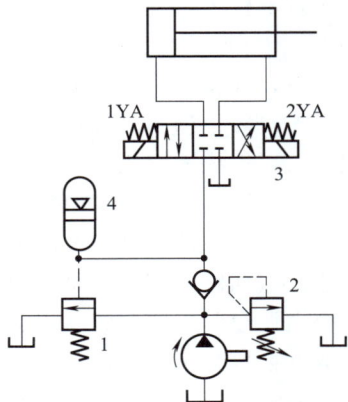

图 5-87　采用蓄能器的快速运动回路

1—卸荷阀；2—溢流阀；3—换向阀；4—蓄能器

9.3.2　速度换接回路

速度换接回路用来实现运动速度的变换，即在原来设计或调节好的几种运动速度中，从一种速度换成另一种速度。我们对这种回路的要求是速度换接要平稳，即不允许在速度变换的过程中有前冲（速度突然增加）现象。下面介绍几种回路的换接方法及特点。

（1）采用行程阀（电磁阀）的速度换接回路　图 5-88 是采用行程阀的速度换接回路。在图示位置，液压缸 3 右腔的回油可经行程阀 4 和换向阀 2 流回油箱，使活塞快速向右运动。当快速运动到达所需位置时，活塞上的挡块压下行程阀 4，将其通路关闭。这时，液压缸 3 右腔的回油就必须经过调速阀 6 流回油箱，活塞的运动转换为工进运动。当操纵换向阀 2 使活塞换向后，压力油可经换向阀 2 和单向阀 5 进入液压缸 3 右腔，使活塞快速向左退回。

在这种速度换接回路中，因为行程阀的通油路是由液压缸活塞行程控制阀芯移动而逐渐关闭的，所以换接时的位置精度高，冲击小，运动速度的变换也比较平稳。这种回路在机床液压系统中应用较多，它的缺点是行程阀的安装位置受一定限制，所以有时管路连接稍复杂。行程阀也可以用电磁换向阀来代替，这时电磁阀的安装位置不受限制，但其换接精度及速度变换的平稳性较差。

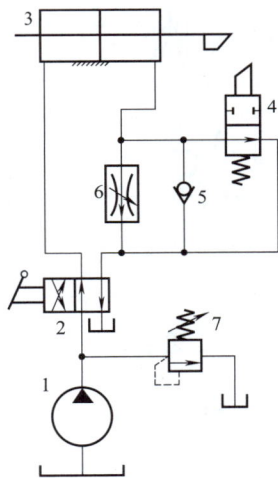

图 5-88　采用行程阀的速度换接回路

1—液压泵；2—换向阀；3—液压缸；
4—行程阀；5—单向阀；
6—调速阀；7—溢流阀

（2）采用调速阀（节流阀）串并联的速度换接回路　对于某些自动机床、注塑机等，需要在自动工作循环中变换两种以上的工作进给速度，这时需要采用两种或多种工作进给速度的换接回路。

图 5-89 是使用两个调速阀并联以实现两种工进速度换接的回路。在图 5-89（a）中，当换向阀 5 不得电时，液压泵输出的压力油经调速阀 3 和换向阀 5 进入液压缸，实现一种速度。当需要第二种速度时，换向阀 5 得电，其右位接入回路，液压泵输出的压力油经调速阀 4 和换向阀 5 进入液压缸。这种回路中两个调速阀的节流口可以独立调节，互不影响，即第一种工进速度和第二种工进速度之间没有什么限制。但一个调速阀工作时，另一个调速阀中没有油液通过，它的减压阀则处于完全打开的位置，在速度换接开始的瞬间，不能起减压作

用，容易出现部件突然前冲的现象。

图 5-89（b）所示为另一种调速阀并联的速度换接回路。在此回路中，两个调速阀始终处于工作状态，在由一种工进速度转换为另一工进速度时，不会出现工作部件突然前冲现象，因而工作可靠。但是，液压系统在工作中总有一定量的油液通过不起调速作用的那个调速阀流回油箱，造成能量损失，使系统发热。

图 5-90 是两个调速阀串联的速度换接回路。图示状态下，液压泵输出的压力油经调速阀 3 和换向阀 5 进入液压缸，此时流量由调速阀 3 控制。当需要第二种速度时，换向阀 5 通电，其右位接入回路，则液压泵输出的压力油先经调速阀 3、再经调速阀 4 进入液压缸，这时的流量应由调速阀 4 控制，所以这种回路中调速阀 4 的节流口应调得比调速阀 3 小，否则调速阀 4 速度换接将不起作用。这种回路在工作时调速阀 3 一直工作，它限制着进入液压缸或调速阀 4 的流量。因此，此回路在速度换接时，不会使液压缸产生前冲现象，换接平稳性较好。在调速阀 4 工作时，油液需经两个调速阀，故能量损失较大。

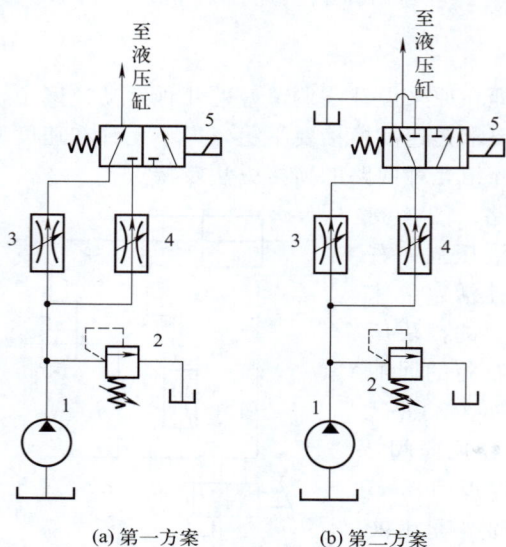

(a) 第一方案　　　　(b) 第二方案

图 5-89　两调速阀并联式的速度换接回路
1—液压泵；2—溢流阀；3，4—调速阀；5—换向阀

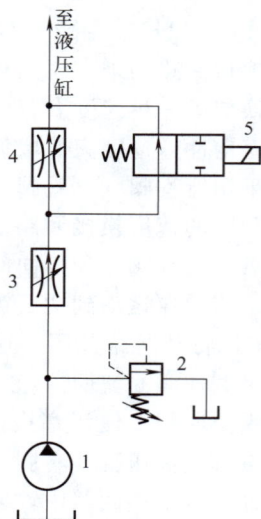

图 5-90　两个调速阀串联的速度换接回路
1—液压泵；2—溢流阀；3，4—调速阀；5—换向阀

工作实施

该配重升降回路主要左、右两只液压缸，第一平衡阀，第二平衡阀，第一蓄能器，第二蓄能器，分流集流阀，速度切换阀组，主换向阀，液压泵，溢流阀，四只压力继电器、油箱等元件组成。

两只液压缸是系统的执行元件，两者同步伸缩以实现配重的下放或提升。为了实现配重下放运动的平稳，在两只液压缸的小腔油路上分别设置了平衡阀。平衡阀是外控式的，其控制油液来自液压缸的大腔。主换向阀是一个 Y 型中位机能的三位四通电磁换向阀，控制两只液压缸的伸缩运动。主换向阀的 A 口与两只液压缸的小腔之间依次串接有速度切换阀组、分流集流阀和平衡阀。主换向阀的 B 口直接与两只液压缸的大腔连接。速度切换阀组由辅助换向阀、调速阀和单向阀组成，三者并联安装。辅助换向阀是一个两位两通电磁换向阀。液压泵、溢流阀和油箱构成油源，为系统提供高压油液。两只液压缸小腔分别设置了蓄能器和低压压力继电器（PR$_1$、PR$_2$），防止液压缸因内泄而造成配重下滑。当任一液压缸小腔内压力过低时，压力继电器将发讯报警。同时，液压缸小腔还设置了高压压力继电器（PR$_3$、PR$_4$），防止小腔压力过高。工作原理分析如下。

配重上升：电磁铁 Y$_2$ 得电，主换向阀工作在左位。液压泵的油液经主换向阀的 P 口至 A 口，速度切换阀组中的调速阀，经过分流集流阀后分成流量相等的两路。两路油液经相应平衡阀中的单向阀，流入相应液压缸的小腔。大腔的油液流出，合流后经主换向阀的 B 口至 T 口，流回油箱。两只液压缸的活塞杆缩回，将配重拉起。当液压缸小腔压力达到两只高压压力继电器的设定值时，压力继电器发讯，使电磁铁 Y$_2$ 断电，防止液压缸小腔压力过高。

进油路：油箱→液压泵→主换向阀的 P 口至 A 口→速度切换阀组中的调速阀 A 口至 B 口→分流集流阀 V 口至 C$_1$ 或 C$_2$ 口→平衡阀中的单向阀 A 口至 B 口→液压缸的小腔。

回油路：液压缸大腔→主换向阀的 B 口至 T 口→油箱。

快速运动时，电磁铁 Y$_3$ 得电，速度切换阀组中的辅助换向阀工作在右位，油液流动情况如下。

进油路：油箱→液压泵→主换向阀的 P 口至 A 口→速度切换阀组中的辅助换向阀 P 口至 T 口→分流集流阀 V 口至 C$_1$ 或 C$_2$ 口→平衡阀中的单向阀 A 口至 B 口→液压缸的小腔。

回油路：液压缸大腔→主换向阀的 B 口至 T 口→油箱。

配重下降：电磁铁 Y$_1$ 得电，主换向阀工作在右位。液压泵的油液经主换向阀的 P 口至 B 口，流入两只液压缸的大腔，同时进入平衡阀的控制口打开平衡阀中的顺序阀。液压缸小腔的油液经平衡阀中顺序阀流出，经过分流集流阀汇合流出，经速度切换阀组中的单向阀，主换向阀的 A 口至 T 口，流回油箱。两只液压缸的活塞杆伸出，将配重下放。

进油路：油箱→液压泵→液压缸大腔；同时，进入平衡阀的控制口 X。

回油路：液压缸小腔→平衡阀中的顺序阀 A 口至 B 口→分流集流阀 C$_1$ 或 C$_2$ 口→速度切换阀中的单向阀 A 口至 B 口→主换向阀 A 口至 T 口→油箱。

📁 知识拓展

多缸快慢速互不干涉回路

在一泵多缸的液压系统中，其中，一个液压缸负载较小时，可能会造成系统的压力下降，流量全部流向这个液压缸，影响其他液压缸工作进给的稳定性。因此，在工进速度要求比较稳定的多缸液压系统中，必须采用快慢速互不干涉回路。

在图 5-91 所示的回路中，各液压缸分别要完成快进、工进和快退的自动循环。回路采用双泵的供油系统，泵 1 为高压小流量泵，供给各缸工作进给所需的压力油；泵 2 为低压大流量泵，为各缸快进或快退时输送低压油。它们的压力分别由溢流阀 3 和溢流阀 4 调定。

换向阀 10 用来控制 B 缸换向，换向阀 12、换向阀 14 分别控制 A、B 缸快速进给。当开始工作时，电磁阀 1Y、2Y、3Y、4Y 同时通电。液压泵 1 的油液经调速阀后，与液压泵 2 的油液经单向阀合流。此时，两泵供油使各活塞快速前进。由于溢流阀 3 比溢流阀 4 的设定压力高，当电磁铁 3Y、4Y 断电后，单向阀 6 和单向阀 8 关闭，仅液压泵 1 向系统供给油液，系统由快进转换成工进。随后，如果其中某一液压缸（例如缸 A）先转换成快速退回，即 1Y 断电，换向阀 9 换向，泵 2 输出的油液经单向阀 6、换向阀 9 和单向调速阀 11 进入液压缸 A 的右腔，左腔油液经换向阀回油，使活塞快速退回。其他液压缸仍由泵 1 供油，继续进行工作进给。这时，调速阀 5（或 7）使泵 1 仍然保持溢流阀 3 的调整压力，不受快退的影响，防止了相互干扰。在回路中调速阀 5 和调速阀 7 的调整流量应适当大于单向调速阀

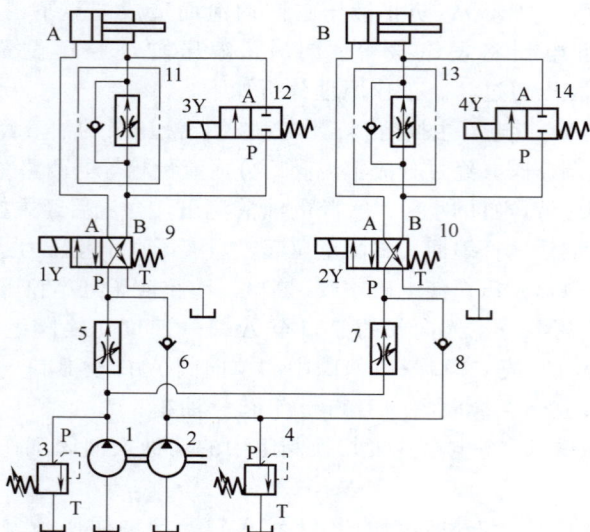

图 5-91　防干扰回路

1—高压小流量泵；2—低压大流量泵；3,4—溢流阀；5,7—调速阀；6,8—单向阀；
9,10—三位四通电磁换向阀；11,13—单向调速阀；12,14—二位三通电磁换向阀

11 和单向调速阀 13 的调整流量。这样，工作进给的速度由阀 11 和阀 13 来决定。这种回路可以用在具有多个工作部件各自分别运动的机床液压系统中。

练习题

5-1　何谓换向阀的"通"和"位"？并举例说明。

5-2　试说明三位四通阀 O 型、M 型、H 型中位机能的特点和应用场合。

5-3　从结构原理和图形符号上，说明溢流阀、减压阀和顺序阀的异同点。

5-4　如题 5-4 图所示，溢流阀 1 的调节压力 $p_1 = 4MPa$，溢流阀 2 的调节压力 $p_2 = 2MPa$。试问：

(1) 当在图当前所示位置时，泵的出口压力为多少？

(2) 当 1YA 通电时，p 等于多少？

(3) 当 1YA 与 2YA 均通电时，p 等于多少？

5-5　如题 5-5 图所示回路中，溢流阀的调定压力为 5.0MPa，减压阀的调定压力为 2.5MPa，试分析下列各情况，并说明减压阀阀口处于什么状态。

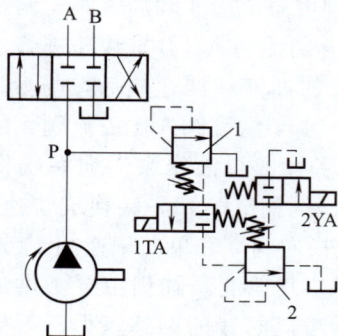

题 5-4 图

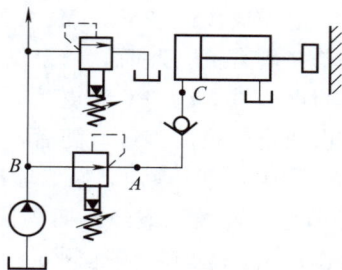

题 5-5 图

（1）当泵压力等于溢流阀调定压力时，夹紧缸使工件夹紧后，A、C 点的压力各为多少？

（2）当泵压力由于工作缸快进、压力降到 1.5MPa 时（工件原先处于夹紧状态），A、C 点的压力为多少？

（3）夹紧缸在夹紧工件前做空载运动时，A、B、C 三点的压力各为多少？

5-6 在题 5-6 图中，请指出元件 1、元件 2、元件 3 的名称。调速阀 A 的节流口较大，调速阀 2 的节流口较小，试编制液压缸活塞完成"快速进给→中速进给→慢速进给→快速退回→停止"工作循环的电磁铁循环表。

5-7 调速阀与节流阀在结构和性能上有何异同？各适用于什么场合？

5-8 什么是叠加阀？它在结构和安装形式上有何特点？

5-9 如题 5-9 图所示，压力分级调压回路中有关阀的压力值已调好。试问：

（1）该回路能够实现多少压力级？

（2）每个压力级的压力值是多少？是如何实现的？

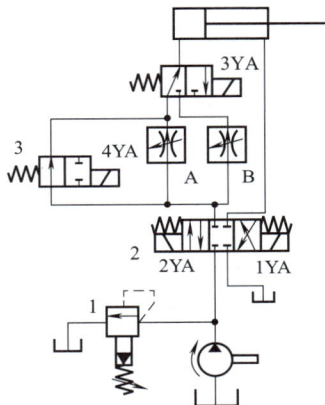

题 5-6 图

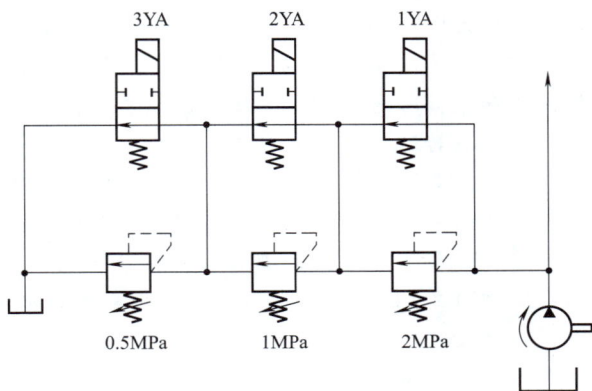

题 5-9 图

5-10 进油路节流调速回路和回油路节流调速回路中泵的泄漏对执行元件的运动速度有无影响？为什么？液压缸的泄漏对速度有无影响？

5-11 容积调速回路有什么特点？

5-12 进油路节流调速回路和回油路节流调速回路中泵的泄漏对执行元件的运动速度有无影响？为什么？液压缸的泄漏对速度有无影响？

5-13 如题 5-13 图所示的回路中，液压泵的流量 $q_p=10\text{L/min}$，液压缸无杆腔面积 $A_1=50\text{cm}^2$，液压缸有杆腔面积 $A_2=25\text{cm}^2$，溢流阀的调定压力 $p_y=2.4\text{MPa}$，负载 $F=10\text{kN}$。节流阀口为薄壁孔，流量系数 $C_d=0.62$，油液密度 $\rho=900\text{kg/m}^3$，试求：节流阀口通流面积 $A_T=0.05\text{cm}^2$ 时的液压缸速度 v、液压泵压力 p_p、溢流功率损失 Δp_y 和回路效率 η。

5-14 题 5-14 图所示为采用中、低压系列调速阀的回油调速回路，溢流阀的调定压力 $p_y=4\text{MPa}$，缸径 $D=100\text{mm}$，活塞杆直径 $d=50\text{mm}$，负载力 $F=31000\text{N}$，工作时发现活塞运动速度不稳定。试分析原因，并提出改进措施。

5-15 在回油节流调速回路中，在液压缸的回油路上，用减压阀在前、节流阀在后相互串联的方法，能否起到调速阀稳定速度的作用？如果将它们装在缸的进油路或旁油路上，液压缸运动速度能否稳定？

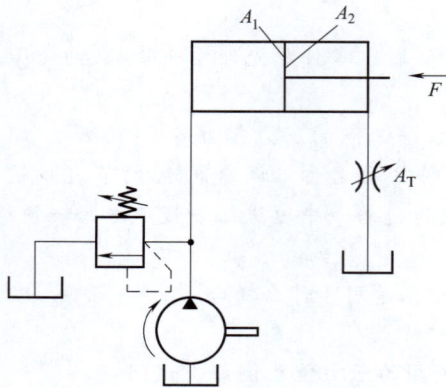

题 5-13 图

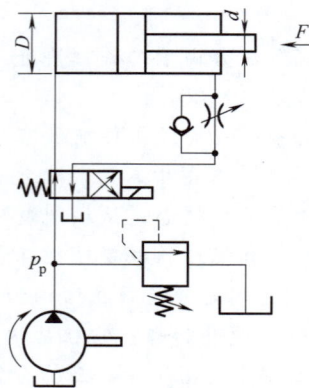

题 5-14 图

5-16 由变量泵和定量马达组成的调速回路，变量泵的排量可在 $0\sim50cm^3/r$ 范围内改变，泵转速为 $1000r/min$，马达排量为 $50cm^3/r$，安全阀调定压力为 $10MPa$，泵和马达的机械效率都是 0.85，在压力为 $10MPa$ 时，泵和马达泄漏量均是 $1L/min$。试求：（1）液压马达的最高和最低转速；（2）液压马达的最大输出转矩；（3）液压马达最高输出功率；（4）计算系统在最高转速下的总效率。

5-17 在变量泵和变量马达组成的调速回路中，把马达的转速由低向高调节，画出低速段改变马达的排量、高速段改变泵的排量调速时的输出特性。

5-18 题 5-18 图所示为液压回路限压式变量叶片泵调定后的流量压力特性曲线，调速阀调定流量为 $2.5L/min$，液压缸两腔的有效面积 $A_1=2A_2=50cm^2$，不计管路损失，试求：

（1）缸大腔的压力 p_1；（2）当负载 $F=0$ 和 $F=9000N$ 时，小缸压力 p_2；（3）设泵的总效率为 0.75，求液压系统的总效率。

5-19 试说明题 5-19 图所示容积调速回路中单向阀 A 和液控单向阀 B 的功用。在液压缸正反向运动时，为了向系统提供过载保护，安全阀应如何接？试作图表示。

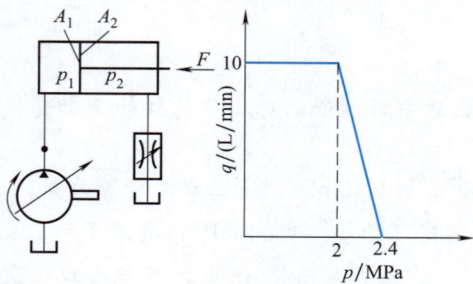

题 5-18 图

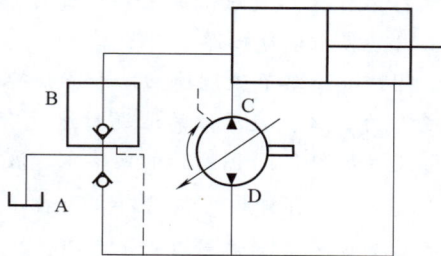

题 5-19 图

5-20 如题 5-20 图所示的液压系统，两液压缸的有效面积 $A_1=A_2=100cm^2$，缸 I 负载 $F=35000N$，缸 II 运动时负载为零。不计摩擦阻力、惯性力和管路损失，溢流阀、顺序阀和减压阀的调定压力分别为 $4MPa$、$3MPa$ 和 $2MPa$。求在下列三种情况下，A、B 和 C 处的压力。

（1）液压泵启动后，两换向阀处于中位。

（2）1Y 通电，液压缸 1 活塞移动时及活塞运动到终点时。

（3）1Y 断电，2Y 通电，液压缸 2 活塞运动时及活塞碰到固定挡块时。

5-21　题 5-21 图所示为实现"快进—工进（1）—工进（2）—快退—停止"动作的回路，工进（1）速度比工进（2）快，试列出电磁铁动作的顺序表。

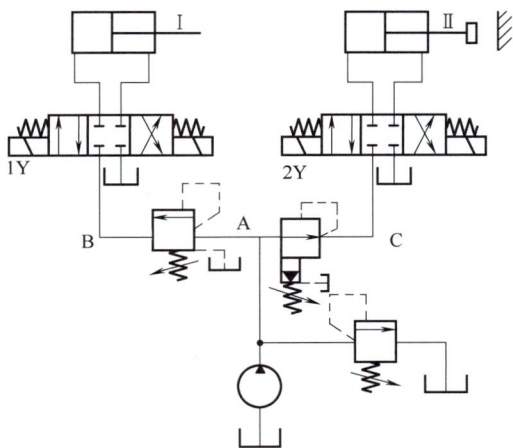

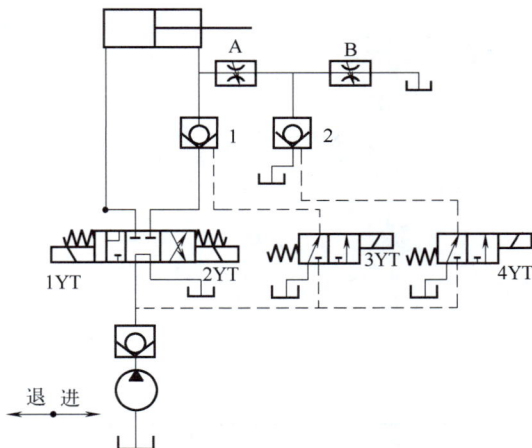

题 5-20 图　　　　　　　　　　　　题 5-21 图

5-22　题 5-22 图液压系统可实现快进、Ⅰ 工进、Ⅱ 工进（$V_{工1} > V_{工2}$）、快退、原位停止的工作循环，分析图示系统的工作原理，并回答下列问题。

（1）列出各运动时的进、回油路线。

（2）说明工进属何种调速回路。

（3）指出溢流阀 3 在工作循环中的四种动作中，哪两种动作有液压油溢回油箱。

（4）填写电磁铁动作顺序表（题 5-22 表）。

题 5-22 表

运动	电磁铁			
	1YT	2YT	3YT	4YT
快进				
Ⅰ 工进				
Ⅱ 工进				
快退				
原位停止				

5-23　题 5-23 图所示的液压系统可实现差动快进、工进、快退、原位停止的工作循环，试分析图示系统的工作原理，并回答下列问题。

（1）列出各运动时的进、回油路线。

（2）说明工进属何种调速回路。

（3）指出溢流阀 2 在工作循环中的四种动作中，哪种动作有液压油溢回油箱。

（4）填写电磁铁动作顺序表（题 5-23 表）。

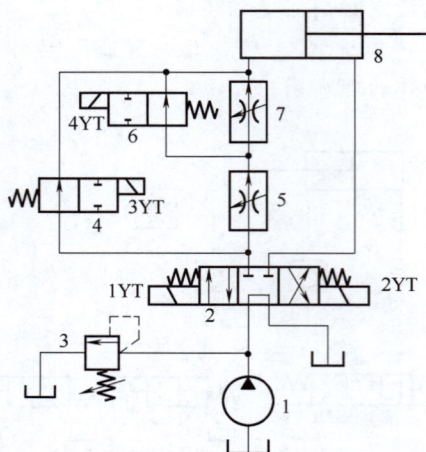

题 5-22 图

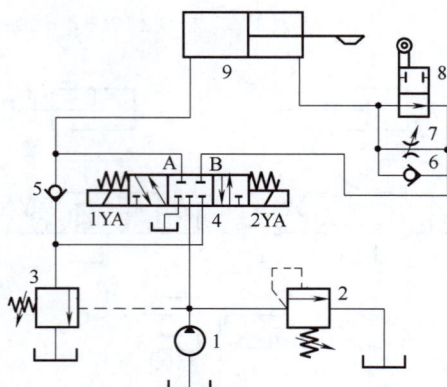

题 5-23 图

题 5-23 表

运动	电磁铁	
	1YA	2YA
快进		
工进		
快退		
原位停止		

![素质提升图标] **素质提升**

阅读下面文章，谈谈企业文化在企业中的角色和作用。

［1］ 姚光宾. 企业文化建设对企业经济发展的促进作用［J］. 现代企业文化，2024（35）：1-3.

［2］ 张瑞芬. 推动企业文化创新赋能新质生产力发展［J］. 中外企业文化，2024（10）：32-33.

项目6 ▶▶

典型液压系统分析与故障诊断

（1）液压系统分析的一般步骤　液压传动技术广泛地应用于国民经济各个部门和各个行业。不同行业的液压机械，其工况特点、动作循环、工作要求、控制方式等方面差别很大。但一台机器设备的液压系统无论有多复杂，都是由若干个基本回路组成，基本回路的特性也就决定了整个系统的特性。本项目通过介绍几种不同类型的液压系统，使大家能够掌握分析液压系统的一般步骤和方法。实际设备的液压系统往往比较复杂，要想真正读懂并非一件容易的事情，必须要按照一定的方法和步骤，循序渐进分块进行，逐步完成。

读图的大致步骤一般如下。

① 认真分析设备的工艺特点、工作原理，了解设备对液压系统的要求。

② 根据设备对液压系统执行元件动作循环的具体要求，从液压泵到执行元件（液压缸或马达）和从执行元件到液压泵双向同时进行，按油路的走向初步阅读液压系统原理图，寻找执行元件的连接关系，以执行元件为中心将系统分解成若干子系统。对于包含控制回路和主回路的液压系统，读图时一般要按照先读控制回路、后读主回路的顺序进行。

③ 按照组成系统的基本回路（如换向回路、调速回路、压力控制回路等）来分解系统的功能，分析各个子系统的工作原理，并根据设备各执行元件间的互锁、同步、顺序动作和防干扰等要求，全面读懂液压系统原理图。

④ 分析液压系统性能的优劣，总结归纳系统的特点，以加深对系统的了解。

（2）液压系统的故障诊断　任何机械设备或系统都可能出现故障，液压元件和系统也是这样。液压系统在规定时间内、规定条件下丧失规定的功能或降低其液压功能的事件或现象称为液压故障，也称失效。液压系统出现故障后，难以准确快速地对故障点及其原因作出诊断并提出相应的解决方案，从而直接影响液压机械设备的正常生产及施工作业。这是因为液压系统的故障既不像机械系统那样显而易见，又不如电气系统那样易于检测。

1）液压系统的故障诊断与排除策略及一般步骤。

① 液压系统的故障诊断与排除策略。故障诊断与排除工作可以总体概况成以下步骤：理清整个液压系统的工作原理和结构特点；根据故障现象利用知识和经验进行判断；逐步深入，有目的、有方向地逐步缩小范围，确定区域、部位，以至某个元件。

② 故障诊断与排除的一般步骤。

a. 做好故障诊断前的准备工作。通过阅读机械设备（包括液压系统）使用说明书和调用有关的档案资料，掌握以下情况：液压系统的结构组成，各组成元件的结构原理与性能，系统的工作原理、性能及机械设备对液压系统的要求；货源及厂商的信誉，制造日期，主要技术性能；液压元件状况，原始记录，使用期间出现过的故障及处理方法等。由于同一故障可能是由多种不同的原因引起的，而这些不同的原因所引起的同一故障也有一定的区别，因此在处理故障时，首先要查清故障现象，认真仔细地进行观察，充分掌握其特点，了解故障产生前后机械设备的运转状况，查清故障是在什么条件下产生的，弄清与故障有关的一切因素。

b. 在现场检查的基础上，对可能引起故障的原因进行初步的分析判断，初步列出可能引起故障的原因。分析判断时的注意事项如下。

• 充分考虑外界因素对系统的影响，在查明确实不是外界因素引起故障的情况下，再将注意力集中在系统内部来查找原因。

• 分析判断时，一定要把机械、电气、液压、气动几个系统联系在一起考虑，切不可孤立地考虑液压系统。

• 分清故障是偶然发生的还是必然发生的。必然发生的故障，要认真分析故障原因并彻底排除；偶然发生的故障，只要查出故障原因并做相应的处理即可。

c. 调整及试验。仍能运转的液压机械，经过上述分析判断后，针对所列出的故障原因进行压力、流量和动作循环的调整及试验，以便去伪存真，进一步证实并找出更可能引起故障的原因。调整及试验可按照已列出的故障原因，依照先易后难的顺序一一进行。如果把握不大，也可先对怀疑大的部位进行试验。有时通过调整即可排除故障。

d. 拆解检查。经过调整及试验后，被进一步认定的故障部位应进行拆检。拆解时应注意记录拆解顺序并画草图，要注意保持该部位的原始状态。仔细检查有关部位，不要用脏手或脏布乱抹和擦拭有关部位，以免污物粘到该部位上。

e. 处理故障。检查出的故障部位应进行调整、修复或更换，勿草率处理。

f. 重试与效果测试。按照技术规程的要求，仔细认真地处理故障。在故障处理完后，重新进行测试。注意观察其效果，并与原来的故障现象对比。若故障已经消除，则证实了对故障的分析判断与处理是正确的；若故障还未排除，就要对其他怀疑部位进行同样的处理，直至故障消失。

g. 分析总结。故障排除后，对故障要认真地进行定性、定量的分析总结，以便对故障的原因、规律得出正确的结论，从而提高处理故障的能力，也可防止同类故障的再次发生。

2）液压系统故障诊断常用方法。

液压系统的故障诊断方法大体上有定性分析法和定量分析法两类。定性分析法可分为逻辑分析法、对比替换法、观察诊断法（简易故障诊断法）等；定量分析法可分为仪器专项检测法和智能诊断法等。

① 逻辑分析法。逻辑分析法是一种根据液压系统工作原理进行逻辑推理的方法，也是掌握故障判断技术及排除故障最主要的基本方法。

a. 要点。逻辑分析法的要点是根据液压系统原理图，按一定的思考方法并合乎逻辑地进行分析，根据逻辑框图，逐一查找原因，排除不可能的因素，最终找出故障所在。

b. 步骤。逻辑分析法较为简单，但要求判断者有比较丰富的知识和经验，具体步骤如下。

• 了解主机的功能结构及性能，认真阅读说明书，对机械设备的规格与性能、液压系统原理图、液压元件的结构与特性等进行深入仔细的研究。

• 查阅设备运行记录和故障档案，了解设备运行历史和当前状况，阅读故障档案，调查故障情况。

• 仔细向操作者询问设备出现故障前后的工作状况和异常现象等。

- 现场观察，如果设备还能启动运行，应亲自或请操作者启动一下设备，操纵有关控制部分，观察故障现象及设备工作情况。

- 对故障情况进行归纳分析，认真思考，然后进行故障诊断与排除。

此法实际上是一种根据液压系统各回路中所有液压元件可能出现的故障采取的通用的推理检查方法。

c. 分类。逻辑分析法还可细分为列表法、框图法、因果图法及故障树法等。这里仅介绍列表法。列表法是利用表格将系统的故障现象、故障原因及故障排除方法简明列出，其示例见表 6-1。

表 6-1　日常检查排障表

故障现象	故障原因	故障排除方法
油液温升过高	①工作油黏度高 ②介质消泡性差 ③环境温度过高,工作介质劣化加剧 ④换向操作过猛,系统常处于溢流状态	更换合格、合适的液压工作介质,平稳操作,防止冲击,尽可能减少系统的溢流损失
工作介质气泡增多,噪声增加	①工作介质混入空气,执行元件运动不到位 ②介质温度上升	检查工作介质是否过量、泵及管路的密封性,使用消泡性好的工作介质

② 对比替换法。对比替换法是在现场缺乏测试仪器时检查液压系统故障的一种有效方法，它有以下两种情况。

a. 用同型号、同规格的设备及系统进行对比试验，从中查找故障。试验过程中，对可疑液压元件用新件或完好设备的液压元件进行替换，再开机试验，如性能变好，便知故障所在。否则，用同样的方法或其他方法检查其他元件。

b. 对于具有相同功能回路的液压系统，用软管分别连接同一设备进行试验，遇到可疑元件时，更换或交换元件（可以不拆卸可疑元件，只交换两系统中元件的相应软管接头）即可。

采用对比替换法检查故障，由于结构限制、元件储备、拆卸不便等原因，从操作上来说是比较复杂的。但对于体积小、易拆装的元件（如平衡阀、溢流阀、单向阀等），采用此法是比较方便的。在具体实施对比替换法的过程中，一定要注意连接正确，不要损坏周围的其他元件，这样才有助于正确判断故障，且能避免出现人为故障。此外，在未搞清具体故障所在部位时，应避免盲目拆解液压元件总成，否则极易导致其性能降低，甚至出现新的故障。

③ 观察诊断法。观察诊断法（简易故障诊断法）是目前用于液压系统故障诊断的一种方便易行的、最普遍的方法。它是凭借维修人员的经验，利用简单仪表，客观地按"望闻问切"（八看五闻六问四摸）的方法和流程（表 6-2），对零部件的外表进行检查，用于判断一些较为简单的故障（如管道破裂、元件漏油、螺栓松脱、壳体变形等）。此法既可在设备工作状态下进行，也可在停车状态下进行。

表 6-2　液压故障简易故障诊断排除法中的"望闻问切"

项目		内容
望(看)(看系统实际工作状态和技术资料)	看速度	执行机构运动速度有无变化和异常现象
	看压力	液压系统中各测压点的压力值有无波动现象
	看油液	油液是否清洁,是否变质,油液表面是否有泡沫,油液是否在规定的液位范围内,油液黏度是否符合要求等

项目		内容
望(看)(看系统实际工作状态和技术资料)	看泄漏	液压缸端盖,活塞杆外伸端,液压泵、液压马达轴端,液压管道各接头,油路块接合面等处是否有渗漏、滴漏等现象
	看振动	液压缸活塞杆、工作台等运动部件工作时有无因振动而跳动的现象
	看工作循环	能否完成要求的动作及衔接,判断系统压力、流量的稳定性
	看产品	根据液压机械加工出来的产品的质量(如机械零件的表面粗糙度,带钢轧制卷板跑偏程度,卷纸机所卷纸品的平滑度等)判断运动机构的工作状态、系统工作压力和流量的稳定性
	看资料	查阅设备技术档案中的系统原理图、元件明细表、使用说明书,有关故障分析和修理记录,查阅日检和定检卡,查阅交接班记录和维修保养记录
闻(听和嗅)(用听觉和嗅觉判断系统工作是否正常)	听噪声	液压泵和液压系统工作时的噪声是否过大及噪声的特征,溢流阀、顺序阀等压力控制元件是否有尖叫声
	听冲击声	工作机构液压缸换向时冲击声是否过大,液压缸活塞是否有撞击缸底的声音,换向阀换向时是否有撞击端盖的现象
	听气蚀和困油异常声	检查液压泵是否吸进空气,是否有严重的困油异常声
	听敲打声	液压泵运转时是否有因损坏引起的敲打声
	闻气味	用嗅觉辨别油液是否发臭变质和烧焦,橡胶件是否因过热发出特殊气味等
问(询问设备操作者,了解设备平时运行状况)		液压系统工作是否正常,液压泵有无异常现象
		液压油更换时间,过滤器是否清洁
		发生事故前,变量泵、压力阀或流量阀是否调节过,有哪些不正常现象
		发生事故前是否更换过密封件或液压件
		发生事故前后液压系统出现过哪些不正常现象
		过去经常出现哪些故障,是怎样排除的,哪位维修人员对故障原因与排除方法比较清楚
切(摸)(用手摸允许摸的运动部件,以便了解其工作状态)	摸温升	接触液压泵、油箱和阀类元件外壳表面,若2s后感到烫手,就应检查温升过高原因
	摸振动	运动部件和管子若有高频振动,应检查产生的原因
	摸爬行	工作台轻载低速运动时,用手接触工作台感觉有无爬行现象
	摸松紧程度	用手拧一下挡铁、微动开关和紧固螺钉等,感觉一下松紧程度

观察诊断法的优点是简单易行,特别是在缺乏完备的仪器、工具的情况下更为有效。随着维修人员经验的积累,此法运用起来就会更加自如。一般情况下,任何大故障发生之前都会伴有种种不正常的征兆,这些现象只要勤检查、勤观察,便不难发现。将这些现场观察到的现象作为第一手资料,结合经验及有关图表、数据资料,就能判断出是否存在故障、故障性质、发生部位及故障具体产生的原因,就可以着手进行故障排除,以防大故障的发生。

④ 仪器专项检测法。

a. 原理。仪器专项检测法是使用仪器、仪表进行故障诊断,它主要是通过对系统各部分参数(压力、流量、油温等)的测量来判断故障点。其主要原理是采用仪器仪表对参数进行测量,将测量值与正常值进行比较,从而断定是否有故障。因为当任何液压系统运转正常时,其系统参数都工作在设计值和设定值附近。当范围被突破后,一般可认为故障已经发生或将要发生。一般而言,利用仪器仪表检测液压系统故障是最为准确的方法,多用于重要设备。

使用仪器专项检测法测量压力较为普遍，流量大小可通过执行元件动作的快慢做出粗略的判断（但元件内泄漏只能通过流量测量来判断）。

液压系统压力测量一般是在整个液压系统中选择几个关键点来进行（例如泵的出口、执行元件的入口、多回路系统中每个回路的入口、故障可疑元件的出口和入口等部位），将所测数据与系统图上标注的相应点的数据进行对照，可以判定所测点前后油路上的故障情况。

在测量中，通过压力还是流量来判断故障以及如何确定测量点，要灵活运用液压技术的两个工作特征来判断：力（或力矩）是靠液体压力传递的；负载运动速度仅与流量有关而与压力无关。

b. 实施要点。采用仪器专项检测法诊断液压系统故障时，首先要根据故障现象调查了解现场情况（设备周边环境情况），查看设备的构成（机械、电气、液压）、工作机构及其状态，对照实物仔细分析设备的液压系统原理图，弄清其组成、工作原理及工作条件，系统各检测点的位置和相应的标准数据。在此基础上，对照故障现象进行分析，初步确定故障范围，编写检查诊断的逻辑顺序，然后借助仪器对可疑故障点进行检测，将实测数据和标准数据进行比较分析，确定故障原因与故障点。

c. 注意事项。仪器专项检测法的不足是操作烦琐，主要原因是一般情况下液压系统所设的测压接头很少，要测量故障系统中某点的压力或流量时，要制作相应的测压接头；另外，由于技术保密等原因，系统图上给出的数据较少。因此，要想顺利地利用仪器专项检测法进行故障检查，必须注意以下事项。

• 对所测系统各关键点的压力值要有明确的了解，一般在液压系统图上会给出几个关键点的数据。对于没有标出的点，在测量前，要通过计算或分析得出其大概数值。

• 要准备几块不同量程的压力表，以提高测量的准确性，量程过大会测量不准，量程过小则会损坏压力表。

• 平时多准备几种常用的测压接头，主要考虑与系统中元件、油管接口连接的需要。

• 要注意对有些执行元件回油压力的检查，由于回油压力油路堵塞等原因造成回油压力升高，以致执行元件入口与出口的压力差减小而使元件工作无力的现象时有发生。

⑤ 智能诊断法。智能诊断法基于液压设备故障诊断专家系统（计算机系统），借助计算机的强大的逻辑运算能力和存储能力，将液压故障诊断知识系统化和数字化。专家系统通常由置于计算机内的知识库、数据库、推理机（策略）、解释程序、知识获取程序和人机接口6个部分组成，见图6-1。知识库是专家系统的核心之一，其中存放了各种故障现象、故障原因及两者的关系，这些均来自有经验的维修人员和本领域专家。知识库集中了众多专家的知识，汇集了大量资料，排除了解决时的主观偏见，使诊断结果更加接

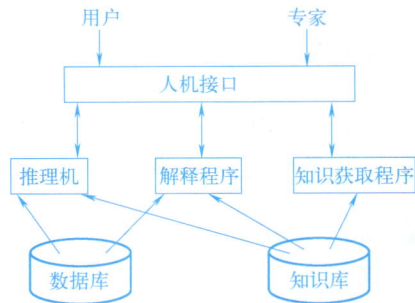

图 6-1　故障诊断专家系统的组成

近实际。一旦液压系统发生故障，用户即可通过人机接口将故障现象送入计算机，计算机根据输入的故障现象及知识库中的知识，按推理机中存放的推理方法推出故障原因并报告给用户，还可以提出维修或预防措施。智能诊断法无疑是液压系统故障诊断的发展方向和必由之路，新型专家系统包括模糊专家系统、神经网络专家系统、互联网专家系统等。专家系统目前存在着缺乏有效的诊断知识表达方法以及不确定性推理方法，诊断知识获取困难等问题，

故只能处理较为简单的故障。目前，很多机械设备上已经集成了智能诊断功能，有的大型公司还建立了远程故障诊断与监控系统。

任务 1　汽车起重机液压系统分析与故障诊断

学习目标

1. 掌握汽车起重机液压系统的一般分析步骤和方法，能够综合运用电液知识分析中等复杂程度的液压原理图；
2. 理解工程机械卸荷回路的典型设计与应用；
3. 理解工程机械液压系统的双泵合流与分流设计方案；
4. 了解汽车起重机液压系统的典型故障及排除方法；
5. 树立全局观念的立足于整体，选择最佳方案，同时重视部分的作用，用局部的功能促成整体的功能的实现，培养运用逻辑思维分析问题和解决问题的能力。

任务书

经过几个月的努力，公司完成了某型汽车起重机液压系统的设计，如图 6-2 和图 6-3 所示。

任务：现在公司安排小李根据此图分析其工作原理以及常见故障的处理方法，用来给新员工培训。

导学单

请自行查阅有关资料，完成如下问题。

引导问题 1：起重机液压系统中使用了哪些液压执行元件？

引导问题 2：在起重机的变幅子系统中，变幅平衡阀的作用是什么？

引导问题 3：在起重机的卷扬子系统中，既然已经设置了卷扬平衡阀，为什么还要设置制动器？

引导问题 4：对于起重机的主卷扬子系统，应用哪些方法可以实现对其工作速度的调节？

引导问题 5：起重机的副卷扬子系统是如何工作的？

引导问题 6：在支腿回路中，支腿多路阀中的右前支腿阀的作用是什么？

大型起重机
基本动作

相关知识

1.1　系统原理分析

1.1.1　液压系统主要元件

根据起重机的主要动作，可以从图 6-2 和图 6-3 中找到相应的执行元件，包括垂直支腿液压缸、水平支腿液压缸、伸缩液压缸、变幅液压缸、主卷扬液压马达、副卷扬液压马达、回转液压马达、多个制动器等。

动力元件为三联齿轮泵，排量依次为 $63mL/r$、$63mL/r$ 和 $40mL/r$。

控制元件包括支腿多路阀、液压锁、多个平衡阀、主换向阀、二位二通换向阀、梭阀、

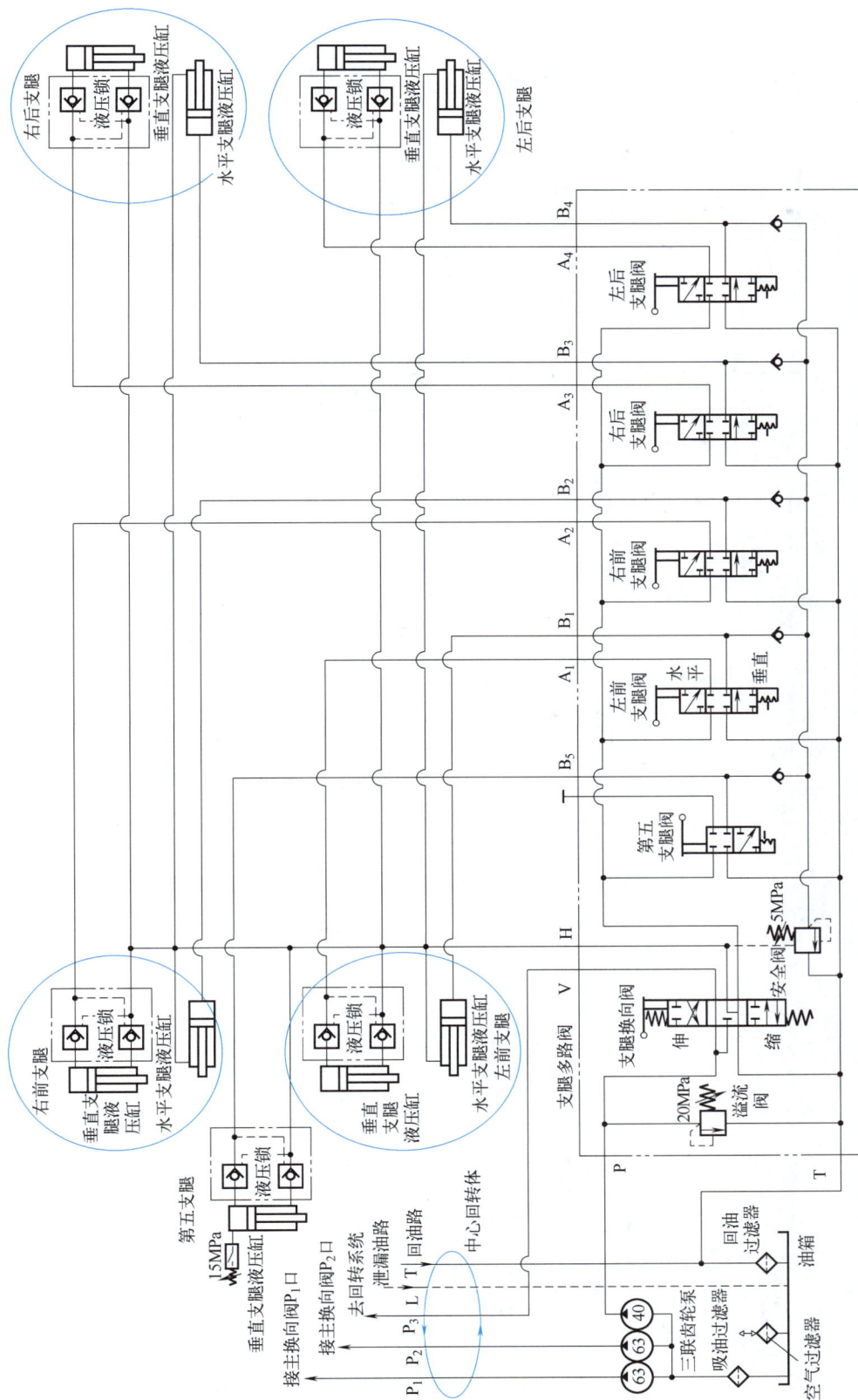

图 6-2 汽车起重机下车液压原理

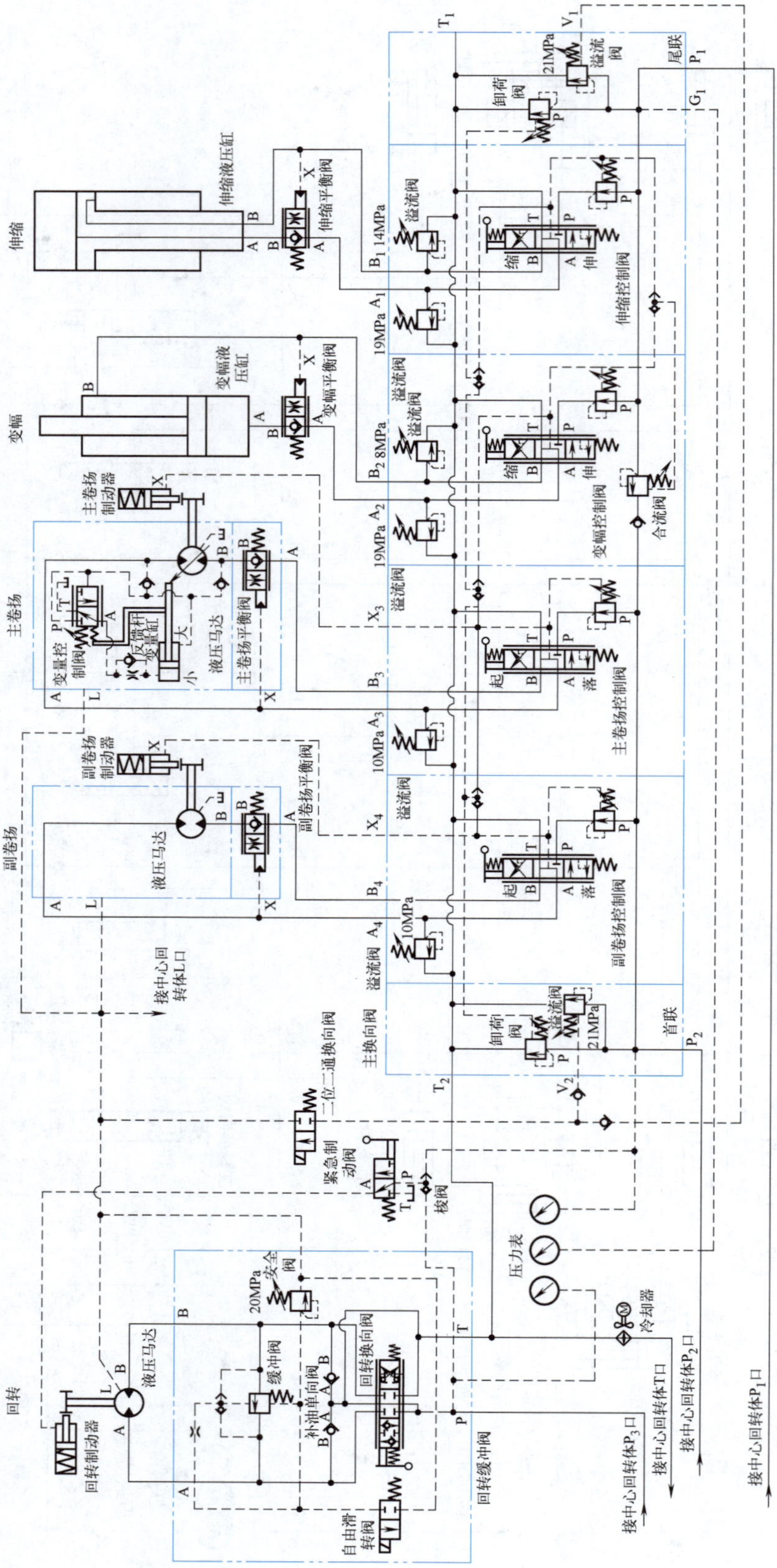

图 6.3　汽车起重机上车液压原理

紧急制动阀、回转缓冲阀等。

支腿多路阀内部集成了溢流阀、支腿换向阀、左前支腿阀、右前支腿阀、右后支腿阀、左后支腿阀、安全阀等元件。支腿多路阀内的各换向阀均为手动换向阀。

主换向阀有 2 个进油口 P_1 和 P_2，分别与 2 只齿轮泵连接。其内部集成了用于 P_1 口油液向 P_2 口合流的合流阀和单向阀。首联和尾联内的元件和功能相同，均包括 1 个溢流阀和 1 个卸荷阀，以实现最高工作压力限制和有条件的卸荷。主换向阀的第二联至第五联均为手动比例换向阀，分别是副卷扬控制阀、主卷扬控制阀、变幅控制阀和伸缩控制阀。每一联控制阀均带有压力补偿阀及相应的压力信号传输网络，用于维持相应控制阀前后压差的恒定。在副卷扬控制阀和主卷扬控制阀的 A 口，变幅控制阀和伸缩控制阀的 A 口和 B 口，均设置有二次溢流阀。

回转缓冲阀内集成了回转换向阀、自由滑转阀、缓冲阀、安全阀、补油单向阀等元件。

除必不可少的管路、接头外，辅助元件包括油箱、吸油过滤器、空气过滤器、回油过滤器、冷却器、中心回转体、压力表等。油箱用于储存液压系统所需的油液。吸油过滤器、空气过滤器和回油过滤器均是为了保证油液清洁度而设置的。冷却器设置在上车的总回油路中，可以降低油液的温度。中心回转体设置在上车和下车之间，用于上车和下车液压管路和电气线路的连接。三块压力表均置于上车操纵室内，用于显示三个液压泵的工作压力。

1.1.2　子系统划分

以执行元件为核心，将系统划分成若干个子系统，分别是以垂直支腿液压缸和水平支腿液压缸为核心的支腿子系统、以伸缩液压缸为核心的伸缩子系统、以变幅液压缸为核心的变幅子系统、以主卷扬液压马达为核心的主卷扬子系统、以副卷扬马达为核心的副卷扬子系统、以回转液压马达为核心的回转子系统。

（1）支腿子系统　该汽车起重机包括 5 组支腿，共 9 个液压缸。其中 4 组均包括水平支腿和垂直支腿，分别设置在下车左前方、右前方、左后方和右后方。第五支腿仅有垂直支腿，设置在起重机驾驶室下方。水平支腿包括水平支腿液压缸和可伸缩的箱型结构，可以扩大起重机支腿的支撑范围。垂直支腿是靠在垂直支腿液压缸的活塞杆端部设置脚盘来实现的，用于支撑起车体。为了保证垂直支腿的位置可靠稳定，在垂直支腿液压缸上设置了液压锁。支腿子系统的动力元件是三联齿轮泵的第三联，一个排量为 40mL/r 的齿轮泵。支腿多路阀是支腿子系统的核心控制元件，其内部集成了溢流阀、支腿换向阀、第五支腿阀、左前支腿阀、右前支腿阀、右后支腿阀、左后支腿阀、安全阀等元件。

（2）伸缩子系统　该起重机的起重臂有 4 节，包括 1 节基本臂和 3 节伸缩臂。伸缩子系统使用一个伸缩液压缸作为执行元件，配合多组钢丝绳和滑轮实现起重臂的伸缩。伸缩子系统的动力元件是三联齿轮泵中的第二联，即一个排量为 63mL/r 的齿轮泵。主换向阀是伸缩子系统的控制元件。伸缩子系统的控制元件还包括伸缩平衡阀，用于防止伸缩液压缸因起重臂重力作用而回缩，也用于控制伸缩液压缸的平稳回缩。

（3）变幅子系统　该起重机的变幅子系统使用一个变幅液压缸作为执行元件，使用第二联齿轮泵作为动力元件。控制元件包括主换向阀中的变幅控制阀、尾联内的卸荷阀和溢流阀，以及变幅平衡阀。变幅平衡阀的作用也是用于控制变幅液压缸的平稳回缩和静止时的可靠锁止。

（4）主卷扬子系统　主卷扬子系统使用一个变量液压马达作为执行元件，使用第一联齿轮泵作为动力元件。控制元件包括主换向阀中的主卷扬控制阀、首联内的卸荷阀和溢流阀，以及主卷扬平衡阀。为了实现对液压马达的制动，还设置了主卷扬制动器。常态下，制动器是锁止的。需要打开时，将制动器内通入高压油液即可。

此外，由于卷扬动作需要液压马达高速运转，需求的流量比较大，第二联齿轮泵可以在符合条件的时候通过主换向阀内的合流阀和单向阀向主卷扬控制阀供油。

（5）副卷扬子系统　副卷扬子系统使用一个定量液压马达作为执行元件，使用第一联齿轮泵作为动力元件。控制元件包括主换向阀中的副卷扬控制阀、首联内的卸荷阀和溢流阀，以及副卷扬平衡阀。

与主卷扬子系统类似，副卷扬子系统也设置了制动器，也可以利用第二联齿轮泵的油液。

（6）回转子系统　回转子系统使用一个定量马达作为执行元件，配合减速器和回转支承驱动上车回转运动。回转缓冲阀和紧急制动阀是该子系统的控制元件。该子系统与支腿子系统均使用第三联齿轮泵作为动力元件。

为了防止起重机的上车因风载等外部因素滑转，该子系统还设置了回转制动器。该制动器常态下是锁止的。打开制动器所需的油液可以由回转缓冲阀或主换向阀提供。

1.1.3　子系统原理分析

（1）支腿子系统分析　起重机工作前，需要先用支腿将下车支撑至水平状态，并保证起重机工作过程中不出现歪斜等现象。吊装作业前，一般先将水平支腿伸出至合适位置；然后，再将垂直支腿伸出，需要时可以单独调整，以确保下车处于水平状态。完成吊装作业后，按照相反的顺序将支腿收回。任意一条水平支腿或垂直支腿都是可以单独运动的。对于左前方、右前方、左后方和右后方这4组支腿来说，其原理是一样的。这里仅以左前支腿为例进行说明。

吊装作业前，伸出支腿的操作如下。

水平支腿伸出：首先，操纵左前支腿阀的手柄使之工作在上位。然后，操纵支腿换向阀，使之工作在上位。油液的流动路线如下。

进油路：油箱→第三联齿轮泵→支腿换向阀上位→左前支腿阀上位→左前支腿的水平支腿液压缸无杆腔。

回油路：左前支腿的水平支腿液压缸有杆腔→支腿换向阀上位→油箱。

此时，左前支腿的水平支腿液压缸活塞杆伸出，推动水平支腿伸出。当水平支腿伸出到合适位置时，操纵支腿换向阀复位，水平支腿停止动作。然后，操纵左前支腿阀复位。

垂直支腿伸出：首先，操纵左前支腿阀的手柄使之工作在下位。然后，操纵支腿换向阀，使之工作在上位。油液的流动路线如下。

进油路：油箱→第三联齿轮泵→支腿换向阀上位→左前支腿阀下位→液压锁→左前支腿的垂直支腿液压缸无杆腔。

回油路：左前支腿的垂直支腿液压缸有杆腔→液压锁→支腿换向阀上位→油箱。

此时，左前支腿的垂直支腿液压缸活塞杆伸出，将起重机升起。当垂直支腿伸出到合适位置时，操纵支腿换向阀复位，垂直支腿停止动作。然后，操纵左前支腿阀复位。

吊装作业结束后，收回支腿的操作如下。

垂直支腿缩回：首先，操纵左前支腿阀的手柄使之工作在下位。然后，操纵支腿换向阀，使之工作在下位。油液的流动路线如下。

进油路：油箱→第三联齿轮泵→支腿换向阀下位→液压锁→左前支腿的垂直支腿液压缸有杆腔。

回油路：左前支腿的垂直支腿液压缸无杆腔→液压锁→左前支腿阀下位→油箱。

此时，左前支腿的垂直支腿液压缸活塞杆缩回，将起重机落下。当垂直支腿完全缩回后，操纵支腿换向阀复位，垂直支腿停止动作。然后，操纵左前支腿阀复位。

水平支腿缩回：首先，操纵左前支腿阀的手柄使之工作在上位。然后，操纵支腿换向阀，使之工作在下位。油液的流动路线如下。

进油路：油箱→第三联齿轮泵→支腿换向阀下位→左前支腿的水平支腿液压缸有杆腔。

回油路：左前支腿的水平支腿液压缸无杆腔→左前支腿换向阀上位→油箱。

此时，左前支腿的水平支腿液压缸活塞杆缩回，拉动水平支腿缩回。当水平支腿完全缩回后，操纵支腿换向阀复位，水平支腿停止动作。然后，操纵左前支腿阀复位。

第五支腿仅有垂直支腿，其工作原理可以参考上述左前支腿的垂直支腿的工作原理。

当无任何操作时，第三联齿轮泵排出的油液经支腿换向阀中位、中心回转体、回转换向阀的中位、冷却器、中心回转体，最后回到油箱，实现卸荷。

（2）伸缩子系统分析　操纵主换向阀中的伸缩控制阀，即可控制伸缩液压缸的伸缩动作，进而实现对起重臂长度的调节。

起重臂伸长：操纵主换向阀中的伸缩控制阀工作在下位，对应油液的流动路线如下。

进油路：油箱→第二联齿轮泵→中心回转体→主换向阀的伸缩控制阀下位→伸缩平衡阀左位→伸缩液压缸无杆腔。

回油路：伸缩液压缸有杆腔→主换向阀的伸缩控制阀下位→冷却器→中心回转体→油箱。

此时，伸缩液压缸活塞杆伸出，推动起重臂伸长。当起重臂伸至合适长度后，操纵主换向阀的伸缩控制阀复位，伸缩液压缸及起重臂停止运动。

起重臂缩短：操纵主换向阀中的伸缩控制阀工作在上位，对应油液的流动路线如下。

进油路：油箱→第二联齿轮泵→中心回转体→主换向阀的伸缩控制阀上位→伸缩液压缸有杆腔。

伸缩控制阀 B 口流出的油液同时作用在伸缩平衡阀的控制口，将其推至右位工作。对应的回油路：伸缩液压缸无杆腔→伸缩平衡阀右位→主换向阀的伸缩控制阀上位→冷却器→中心回转体→油箱。

此时，伸缩液压缸活塞杆缩回，拉动起重臂缩短。当起重臂回缩至合适长度后，操纵主换向阀的伸缩控制阀复位，伸缩液压缸及起重臂停止运动。

不论是伸或缩动作，伸缩液压缸的负载压力（伸时对应 A 口，缩时对应 B 口）均实时经反馈油路传递给压力补偿阀、尾联的卸荷阀和合流阀。

（3）变幅子系统分析　操纵主换向阀中的变幅控制阀，即可控制变幅液压缸的伸缩动作，进而实现对起重臂俯仰角度的调节。

起重臂抬起：操纵主换向阀中的变幅控制阀工作在下位，对应油液的流动路线如下。

进油路：油箱→第二联齿轮泵→中心回转体→主换向阀的变幅控制阀下位→变幅平衡阀左位→变幅液压缸无杆腔。

回油路：变幅液压缸有杆腔→主换向阀的变幅控制阀下位→冷却器→中心回转体→油箱。

此时，变幅液压缸活塞杆伸出，推动起重臂抬起。当起重臂抬起至合适角度后，操纵主换向阀的变幅控制阀复位，变幅液压缸及起重臂停止运动。

起重臂下放：操纵主换向阀中的变幅控制阀工作在上位，对应油液的流动路线如下。

进油路：油箱→第二联齿轮泵→中心回转体→主换向阀的变幅控制阀上位→变幅液压缸有杆腔。

变幅控制阀 B 口流出的油液同时作用在变幅平衡阀的控制口，将其推至右位工作。对应的回油路：变幅液压缸无杆腔→变幅平衡阀右位→主换向阀的变幅控制阀上位→冷却器→中心回转体→油箱。

此时，变幅液压缸活塞杆缩回，起重臂下放。当起重臂下放至合适角度后，操纵主换向阀的变幅控制阀复位，变幅液压缸及起重臂停止运动。

不论是变幅液压缸伸或缩动作，其负载压力（伸时对应 A 口，缩时对应 B 口）均实时经反馈油路传递给压力补偿阀、尾联的卸荷阀和合流阀。

当伸缩、变幅、主副卷扬子系统均无动作时，第二联齿轮泵排出的油液经中心回转体、主换向阀尾联的卸荷阀、冷却器、中心回转体，最后流回油箱，实现卸荷。

（4）主卷扬子系统分析　操纵主换向阀中的主卷扬控制阀，即可控制主卷扬液压马达旋转，控制主卷扬的升降动作，进而实现主钩高度的调节。

不论是起升或下落动作，主卷扬制动器都必须打开。打开制动器的油液来自主卷扬控制阀的负载压力反馈油路。

主卷扬起升：操纵主换向阀中的主卷扬控制阀工作在上位，对应油液的流动路线如下。

进油路：油箱→第一联齿轮泵→中心回转体→主换向阀的主卷扬控制阀上位→主卷扬平衡阀左位→主卷扬液压马达 B 口。

回油路：主卷扬液压马达 A 口→主换向阀的主卷扬控制阀上位→冷却器→中心回转体→油箱。

此时，主卷扬机构将钢丝绳卷起，拉动主钩起升。当主钩运动至合适高度后，操纵主换向阀的主卷扬控制阀复位，主卷扬液压马达及主钩等部件停止运动。

主卷扬下落：操纵主换向阀中的主卷扬控制阀工作在下位，对应油液的流动路线如下。

进油路：油箱→第一联齿轮泵→中心回转体→主换向阀的主卷扬控制阀下位→主卷扬液压马达 A 口。

主卷扬控制阀 A 口流出的油液同时作用在主卷扬平衡阀的控制口，将其推至左位工作。对应的回油路：主卷扬液压马达 B 口→主卷扬平衡阀左位→主换向阀的主卷扬控制阀下位→冷却器→中心回转体→油箱。

此时，主卷扬机构将钢丝绳释放，主钩下落。当主钩运动至合适高度后，操纵主换向阀的主卷扬控制阀复位，主卷扬液压马达及主钩等部件停止运动。

不论是起升或下落动作，主卷扬液压马达的负载压力（起时对应 B 口，落时对应 A 口）均实时经反馈油路传递给压力补偿阀、首联的卸荷阀。需要注意的是，如果起重机此时没有做变幅和伸缩动作，此压力信号还会传递给尾联的卸荷阀，以实现第二联齿轮泵对主卷扬子系统供油。

当主副卷扬子系统均无动作时，第一联齿轮泵排出的油液经中心回转体、主换向阀首联的卸荷阀、冷却器、中心回转体，最后流回油箱，实现卸荷。

当系统发生超载时，电控系统将使二位二通换向阀得电。主换向阀首联和尾联中的溢流阀控制压力变为零，伸缩、变幅、主副卷扬均不能动作。

为了扩大主卷扬的运动速度的范围，该子系统中的液压马达是一种高压自动变量液压马达，其变量特性见图 6-4。此液压马达最小排量为 70mL/r，最大排量为 107mL/r，变量起点压力为 8MPa，终点压力为 15MPa。当工作压力低于 8MPa 时，液压马达的排量为最小

值，即 70mL/r。随着工作压力的升高，油液推
动变量控制阀工作在右位，控制油液经变量控
制阀、单向阀节流阀进入变量缸的无杆腔。由
于变量缸两腔面积不同，变量缸的活塞杆伸出，
使液压马达排量增大。与此同时，反馈杆通过
反馈弹簧推动变量控制阀向右运动，逐渐关闭
其 P 口与 A 口的油路。当液压马达的排量增大
至合适值后，变量控制阀达到新的平衡位置，
变量过程结束。当工作压力达到 15MPa 时，液
压马达达到其最大排量 107mL/r。反之，当工

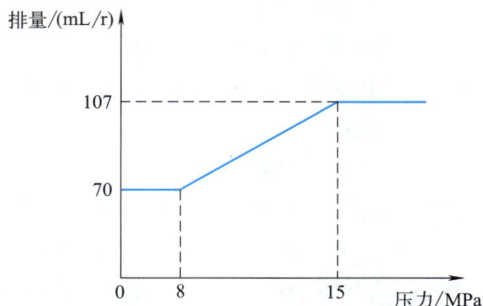

图 6-4　高压自动变量马达的特性曲线

作压力减少时，变量控制阀切换至左位，变量缸无杆腔内的油液流出，经单向节流阀和变量
控制阀的 A 口至 T 口，流入壳体内，并最后经液压马达的泄漏口流回油箱。此时，变量缸
活塞杆回缩，液压马达排量变小。反馈杆通过反馈弹簧对变量控制阀施加的作用力减小，变
量控制阀逐渐返回至平衡状态。当液压马达的排量减小至合适值后，变量控制阀达到新的平
衡位置，变量过程结束。

（5）副卷扬子系统分析　由于副卷扬一般为单倍率，易于达到较高的运动速度，所以副
卷扬子系统使用了一个排量为 80mL/r 的定量马达。副卷扬子系统和主卷扬子系统在组成上
仅有液压马达能否变量的差别，两者工作原理类似，故此处不再赘述。

（6）回转子系统分析　操纵回转缓冲阀中的回转换向阀，即可控制回转液压马达旋转，
进而控制起重机上车的回转动作。

不论起重机朝哪个方向回转，回转制动器都必须打开。当回转或主副卷扬中的任意一个
子系统工作时，均可以提供打开回转制动器的油液。当多个子系统工作时，打开回转制动器
的油液来自其中工作压力较高的那个。特殊情况下，可以操纵紧急制动阀对回转液压马达进
行制动。

转台顺时针旋转：操纵回转缓冲阀中的回转换向阀工作在左位，对应油液的流动路线
如下。

进油路：油箱→第三联齿轮泵→支腿多路阀的 P 口至 V 口→中心回转体→回转缓冲阀
中的回转换向阀左位→回转液压马达 A 口。

回油路：回转液压马达 B 口→回转缓冲阀中的回转换向阀左位→冷却器→中心回转
体→油箱。

此时，回转液压马达旋转，通过减速机、回转支承驱动转台旋转。当转台运动至合适位
置时，操纵回转缓冲阀中的回转换向阀复位。由于转台转动惯量巨大，转台将在惯性作用下
继续旋转，回转液压马达相当于一个液压泵。油液流动的路线如下。

回转液压马达 B 口→缓冲阀→回转液压马达 A 口。

油液经缓冲阀时将消耗一定的能量。上述油液流动持续至其转台动能消耗完毕。由于液
压马达存在泄漏，不足的油液将从油箱经补油单向阀进行补充。

当某些吊装作业需要转台以较小阻力滑转时，控制自由滑转阀得电。转台将在外力作用
下转动，回转液压马达 A 口（或 B 口）的油液将流经缓冲阀进入其 B 口（或 A 口）。

1.1.4　系统的特点

① 充分利用起重机上车和下车不会同时工作的特点，将第三联齿轮泵用于下车支腿回
路和上车转台回转回路，避免了浪费。

② 下车支腿多路阀的巧妙设计，实现了 5 个换向阀控制 8 个液压缸，且每个液压缸的伸缩均可单独控制的效果，简化了回路，降低了成本。

③ 利用发动机转速可变与手动比例阀结合的方法，实现了起重机上车各动作速度的调节，方便可靠。

④ 上车主换向阀中集成了外控式卸荷阀，实现了定量泵回路的负荷传感功能，还实现了无动作时的卸荷功能，具有一定的节能效果。

⑤ 上车主换向阀中集成了先导式溢流阀，既实现了对最高工作压力的限制，又可以实现在危险工况下对除回转外的液压系统的卸荷。

⑥ 针对两个卷扬机构对高速运行的需求，设计了双泵合流回路。

⑦ 上车各动作的换向阀均为并联关系，可以实现复合动作。

⑧ 对于回转子系统的大惯量特性，使用了回转缓冲阀对其进行制动，避免了冲击等问题。

1.2 典型故障诊断与排除

1.2.1 二次溢流阀弹簧疲劳损坏引起的故障

某起重机在一次现场施工中，发现其变幅角度为 42°时，伸缩臂伸出大约 20m，用卷扬和变幅子系统同时起吊重物时，变幅子系统突然不工作。将操纵杆反复置于变幅增大和减小的位置均无反应，而卷扬、伸缩和回转子系统均能正常工作。

根据液压系统原理图，利用车上原有压力表，对故障进行初步诊断。首先测得变幅子系统对应的液压泵工作压力为 5MPa，而正常工作压力应为 21MPa，所以系统不能正常工作的原因是压力不足。

系统压力不足的原因可能如下。

① 油箱油面过低。

② 第二联齿轮泵发生故障。

③ 此工况时二位二通换向阀处于连通状态。

④ 主换向阀变幅回路中的二次溢流阀泄漏。

⑤ 主换向阀尾联内的溢流阀泄漏。

首先，检查油箱液面。其次，将各液压缸收回，从油箱上的液位计可以见到油箱内液位处于正常水平。因此，排除此问题。

从原理图可知，由于第二联齿轮泵同时还给伸缩子系统供油，可以通过伸缩动作进行判断。经多次试验，发现伸缩动作时工作压力远高于 5MPa，排除第二联齿轮泵发生内泄的可能性。

根据先易后难的原则，检查二位二通电磁换向阀是否处于连通状态。该阀受力矩限制器的控制，当起重负载超过额定起重量时，力矩限制器输出一控制信号，使其线圈带电，电磁换向阀动作，实现对伸缩、变幅和卷扬子系统的同时卸荷。所以，应先检查二位二通电磁换向阀的工作状态，用万用表测其线圈，发现未处于带电现象。同时观察操纵室内显示器，未发现超载报警信号。为进一步排除是否因其故障引起，拔掉二位二通电磁换向阀的插头，该故障仍存在。因此，可以排除二位二通电磁换向阀的原因。

因此，可以锁定是变幅起升动作对应的二次溢流阀的问题。使用工具先调节其弹簧预紧力，以提高其开启压力。结果发现，系统压力还是没有明显提高。接着，进一步对此二次溢流阀进行拆解。检查主阀与阀座接合面的接触情况，没有发现磨损或明显不密合的情况；将此二次溢流阀继续解体，取出主阀芯及柱塞弹簧、先导阀芯及弹簧，发现先导阀芯的弹簧因疲劳缩短，弹力不足。

根据检查结果，找出了故障原因：先导阀芯的弹簧弹力不足，使得先导阀在较低压力下开启，使二次溢流阀一直处于开启状态，导致系统压力不足。

针对上述原因，解决的办法是更换先导阀的弹簧，以恢复弹簧的预紧力。然后调整其开启压力。最后，变幅系统恢复了原来的正常工作状态。

1.2.2 液压缸内泄导致的动作缓慢

某起重机在一次吊装作业前，经反复对比几条支腿的运动速度，发现右前垂直支腿伸出动作较慢。

根据对液压系统原理图的分析，可能导致垂直支腿运动速度较慢的原因如下。

① 油箱油面过低。

② 第三联齿轮泵发生故障。

③ 支腿多路阀内的溢流阀发生故障。

④ 支腿换向阀发生卡滞等故障。

⑤ 右前垂直支腿液压缸发生内泄。

首先，检查油箱液面。其次，将各液压缸收回，从油箱上的液位计可以见到油箱内液位处于正常水平。因此，排除此问题。

从原理图可知，由于第三联齿轮泵同时给支腿上的所有液压缸供油，而仅发现右前垂直支腿液压缸速度较慢，可以排除第三联齿轮泵发生内泄导致此故障的可能。同时，这也排除了支腿多路阀内的溢流阀发生卡滞故障的可能，排除了支腿换向阀发生卡滞或内泄严重等故障的可能。

因此，初步锁定此故障是由右前垂直支腿液压缸发生内泄引起的。先将起重机完全撑起，再拆掉右前垂直支腿液压缸有杆腔一侧的管路；操纵支腿多路阀继续让右前垂直支腿液压缸伸出，未发现有明显油液从液压锁中流出。将管路恢复，再将起重机的所有垂直支腿缩回，拆掉右前垂直支腿液压缸无杆腔一侧的液压油路；操纵支腿多路闸让右前垂直支腿液压缸缩回，发现有小股油液从液压锁中流出。以上现象表明，液压缸活塞杆对有杆腔的密封出现了问题。

根据检查结果，对此液压缸进行拆解，拔出活塞杆，并找出了故障原因。液压缸活塞杆上设置有分别针对无杆腔和有杆腔的密封，两道密封之间设置了支撑环。由于无杆腔一侧的密封圈没有损坏，液压缸的无杆腔没有出现泄漏。而有杆腔一侧的密封失效了，导致垂直液压缸支腿缩回速度变慢，如图6-5所示。

图6-5　有杆腔一侧密封圈损坏的液压缸活塞

针对上述原因，解决的办法是更换了密封圈。最后，经过试验，右前垂直支腿液压缸恢复了原来的正常工作状态。

见"相关知识"部分内容。

任务 2　液压挖掘机液压系统分析与故障诊断

学习目标

1. 掌握液压挖掘机液压系统的一般分析步骤和方法，能够综合运用电液知识分析中等复杂程度的液压设备原理图；

2. 理解负载敏感泵的变量原理；

3. 理解负载独立流量分配系统的原理；

4. 了解液压挖掘机液压系统典型故障及排除方法；

5. 树立全局观念，立足于整体，选择最佳方案，同时重视部分的作用，用局部的功能促成整体的功能的实现，培养运用逻辑思维分析问题和解决问题的能力。

任务书

近日，公司要维修一台 6t 小型液压挖掘机。图 6-6 所示为该设备的液压原理图。

任务：为了更好地完成此工作，现安排小李根据原理图分析液压挖掘机的工作原理，以及其常见故障的处理方法，用来给新员工培训。

导学单

请自行查阅有关资料，完成如下问题。

引导问题 1：液压挖掘机液压系统中使用了哪些液压执行元件？

引导问题 2：液压挖掘机的行走速度是如何实现快慢速切换的？

引导问题 3：液压挖掘机液压系统中的液压泵有哪些变量方式？

引导问题 4：对于液压挖掘机的回转液压马达，为什么要在其回路中设置溢流阀和补油单向阀？

引导问题 5：液压挖掘机中的多路阀是如何实现控制信号与流量成比例的？

引导问题 6：液压挖掘机在工作时，动臂往复上下运动。在动臂下行过程中，动臂势能去哪里了？能否有合适的方法将此部分能量进行回收和再利用？

相关知识

2.1　液压挖掘机典型工作流程

液压挖掘机是一种多功能机械，被广泛应用于水利工程、交通运输、电力工程和矿山采掘等场景中，它在减轻繁重的体力劳动，保证工程质量，加快建设速度以及提高劳动生产率方面起着十分重要的作用。

典型的挖掘机结构如图 6-7 所示。挖掘机主要由底盘、回转装置、转台、动力系统、驾驶室及工作装置组成。工作装置部分包括动臂、斗杆、铲斗三个主要部件及相应的动臂液压

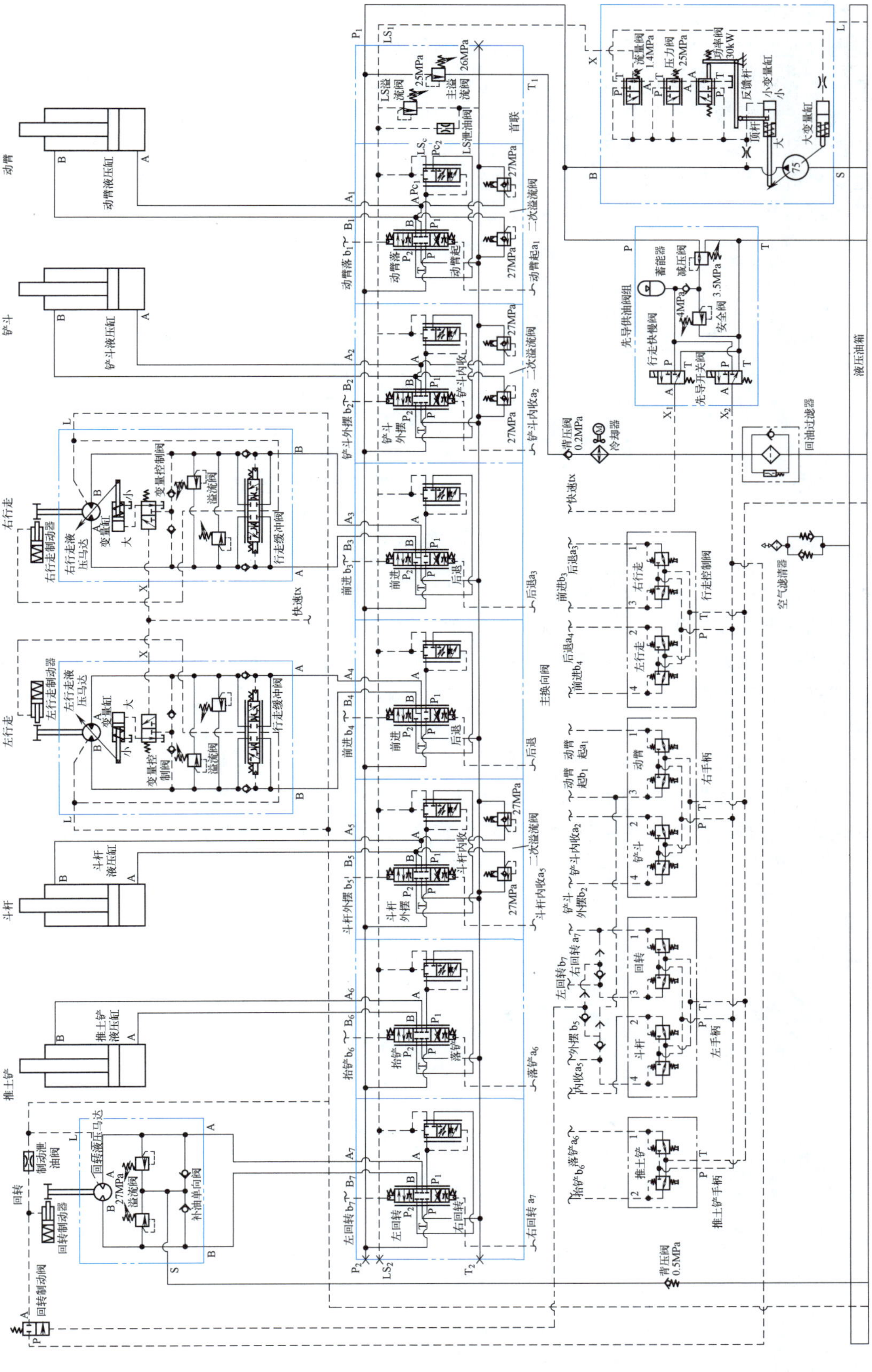

图 6-6　某型 6t 液压挖掘机液压原理

缸、斗杆液压缸和铲斗液压缸。底盘为整机提供支撑，并可以较低速度做短距离的机动。回转装置连接底盘与转台，从而使转台获得旋转的能力，以满足作业需要。动臂尾部与转台上部铰点铰接。动臂中部设计有铰点，与动臂液压缸铰接。同时，动臂液压缸与转台下部铰点铰接。可见，动臂液压缸的伸缩运动可驱动动臂做提升和下放动作。当前，挖掘机主要采用柴油机作为动力源，通过液压传动的方式实现动力和运动的传递。作业时，操作手在驾驶室内通过手柄等控制挖掘机的行走装置、动臂、斗杆、铲斗以及回转装置的动作，完成作业任务。在小型液压挖掘机上，还设置有推土铲。

挖掘机
基本动作

图 6-7　典型挖掘机结构

挖掘机常见的工况有挖掘与装载、平地、行走和低速待命。而挖掘与装载工况是挖掘机的最典型的工况。结合图 6-8，该工况的典型动作循环如下。

（1）挖掘　操作手控制挖掘机回转至合适的位置。一般都是通过斗杆内收或铲斗内收来完成挖掘过程，有时也会有两者的复合动作，见图 6-8（a）。在特殊工况下也会使用动臂辅助挖掘。

（2）举升与回转　当铲斗内物料已满（即挖掘动作完成后），操作手控制动臂液压缸的活塞杆伸出以提升动臂，伴随着回转马达驱动的回转动作实现车体旋转，参见图 6-8（b）。前者主要实现物料高度的搬运，即铲斗略高于载货汽车的料斗；而回转马达将转台调整到卸

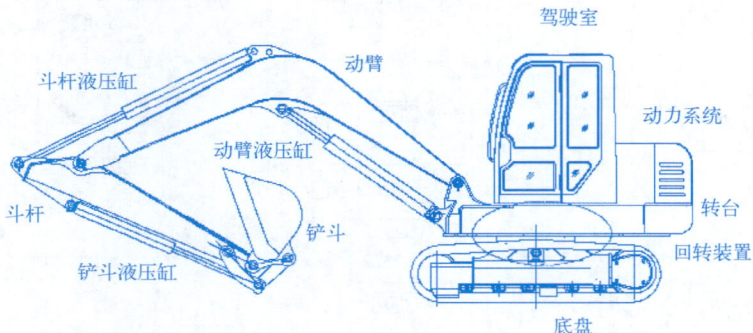

图 6-8　挖掘机挖掘与装载工况循环示意图

料的位置，即载货汽车料斗的位置。

（3）卸料　当回转马达将转台调整至理想位置时，回转机构制动。此时，操作手可利用斗杆液压缸对卸料高度和卸料半径进行进一步调整，通常是斗杆外摆动作，如图6-8（c）所示。在少数情况下，动臂液压缸也会参与微调。当满足指定的卸料半径和高度时，操作手多利用铲斗外摆动作将物料卸载。斗杆和铲斗的动作也可能是同时进行的。

（4）空斗返回　当卸料完成后，回转马达驱动回转机构反向动作，使铲斗在旋转平面内返回挖掘点。与此同时，配合动臂下放动作将铲斗放至新的挖掘处，参见图6-8（d）。对于动臂液压缸来说，整个动作过程中活塞杆均为缩回动作。在少数情况下，操作手也会控制斗杆位置微调铲斗的具体挖掘位置。

2.2　液压系统分析

2.2.1　液压系统主要元件

根据挖掘机的主要动作，可以从图6-6中找到相应的执行元件，包括动臂液压缸，铲斗液压缸，斗杆液压缸，推土铲液压缸，左、右行走液压马达，回转液压马达，共7个。动力元件是75mL/r的变量液压泵。

控制元件包括主换向阀、先导供油阀组、回转制动阀、制动泄油阀、背压阀等。还包括行走控制阀、左手柄、右手柄、推土铲手柄等元件。

主换向阀是一个带有阀后补偿功能的多路阀，由7联换向阀和一个首联组成。每一联换向阀都是液控比例换向阀，并设置了压力补偿阀。主换向阀内还设置了反馈油路，用于将负载压力信号中的最大值通过LS口传递给液压泵。为了方便管路的连接，主换向阀有2个进油口P_1和P_2，以及2个回油口T_1和T_2，可以选择任意1个与液压泵或油箱连接。首联内设置有主溢流阀，用于限制系统的最高工作压力；1个LS溢流阀，用于限制反馈油路的最高压力；1个LS泄油阀，用于卸载反馈回路中的压力。在动臂换向阀、斗杆换向阀、铲斗换向阀的两个油口，均设置有二次溢流阀。

先导供油阀组由减压阀、安全阀、单向阀、蓄能器、行走快慢阀和先导开关阀组成，可以对高压油液减压，以供给各手柄等需要低压控制油液的元件使用。减压阀的作用是实现对高压油液的减压。安全阀的作用是防止油液超过许可的安全压力。单向阀用于防止进入蓄能器的油液回流。蓄能器的作用是稳定先导油液的压力。行走快慢阀的作用是控制两个行走液压马达是否变量，以切换快慢行走速度。先导开关阀用于控制整机先导油液的关闭与否。

回转制动阀是一个二位二通液控换向阀，用于控制回转制动器的打开与关闭。制动泄油阀是常开的节流阀，用于回转制动器的卸荷。

2个背压阀分别设置在主换向阀和回转液压马达的回油路中，用于维持相应回路的背压。

行走控制阀由4个减压阀组成。4个减压阀分成两组，分别控制左右行走换向阀，进而实现对挖掘机行走动作的控制。行走控制阀上同时设置了脚踏板和手柄，以便于操作。

左手柄和右手柄均由4个减压阀组成。左手柄用于控制回转和斗杆的动作，可以前后左右动作，分别对应斗杆外摆、斗杆内收、左回转、右回转动作。右手柄用于控制动臂和铲斗的动作，也可以前后左右动作，分别对应动臂下落、动臂起升、铲斗内收、铲斗外摆动作。

推土铲手柄内置有2个减压阀，用于控制推土铲换向阀的动作，前后动作分别对应推土铲的落铲和抬铲。

除必不可少的管路、接头外，辅助元件包括液压油箱、空气滤清器、回油滤清器、冷却器、中心回转体等。液压油箱用于储存液压系统所需的油液。空气滤清器为预压式过滤器，可以使液压油箱内保持比大气压稍高的压力，以改善液压泵的吸油状况。冷却器设置在主换向阀的回油路中，可以降低油液的温度。中心回转体设置在上车和下车之间，用于上车和下车液压管路的连接。

2.2.2　子系统划分

此挖掘机的液压系统可以分为控制回路和主回路两大部分。

控制回路包括先导供油阀组、行走控制阀、左手柄、右手柄、推土铲手柄等元件。行走控制阀、左手柄、右手柄、推土铲手柄均接受操作手的控制，输出合适的油液压力信号，控制对应的换向阀，实现对挖掘机的操纵。这些都是操作手输入命令的元件。

主回路包括除控制回路以外的部分。以执行元件为核心，将系统的主回路划分成若干个子系统。分别是动臂子系统、铲斗子系统、左行走子系统、右行走子系统、斗杆子系统、推土铲子系统和回转子系统。

因为此液压系统只有1个液压泵，所有子系统的动力元件都是此变量泵。

（1）动臂子系统　动臂液压缸是动臂子系统的执行元件。控制元件包括主换向阀内的动臂联和首联。动臂联内部集成了动臂换向阀、2个二次溢流阀、压力补偿阀。

（2）铲斗子系统　铲斗液压缸是铲斗子系统的执行元件。控制元件包括主换向阀内的铲斗联和首联。铲斗联内部集成了铲斗换向阀、2个二次溢流阀、压力补偿阀。

（3）左行走子系统　左行走子系统使用一个变量液压马达作为执行元件。控制元件包括主换向阀内的左行走联和首联。左行走联内部集成了左行走换向阀和压力补偿阀。控制元件还包括集成在液压马达内的行走缓冲阀和2个溢流阀。为了实现对液压马达的制动，还设置了左行走制动器。常态下，制动器是锁止的。当液压马达任意一腔有高压油液时，此油液将通过行走缓冲阀进入制动器内而打开制动器。

（4）右行走子系统　右行走子系统与左行走子系统的组成基本一致。

（5）斗杆子系统　斗杆液压缸是斗杆子系统的执行元件。控制元件包括主换向阀内的斗杆联和首联。斗杆联内部集成了斗杆换向阀、2个二次溢流阀、压力补偿阀。

（6）推土铲子系统　推土铲液压缸是推土铲子系统的执行元件。控制元件包括主换向阀内的推土铲联和首联。推土铲联内部集成了推土铲换向阀和压力补偿阀。

（7）回转子系统　回转子系统使用了一个定量马达作为执行元件，配合减速器和回转支承驱动上车做回转运动。控制元件包括主换向阀内的回转联和首联、回转制动阀、制动泄油阀。回转联内部集成了回转换向阀和压力补偿阀。回转液压马达内部还集成了2个溢流阀和2个单向阀。为了实现对回转液压马达的制动，还设置了回转制动器。常态下，制动器是锁止的。当回转制动阀保持通路状态时，先导油液可以经回转制动阀进入制动器内打开制动器。

2.2.3　子系统原理分析

（1）动臂子系统分析　当操作手向前推动右手柄，可以实现动臂下落的动作。对于控制油路，油液的流动路线如下。

进油路：液压油箱→变量泵→先导供油阀组 P 口至 X_2 口→右手柄 P 口至 3 口→主换向阀动臂联 b_1 口。

回油路：主换向阀动臂联 a_1 口→右手柄 1 口至 T 口→液压油箱。

因此，主换向阀动臂联的动臂换向阀被推至上位工作。主回路的油液流动路线如下。

进油路：液压油箱→变量泵→动臂换向阀上位 P 口至 P_1 口→压力补偿阀→动臂换向阀上位 P_2 至 B_1 口→动臂液压缸有杆腔。

回油路：动臂液压缸无杆腔→动臂换向阀 A_1 口至 T 口→液压油箱。

因此，动臂液压缸的活塞杆缩回，动臂下落。

反之，当操作手向后拉动右手柄，可以实现动臂起升的动作。对于控制油路，油液的流动路线如下。

进油路：液压油箱→变量泵→先导供油阀组 P 口至 X_2 口→右手柄 P 口至 1 口→主换向阀动臂联 a_1 口。

回油路：主换向阀动臂联 b_1 口→右手柄 3 口至 T 口→液压油箱。

因此，主换向阀动臂联的动臂换向阀被推至下位工作。主回路的油液流动路线如下。

进油路：液压油箱→变量泵→动臂换向阀上位 P 口至 P_1 口→压力补偿阀→动臂换向阀上位 P_2 至 A_1 口→动臂液压缸无杆腔。

回油路：动臂液压缸有杆腔→动臂换向阀 B_1 口至 T 口→液压油箱。

因此，动臂液压缸的活塞杆伸出，动臂被起升。

当无任何操作时，动臂液压缸停留在当前位置。

（2）铲斗子系统分析　当操作手向右推动右手柄，可以实现铲斗外摆的动作。对于控制油路，油液的流动路线如下。

进油路：液压油箱→变量泵→先导供油阀组 P 口至 X_2 口→右手柄 P 口至 4 口→主换向阀铲斗联 b_2 口。

回油路：主换向阀动臂联 a_2 口→右手柄 2 口至 T 口→液压油箱。

因此，主换向阀铲斗联的动臂换向阀被推至上位工作。主回路的油液流动路线如下。

进油路：液压油箱→变量泵→铲斗换向阀上位 P 口至 P_1 口→压力补偿阀→铲斗换向阀上位 P_2 至 B_2 口→铲斗液压缸有杆腔。

回油路：铲斗液压缸无杆腔→铲斗换向阀 A_2 口至 T 口→液压油箱。

因此，铲斗液压缸的活塞杆缩回，铲斗外摆。

反之，当操作手向左推动右手柄，可以实现铲斗内收的动作。对于控制油路，油液的流动路线如下。

进油路：液压油箱→变量泵→先导供油阀组 P 口至 X_2 口→右手柄 P 口至 2 口→主换向阀动臂联 a_2 口。

回油路：主换向阀动臂联 b_2 口→右手柄 4 口至 T 口→液压油箱。

因此，主换向阀铲斗联的铲斗换向阀被推至下位工作。主回路的油液流动路线如下。

进油路：液压油箱→变量泵→铲斗换向阀下位 P 口至 P_1 口→压力补偿阀→铲斗换向阀下位 P_2 至 A_2 口→铲斗液压缸无杆腔。

回油路：铲斗液压缸有杆腔→铲斗换向阀 B_2 口至 T 口→液压油箱。

因此，铲斗液压缸的活塞杆伸出，铲斗内收。

当无任何操作时，铲斗液压缸停留在当前位置。

（3）左行走子系统分析　当操作手向前推动行走控制阀左行走手柄时，可以实现挖掘机左履带前进。对于控制油路，油液的流动路线如下。

进油路：液压油箱→变量泵→先导供油阀组 P 口至 X_2 口→行走控制阀 P 口至 4 口→主

换向阀左行走联 b_4 口。

回油路：主换向阀左行走联 a_4 口→行走控制阀 2 口至 T 口→液压油箱。

因此，主换向阀左行走联的左行走换向阀被推至上位工作。同时，左行走液压马达内集成的行走缓冲阀工作在左位。主回路的油液流动路线如下。

进油路：液压油箱→变量泵→左行走换向阀上位 P 口至 P_1 口→压力补偿阀→左行走换向阀上位 P_2 至 B_4 口→左行走液压马达 B 口。

部分 B_4 口的油液经行走缓冲阀的左位进入左行走制动器，将制动器打开。同时，左行走液压马达 A 口排出低压油液回油箱。油液的流动路线如下。

左行走液压马达 A 口→行走缓冲阀左位→左行走换向阀 A_4 口至 T 口→液压油箱。

因此，左行走液压马达旋转，履带前进。

为了扩大行走运动的速度范围，该子系统中的液压马达是一种液控两点变量液压马达。液压马达为大排量时，挖掘机的行走速度较慢，但驱动力大。液压马达为小排量时，挖掘机的行走速度快，但驱动力小。

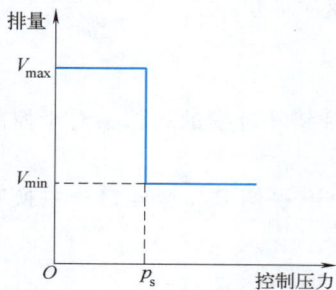

图 6-9 两点变量液压马达的
特性曲线

液压马达的变量特性见图 6-9。当液压马达控制口 X 的压力小于变量控制阀的设定压力时，液压马达的排量为最大值。当控制口 X 的压力超过变量控制阀的设定压力时，变量控制阀切换至右位工作。来自液压马达较高压力工作口的油液经过单向阀、变量控制阀的右位进入变量缸，推动液压马达进入小排量状态。

（4）右行走子系统分析　右行走子系统和左行走子系统在组成上基本一致，两者工作原理类似，故此处不再赘述。

（5）斗杆子系统分析　当操作手向前推动左手柄，可以实现斗杆外摆的动作。对于控制油路，油液的流动路线如下。

进油路：液压油箱→变量泵→先导供油阀组 P 口至 X_2 口→左手柄 P 口至 4 口→主换向阀斗杆联 b_5 口。

回油路：主换向阀斗杆联 a_5 口→左手柄 2 口至 T 口→液压油箱。

因此，主换向阀斗杆联的斗杆换向阀被推至上位工作。主回路的油液流动路线如下。

进油路：液压油箱→变量泵→斗杆换向阀上位 P 口至 P_1 口→压力补偿阀→斗杆换向阀上位 P_2 至 B_5 口→斗杆液压缸有杆腔。

回油路：斗杆液压缸无杆腔→斗杆换向阀 A_5 口至 T 口→液压油箱。

因此，斗杆液压缸的活塞杆缩回，斗杆外摆。

反之，当操作手向后拉动左手柄，可以实现斗杆内收的动作。对于控制油路，油液的流动路线如下。

进油路：液压油箱→变量泵→先导供油阀组 P 口至 X_2 口→左手柄 P 口至 2 口→主换向阀斗杆联 a_5 口。

回油路：主换向阀斗杆联 b_5 口→左手柄 4 口至 T 口→液压油箱。

因此，主换向阀斗杆联的斗杆换向阀被推至下位工作。主回路的油液流动路线如下。

进油路：液压油箱→变量泵→斗杆换向阀下位 P 口至 P_1 口→压力补偿阀→斗杆换向阀下位 P_2 至 A_5 口→斗杆液压缸无杆腔。

回油路：斗杆液压缸有杆腔→斗杆换向阀 B_5 口至 T 口→液压油箱。

因此，斗杆液压缸的活塞杆伸出，斗杆内收。

当无任何操作时，斗杆液压缸停留在当前位置。

（6）推土铲子系统分析　推土铲子系统与动臂、斗杆和铲斗子系统均类似，此处省略原理分析。

（7）回转子系统分析　当操作手向左（或向右）推动左手柄时，即可控制回转液压马达旋转，进而控制挖掘机上车的回转动作。

不论朝哪个方向回转，回转制动器都必须打开。打开回转制动器是通过回转制动阀控制进油口的压力油实现的。回转制动阀的进油口是与先导开关阀连接的。无论左手柄向左还是向右动作，手柄输出的控制油液都会经梭阀进入回转制动阀的控制口，从而使回转制动阀打开。

当操作手向左推动左手柄，可以实现挖掘机上车逆时针旋转（左回转）。对于控制油路，油液的流动路线如下。

进油路：液压油箱→变量泵→先导供油阀组 P 口至 X_2 口→左手柄 P 口至 3 口→主换向阀回转联 b_7 口。

回油路：主换向阀回转联 a_7 口→左手柄 1 口至 T 口→液压油箱。

因此，主换向阀回转联的回转换向阀被推至上位工作。主回路的油液流动路线如下。

进油路：液压油箱→变量泵→回转换向阀上位 P 口至 P_1 口→压力补偿阀→回转换向阀上位 P_2 至 B_7 口→回转液压马达 B 口。

回油路：回转液压马达 A 口→回转换向阀上位 A_7 口至 T 口→液压油箱。

因此，回转液压马达转动，驱动挖掘机上车逆时针旋转。当上车运动至合适位置时，操纵左手柄复位，回转换向阀复位。由于上车机构转动惯量巨大，将在惯性作用下继续旋转，回转液压马达相当于一个液压泵。油液流动的路线如下。

回转液压马达 A 口→溢流阀→补油单向阀→回转液压马达 B 口。

油液经溢流阀时将消耗一定的能量。上述油液流动持续至其上车动能消耗完毕。

反之，当操作手向右推动左手柄，可以实现挖掘机上车顺时针旋转（左回转）。对于控制油路，油液的流动路线如下。

进油路：液压油箱→变量泵→先导供油阀组 P 口至 X_2 口→左手柄 P 口至 1 口→主换向阀回转联 a_7 口。

回油路：主换向阀回转联 b_7 口→左手柄 3 口至 T 口→液压油箱。

因此，主换向阀回转联的回转换向阀被推至下位工作。主回路的油液流动路线如下。

进油路：液压油箱→变量泵→回转换向阀下位 P 口至 P_1 口→压力补偿阀→回转换向阀下位 P_2 至 A_7 口→回转液压马达 A 口。

回油路：回转液压马达 B 口→回转换向阀下位 B_7 口至 T 口→液压油箱。

因此，回转液压马达转动，驱动挖掘机上车顺时针旋转。

当无任何操作时，回转制动器对回转液压马达制动，回转液压马达停留在当前位置。当上车运动至合适位置时，操纵左手柄复位，回转换向阀复位。由于上车机构转动惯量巨大，将在惯性作用下继续旋转，回转液压马达相当于一个液压泵。油液流动的路线如下。

回转液压马达 B 口→溢流阀→补油单向阀→回转液压马达 A 口。

油液经溢流阀时将消耗一定的能量。上述油液流动持续至其上车动能消耗完毕。

2.2.4　系统的特点

① 液压系统使用了一个液压泵，既为主回路提供压力能，也为控制回路提供压力能，

节省了安装空间和成本。

② 液压泵为变量泵，集成了负载传感、压力切断和恒功率功能，除显著的节能效果之外，还能充分利用发动机功率，又能降低大负载下熄火的风险。

③ 换向阀为液控比例阀，降低了操作手的劳动强度；换向阀内集成了阀后补偿的压力补偿阀，结合变量泵使用，构成了负载独立流量分配系统，降低了操作手的技能要求，提高了挖掘机复合动作的协调性。

④ 主换向阀内集成了 LS 溢流阀、主溢流阀，再加上液压泵的压力切断功能，对液压系统实现了多重的压力保护。

⑤ 部分执行元件的油路上设置了二次溢流阀，进一步增强了对相应执行元件的保护。

⑥ 在先导油路上设置了先导开关阀，避免了无意识触碰手柄造成的误动作。

⑦ 行走液压马达使用了两点液控变量马达，实现了行走速度的快慢速切换。

⑧ 对于回转子系统的大惯量特性，在液压马达内集成了溢流阀以对其进行制动，避免了冲击等问题。

2.3 挖掘机上车不能回转故障的诊断与排除

（1）故障现象　某挖掘机已运转 10000 多个小时，出现了上车双向都不能回转的故障。

（2）原因分析及排除　首先，试验除回转外，其他动作是否正常。经试验，除回转外，其他动作均正常，说明液压泵应是正常的，故按从易到难的顺序排查故障。先用量程为 40MPa 的压力表检测上车回转时液压泵的压力，测得最高压力是 8MPa，而正常压力应是 25MPa，两者相差很多。由此推断控制回转的油路泄漏严重。出现这种现象的可能原因有四种：一是左手柄的先导压力较低，不能打开主换向阀里的回转换向阀；二是回转换向阀的阀芯卡阻；三是回转液压马达的溢流阀卡阻或弹簧折断失去补油功能；四是回转液压马达磨损较大，内泄较大。

针对上述分析，首先把左手柄的斗杆先导油管和回转先导油管对换，再操作回转手柄，看斗杆动作是否正常。试验结果为斗杆动作正常，这说明左手柄的回转先导压力正常，排除了第一种原因。

拆解主换向阀的回转换向阀的主阀芯，目测未发现明显异常磨损，也没有发现严重的卡阻现象，说明故障原因不在多路阀上，由此排除了第二种原因。

故障锁定在回转液压马达上。检查溢流阀，发现此阀没有卡阻，弹簧也未折断或明显变形，第三种原因也排除了。

最后，拆解回转液压马达。先把液压马达的后端盖打开，发现轴承已损坏；再把整个液压马达拆解，发现滑靴和配油盘全部损坏。图 6-10 展示了某液压马达磨损后的滑靴。此马达是斜轴式定量马达，轴承是造成马达损坏的直接原因，10000 多个小时已超过轴承的使用寿命。

更换新的液压马达后，故障现象消失。

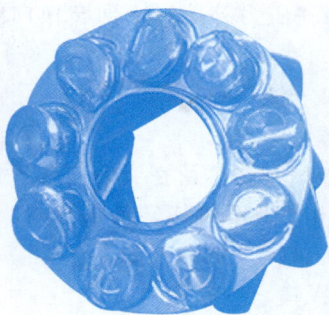

图 6-10　一组严重磨损的柱塞
液压马达滑靴

工作实施

根据原理图分析液压挖掘机的工作原理，以及其常见故障的处理方法。可参见"相关知识"部分内容。

任务 3 装载机液压系统分析与故障诊断

学习目标

1. 掌握装载机液压系统的一般分析步骤和方法，能够综合运用电液知识，分析中等复杂程度的液压设备原理图；

2. 理解工程机械液压系统中串并联回路的典型设计与应用；

3. 理解工程机械液压系统中优先阀的原理及作用；

4. 了解装载机液压系统典型故障及排除方法；

5. 树立全局观念，立足于整体，选择最佳方案，同时重视部分的作用，用局部的功能促成整体的功能实现，培养运用逻辑思维分析问题和解决问题的能力。

任务书

ZL50 型装载机液压系统原理如图 6-11 所示。

任务：试根据图 6-11 分析其工作原理及常见故障的处理方法。

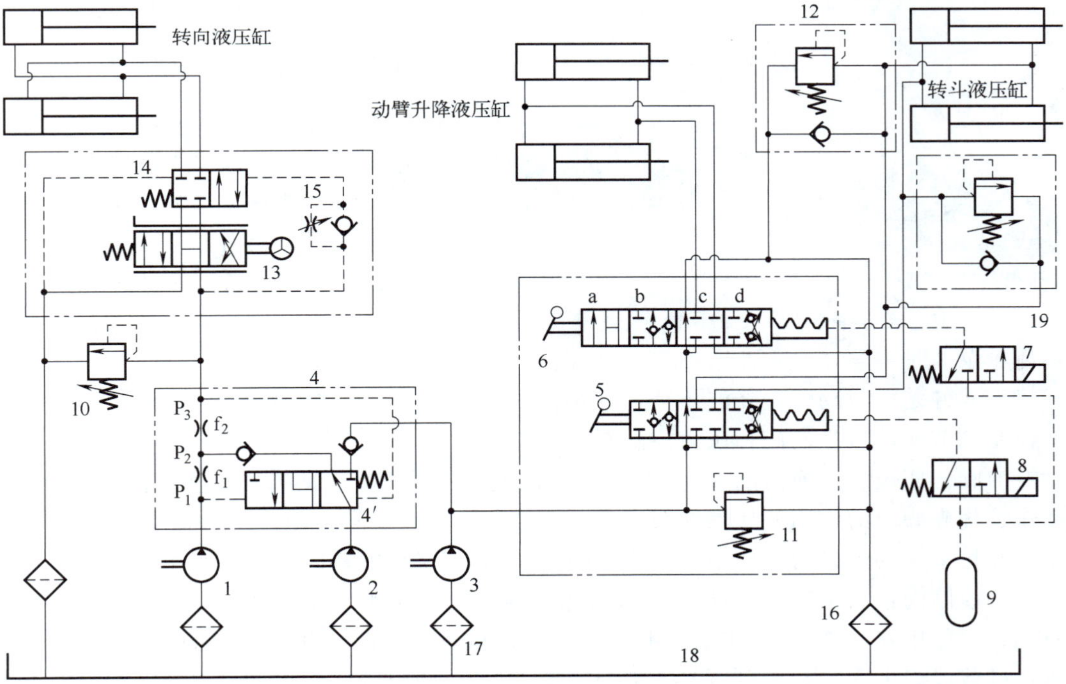

图 6-11 ZL50 型装载机液压系统原理

1—转向泵；2—辅助泵；3—主泵；4—优先阀；5—转斗液压缸换向阀；6—动臂液压缸换向阀；
7,8—电磁阀；9—储气筒；10,11—安全阀；12, 19—双作用安全阀；13—随动阀；
14—锁紧阀；15—单向节流阀；16—精滤器；17—滤油器；18—油箱

导学单

请自行查阅有关资料，完成如下问题。

引导问题 1：装载机液压系统主要包括哪些液压元件？

引导问题2：典型装载机工作流程是怎样的？需要哪些动作配合来完成此工作流程？

引导问题3：在装载机液压系统中，优先阀的作用是什么？如何实现？

引导问题4：在装载机铲斗子系统中，为何要设置双作用安全阀？

引导问题5：在装载机液压系统中，控制动臂升降的一联多路阀有四位，作用是什么？

引导问题6：装载机液压系统有哪些最新的发展动态和方向。

相关知识

3.1 装载机典型工作流程

装载机是一种广泛用于公路、铁路、建筑、水电、港口、矿山等领域的土方施工机械。它在轮式或履带式底盘上装有铲斗工作装置，主要用来铲装土壤、砂石、石灰、煤炭等散状物料，也可对矿石、硬土开展轻度铲挖作业。换装不同的辅助工作装置还可进行推土、起重和其他物料的装卸作业。

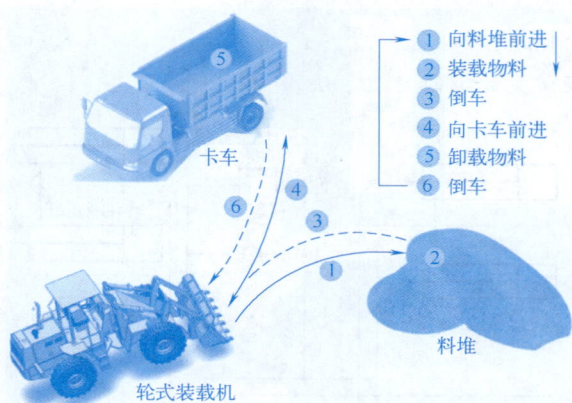

① 向料堆前进
② 装载物料
③ 倒车
④ 向卡车前进
⑤ 卸载物料
⑥ 倒车

卡车

轮式装载机

料堆

图 6-12　轮式装载机典型工作循环示意图

根据装载机作业的要求，液压系统应完成下述工作循环：铲斗翻转收起（铲装），动臂提升锁紧（转运），铲斗前倾（卸载），动臂下降，如图 6-12 所示。

3.2 系统工作原理

结合图 6-11 所示的 ZL50 型装载机液压系统原理，对其工作原理进行分析。

（1）液压系统的主要元件介绍　在该液压系统中，动力元件 2、3 为两个并联的 CB-G 型齿轮泵，1 为 CB-46 型齿轮泵。

齿轮泵 3 是主泵，2 是辅助泵，1 是转向泵。

执行元件是一对动臂升降液压缸、一对转斗液压缸、一对转向液压缸。

控制调节元件有换向阀和压力控制阀。

换向阀：四位六通换向阀 6、三位六通换向阀 5。阀 6 控制动臂的动作，阀 5 控制铲斗的动作。优先阀 4 的作用是从辅助泵优先向转向泵补充减少的流量，以保证转向油路流量的稳定，并将多余的流量与工作主泵合流。随动阀 13 用来控制转向液压缸动作。

压力控制阀：安全阀 11 用于控制工作装置系统的工作压力，防止过载。其调定压力为 15MPa。双作用安全阀 12 实质上是由一个溢流阀和一个单向阀并联而成的，用于防止转斗液压缸过载或产生真空，起到缓冲补油作用，溢流阀调定的过载压力为 8MPa。安全阀 10 用于控制转向系统的工作压力，调定压力为 10MPa。

（2）液压系统工作原理分析　ZL50 型装载机液压系统包括工作装置系统和转向系统。工作装置系统又包括动臂升降液压缸工作回路和转斗液压缸工作回路，两者构成串并联回路（互锁回路）。转斗液压缸换向阀 5 一离开中位即切断去动臂液压缸换向阀 6 的油路。欲使动臂液压缸换向阀 6 动作，必须使转斗液压缸换向阀 5 回复中位。因此，动臂与铲斗不能进行复合动作，所以各液压缸推力较大。这是装载机广泛采用的液压系统形式。

① 铲斗的收起与前倾。铲斗的收起与前倾由转斗液压缸工作回路实现。操纵换向阀 5

处于右位，油液流动路线如下。

进油路：油箱18→泵2、3→换向阀5右位→转斗液压缸大腔。

回油路：转斗液压缸小腔→换向阀5右位→精滤器16→油箱18。

此时，转斗液压缸活塞杆伸出，通过摇臂斗杆带动铲斗翻转铲装。

操纵换向阀5处于左位，泵2、3来油经换向阀5左位进入转斗液压缸小腔，活塞杆缩回，通过摇臂斗杆推动铲斗前倾卸载。油液流动路线如下。

进油路：油箱18→泵2、3→换向阀5左位→转斗液压缸小腔。

回油路：转斗液压缸大腔→换向阀5左位→精滤器16→油箱18。

操纵换向阀5处于中位，转斗液压缸进、出油口被封闭，依靠换向阀的锁紧作用铲斗停留固定在某一位置。泵2、3的油液经换向阀5的中位、换向阀6和精滤器16回油箱18，实现卸荷。

在转斗液压缸的油路中还设有双作用安全阀12和19。在动臂升降过程中，铲斗的连杆机构由于动作不协调而受到某种程度的干涉，即在提升动臂时转斗液压缸的活塞杆有被拉出的趋势，而在动臂下降时活塞杆又被强制顶回。这时换向阀5处于中位，油路不通。为了防止液压缸过载或产生真空，双作用安全阀12可起到缓冲补油作用。当小腔受到的干涉压力超过调定压力8 MPa时，便可从过载阀释放部分压力油回油箱，使液压缸得到缓冲。当产生真空时，可由单向阀从油箱吸油补空。转斗液压缸的大腔也设置了双作用安全阀19，使液压缸大小腔的缓冲和补油彼此协调得更为合理。如在活塞杆被向外拉出、小腔受压释放部分压力油时，活塞向前移动，大腔就要产生真空。大腔油路中的双作用安全阀19就可以及时为其补油。

② 动臂升降。动臂的升降由动臂液压缸工作回路实现。操纵换向阀6处于d位时油液流动路线如下。

进油路：油箱18→泵2、3→换向阀5中位→换向阀6d位→动臂液压缸大腔。

回油路：动臂液压缸小腔→换向阀6d位→精滤器16→油箱18。

此时动臂液压缸的活塞伸出，推动动臂上升。

动臂提升到转运位置时，操纵换向阀6处于c位，动臂液压缸的进、出油口被封闭，依靠换向阀的锁紧作用使动臂固定以便转运。

铲斗前倾卸载后，操纵换向阀6处于b位。这时油液的流动路线如下。

进油路：油箱18→泵2、3→换向阀5中位→换向阀6b位→动臂液压缸小腔。

回油路：动臂液压缸大腔→换向阀6b位→精滤器16→油箱18。

此时动臂液压缸的活塞杆缩回，动臂下降。

操纵换向阀6处于a位，动臂液压缸处于浮动状态，以便在坚硬地面上铲取物料或进行铲推作业。此时，动臂能随地面状态自由浮动，提高了作业效能。此外，还能实现空斗迅速下降，并且在发动机熄火的情况下也能降下铲斗。

装载机动臂要求具有较快的升降速度和良好的低速微调性能。液压缸由主泵3和辅助泵2并联供油，总流量最大可达320L/min。动臂处于升和降状态时，可控制换向阀6阀口开度的大小进行节流调速，并通过加速踏板的配合达到低速微调。

③ 自动限位装置。为了提高生产效率和避免液压缸活塞杆伸缩到极限位置造成安全阀频繁启闭，在工作装置和换向阀上装有自动回位装置，以实现工作中铲斗自动放平。在动臂后铰点和转斗液压缸处装有自动限位行程开关。当动臂举升到最高位置或铲斗随动臂下降到与停机面正好水平的位置时，行程开关碰到触点，电磁阀7或电磁阀8通电动作。气压系统

接通气路，储气筒内的压缩空气进入换向阀 6 或换向阀 5 的端部松开弹跳定位钢球。阀杆便在弹簧作用下回至中位，液压缸停止动作。当行程开关脱开触点时，电磁阀断电并回位以关闭进气通道，阀体内的压缩空气从放气孔排出。

④ 转向液压系统。装载机铰接车架折腰转向由转向液压缸工作回路实现。装载机作业周期短，动作灵活，这一特点决定了它转向频繁。同时，随着装载机日趋大型化，完全依靠人力转向是很困难的，甚至是无法实现的。为了减轻作业的劳动强度，提高生产率，目前轮式装载机基本上都采用液压转向。

装载机转向液压系统按其所用的转向阀不同，分为滑阀式和转阀式两种形式，其中滑阀常流式转向液压系统使用较多。

ZL50 型装载机采用折腰式液压转向，车架的前后两部分铰接，转向油缸的活塞杆和缸筒分别与前、后车架铰接，操纵转向盘时液压系统使左、右转向油缸分别做伸、缩运动，从而实现转向。

装载机要求具有稳定的转向速度，也就是要求进入转向液压缸的油液流量恒定。转向液压缸的油液主要来自转向泵 1，在发动机额定转速（1600r/min）下流量为 77L/min。当发动机受其他负荷的影响转速下降时，就会影响转向速度的稳定性。这时需要从辅助泵 2 通过流量转换阀 4 补入转向泵 1 所减少的流量，以保证转向油路流量的稳定。当优先阀 4 在相应位置时，也可将辅助泵剩余的压力油供给工作装置油路，以加快动臂液压缸和转斗液压缸的动作速度，缩短作业循环时间，提高生产率。

优先阀 4 的工作原理：转向泵输出的油液通过两个固定节流孔 f_1、f_2，由于孔的节流作用，两孔前后产生压差。总压差 $\Delta p = p_1 - p_3$。

根据节流阀流量方程可知，若保持总压差 Δp 为恒值，则通过节流孔的流量恒定（把两个节流孔的阻尼视作一个总阻尼）。优先阀 4 内的 $4'$ 为液动分流阀，其左端控制油路接 P_1，右端接 P_3。设两端油压的作用面积均为 S，阀芯即处在油压 p_1 与 p_3 的推力和弹簧弹力 F 相平衡的位置。当转向泵 q_1 正常，Δp 达到规定值而 $p_1 \geqslant p_3 + F/S$ 时，分流阀 $4'$ 被控制油液推到左位。于是 $q_2 = 0$，辅助泵的排油全部输入工作装置油路。当发动机转速降低，使 q_1 减少到 $p_1 < p_3 + F/S$ 时，分流阀 $4'$ 便逐渐被推向中位。于是辅助泵开始向转向油路输油。由于增加了流量 q_2，使 p_2 值上升，同时 p_1 值亦随之上升，直到 $p_1 = p3 + F/S$ 时，分流阀 $4'$ 便留在新的平衡位置。这样，便能使转向油路的流量 q_3 保持稳定。

优先阀 4 的结构见图 6-13。从转向泵排出的压力油通过 P_1 口，节流孔 f_1、f_2 及 P_3 口进入转向油路。P_4 口接工作油路。辅助泵来的压力油经 P_2 口后，根据需要分别经单向阀 3 和单向 2 流入转向油路和工作油路。在液动分流阀阀芯左端有小孔与 P_1 口相通，其右端有小孔与 P_3 口相通进入控制油液。

装载机转向机构要求转向灵敏，因此随动阀 13 采取负封闭的换向过渡形式。这样还能防止突然换向时系统压力瞬时升高。同时，还设置了一个锁紧阀 14（二位四通液动滑阀），用来防止转向液压缸窜动。当随动阀 13 处于图示中位时，泵卸荷，油液直接回油箱。当操纵转向盘使随动阀 13 处于左位或右位时，进油路建立起压力立即打开锁紧阀 14，使油液进入转向液压缸驱动活塞杆伸缩，使前后车架相对偏转，即折腰转向。与此同时，前车架上的反馈杆随着前后车架的相对偏转，通过齿轮齿条传动使随动阀 13 的阀体同向移动，从而关闭其阀口，使转向停止动作。转向盘停在某一旋转角度时，转向液压缸也停在相应的位置上，装载机沿着相应的转向半径运动。只有继续转动转向盘，再次打开随动阀，才能继续转向。因此前后车架相对转角始终追随转向盘的转角变化。

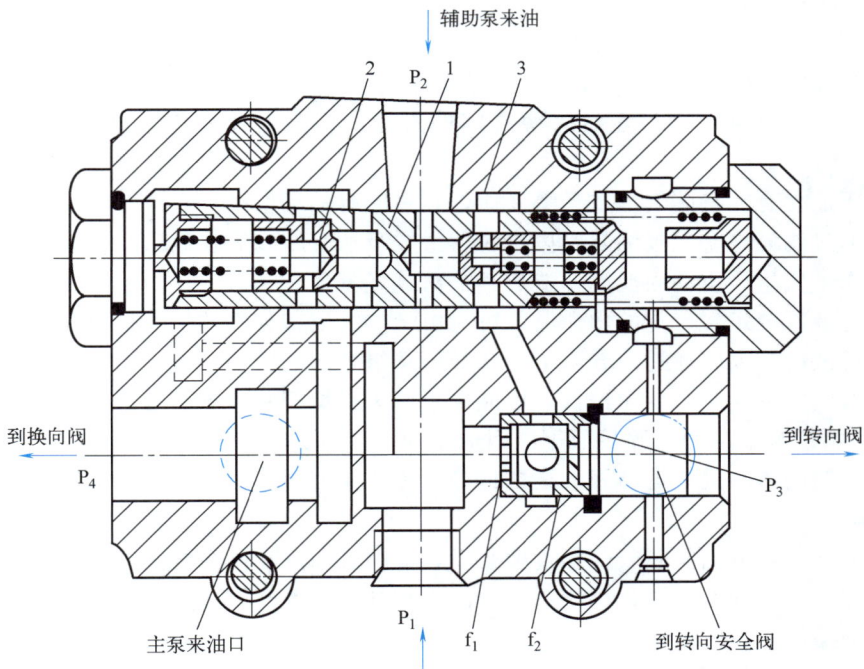

图 6-13　ZL50 型装载机用优先阀
1—阀芯；2，3—单向阀

锁紧阀 14 的作用是在装载机直线行驶时防止液压缸窜动和降低关闭油路的速度以减少液压冲击，避免管路系统损坏。它的另一个作用是当转向泵 1 和辅助泵 2 管路发生破损或泵 1、泵 2 出现故障时，锁紧阀 14 在弹簧弹力作用下自动回到关闭油路的位置，使转向液压缸封闭，从而保证装载机不摆头。

锁紧阀右边控制油路中的单向节流阀的作用是使锁紧阀快开慢锁，以保证转向灵敏和平稳。

（3）系统的特点

① 设置了优先阀，既可以保证转向系统充足的流量，又可以充分利用辅助泵的流量，避免了浪费。

② 利用发动机转速可变与手动比例阀结合的方法，实现了装载机各动作速度的调节，同时满足了快速运动时的大流量需求和微动时的小流量需求，方便可靠。

③ 利用多路阀的中位通流功能，实现了无动作时的卸荷功能，具有一定的节能效果。

④ 在铲斗回路上设置了双向安全阀，满足了系统对防止过载和吸空的需求。

⑤ 动臂换向阀上增设了第四位，可以使动臂在需要时浮动，简化了设备操作，实用价值高。

⑥ 转向系统中设置了锁紧阀，提高了转向系统工作的稳定性。

3.3　典型故障诊断与排除

ZL50 型装载机液压动臂提升缓慢故障的诊断排除。

（1）系统原理　液压系统原理见图 6-11。

（2）故障现象　在柴油机的额定转速下，操纵手柄，使动臂从最低位置提升到最高位置所需要的时间大于设计时长。

（3）原因分析　根据液压元件的工作原理，动臂提升缓慢的原因是进入液压缸的油量不足，可能的原因如下。

① 从工作泵口到动臂液压缸大腔之间的管道、接头、阀及各接合面等发生严重的外泄漏。

② 液压油含有大量的气泡或严重变质，丧失应有的黏度。

③ 吸油过滤器堵塞或吸油软管内壁脱落造成吸油管堵塞等，导致工作泵输出流量不足。

④ 工作泵发生严重的内泄漏，造成其输出流量不足。

⑤ 动臂液压缸发生严重的内泄漏，可能由于拉缸或密封件的损坏等原因造成。

⑥ 动臂液压缸大腔通过组合阀中的选择阀从组合阀的回油口产生内泄漏。

⑦ 换向阀的主安全阀压力过低，可能由于调压弹簧折断、阀芯有污染物卡在开启位置、阀体上有沙眼或沟槽与回油腔相通等原因造成的。

⑧ 分配阀阀体的进油道与回油道之间有严重的内泄漏，可能由于沙眼或阀体材料的崩缺等原因造成。

⑨ 分配阀动臂换向阀芯或阀孔过度磨损，使阀芯和阀孔的配合间隙远大于设计值。

⑩ 分配阀阀芯开度不够，可能由于换向阀阀杆被卡等原因造成。

⑪ 回油路堵塞。

（4）故障检测及排除

① 围绕以上可能原因，首先启动机器并提升动臂，观察从泵口到动臂液压缸大腔之间的管道、接头、阀及各接合面等是否发生严重的外泄漏。

② 如果没有外泄漏现象发生，则应进行基本检查：油箱中的液位是否在最低油位以上，液压油是否含有大量的气泡或变质等。若油位不够应加油；若液压油变质，应更换液压油，并彻底清洗油箱、液压缸、管路等（整个液压系统）。

③ 在判断液压油没有异常时，可以启动机器，操作先导阀收铲斗，使液压系统加载，同时注意辩听工作泵是否有尖叫声。若有，说明工作泵的吸油严重不足，此时应检查吸油过滤器及吸油软管等。

④ 在辨听工作泵无尖叫声的情况下，可以对工作泵是否发生严重的内泄漏进行判断。启动机器，操纵先导阀，使泵加载 $1\sim2min$，发动机熄火，用手小心触摸工作泵外壳。如果工作泵外壳烫手，则可判定工作泵发生严重的内泄漏，造成其输出流量不足。需要对工作泵进行拆检维修或更换。

⑤ 针对前述的第⑤～⑨种可能原因，需要先进行压力测试。使用量程为 $0\sim25MPa$ 的压力表连接在多路阀进口的测压口上，启动机器，操作先导阀手柄，观察压力表，其读数应达到设计压力（15MPa），否则应对第⑤～⑨种可能原因进行逐一判断。

a. 第⑤种可能原因判断。启动机器，操作先导阀手柄使动臂下降到最低位置、铲斗后倾至最大位置，发动机熄火，打开动臂液压缸大腔软管，并将其引回液压油箱；启动机器，操作先导阀手柄使动臂下降，观察动臂液压缸大腔油口是否连续有液压油冒出，如果有液压油连续冒出，则说明动臂液压缸有严重的内泄漏，需要对该液压缸进行拆检维修或更换。

b. 第⑥种可能原因判断。发动机熄火，操纵先导阀手柄，将动臂放至最低，然后将动臂液压缸大腔至组合阀之间的单向阀反接。

c. 第⑦种可能原因判断。拆检和清洗主安全阀，此时如果出现阀芯或阀孔变形等不可修复的情况，应更换主安全阀。

d. 如果进行了 a、b、c 的判断后，系统压力仍未能达到设计压力（15MPa），则对第⑧及第⑨种可能原因进行判断，即拆检多路阀的动臂联，仔细检查阀体、阀芯、阀孔及阀芯与阀孔的配合情况等。

⑥ 当液压系统压力达到设计值（15MPa）而动臂提升缓慢故障仍未排除时，则应对第⑩种可能原因进行检测及排除。操纵多路阀将动臂及铲斗放至最低，打开多路阀动臂联无弹簧端的端盖，手动阀杆使之做轴向移动，注意观察阀杆移动的距离是否异常，回位是否灵活等。

⑦若液压系统压力正常，而动臂升降均缓慢，且回油管道胶管总易破损，则说明回油路背压大。检查回油滤清器和回油管路，更换堵塞的滤芯，排除堵塞油道的异物。

（5）小结　ZL50 型装载机动臂提升缓慢，往往是由多种原因共同造成的，检查和修理时应综合考虑，逐项检查并排除系统中的所有故障，使动作至技术标准的要求。

工作实施

根据原理图分析装载机液压系统工作原理及常见故障的处理方法。可参见"相关知识"部分内容。

任务 4　注塑机液压系统分析

学习目标

1. 掌握液压系统的一般分析步骤和方法，能够综合运用电液知识，分析中等复杂程度的液压设备原理图、动作顺序表等；

2. 能够分析系统中各个子系统之间的动作顺序、应用的基本回路，并分析其具体功能；

3. 树立全局观念，立足于整体，选择最佳方案，同时重视部分的作用，用局部的功能促成整体的功能实现，培养运用逻辑思维方法分析问题和解决问题的能力。

任务书

小李所在的公司有一台注塑机。图 6-14 为该注塑机的液压原理图。

任务：为了更好地使用该设备，分析该设备的液压系统工作原理。

导学单

请自行查阅有关资料，完成如下问题。

引导问题 1：注塑机有哪些典型动作？分别使用何种执行元件来完成相关动作？

引导问题 2：该注塑机液压系统在节能方面做了哪些设计？

引导问题 3：注塑机需要很大的锁模力，该注塑机如何设计的？

引导问题 4：为了保证只有安全门关闭的情况下才能进行合模操作，该注塑机液压系统是如何设计的？

引导问题 5：该注塑机液压系统用哪些调速回路？

引导问题 6：注塑机液压系统有哪些新的发展方向和趋势？

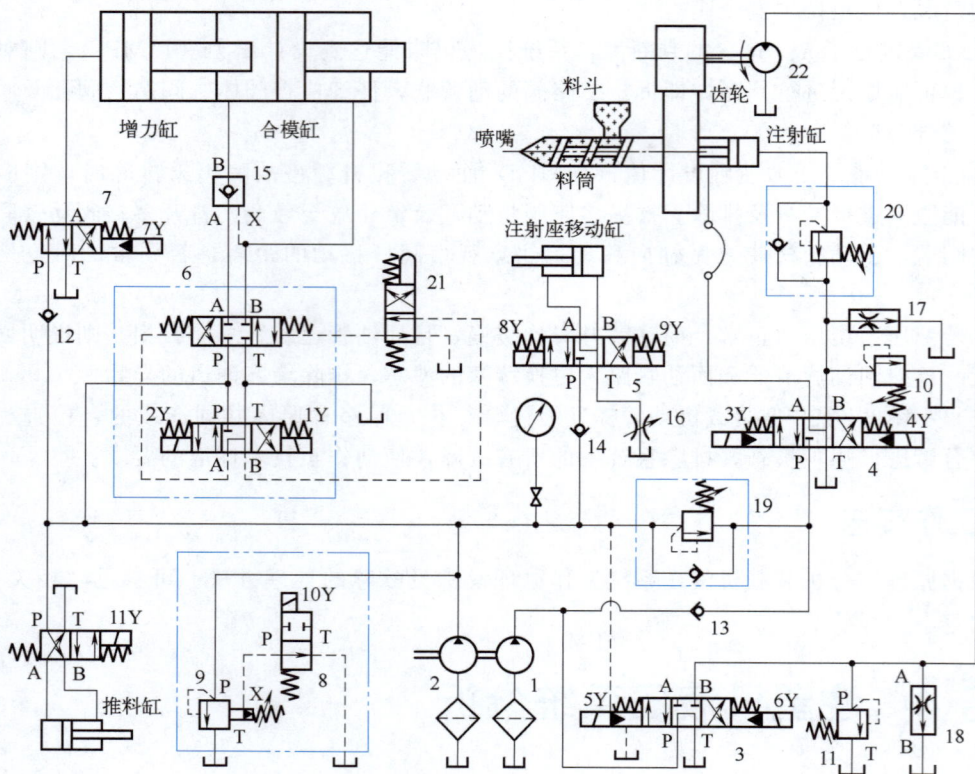

图 6-14　某型注塑机液压原理

1—大流量液压泵；2—小流量液压泵；3,4,6,7—电液换向阀；5,8,23—电磁换向阀；
9~11—溢流阀；12~14—单向阀；15—液控单向阀；16—节流阀；17,18—调速阀；
19,20—单向顺序阀；21—行程阀；22—液压马达

📄 相关知识

4.1　注塑机典型工作流程

  注塑机是塑料注射成型机的简称，也叫注射机，是热塑性塑料制品的成型加工设备。它将颗粒塑料加热熔化后，高压快速注入模腔，经一定时间的保压、冷却后成型就能制成相应的塑料制品。由于注塑机具有复杂制品一次成型的能力，因此在塑料机械中，它的应用非常广。

  注射机是一种通用设备，通过它与不同专用注射模具配套使用，能够生产出多种类型的塑料制品。注射机主要由机架、动静模板、合模保压部件、预塑与注射部件、液压系统、电气控制系统等部件组成。注射机的动模板和静模板用来成对安装不同类型的专用注射模具。

  合模保压部件有两种结构形式：一种是用液压缸直接推动动模板工作；另一种是用液压缸推动机械机构，通过机械机构再驱动动模板工作（机液联合式）。注射机的结构如图 6-15所示。注塑机整个工作过程中运动复杂、动作多变、系统压力变化大。

  注射机的工作循环过程一般如下：合模—注射座前进—注射—保压—冷却及预塑—注射座后退—开模—顶出制品—顶出缸后退—合模。

  以上动作分别由合模缸、注射座移动缸、预塑液压马达、注射缸、顶出缸完成。注塑机

液压系统要求有足够的合模力，可调节的合模开模速度，可调节的注射压力和注射速度，保压及可调的保压压力，系统还应设置安全联锁装置。

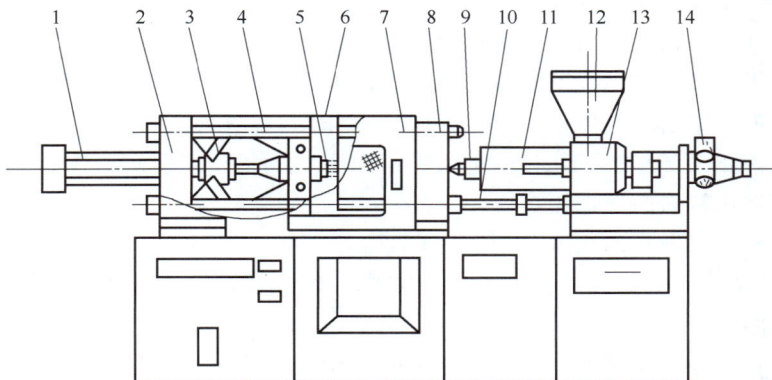

图 6-15　注射机结构原理

1—合模液压缸；2—后固定模板；3—曲轴连杆机构；4—拉杆；5—顶出缸；6—动模板；7—安全门；8—前固定模板；
9—注射螺杆；10—注射座移动缸；11—机筒；12—料斗；13—注射缸；14—液压马达

4.2　系统工作原理

图 6-14 所示为 250g 注射机液压系统原理。该机每次最大注射量为 250g，属于中小型注射机。该注射机各执行元件的动作循环主要依靠行程开关切换电磁换向阀来实现。

为保证安全生产，注射机设置了安全门，并在安全门下装设一个行程阀 21 加以控制，只有在安全门关闭、行程阀 21 上位接入系统的情况下，系统才能进行合模运动。

（1）系统工作过程

① 合模。合模是动模板向定模板靠拢并最终合拢的过程。动模板由合模液压缸或机液组合机构驱动，合模速度一般按慢—快—慢的顺序进行。具体如下。

a. 动模板慢速合模运动。当按下合模按钮，电磁铁 1Y、10Y 得电，电液换向阀 6 右位接入系统，电磁阀 8 上位接入系统。低压大流量液压泵 1 通过电液换向阀 3 的 M 型中位机能卸荷，高压小流量液压泵 2 输出的压力油经电液换向阀 6、液控单向阀 15 进入合模缸左腔；右腔油液经电液换向阀 6 回油箱。合模缸推动动模板开始慢速向右运动。这时油路的流动情况如下。

进油路：液压泵 2→电液换向阀 6（右位）→液控单向阀 15→合模缸（左腔）。

回油路：合模缸（右腔）→电液换向阀 6（右位）→油箱。

b. 动模板快速合模运动。当慢速合模转为快速合模时，动模板上的行程挡块压下行程开关，使电磁铁 5Y 得电，电液换向阀 3 左位接入系统，大流量泵 1 不再卸荷，其压力油经单向阀 13、单向顺序阀 19 与液压泵 2 的压力油汇合，双泵共同向合模缸供油，实现动模板快速合模运动。这时油路的流动情况如下。

进油路：［（液压泵 1→单向阀 13→单向顺序阀 19）＋（液压泵 2）］→电液换向阀 6（右位）→单向阀 15→合模缸左腔。

回油路：合模缸右腔→电液换向阀 6（右位）→油箱。

c. 合模前动模板的慢速运动。当动模快速靠近静模板时，另一行程挡块将压下其对应的行程开关，使电磁铁 5Y 失电、电液换向阀 3 回到中位，泵 1 卸荷，油路又恢复到以前状况，使快速合模运动又转为慢速合模运动，直至将模具完全合拢。

② 增压锁模。当动模板合拢到位后又压下另一行程开关，使电磁铁7Y得电、5Y失电，泵1卸荷、泵2工作，电液换向阀7右位接入系统，增力缸开始工作，将其活塞输出的推力传给合模缸的活塞，以增加合模缸输出力。此时，溢流阀9开始溢流，限制泵2输出的最高压力。该压力也是最大合模力下对应的系统最高工作压力。因此，系统的锁模力由溢流阀9调定，动模板的锁紧由单向阀12保证。这时油路的流动情况如下。

进油路：液压泵2→单向阀12→电液换向阀7（右位）→增压缸（左腔）。

回油路：增压缸右腔→油箱。

合模缸右腔→电液换向阀6（右位）→油箱。

③ 注射座整体快进。注射座的整体运动由注射座移动液压缸驱动。当电磁铁9Y得电时，电磁换向阀5右位接入系统，液压泵2的压力油经单向阀14、电磁换向阀5进入注射座移动缸右腔；左腔油液经电磁换向阀5、节流阀16回油箱。此时，注射座整体向左移动，使注射嘴与模具浇口接触。注射座的保压顶紧由单向阀14实现。此时油路的流动情况如下。

进油路：液压泵2→单向阀14→注射座移动缸（右腔）。

回油路：注射座移动缸（左腔）→电磁换向阀5（右位）→节流阀16→油箱。

④ 注射。当注射座到达预定位置后，压下行程开关，使电磁铁4Y、5Y得电，电磁换向阀4右位接入系统，阀3左位接入系统。泵1的压力油经单向阀13，与经单向顺序阀19而来的液压泵2的压力油汇合，一起经电液换向阀4、单向顺序阀20进入注射缸右腔；左腔油液经阀4回油箱。注射缸活塞带动注射螺杆将料筒前端已经预塑好的熔料经注射嘴快速注入模腔。注射缸的注射速度由旁路节流调速的调速阀17调节。单向顺序阀20在预塑时能够产生一定背压，确保螺杆有一定的推力。溢流阀10起限制螺杆注射压力的作用。这时油路的流动情况如下。

进油路：[（泵1→单向阀13）+（泵2→单向顺序阀19）]→电液换向阀4（左位）→单向顺序阀20→注射缸（右腔）。

回油路：注射缸（左腔）→电液换向阀4（左位）→油箱。

⑤ 注射保压。当注射缸对模腔内的熔料实行保压并补塑时，注射液压缸活塞工作位移量较小，只需少量油液即可。所以，电磁铁5Y失电，电液换向阀3处于中位，使大流量泵1卸荷，小流量泵2单独供油，以实现保压，多余的油液经溢流阀9回油箱。

⑥ 减压（放气）、再增压。先让电磁铁1Y、7Y失电，电磁铁2Y得电；后让1Y、7Y得电，2Y失电，使动模板略松一下后，再继续压紧，尽量排放模腔中的气体，以保证制品质量。

⑦ 预塑。保压完毕，从料斗加入的塑料原料被裹在机筒外壳上的电加热器加热，并随着螺杆的旋转将加热熔化好的熔塑带至料筒前端，并在螺杆头部逐渐建立起一定压力。当此压力足以克服注射液压缸活塞退回的背压阻力时，螺杆逐步开始后退，并不断将预塑好的塑料送至机筒前端。当螺杆后退到预定位置（即螺杆头部熔料达到所需注射量）时，螺杆停止后退和转动，为下一次向模腔注射熔料做好准备。与此同时，已经注射到模腔内的制品冷却成型过程完成。

预塑螺杆的转动由液压马达22通过一对减速齿轮驱动实现。这时，电磁铁6Y得电，电液换向阀3右位接入系统，泵1的压力油经电液换向阀3进入液压马达，液压马达回油直通油箱。马达转速由旁路调速阀18调节，溢流阀11为安全阀。螺杆后退时，电液换向阀4处于中位，注射缸右腔油液经单向顺序阀20和阀4回油箱，其背压力由阀20调节。同时活塞后退时，注射缸左腔会形成真空，此时依靠阀 4 的 Y 型中位机能进行补油。此时，系统油液流动情况如下。

液压马达回路：

进油路：泵 1→阀 3 右位→液压马达 22 进油口。

回油路：液压马达 22 回油口→阀 3 右位→油箱。

液压缸背压回路：注射缸右腔→单向顺序阀 20→调速阀 17→油箱。

⑧ 注射座后退。当保压结束，电磁铁 8Y 得电，电磁换向阀 5 左位接入系统，泵 2 的压力油经单向阀 14、电磁换向阀 5 进入注射座移动液压缸左腔；右腔油液经电磁换向阀 5、节流阀 16 回油箱，使注射座后退。泵 1 经电液换向阀 3 卸荷。此时系统油液流动情况如下。

进油路：泵 2→单向阀 14→电磁换向阀 5（左位）→注射座移动缸左腔。

回油路：注射座移动缸右腔→电磁换向阀 5（左位）→节流阀 16→油箱。

⑨ 开模。开模过程与合模过程相似，开模速度一般历经慢—快—慢的过程。

a. 慢速开模。电磁铁 2Y 得电，电液换向阀 6 左位接入系统，液压泵的压力油经阀 6 进入合模液压缸右腔；同时，部分油液进入液控单向阀 15 的控制口并将其打开。合模液压缸左腔的油经液控单向阀 15、电液换向阀 6 回油箱。泵 1 经电液换向阀 3 卸荷。

b. 快速开模。此时电磁铁 2Y 和 5Y 都得电，液压泵 1 和液压 2 汇合流向合模液压缸右腔供油，开模速度提高。

⑩ 顶出。模具开模完成后，压下一行程开关，使电磁铁 11Y 得电，从泵 2 来的压力油，经电磁换向阀 23 右位，进入推料缸的左腔；右腔回油经电磁换向阀 23 的右位回油箱。推料顶出缸通过顶杆将已经成型好的塑料制品从模腔中推出。

⑪ 推料缸退回。推料完成后，电磁铁 11Y 失电，从泵 2 来的压力油经电磁换向阀 23 左位进入推料缸油腔；左腔回油经过电磁换向阀 23 左位回油箱。

⑫ 系统卸荷。上述循环动作完成后，系统所有电磁铁都失电。液压泵 1 经电液换向阀 3 卸荷，液压泵 2 经先导式溢流阀 9 卸荷。到此，注射机一次完整的工作循环完成。

（2）系统性能分析

① 该系统在整个工作循环中，由于合模缸和注射缸等液压缸的流量变化较大，锁模和注射后系统有较长时间的保压，为合理利用能量，系统采用双泵供油方式；液压缸快速动作（低压大流量）时，采用双液压泵联合供油方式；液压缸慢速动作或保压时，采用高压小流量泵 2 供油，低压大流量泵 1 卸荷供油方式。

② 由于合模液压缸要求实现快、慢速开模、合模以及锁模动作，系统采用电液换向阀换向回路控制合模缸的运动方向，为保证足够的锁模力，系统设置了增力缸作用合模缸的方式，再通过机液复合机构完成合模和锁模，因此，合模缸结构较小、回路简单。

③ 由于注射液压缸运动速度较快，但运动平稳性要求不高，故系统采用调速阀旁路节流调速回路。由于预塑时要求注射缸有背压且背压力可调，所以在注射缸的无杆腔出口处串联一个背压阀。

④ 由于预塑工艺要求注射座移动缸在不工作时应处于背压且浮动状态，系统采用 Y 型中位机能的电磁换向阀，单向顺序阀 20 产生可调背压、回油节流调速回路等措施，调节注射座移动缸的运动速度，以提高运动的平稳性。

⑤ 预塑时，螺杆转速较高，对速度平稳性要求较低，系统采用调速阀旁路节流调速回路。

⑥ 由于注射机的注射压力很大（最大注射压力达 153MPa），为确保操作安全，该机设置了安全门，在安全门下端装一个行程阀，串接在电液换向阀 6 的控制油路上，控制合模缸的动作。只有当操作者离开模具，将安全门关闭时压下行程阀后，电液换向阀才有控制油进入，合模缸才能实现合模运动，以确保操作者的人身安全。

⑦ 由于注射机的执行元件较多，其循环动作主要由行程开关控制，按预定顺序完成。这种控制方式机动灵活，且系统较简单。

⑧ 系统工作时，各种执行装置的协同运动较多、工作压力的要求较多、变化较大，分别通过电磁溢流阀 9、溢流阀 10、溢流阀 11，再加上单向顺序阀 19、单向顺序阀 20 的联合作用，实现系统中不同位置、不同运动状态的不同压力控制。

工作实施

根据注塑机的液压原理图分析其液压系统工作原理。可参见"相关知识"部分内容。

练习题

6-1 题 6-1 图所示为专用铣床液压系统，要求机床工作台一次可安装两只工件，并能同时加工。工件的上料、卸料由手工完成，工件的夹紧及工作台进给运动由液压系统完成。机床的工作循环为"手工上料→工件自动夹紧→工作台快进→铣削进给→工作台快退→夹具松开→手工卸料"。分析系统并回答下列问题。

① 填写电磁铁动作顺序表。
② 系统由哪些基本回路组成？
③ 哪些工况由双泵供油，哪些工况由单泵供油？
④ 说明工件 6、7 在系统中的作用。

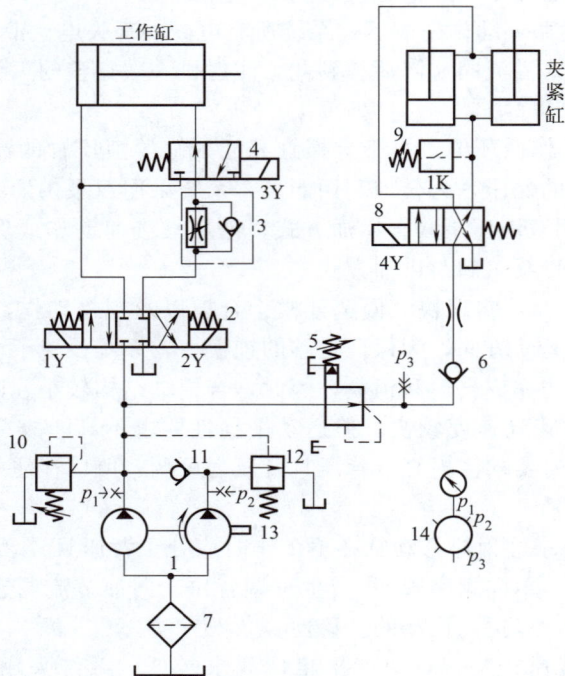

题 6-1 图

6-2 题 6-2 图所示为液压绞车闭式液压系统，试分析：

① 辅助泵 3 的作用和选用原则。

② 单向阀 4、5、6、7 的作用。

③ 梭阀 11 的作用。

④ 压力阀 8、9、10 的作用及其调定压力之间的关系。

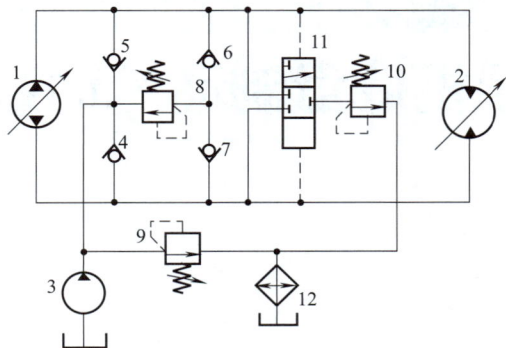

题 6-2 图

素质提升

"全球第一吊" XCA4000

作为我国自主研制全球最大、吊装能力最强的首款 11 桥轮式起重机 "全球第一吊" 徐工 XCA4000 备受关注。2024 年 3 月 22 日，徐工 XCA4000 首战告捷！在河北衡水顺利完成单机容量 6.25MW 的风机安装，一展大国重器的风采。本次吊装作业，需要将重 120t 的机舱和长 95m、重 28t 的扇叶吊至 160m 的高空，足足有 50 多层楼那么高。

以 2010 年为原点，徐工在全球起重机发展历史上，创下了一系列 "敢为天下先" 的行动——在千吨级起重机研发制造上，打破国外品牌垄断，超越欧美制造商稳守了几十年的产品作业高度、吊装重量纪录，并屡屡将其推至更高区间。在一系列行业首创技术的加持下，"全球第一吊" 徐工 XCA4000 轮式起重机，解决了中国风电吊装行业目前最大的痛点——吊装高度、作业安全、重载转场。更是再度向全球证明：中国技术，正一步步引领世界起重机产业新风向，新发展。

项目7 ▶▶

汽车起重机底盘制动气动系统分析

学习目标

1. 掌握气动剪切机气动系统（气压传动系统）的构成，能够说明气动系统的组成及各组成部分的功能；
2. 能够说明气源装置的作用与工作原理；
3. 能够说明气缸与气动马达的组成及工作原理；
4. 能够说明方向控制阀、压力控制阀、流量控制阀的分类与工作原理；
5. 能够分析汽车起重机底盘制动气动系统的工作原理及典型故障诊断。

任务书

某汽车起重机出现制动效果降低现象，经检查，鼓式制动系统工作正常。图7-1是该汽车起重机底盘制动气动系统原理图。

任务：针对出现的制动效果降低现象，分析其原因，提出合理的改进建议。

自主探索

请自行查阅有关资料，完成如下问题。

引导问题1：气压传动系统包括哪些组成部分？

引导问题2：气压传动与液压传动相比，有哪些优缺点？

引导问题3：气源装置的作用是什么？一套完整的气源装置通常包括哪些主要零部件？

引导问题4：气动执行元件包括哪些类型？

引导问题5：与液压系统相比，气动系统中的哪些阀是液压系统中没有的或者是很少用的？

引导问题6：近年来气动技术发展方向或趋势有哪些？

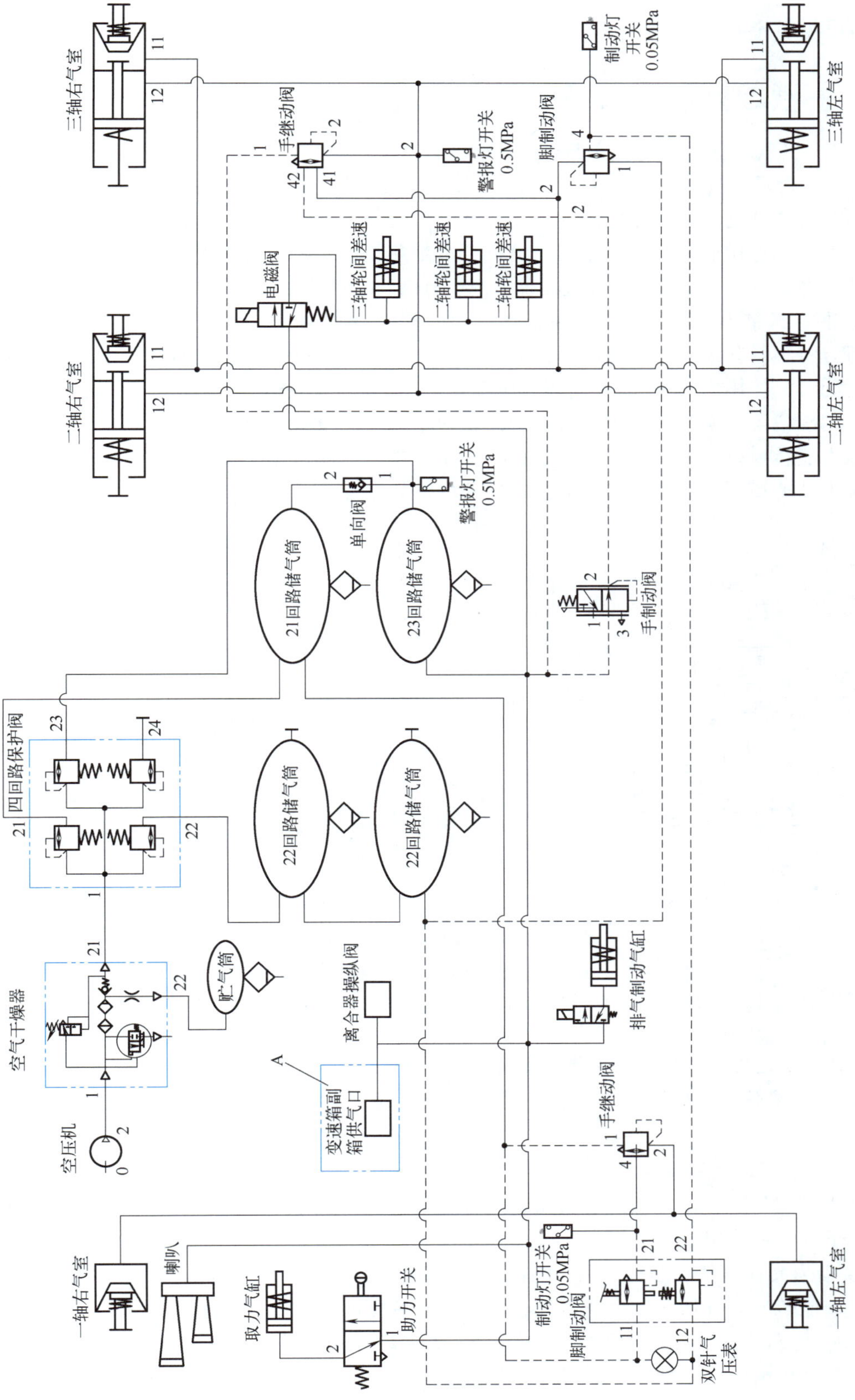

图 7-1　汽车起重机底盘制动气动系统原理图

7.1 气动剪切机气动系统的组成与工作原理

7.1.1 气动剪切机的工作原理

图 7-2 所示为气动剪切机的气压传动系统。当工料 12 送入剪切机并到达规定位置时，机动阀 9 的顶杆受压右移而使阀内通路打开，气控换向阀 10 的控制腔便与大气相通，阀芯受弹簧弹力的作用而下移。由空气压缩机 1 产生并经过初次净化处理后储藏在气罐 4 中的压缩空气，经空气干燥器 5、空气过滤器 6、减压阀 7、油雾器 8 及气控换向阀 10，进入气缸 11 的下腔；气缸上腔的压缩空气通过气控换向阀 10 排入大气。此时，气缸活塞向上运动，带动剪刀将工料剪断。工料剪断后，即与机动阀 9 脱开，机动阀 9 随即复位，所在的排气通道被封死，气控换向阀 10 的控制腔气压升高，迫使阀芯上移，气路换向，气缸活塞带动剪刀复位，准备第二次下料。由此可以看出，剪切机构克服阻力剪断工料的机械能是由压缩空气的压力能转换得到的。同时，由于换向阀的控制作用使压缩空气的通路不断改变，气缸活塞方可带动剪切机构频繁地实现剪切与复位的动作循环。

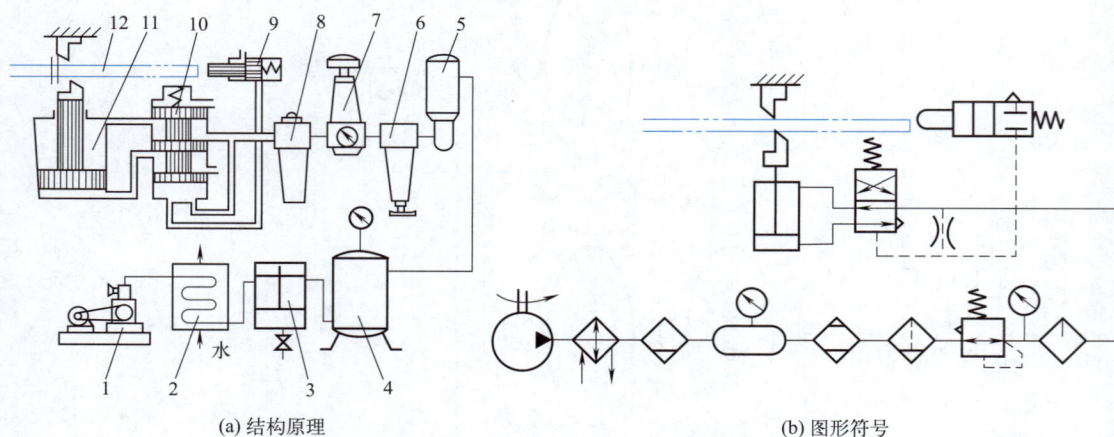

(a) 结构原理   (b) 图形符号

图 7-2 气动剪切机气压传动系统

1—空气压缩机；2—冷却器；3—油水分离器；4—气罐；5—空气干燥器；6—空气过滤器；

7—减压阀；8—油雾器；9—机动阀；10—气控换向阀；11—气缸；12—工料

从图 7-2 还可以看出，气动图形符号和液压图形符号有明显的一致性和相似性，但也存在不少重大区别。例如，气动元件向大气排气，就不同于液压元件回油接入油箱的表示方法。

7.1.2 气压传动系统的组成

气压传动与液压传动都是利用流体作为工作介质，具有许多共同点。气压传动系统通常是由以下五个部分组成（图 7-2）。

① 动力元件（气源装置）。其主体是空气压缩机（元件 1）。它将原动机（如电动机）供给的机械能转变为气体的压力能，为各类气动设备提供动力。

② 执行元件。执行元件包括各种气缸（元件 11）和气动马达。它的作用是将气体的压力能转变为机械能，驱动工作部件。

③ 控制元件。控制元件包括各种阀体，如压力阀（元件 7）、方向阀（元件 9）、流量阀、逻辑元件等，用以控制压缩空气的压力、流动方向和流量以及执行元件的工作程序等，以便使执行元件完成预定的运动。

④ 辅助元件。辅助元件是净化压缩空气、润滑、消声以及元件间连接等所需的元件，如各种冷却器、油水分离器、气罐、干燥器、过滤器、油雾器（元件 2、3、4、5、6、8）及消声器等，它们对保持气动系统可靠、稳定和持久地工作起着十分重要的作用。

⑤ 工作介质。工作介质即传动气体，为压缩空气。气压系统是通过压缩空气实现运动和动力传递的。

7.1.3　气压传动的特点

（1）气压传动的优点

① 以空气为工作介质，较容易取得，用后的空气排到大气中，处理方便，与液压传动相比不必设置回收介质的油箱和管道。

② 因空气黏度小（约为液压油的万分之一），在管内流动阻力小，压力损失小，便于集中供气和远距离输送。即使有泄漏，也不会像液压油一样污染环境。

③ 与液压相比，气动反应快，动作迅速，维护简单，管路不易堵塞，工作介质清洁，不存在介质变质及补充等问题。

④ 气动元件结构简单、制造容易，易于实现标准化、系列化和通用化。

⑤ 气动系统对工作环境适应性好，特别在易燃、易爆、多尘埃、强磁、辐射、振动等恶劣环境中工作时，安全可靠性优于液压、电子和电气系统。

⑥ 排气时气体因膨胀而温度降低，因而气动设备可以自动降温，长期运行也不会发生过热现象。

（2）气压传动的缺点

① 由于空气具有可压缩性，因此工作速度稳定性稍差，但采用气液联动装置会得到令人满意的效果。

② 因工作压力低，又因结构尺寸不宜过大，总输出力不宜大于 $10\sim40kN$。

③ 噪声较大，在高速排气时要加消声器。

④ 气动装置中的气信号传递速度比光、电信号慢，因此气信号传递不适用信号高速传递的复杂回路。

气动与其他几种传动方式的性能比较见表 7-1。

表 7-1　气动与其他几种传动方式的性能比较

项目	气动	液压	电气	机械
输出力大小	中等	大	中等	较大
动作速度	较快	较慢	快	较慢
装置构成	简单	复杂	一般	普通
受负载影响	较大	一般	小	无
传输距离	中	短	远	短
速度调节	较难	容易	容易	难
维护	一般	较难	较难	容易
造价	较低	较高	较高	一般

7.2 气源装置与气动辅助元件

7.2.1 气源装置

气源装置（图 7-3）为气动系统提供符合质量要求的压缩空气，是气动系统的一个重要部分。对压缩空气的主要要求是其要具有一定压力、流量和洁净度。

如图 7-3（a）所示，气源装置的主体是空气压缩机（气源），它是气压传动系统的动力元件。由于大气中混有灰尘、水蒸气等杂质，由大气压缩而成的压缩空气必须经过降温、净化、稳压等一系列处理后方可供给系统使用。这就需要在空气压缩机出口管路中安装一系列辅助元件，如冷却器、油水分离器、空气过滤器、干燥器、储气罐等。此外，为了提高气压传动系统的工作性能，改善工作条件，还要用到其他辅助元件，如油雾器、转换器、消声器等。

图 7-3（b）给出了一种典型的空压机实物。

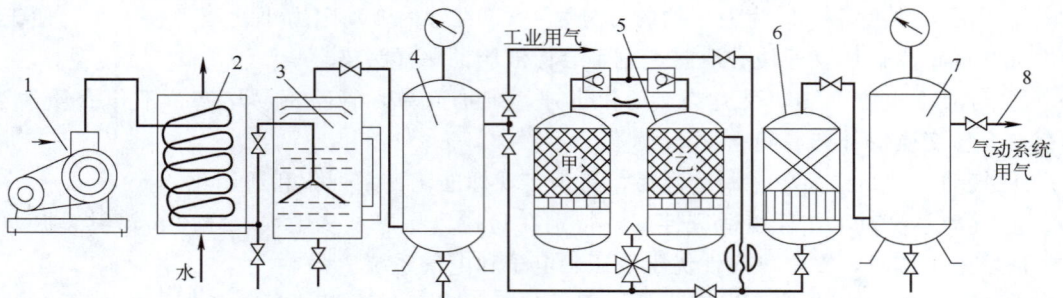

(a) 原理

(b) 典型的空压机实物

图 7-3　气源装置

1—空气压缩机；2—冷却器；3—油水分离器；4，7—储气罐；5—干燥器；6—空气过滤器；8—输气管

（1）空气压缩机　空气压缩机是气动系统的动力源，它是把电动机输出的机械能转换成气体压力能的能量转换装置。

空气压缩机的种类很多，按结构形式主要分为容积型和速度型两类，如表 7-2 所示；按输出压力可分为鼓风机、低压空压机、中压空压机、高压空压机和超高压空压机，如表 7-3 所示；按输出流量（排量）可分为微型、小型、中型和大型，如表 7-4 所示。

表 7-2　按结构形式分类

类型		名称		
容积型	往复式	活塞式	膜片式	
	回转式	滑片式	螺杆式	转子式
速度型		轴流式	离心式	转子式

表 7-3　按输出压力分类

名称	鼓风机	低压空压机	中压空压机	高压空压机	超高压空压机
压力 p/MPa	≤0.2	0.2～1	1～10	10～100	＞100

表 7-4　按排量分类

名称	微型空压机	小型空压机	中型空压机	大型空压机
输出额定流量 q/(m³/s)	≤0.017	0.017～0.17	0.17～1.7	＞1.7

空气压缩机的工作原理：气动系统中最常用的空气压缩机是往复活塞式，其工作原理如图 7-4 所示。活塞的往复运动是由电动机带动曲柄 8 转动，通过连杆 7、滑块 5、活塞杆 4 转化成直线往复运动而产生的。当活塞 3 向右运动时，气缸 2 内容积增大，形成部分真空而使内部压力低于大气压，外界空气在大气压作用下推开吸气阀 9 而进入气缸 2 中，这个过程称为吸气过程；当活塞向左运动时，吸气阀 9 在缸内压缩气体的作用下关闭，随着活塞的左移，缸内空气受到压缩而使压力升高，这个过程称为压缩过程；当气缸 2 内压力增高到略高于输气管路内压力时，排气阀 1 打开，压缩空气排入输气管路内，这个过程称为排气过程。曲柄旋转一周，活塞往复一次，即完成一个工作循环。图 7-4（a）中表示的是一个活塞一个气缸的空气压缩机，大多数空气压缩机是多缸多活塞的组合。

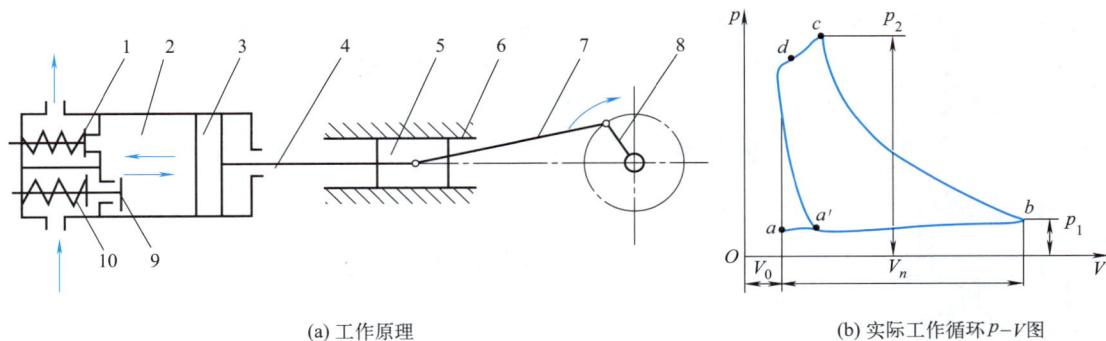

活塞式空气压缩机

(a) 工作原理　　　　　　　　(b) 实际工作循环 P-V 图

图 7-4　往复活塞式空气压缩机

1—排气阀；2—气缸；3—活塞；4—活塞杆；5—滑块；6—滑道；7—连杆；8—曲柄；9—吸气阀；10—弹簧

但空气压缩机的实际工作循环是由吸气、压缩、排气和膨胀四个过程组成的，这可从如图 7-4（b）所示的压容图上看出，曲线 ab 表示吸气过程，其高度 p_1，即为空气被吸入气缸时的起始压力；曲线 bc 表示活塞向左运动时气缸内发生的压缩过程；曲线 cd 表示气缸内压缩气体压力达到出口处压力 p_2，排气阀被打开后的排气过程，当活塞回到 d 时运动终止，排气过程结束，排气阀关闭；这时，余隙（活塞与气缸之间余留的空隙）中还留有一些压缩空气，将其膨胀而达到吸气压力 p_1，曲线 da' 即表示余隙内空气的膨胀过程，所以气缸重新吸气的过程并不是从 a 点开始，而是从 a' 点开始，显然这将减少空气压缩机的输气量。

（2）气源净化装置

① 冷却器。冷却器安装在空气压缩机的后面，也称后冷却器。它将空气压缩机排出的温度达 $140\sim170℃$ 的压缩空气降温至 $40\sim50℃$，使压缩空气中的油雾和水蒸气达到饱和，并使其大部分凝结成油滴和水滴而析出。常用冷却器的结构形式有蛇形管式、列管式、散热片式、套管式等，冷却方式有水冷式和气冷式两种。图 7-5 所示为列管水冷式冷却器的结构原理及其符号。

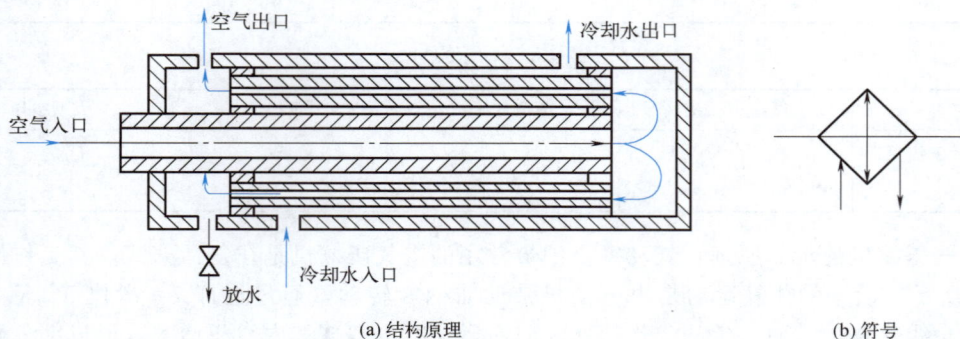

（a）结构原理　　　　　　　　　　　　　（b）符号

图 7-5　冷却器的结构原理及符号

② 油水分离器。油水分离器安装在冷却器后面，其作用是分离并排除从空气中凝结的水分、油分和灰尘等杂质，使压缩空气得到初步净化。油水分离器的结构形式有环形回转式、撞击折回式、离心旋转式、水浴式以及以上形式的组合等。图 7-6 所示为撞击折回式油水分离器的结构原理及其图形符号，当压缩空气由入口进入油水分离器后，首先与隔板撞击，一部分水和油留在隔板上，然后气流上升产生回转，这样凝集在压缩空气中的水滴和油滴及灰尘杂质受惯性力作用而分离析出，沉降于壳体底部，并由下面的放水阀定期排出。

③ 空气过滤器。空气过滤器的作用是滤除压缩空气中的杂质、微粒（如灰尘、水分等），达到系统所要求的洁净程度。常用的过滤器有一次过滤器（也称简易过滤器）和二次过滤器，图 7-7 是作为二次过滤器用的空气（分水）过滤器的结构原理。从入口进入的压缩

（左侧边栏）

油水分离器图

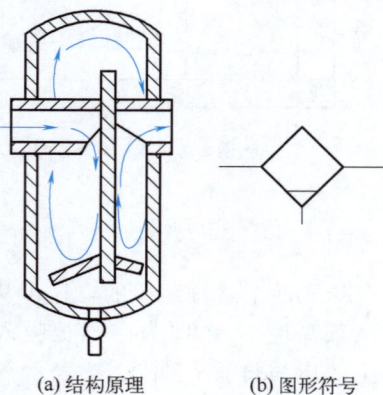

（a）结构原理　　（b）图形符号

图 7-6　油水分离器

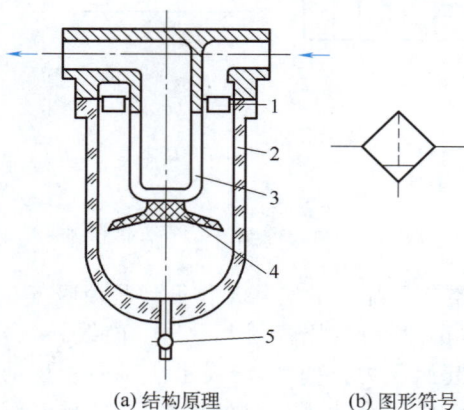

（a）结构原理　　　（b）图形符号

图 7-7　空气过滤器

1—旋风叶子；2—存水杯；3—滤芯；4—挡水板；5—排水阀

空气被引入旋风叶子1，旋风叶子上有许多成一定角度的缺口，迫使空气沿切线方向产生强烈旋转。这样，夹杂在空气中的较大的水滴、油滴、灰尘等便依靠离心力与存水杯2的内壁碰撞，并从空气中分离出来，沉到杯底。而微粒灰尘和雾状水蒸气则由滤芯3滤除。为防止气体旋转将存水杯中积存的污水卷起，在滤芯下部设有挡水板4。在水杯中的污水应通过下面的排水阀5及时排放掉。

④ 干燥器。压缩空气经过除水、除油、除尘的初步净化后，已能满足一般气压传动系统的要求。而某些要求较高的气动装置或气动仪表，其用气还需要经过干燥处理。图7-8所示的是一种常用的吸附式干燥器的结构原理。当压缩空气通过具有吸附水分性能的吸附剂（如活性氧化铝、硅胶等）后水分即被吸附，从而达到干燥的目的。图7-8（c）给出了一种重卡底盘用的干燥器实物。

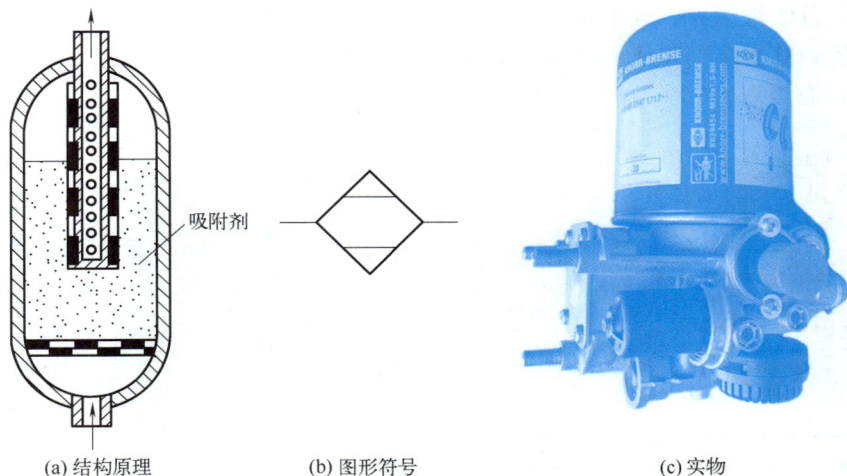

| (a) 结构原理 | (b) 图形符号 | (c) 实物 |

图7-8　干燥器

⑤ 储气罐。储气罐的作用是储存一定量的压缩空气，维持气量供需的平衡，并能有效消除压力波动，还能进一步分离气中的水、油等杂质。储气罐一般采圆筒状焊接结构，有立式和卧式两种，通常以立式应用较多，如图7-9所示。储气罐上往往集成了压力表、排水阀

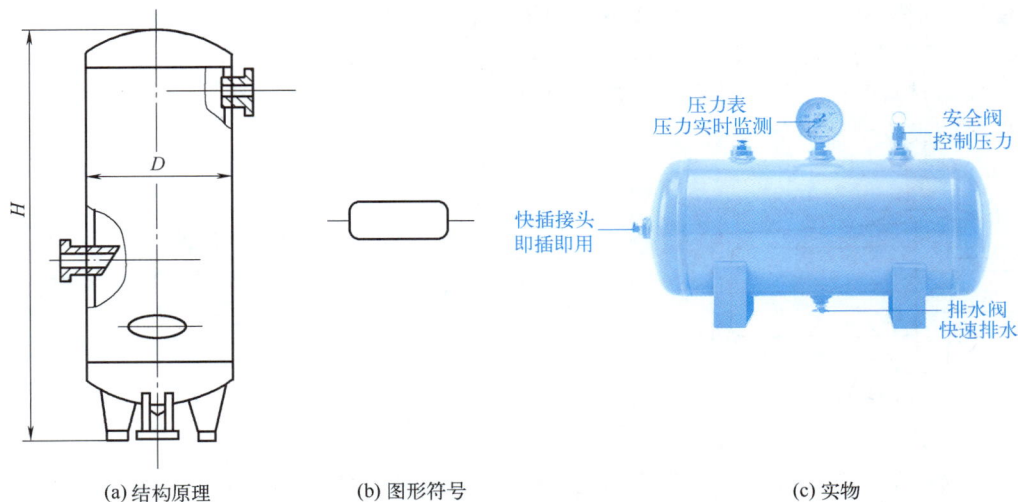

| (a) 结构原理 | (b) 图形符号 | (c) 实物 |

图7-9　储气罐

等附件。图 7-9（c）给出的一种卧式小型储气罐的实物。

上述冷却器、油水分离器、空气过滤器、干燥器和储气罐等元件通常安装在空气压缩机的出口管路上，组成一套气源净化装置，是压缩空气站的重要组成部分。

7.2.2　气动辅助元件

（1）油雾器　压缩空气经过净化后，所含污油、浊水得到了清除，但是一般的气动装置还要求压缩空气具有一定的润滑性，以减轻其对运动部件表面的磨损，改善其工作性能。因此，要用油雾器对压缩空气喷洒少量的润滑油。油雾器的工作原理如图 7-10 所示。压力为 p_1 的压缩空气流经狭窄的颈部通道时，流速增大，压力降为 p_2，由于压差 $p = p_1 - p_2$ 的出现，油池中的润滑油就沿竖直细管（称文氏管）被吸向上方，并滴向颈部通道，随即被压缩气流喷射雾化带入系统。

油雾器、分水过滤器、减压阀通常组合使用，称为气动三联件，是多数气动设备必不可少的气源装置，其安装次序依进气方向为分水过滤器、减压阀、油雾器。图 7-11 给出了一种气动三联件的实物。

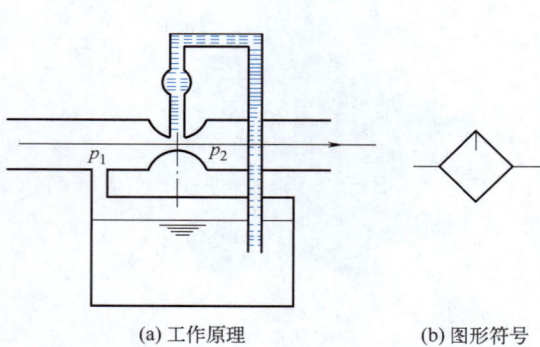

(a) 工作原理　　(b) 图形符号

图 7-10　油雾器的工作原理及符号

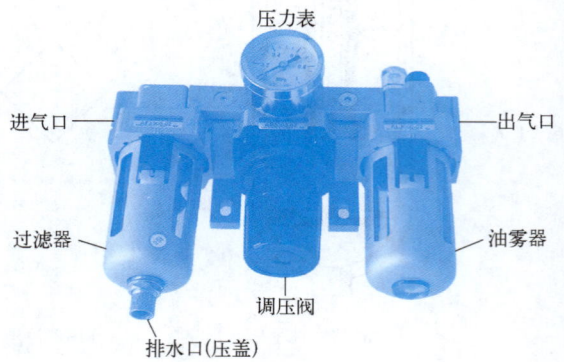

图 7-11　气动三联件实物

（2）消声器　气压传动系统一般不设排气管道，用后的压缩空气直接排入大气，伴随有强烈的排气噪声，一般可达 100～120 dB。为降低噪声，可在排气口装设消声器。

消声器是通过阻尼或增加排气面积来降低排气的速度和功率，从而降低噪声的。气动元件上使用的消声器一般有三种类型：吸收型消声器、膨胀干涉型消声器、膨胀干涉吸收型消声器。图 7-12 所示为吸收型消声器，它依靠装在体内的吸声材料（玻璃纤维、毛毡、泡沫塑料、烧结材料等）来消声，是目前应用得最广泛的一种消声器。图 7-12（c）给出了三种不同样式的吸收型消声器的实物。

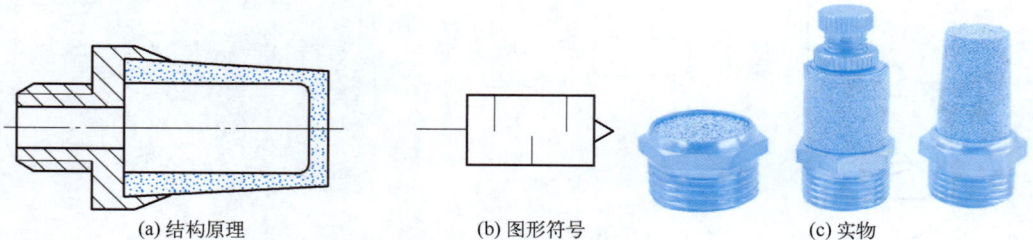

(a) 结构原理　　　　　　(b) 图形符号　　　　　　(c) 实物

图 7-12　吸收型消声器

（3）转换器　气动系统的工作介质是气体，而对信号的传输和动作不一定全用气体，可能用液体或电传输，这就需要用转换器来进行转换。常用的转换器有三种，即电气转换器、气电转换器、气液转换器。

① 气电转换器。这是将气信号转换为电信号的装置，也称为压力继电器。压力继电器按信号压力的大小分为低压型（0~0.11MPa）、中压型（0.1~0.6MPa）和高压型（>1MPa）三种。图 7-13 所示为高、中压型压力继电器的结构原理。压缩空气进入下部气室 A 后，膜片 6 受到由下往上的空气压力的作用，当压力上升到某一数值后，膜片上方的圆盘 5 带动爪枢 4 克服弹簧弹力向上移动，使两个微动开关 3 的触头受压发出电信号。旋转定压螺母 1，即可调节压力转换的范围。

② 气液转换器。这是将气压能转换为液压能的装置。气液转换器有两种结构形式：一种是直接作用式，即在一筒式容器内，压缩空气直接作用在液面上，或通过活塞、隔膜等作用在液面上，推压液体以同样的压力输出，图 7-14 所示为直接作用式气液转换器的结构原理；另一种气液转换器是换向阀式元件，它是一个气控液压换向阀，采用这种转换器时需要另备液压源。

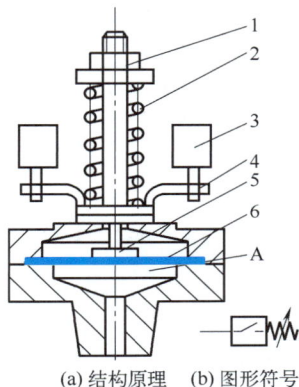

(a) 结构原理　　(b) 图形符号

图 7-13　压力继电器

1—定压螺母；2—弹簧；3—微动开关；
4—爪枢；5—圆盘；6—膜片

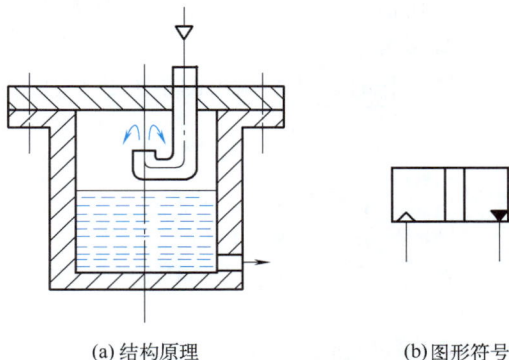

(a) 结构原理　　　　　　　(b) 图形符号

图 7-14　气液转换器

7.3　气动执行元件

气缸和气动马达是气压传动系统的执行元件，它们将压缩空气的压力能转换为机械能。气缸用于实现直线往复运动或摆动，气动马达则用于实现连续回转运动。

7.3.1　气缸

（1）气缸的分类　气缸是用于实现直线运动并做功的元件，其结构、形状有多种形式，分类方法也很多，常用的有以下几种。

① 按压缩空气作用在活塞端面上的方向，可分为单作用气缸和双作用气缸。单作用气缸只有一个方向的运动是靠气压传动，活塞的复位靠弹簧弹力或重力；双作用气缸的活塞的往返全部靠压缩空气来完成。

② 按结构特点，可分为活塞式气缸、叶片式气缸、薄膜式气缸、气液阻尼缸等。

③ 按安装方式，可分为耳座式气缸、法兰式气缸、轴销式气缸和凸缘式气缸。

④ 按气缸的功能，可分为普通气缸和特殊气缸。普通气缸主要指活塞式单作用气缸和双作用气缸；特殊气缸包括气液阻尼缸、薄膜式气缸、冲击式气缸、增压气缸、步进气缸、回转气缸等。

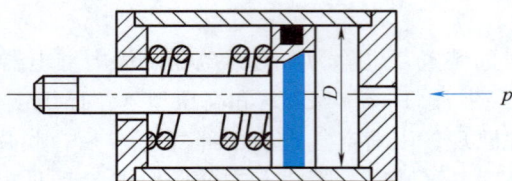

图 7-15　单作用气缸

（2）几种常见气缸的工作原理和用途

① 单作用气缸。单作用气缸是指压缩空气仅从气缸的一端进气，并推动活塞运动，而活塞的返回则是借助于其他外力，如重力、弹簧弹力等，其结构如图 7-15 所示。这种气缸具有如下特点。

a. 由于单边进气，所以结构简单，耗气量小。

b. 由于用弹簧复位，使压缩空气的一部分能量用来克服弹簧的反力，因而减小了活塞杆的输出推力。

c. 缸体内因安装了弹簧而减小了空间，缩短了活塞的有效行程。

d. 气缸复位弹簧的弹力是随其形变大小而变化的，因此活塞杆的推力和运动速度在行程中是变化的。

单作用活塞式气缸多用于短行程及对活塞杆推力、运动速度要求不高的场合，如定位装置和夹紧装置上。

气缸工作时，活塞输出的推力必须克服弹簧的弹力及各种阻力，推力可用下式计算

$$F = \frac{\pi}{4} D^2 p \eta_c - F_s \qquad (7\text{-}1)$$

式中　F——活塞上的推力，N；

　　　D——活塞直径，m；

　　　p——气缸工作压力，Pa；

　　　F_s——弹簧弹力，N；

　　　η_c——气缸的效率，一般取 0.7～0.8，活塞运动速度小于 0.2 m/s 时取大值，活塞运动速度大于 0.2m/s 时取小值。

气缸工作时的总阻力包括运动部件的惯性力和各密封处的摩擦力等，它与多种因素有关。综合考虑以后，以效率 η_c 的形式计入式（7-1）中。

② 双作用气缸。双作用气缸分为单活塞杆双作用气缸和双活塞杆双作用气缸两种。

a. 单活塞杆双作用气缸。单活塞杆双作用气缸是使用最为广泛的普通气缸之一，其结构如图 7-16 所示。这种气缸工作时，活塞杆上的输出力用下式计算

$$F_1 = \frac{\pi}{4} D^2 p \eta_c \qquad (7\text{-}2)$$

$$F_2 = \frac{\pi}{4} (D^2 - d^2) p \eta_c \qquad (7\text{-}3)$$

式中　F_1——当无杆腔进气时活塞杆上的输出力，N；

　　　F_2——当有杆腔进气时活塞杆上的输出力，N。

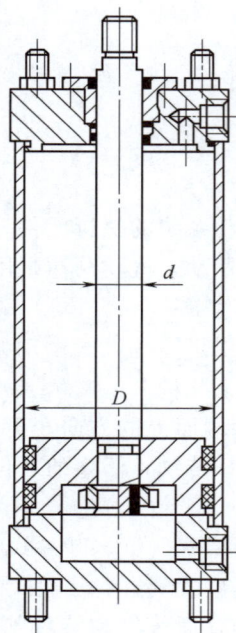

(a) 结构　　　　　(b) 实物

图 7-16　单活塞杆双作用气缸

b. 双活塞杆双作用气缸。双活塞杆双作用气缸使用得较少，其结构与单活塞杆双作用气缸基本相同，只是活塞两侧都装有活塞杆。因两端活塞杆直径相同，所以活塞往复运动的速度和输出力均相等，其输出力用式（7-3）计算。这种气缸常用于气动加工机械及包装机械设备上。

③ 薄膜式气缸。薄膜式气缸利用压缩空气通过膜片推动活塞杆做往复运动，它具有结构紧凑简单、制造容易、成本低、维修方便、寿命长、泄漏少、效率高等优点，适用于气动夹具、自动调节阀及短行程等场合。它主要由缸体、膜片和活塞杆等零件组成。它可以是单作用式的，也可以是双作用式的，其结构分别如图 7-17（a）、（b）所示。其膜片有盘形膜片和平膜片两种，膜片材料为夹织物橡胶、钢片或磷青铜片。薄膜式气缸与活塞式气缸相比，因膜片的变形量有限，故其行程较短，一般不超过 40～50mm。其最大行程 L_{max} 与缸径 D 的关系为

$$L_{max} = (0.12 \sim 0.25)D \tag{7-4}$$

因膜片变形要吸收能量，所以活塞杆上的输出力随着行程的增大而减小。

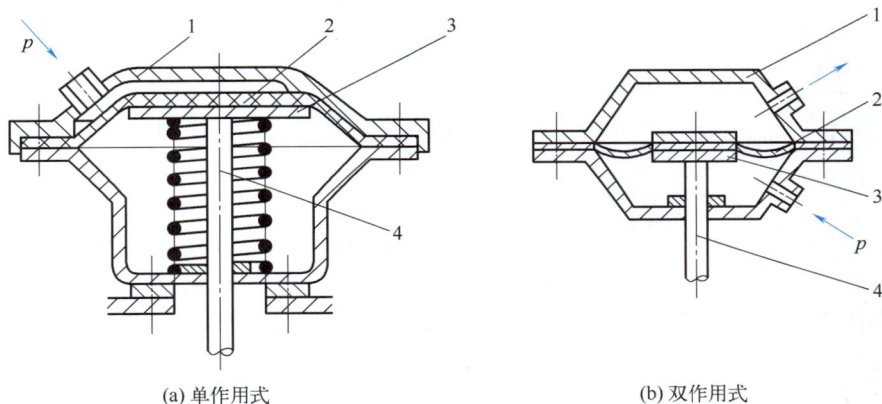

(a) 单作用式   (b) 双作用式

图 7-17　单、双作用薄膜式气缸

1—缸体；2—膜片；3—膜盘；4—活塞杆

④ 气液阻尼缸。普通气缸工作时，由于气体压缩性大，当负载变化较大时会产生"爬行"或"自走"现象，使气缸的工作不平稳。为了使活塞运动平稳而采用了气液阻尼缸，如图 7-18 所示。气液阻尼缸是由气缸和液压缸组合而成，它以压缩空气为动力，并利用油液的不可压缩性来获得活塞的平稳运动。

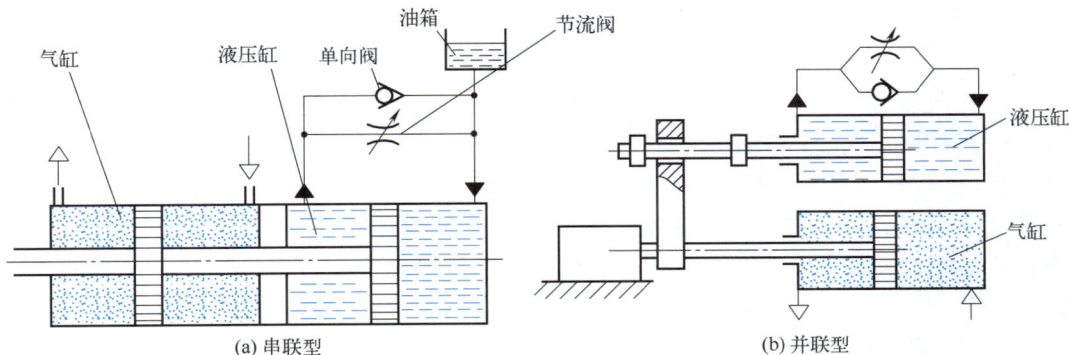

(a) 串联型   (b) 并联型

图 7-18　气液阻尼缸

图 7-18（a）所示为串联型气液阻尼缸的工作原理。它将液压缸和气缸串联成一个整体，两个活塞固定在一根活塞杆上。当气缸右腔供气时，活塞克服外载并带动液压缸活塞向左运动，此时液压缸左腔排油，油液只能经节流阀缓慢流回右腔，对整个活塞的运动起到阻尼作用。因此，调节节流阀就能达到调节活塞运动速度的目的。当压缩空气进入气缸左腔时，液压缸右腔排油，此时单向阀打开，活塞能快速返回。油箱的作用只是用来补充液压缸因泄漏而减少的油量，因此使用油杯就可以了。

图 7-18（a）所示的串联型气液阻尼缸，其缸体长，加工与装配的工艺要求高，且两缸间可能产生油气互串现象。图 7-18（b）所示的并联型气液阻尼缸，其缸体短，两缸直径可以不同且两缸不会产生油气互串现象。

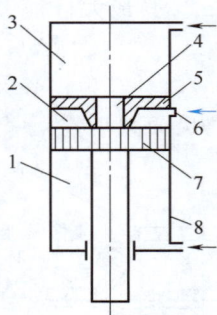

图 7-19　冲击式气缸的工作原理

1—活塞杆腔；2—活塞腔；3—蓄能腔；
4，6—喷嘴口；5—中盖；7—活塞；8—缸体

⑤ 冲击式气缸。冲击式气缸是一种较新型的气动执行元件，主要由缸体、中盖、活塞和活塞杆等零件组成，如图 7-19 所示。冲击式气缸在结构上比普通气缸增加了一个具有一定容积的蓄能腔和喷嘴，中盖 5 与缸体 8 固定，中盖 5 和活塞 7 把气缸分隔成三个部分，即活塞杆腔 1、活塞腔 2 和蓄能腔 3。中盖 5 的中心开有喷嘴口 4。

当压缩空气进入蓄能腔时，其压力只能通过喷嘴口 4 小面积地作用在活塞 7 上，还不能克服活塞杆腔 1 的压力所产生的向上的推力以及活塞 7 与缸体 8 间的摩接力，喷嘴处于关闭状态，从而使蓄能腔 3 的充气压力逐渐升高。当充气压力升高到能使活塞 7 向下移动时，活塞 7 的下移使喷嘴口 6 开启，聚集在蓄能腔中的压缩空气通过喷嘴口突然作用于活塞 7 的全面积上。高速气流进入活塞腔 2 进一步膨胀并产生冲击波，波的阵面压力可高达气源压力的几倍到几十倍，给予活塞 7 很大的向下推力。此时，活塞杆腔 1 内的压力很低，活塞 7 在很大的压差作用下迅速加速，在很短的时间内以极高的速度向下冲击，从而获得很大的动能。利用这个能量可产生很大的冲击力，实现冲击做功。如内径 230mm、行程 403mm 的冲击式气缸，可产生 400～500kN 的冲击力。冲击式气缸广泛用于锻造、冲压、下料、压坯等方面。

（3）标准化气缸简介

① 标准化气缸的标记和系列。标准化气缸是用符号"QG"表示气缸，用符号"A、B、C、D、H"表示五种系列，具体的标记方法如下。

| QG | A/B/C/D/H | | 缸径 | × | 行程 |

五种标准化气缸系列：QGA——无缓冲普通气缸；QGB——细杆（标族杆）缓冲气缸；QGC——粗杆缓冲气缸；QGD——气液阻尼缸；QGH——回转气缸。

例如，QGA100×125 表示直径为 100mm、行程为 125mm 的无缓冲普通气缸。

② 标准化气缸的主要参数。标准化气缸的主要参数是缸筒内径（缸径）D 和行程 L。因为在一定的气源压力下，缸筒内径表示气缸活塞杆的理论输出力，行程表示气缸的作用范围。

标准化气缸系列有 11 种规格。

缸径 D（mm）：40、50、63、125、160、200、250、320、400。

行程 L（mm）：对无缓冲气缸，$L=(0.5\sim2)D$；对有缓冲气缸，$L=(1\sim10)D$。

7.3.2　气动马达

气动马达属于气动执行元件，它是把压缩空气的压力能转换为机械能的转换装置。它的作用相当于电动机或液压马达，即输出力矩，驱动机构做旋转运动。

（1）气动马达的分类和工作原理　最常用的气动马达有叶片式、薄膜式、活塞式三种，如图 7-20 所示。

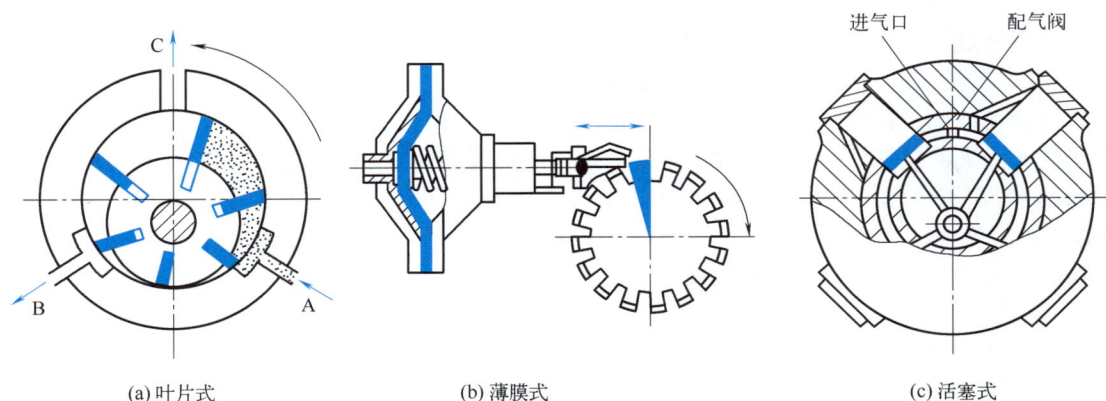

(a)叶片式　　　　　　　(b)薄膜式　　　　　　　(c)活塞式

图 7-20　各种气动马达的工作原理

图 7-20（a）所示的是叶片式气动马达。压缩空气由孔 A 输入后分为两路：一路经定子两端密封盖的槽进入叶片底部（图中未示）将叶片推出，叶片靠此气压的推力和转子转动的离心力的作用而紧密地贴在定子内壁上；另一路进入相应的密封工作空间，压缩空气作用在两个叶片上。由于两个叶片伸出长度不等，就产生了转矩，因而叶片与转子按逆时针方向旋转。做功后的气体由定子上的孔 C 排出，剩余残气经孔 B 排出。若改变压缩空气的输入方向，则可改变转子的转速。

图 7-20（b）所示的是薄膜式气动马达。它实际上是一个薄膜式气缸，当它做往复运动时，通过推杆端部的棘爪使棘轮做间歇性转动。

图 7-20（c）所示的是径向活塞式气动马达。压缩空气从进气口进入配气阀后再进入气缸，推动活塞及连杆组件运动，迫使曲轴旋转，同时带动固定在曲轴上的配气阀转动，使压缩空气随着配气阀角度的改变而进入不同的缸内，依次推动各活塞运动，由各活塞及连杆带动曲轴连续运转。与此同时，与处于进气状态的气缸相对应的气缸则处于排气状态。

（2）气动马达的特点　气动马达具有下述优点。

① 工作安全。气动马达可以在易燃、易爆、高温、振动、潮湿、灰尘多等恶劣环境中工作，同时不受高温及振动的影响。

② 具有过载保护作用。气动马达可长时间满载工作而温升较小，过载时马达只是降低转速或停车，当过载解除后，可立即重新正常运转。

③ 可以实现无级调速。通过调节节流阀的开度来控制进入气动马达的压缩空气的流量，就能控制气动马达的转速。

④ 具有较高的启动转矩，可以直接带负载启动。启动、停止迅速。

⑤ 功率范围及转速范围均较宽。功率小至几百瓦，大至几万瓦；转速可从每分钟几转到上万转。

⑥ 结构简单，操纵方便，可正、反转，维修容易，成本低。

气动马达的缺点是速度稳定性较差，输出功率小，耗气量大，效率低，噪声大。

7.4　气动控制元件

气压传动系统中的控制元件是控制和调节压缩空气的压力、流量、流动方向以及发送信号的重要元件，利用它们可以组成各种气动控制回路，使气动执行元件按设计的程序正常地进行工作。控制元件按功能和用途可分为方向控制阀、压力控制阀和流量控制阀三大类。此外，还有通过改变气流方向和通断实现各种逻辑功能的气动逻辑元件和射流元件等。

7.4.1　方向控制阀

气动换向阀和液压换向阀相似，分类方法也大致相同。气动换向阀按阀芯结构不同可分为滑柱式（又称柱塞式，也称滑阀）、截止式（又称提动式）、平面式（又称滑块式）、旋塞式和膜片式，其中，截止式换向阀和滑柱式换向阀应用较多。按控制方式不同可以分为电磁换向阀、气动换向阀、机动换向阀和手动换向阀，其中后三类换向阀的工作原理和结构与液压换向阀中相应种类的阀基本相同。按作用特点可以分为单向型控制阀和换向型控制阀。

（1）单向型控制阀

① 单向阀。单向阀是指气流只能向一个方向流动而不能反向流动的阀。单向阀的工作原理、结构和图形符号与液压阀中的单向阀基本相同，只不过在气动单向阀中，阀芯和阀座之间有一层胶垫（密封垫），如图 7-21 所示。气动单向阀的图形符号与液压单向阀的图形符号一致。

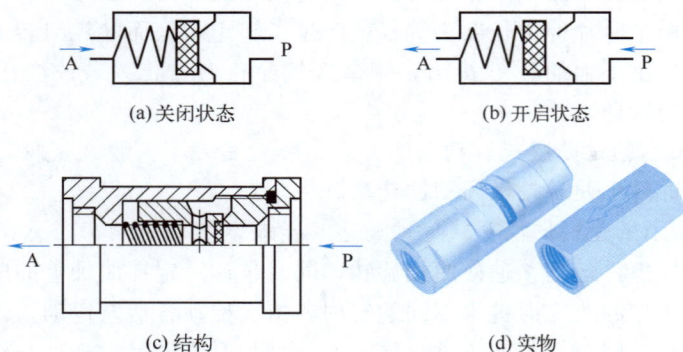

(a) 关闭状态　　　　　　　　(b) 开启状态

(c) 结构　　　　　　　　(d) 实物

图 7-21　单向阀

② 或门型梭阀。在气压传动系统中，当两个通路 P_1 和 P_2 均与通路 A 相通，而不允许 P_1 与 P_2 相通时，就要采用或门型梭阀。由于阀芯像织布梭子一样来回运动，因而称之为梭阀。该阀的结构相当于两个单向阀的组合。在气动逻辑回路中，该阀起到"或门"的作用，是构成逻辑回路的重要元件。

图 7-22 所示为或门型梭阀的工作原理。当通路 P_1 进气时，将阀芯推向右边，通路 P_2 被关闭，于是气流从 P_1 进入通路 A，如图 7-22（a）所示；反之，气流则从 P_2 进入 A，如图 7-22（b）所示；当 P_1、P_2 同时进气时，哪端压力高，A 就与哪端相通，另一端就自动关闭。图 7-22（c）为该阀的图形符号。

或门型梭阀在逻辑回路和程序控制回路中被广泛采用，图 7-23 是在手动-自动回路中应用的或门型梭阀。

(a) 从 P_1 进入 A　　(b) 从 P_2 进入 A　　(c) 图形符号

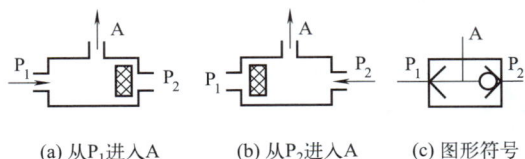

图 7-22　或门型梭阀工作原理

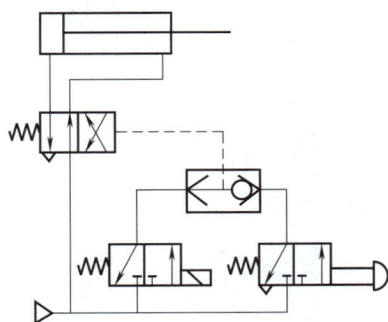

图 7-23　或门型梭阀在手动-自动回路中的应用

③ 与门型梭阀（双压阀）。与门型梭阀又称双压阀，如图 7-24 所示。该阀只有在两个输入口 P_1、P_2 同时进气时，A 口才有输出，这种阀相当于两个单向阀的组合。与门型梭阀（双压阀）的工作原理：当 P_1 或 P_2 单独有输入时，阀芯被推向右端或左端［图 7-24（a）、（b）］，此时 A 口无输出；只有当 P_1 和 P_2 同时有输入时，A 口才有输出［图 7-24 （c）］；当 P_1 和 P_2 气体压力不等时，则气压低的通过 A 口输出，图 7-24（d）为该阀的图形符号。

(a) P_1 有输入　　(b) P_2 有输入

(c) P_1 和 P_2 同时有输入　　(d) 图形符号

(e) 应用回路

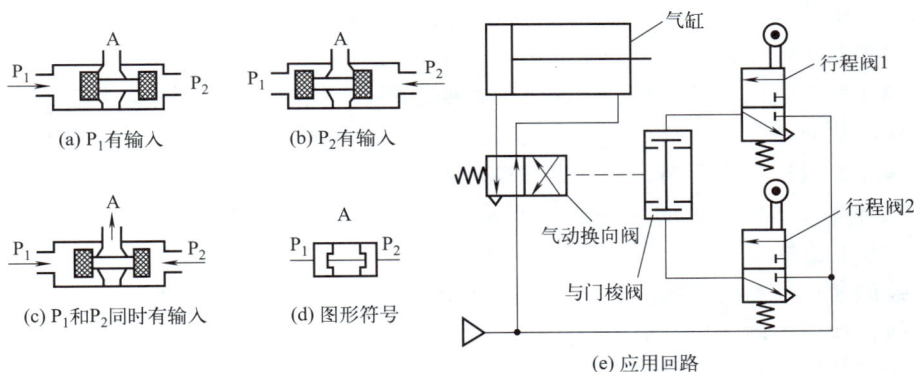

图 7-24　与门型梭阀

与门型梭阀的应用很广泛，图 7-24（e）为该阀在钻床控制回路中的应用。行程阀 1 产生工件定位信号，行程阀 2 产生夹紧工件信号。当两个信号同时存在时，与门型梭阀（双压阀）才有输出，使换向阀切换，气缸进给，钻孔开始。

④ 快速排气阀。快速排气阀简称快排阀。它用于加快气缸运动速度时的排气。通常气缸排气时，气体是从气缸经过管路由换向阀的排气口排出的。如果从气缸到换向阀的距离较长，而换向阀的排气口又小时，排气时间就较长，气缸动作速度较慢。此时，若采用快速排气阀，则气缸内的气体就能直接由快排阀排往大气，从而加快气缸的运动速度。实验证明，安装快排阀后，气缸的运动速度可提高 4～5 倍。

快速排气阀的工作原理如图 7-25 所示。当进气口 P 进入压缩空气时，将密封活塞迅速上推，开启阀门 2，同时关闭排气口 1，使进气口 P 与工作口 A 相通，如图 7-25（a）所示；当 P 口没有压缩空气进入时，在 A 口和 P 口压差作用下，密封活塞迅速下降，关闭 P 口，

(a) P进入空气　　(b) P进入空气　　(c) 图形符号

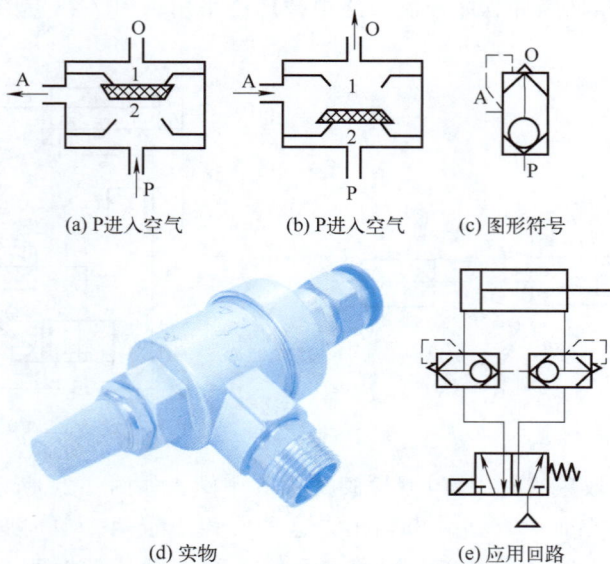

(d) 实物　　　　　　　(e) 应用回路

图 7-25　快速排气阀工作原理

使 A 口通过阀口 1 经 O 口快速排气，如图 7-25（b）所示。图 7-25（c）和（d）分别为该阀的图形符号和实物。

快速排气阀的应用回路如图 7-25（e）所示。在实际应用中，快速排气阀应配置在需要快速排气的气动执行元件附近，否则会影响快排效果。

（2）换向型控制阀　换向型控制阀（简称换向阀）的作用是改变气体通道使气体流动方向发生变化，从而改变气动执行元件的运动方向。换向型控制阀包括气压控制换向阀、电磁控制换向阀、机械控制换向阀、人力控制换向阀和时间控制换向阀。

1）气压控制换向阀。气压控制换向阀是利用气体压力来使主阀芯运动，从而改变气体流向的，按控制方式的不同，分为加压控制、卸压控制和差压控制三种。

加压控制是指所加的控制信号的压力是逐渐上升的，当气压增加到阀芯的动作压力时，主阀便换向；卸压控制是指所加的控制信号的压力是减小的，当减小到某压力值时，主阀换向；差压控制是使主阀芯在两端压力差的作用下换向。

气控换向阀按主阀结构不同，又可分为截止式和滑阀式两种主要形式。滑阀式气控换向阀的结构和动作原理与液动换向阀基本相同，故在此仅介绍截止式气控换向阀的工作原理。

① 截止式气控换向阀的工作原理。图 7-26 所示为单气控截止式换向阀的工作原理，图 7-26（a）为没有控制信号 K 时的状态，阀芯在弹簧及 P 口压力作用下关闭，阀处于排气状态；当输入控制信号 K［图 7-26（b）］时，主阀芯下移，打开阀口使 P 口与 A 口相通。可见，该阀属于常闭型二位三通阀。当 P 口与 O 口换接时，即成为常通型二位三通阀。图 7-26（c）所示为其图形符号。

② 截止式气控换向阀的特点。截止式气控换向阀和滑阀一样，包括二位三通、

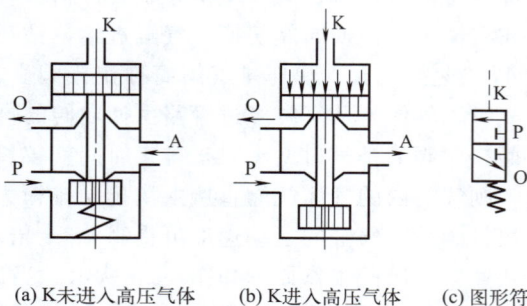

(a) K未进入高压气体　(b) K进入高压气体　(c) 图形符号

图 7-26　单气控截止式换向阀

二位四通、二位五通、三位四通、三位五通等多种形式。与滑阀相比，它的特点如下。

a. 阀芯的行程短。只要移动很小的距离，就能使阀完全开启，故阀开启时间短，通流能力强，流量特性好，结构紧凑，适用于大流量的场合。

b. 截止式气控换向阀一般采用软质材料（如橡胶）密封、阀芯始终存在背压，关闭时密封性好，泄漏量小，但换向力较大，换向时冲击力也较大，所以，不宜用在灵敏度要求较高的场合。

c. 抗粉尘及污染能力强，对过滤精度要求不高。

2）电磁控制换向阀（电磁换向阀）。气压传动中的电磁控制换向阀和液压传动中的电磁控制换向阀一样，也由电磁铁控制部分和主阀两部分组成，按控制方式不同分为电磁铁直接控制（直动）式电磁换向阀和先导式电磁换向阀两种。它们的工作原理分别与液压阀中的电磁换向阀和电液动换向阀类似，只是工作介质不同而已。

① 直动式电磁换向阀。由电磁铁的衔铁直接推动换向阀阀芯换向的阀称为直动式电磁换向阀，直动式电磁阀分为单电磁铁和双电磁铁两种，见图 7-27。单电磁铁换向阀的工作原理如图 7-28 所示。图 7-28（a）为原始状态，图 7-28（b）为通电时的状态，图 7-28（c）为该阀的图形符号。从图 7-28 中可知，这种阀阀芯的移动靠电磁铁，而复位靠弹簧，因而换向冲击较大，故一般只适宜制成小型阀。

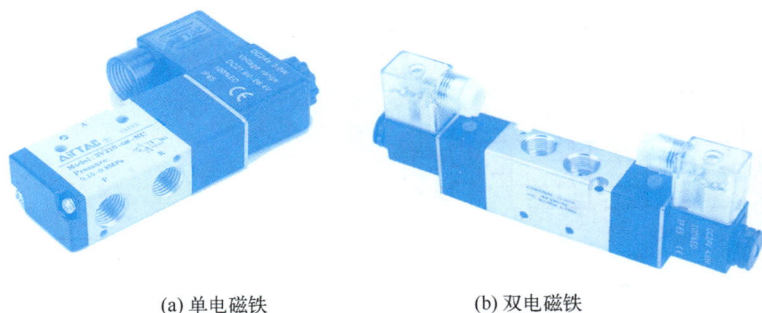

(a) 单电磁铁　　　　　　　　(b) 双电磁铁

图 7-27　直动式电磁换向阀

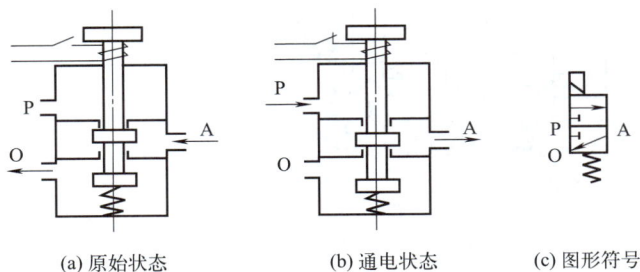

(a) 原始状态　　　　　(b) 通电状态　　　　(c) 图形符号

图 7-28　单电磁铁换向阀

若将阀中的复位弹簧改成电磁铁，就成为双电磁铁换向阀，如图 7-29 所示。图 7-29（a）为电磁铁 1 通电、电磁铁 2 断电时的状态。图 7-29（b）为电磁铁 2 通电、电磁铁 1 断电时的状态。图 7-29（c）为其图形符号。由此可见，这种阀的两个电磁铁只能交替得电工作，不能同时得电，否则会产生误动作，因而这种阀具有记忆的功能。

这种直动式双电磁铁换向阀也可构成三位阀，即电磁铁 1 得电（2 失电），电磁铁 1、2 同时失电和电磁铁 2 得电（1 失电）三个切换位置。在两个电磁铁均失电的中间位置，可形

(a) 电磁铁1通电时　　　　　　　(b) 电磁铁2通电时　　　　　(c) 图形符号

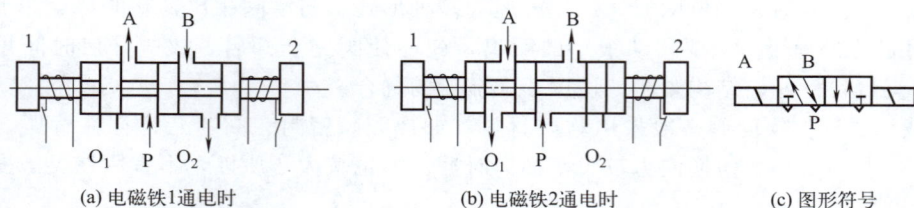

图 7-29　双电磁铁换向阀

1，2—电磁铁

成三种气体流动状态（类似于液压阀的中位机能），即中间封闭（O 型）、中间加压（P 型）和中间泄压（Y 型）。

② 先导式电磁换向阀。由电磁铁首先控制从主阀气源节流的一部分气体，产生先导压力去推动主阀阀芯换向的阀，称为先导式电磁换向阀，如图 7-30 所示。该先导控制部分实际上是一个电磁阀，称之为电磁先导阀；由它所控制的用以改变气流方向的阀，称为主阀。由此可见，先导式电磁换向阀由电磁先导阀和主阀两部分组成。一般电磁先导阀都单独制成通用件，既可用于先导控制，也可用于气流量较小时的直接控制。先导式电磁换向阀也分单电磁铁控制和双电磁铁控制两种，图 7-30 所示为双电磁铁控制的先导式电磁换向阀的工作原理，其中主阀为二位阀。主阀也可为三位阀。

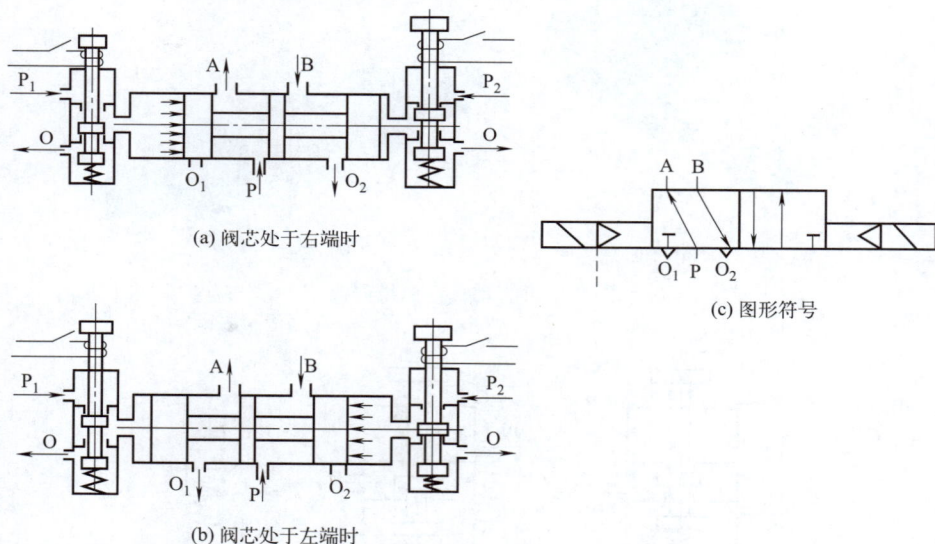

(a) 阀芯处于右端时

(c) 图形符号

(b) 阀芯处于左端时

图 7-30　双电磁铁控制的先导式电磁换向阀

3）时间控制换向阀。时间控制换向阀是使气流通过气阻（如小孔、缝隙等）节流后到气容（储气空间）中，经一定时间气容内建立起一定压力后，再使阀芯换向的阀。在不允许使用时间继电器（电控）的场合（如易燃、易爆、粉尘大等），气动时间控制就显示出了优越性。

① 延时阀。图 7-31 (a) 所示为二位三通延时换向阀，它是由延时部分和换向部分组成的。当无气控信号时，P 口与 A 口断开，A 口排气；当有气控信号时，气体从 K 口输入，经可调节流阀节流后到气容腔 a 内，使气容腔不断充气，直到气容腔内的气压上升到某一值时，阀芯由左向右移动，使 P 口与 A 口接通，A 口有输出。当气控信号消失后，气容腔内

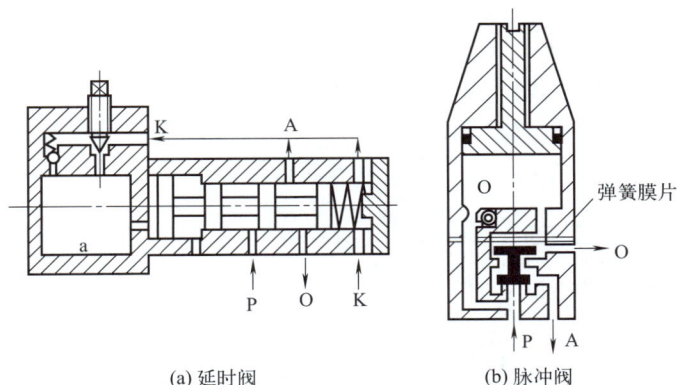

(a) 延时阀　　　　　　　(b) 脉冲阀

图 7-31　延时阀与脉冲阀

气体经单向阀到 K 口排空。这种阀的延时时间可在 $0\sim20s$ 间调整。

② 脉冲阀。图 7-31（b）所示为脉冲阀的工作原理，它是靠气流流经气阻，气容的延时作用使压力输入长信号变为短暂的脉冲信号输出的阀类。当有气压从 P 口输入时，阀芯在气压作用下向上移动，A 口有输出。同时，气流从阻尼小孔向气容充气，在充气压力达到动作压力时，阀芯下移，输出消失，这种脉冲阀的工作气压范围为 $0.15\sim0.8MPa$，脉冲时间小于 2s。

机械控制和人力控制换向阀是靠机动（行程挡块等）和人力（手动或脚踏等）来使阀切换的，其工作原理与液压阀中类似的阀基本相同，在此不再重复。

7.4.2　压力控制阀

压力控制阀主要用来控制系统中气体的压力，以满足各种压力需求或用以节能。

气压传动系统与液压传动系统的一个不同点是：液压传动系统的液压油是由安装在每台设备上的液压源直接提供，而气压传动系统则是将比使用压力高的压缩空气储于储气罐中，然后减压到适用于系统的压力。因此，每个气动装置的供气压力都需要用减压阀（在气动系统中又称调压阀）来减压，并保持供气压力值稳定。对于低压控制系统（如气动测量），除用减压阀降低压力外，还需要用精密减压阀（或定值器）获得更稳定的供气压力。这类压力控制阀当输入压力在一定范围内改变时，能保持输出压力不变。当管路中压力超过允许压力时，为了保证系统的工作安全，往往用安全阀实现自动排气，以使系统的压力下降。有时，气动装置中不便安装行程阀而要依据气压的大小来控制两个以上的气动执行机构的顺序动作，能实现这种功能的压力控制阀称为顺序阀。因此，在气压传动系统中，压力控制元件可分为三类：第一类是起降压稳压作用的减压阀、定值器；第二类是起限压安全保护作用的安全阀、限压切断阀等；第三类是根据气路压力不同进行某种控制的顺序阀、平衡阀等。所有的压力控制阀都是利用空气压力和弹簧弹力相平衡的原理来工作的。由于安全阀、顺序阀的工作原理与液压控制阀中溢流阀（安全阀）和顺序阀基本相同，所以本任务主要讨论气动减压阀（调压阀）的工作原理和主要性能。

（1）气动调压阀的工作原理　图 7-32 所示为直动式调压阀，图 7-32（a）所示为其结构原理及图形符号。当顺时针方向转动调整手柄 1 时，调压弹簧 2（实际上有 2 个弹簧）推动下弹簧座 3、膜片 4 和阀芯 5 向下移动，使阀口开启，气流通过阀口后压力降低，从右侧输出二次压力气。与此同时，有一部分气流由阻尼孔 7 进入膜片室，在膜片 4 下产生一个向上的推力与弹簧弹力平衡，调压阀便有稳定的压力输出。当输入压力 p_1 增高时，输出压力 p_2

也随之增高，使膜片 4 下的压力也增高，将膜片 4 向上推，阀芯 5 在复位弹簧 9 的作用下上移，从而使阀口 8 的开度减小，节流作用增强，使输出压力降低到调定值为止；反之，若输入压力下降，则输出压力也随之下降，膜片下移，阀口开度增大，节流作用降低，使输出压力回升到调定压力，以维持压力稳定。调整手柄 1 用以控制阀口开度的大小，即控制输出压力的大小。图 7-32（b）给出了一种集成压力表和过滤器的气动调压阀实物。

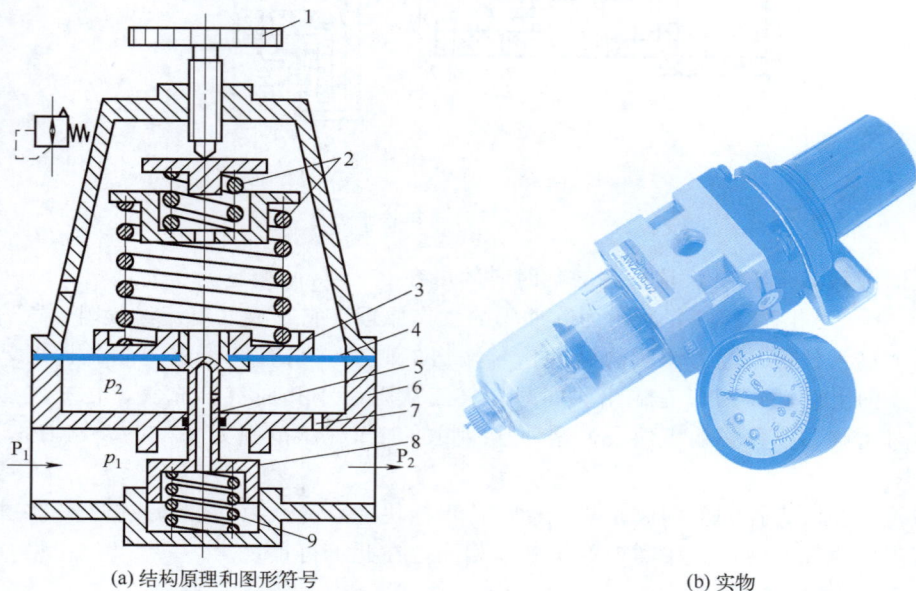

(a) 结构原理和图形符号　　　　　　　　　(b) 实物

图 7-32　直动式调压阀

1—调整手柄；2—调压弹簧；3—下弹簧座；4—膜片；5—阀芯；6—膜片室；7—阻尼孔；8—阀口；9—复位弹簧

（2）气动调压阀的基本性能

① 调压阀的调压范围。气动调压阀的调压范围是指它的输出压力 p_2 的可调范围，在此范围内要求达到规定的精度。调压范围主要与调压弹簧的刚度有关。为使输出压力在高低调定值下都能得到较好的流量特性，常采用两个并联或串联的调压弹簧。一般调压阀最大输出压力是 0.6MPa，即调压范围是 0.1～0.6MPa。

② 调压阀的压力特性。调压阀的压力特性是指流量 q 一定时，输入压力 p_1 波动从而引起输出压力 p_2 波动的特性。输出压力波动越小，表明减压阀的特性越好。如图 7-33（a）所示，输出压力 p_2 必须低于输入压力 p_1 一定值后，才基本上不随输入压力变化而变化。

③ 调压阀的流量特性。调压阀的流量特性是指输入压力 p_1 一定时，输出压力 p_2 随输出流量 q 的变化而变化的特性。很明显，当流量 q 发生变化时，输出压力 p_2 的变化越小越好。图 7-33（b）所示为调压阀的流量特性，可见，输出压力越低，它随输出流量的变化的波动就越小。

7.4.3　流量控制阀

在气压传动系统中，经常要求控制气动执行元件的运动速度，这要靠调节压缩空气的流量来实现。凡用来控制气体流量的阀，均称为流量控制阀。流量控制阀就是通过改变阀的通流截面积来实现流量控制的元件，它包括节流阀、单向节流阀、排气节流阀和柔性节流阀等。由于节流阀和单向节流阀的工作原理与液压阀中同类型阀相似，在此不再重复介绍。本节仅对排气节流阀和柔性节流阀做简要介绍。

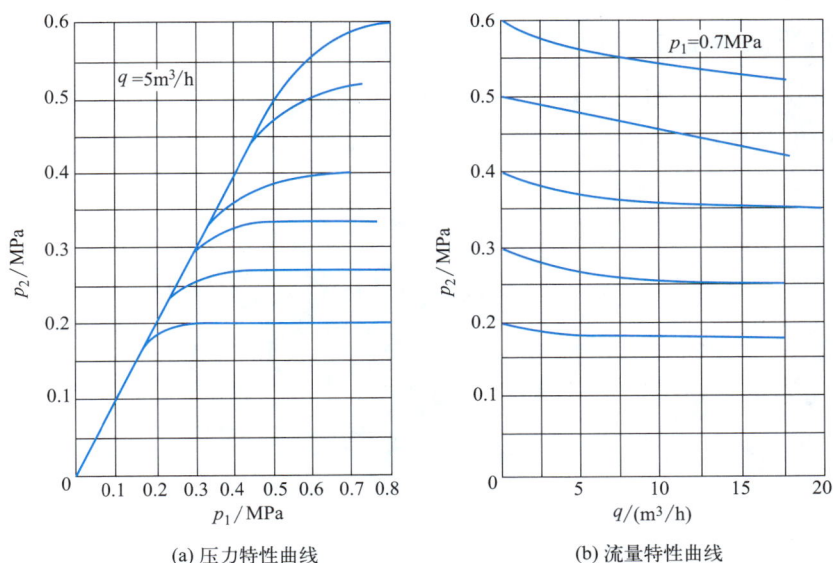

(a) 压力特性曲线 (b) 流量特性曲线

图 7-33　气动调压阀的特性曲线

（1）排气节流阀　排气节流阀的节流原理和节流阀一样，也是靠调节通流面积来调节阀的流量的。它们的区别是，节流阀通常是安装在系统中调节气流的流量，而排气节流阀只能安装在排气口处调节排入大气的流量，以此来调节执行机构的运动速度。图 7-34（a）所示为排气节流阀的工作原理，气流从 A 口进入阀内，由节流口 1 节流后经消声套 2 排出，因而它不仅能调节执行元件的运动速度，还能起到降低排气噪声的作用。

排气节流阀通常安装在换向阀的排气口处，与换向阀联用，起单向节流阀的作用。它实际上只不过是节流阀的一种特殊形式。由于其结构简单，安装方便，能简化回路，故应用日益广泛。

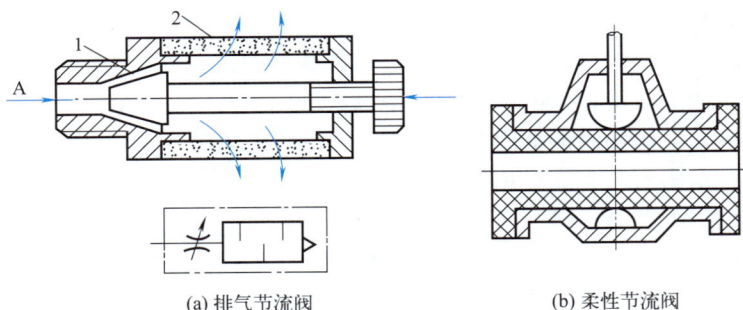

(a) 排气节流阀 (b) 柔性节流阀

图 7-34　排气节流阀和柔性节流阀

1—节流口；2—消声套

（2）柔性节流阀　图 7-34（b）所示为柔性节流阀。柔性节流阀依靠阀杆夹紧柔韧的橡胶管而产生节流作用，也可以利用气体压力来代替阀杆压缩橡胶管。柔性节流阀结构简单，动作可靠性高，对污染不敏感，通常工作压力范围为 $0.3 \sim 0.63 \mathrm{MPa}$。

应当指出，用流量控制阀控制气动执行元件的运动速度，其精度远不如液压控制高。特别是在超低速控制中，要按照预定行程变化来控制速度，只用气动是很难实现的。在外部负载变化较大时，仅用气动流量阀也不会得到满意的调速效果。为提高其运动平稳性，建议采用气液联动的方式。

7.5 汽车起重机底盘制动气动系统工作原理

（1）认识制动气室　制动气室的工作原理是通过压缩空气、膜片、弹簧、推杆等元件的协同工作，产生车轮制动器的制动力矩，从而保证行车安全。图 7-35 给出了制动气室的结构。

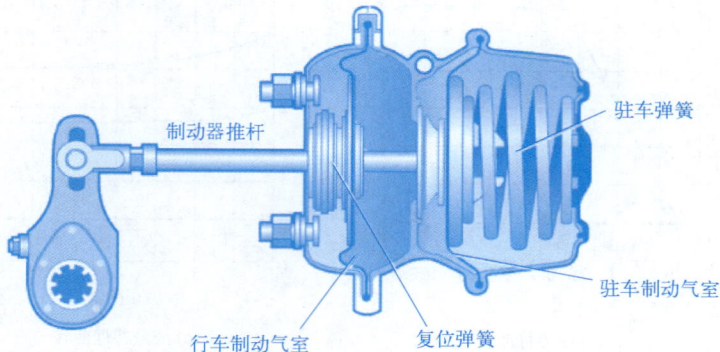

图 7-35　制动气室结构

制动气室是汽车制动气动系统的重要组成部分，其工作原理涉及多个关键组件的协同作用。首先，当行车制动时，压缩空气通过进气口进入行车制动气室的特定腔体，作用在膜片上并压缩弹簧，推杆因此推出，产生制动力矩。这种制动力矩通过连接杆作用在车轮制动器上，使车辆减速或停止。而在停车和应急制动时，手控阀使驻车制动气室内的压缩空气经特定口完全或部分地释放出去，驻车弹簧也随之完全或部分释放能量。此时，能量通过膜片、推杆及制动调整臂作用在车轮制动器上，以实现制动。正常行驶时，通过复位弹簧的调整可以实现机械放松，即在不需要压缩空气的情况下手动解除制动。

制动气室的设计考虑了力学和密封技术，以确保车辆的稳定制动。它由坚固的钢板壳体和盖组成，通过夹箍和螺栓紧密相连，形成一个稳固的外壳。壳体内部嵌有夹布橡胶膜片，将气室划分为两个独立的区域，以确保空气的隔离和控制。在未施加制动时，膜片紧密贴合在盖板上，而另一侧则与推杆上的圆盘相接触。这个圆盘与壳体的内端面之间设置有复位弹簧，确保推杆在不需要制动时能够回到原位。整个制动气室通过螺栓牢固地安装在专用支架上，以确保其稳固和有效地工作。

（2）认识手继动阀　手继动阀的典型结构如图 7-36 所示。

行车状态下，压缩气体通过手继动阀经 42 口不断向 A 腔提供气，活塞 a 及活塞 b 受压向下，打开进气阀门 d，通过 1 口从储气筒来的压缩空气经 2 口输出，与 2 口相连的弹簧制动气室被提供压缩空气，弹簧制动得以解除。

① 当行车制动排气（即弹簧制动缸动作）时，弹簧制动气室排空，如果行车制动在工作，压缩空

图 7-36　手继动阀原理

气经 41 口进入 B 腔，作用于活塞 b，由于 C 腔排空，活塞 b 向下移动，通过阀杆 c 关闭排气阀门同时打开进气阀门 d，来自 1 口的压缩空气经 C 腔到达 2 口，并进入弹簧制动气室。

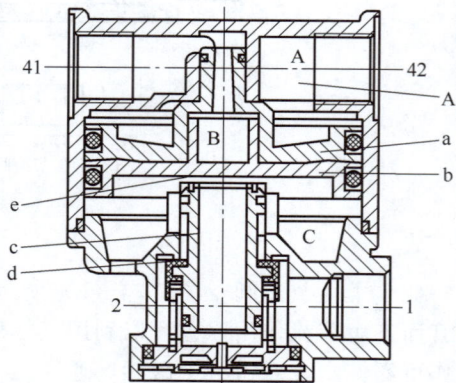

弹簧制动按行车制动压力上升的程度解除，从而避免了两种制动的重叠作用。

② 当 2 口压力上升，高于 B 腔压力时，C 腔压力推动活塞 b 上升，进气阀门 d 关闭。手继动阀处于平衡状态。

（3）汽车起重机底盘制动气动系统工作原理　压缩空气的产生与储存：发动机驱动空气压缩机工作，将空气压缩成高压气体并储存于储气筒 21、22、23 内。

当汽车正常行驶时，脚制动阀处于关闭状态，手制动阀处于接通状态，回路储气筒 23 高压气体作用到手继动阀 42 口上，手继动阀处于接通状态，压缩空气通向手继动阀 2 口进入二轴与三轴左右行车制动气室 12 中，推动复位弹簧，推杆松开制动器，解除驻车制动。

当汽车行驶过程中踩下制动器减速时，打开脚制动阀，压缩空气分别作用在一轴脚继动阀与二、三轴脚继动阀的 4 口，脚继动阀 1、2 口打通，高压气体进入一轴右气室和二轴、三轴左右气室 11 口，实现制动减速。

当汽车停止时，手制动阀断开，切断储气筒与继动阀之间的通路，实现驻车制动。

7.6　汽车起重机底盘制动气动系统典型故障分析

分析：汽车起重机出现制动效果下降现象，检查鼓式制动系统工作正常，因此，排除鼓式制动系统故障后，更可能产生问题的原因在于压力传递过程及载重超出制动性能指标。

（1）主要原因

① 严重超载。严重超载会增加车辆运动的惯性，导致制动距离增加甚至制动失灵。

② 操作不当。长时间下坡或高速状态下频繁踩制动器会使制动片摩擦生热、制动盘磨损，导致制动系统温度升高，甚至产生气阻，影响制动效果。

③ 制动系统问题。缺乏必要的保养会导致制动系统杂质多、密封不严，进而影响制动效果。

④ 制动系统进水或杂质：更换制动液前未清洗系统会导致制动主缸皮碗泡胀，影响制动效果。

（2）预防和维护措施

① 定期保养：定期检查和清洗制动系统。

② 避免超载：严格遵守装载规定，避免超载。

③ 正确操作：避免长时间下坡或高速状态下频繁踩制动器，注意制动器气压，防止抱死。

工作实施

见"相关知识"部分内容。

练习题

7-1　简述活塞式空气压缩机的工作原理。

7-2　气缸按结构特点可分为哪几类？选择气缸的主要步骤有哪些？

7-3　气马达有几种类型？简述气马达的优缺点。

7-4　简述冷却器的工作原理。

7-5　单作用气缸内径 $D = 63\text{mm}$，复位弹簧最大反力 $F = 150\text{N}$，工作压力 $p = 0.5\text{MPa}$，负载效率为 0.4，求该气缸的推力为多少？

7-6　有一气缸，当信号 A、B、C 中任一信号存在时，都可使其活塞返回，试设计其控制回路。

7-7 指出题7-7图所示各元件的名称，并分析回路的工作过程。

7-8 试分析题7-8图所示槽形弯板机的气压传动系统，其动作顺序为 $A_1 \begin{Bmatrix} B_1 \\ C_1 \end{Bmatrix} \begin{Bmatrix} D_1 \\ E_1 \end{Bmatrix} \begin{Bmatrix} A_0 & B_0 D_0 \\ C_0 E_0 \end{Bmatrix}$。

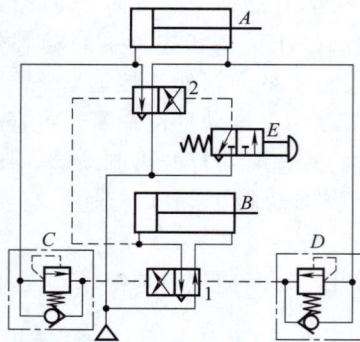

题 7-7 图

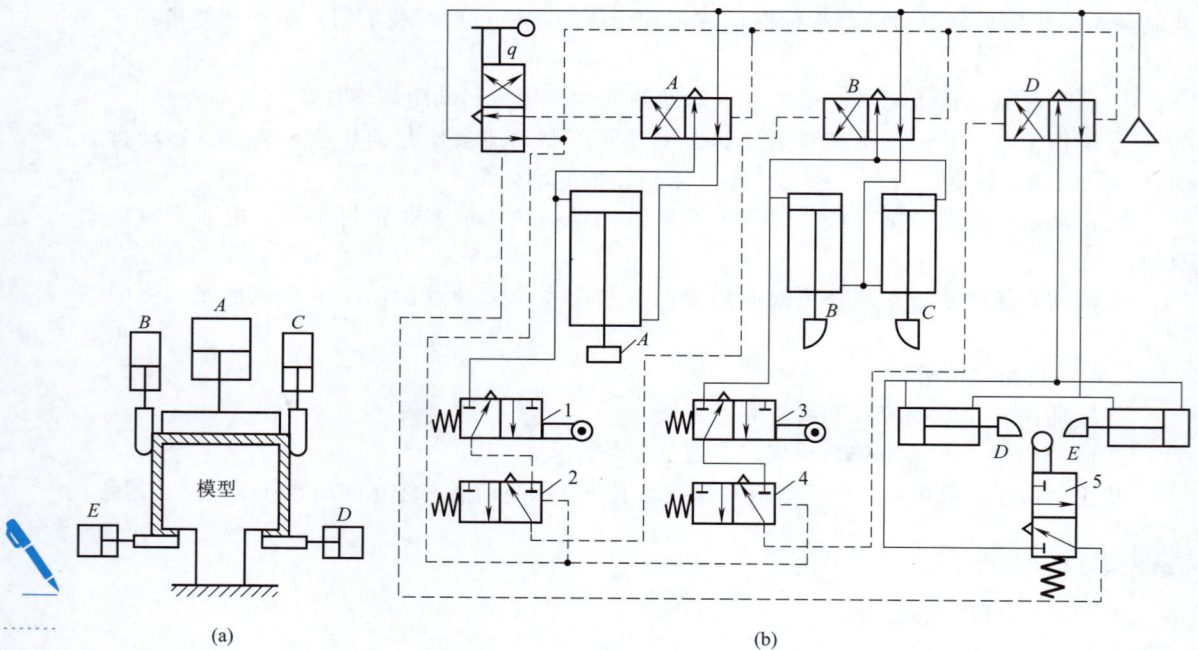

(a)　　　　　　　　　　　　(b)

题 7-8 图

阅读下面文章，谈谈你对"工匠精神"的认识和看法。

[1] 魏会超. 创新共同体：工匠精神与技术变革的历史互动及对职业教育的启示 [J]. 职业技术教育，2021 (22)：20-25.

[2] 丁美龙. 现代学徒制试点中工匠精神的内化培养策略 [J]. 职业技术教育，2021 (11)：72-75.

汽车起重机变幅系统仿真

📖 学习目标

1. 掌握使用液压仿真软件搭建模型的基本操作，能够基于汽车起重机变幅液压回路图正确创建液压系统仿真模型；

2. 掌握使用液压仿真软件分析系统性能参数的技能，能够分析不同参数下的汽车起重机变幅液压系统特性。

📋 任务书

经过几个月的努力，完成了起重机的设计工作，但欲知道起重机的真实性能，还需要试验调试才行。试验是一项费时费力的工作，还有一定的风险。而仿真可以让人们通过使用计算机了解液压系统的性能，不仅成本低，而且没有安全风险。

任务：请根据图 1-3 所示的液压原理搭建变幅液压系统的仿真模型，并对其基本性能进行分析。

📚 自主探索

请自行查阅有关资料，完成如下问题。

引导问题 1：使用仿真技术的好处是什么？

引导问题 2：在 Automation Studio™ 软件中，管路使用多种颜色表示的目的是什么？

引导问题 3：在 Automation Studio™ 软件中，压力使用什么单位表示？

引导问题 4：在 Automation Studio™ 软件中，可以查看哪些仿真后的参数？

引导问题 5：常用的液压仿真软件有哪些？各有什么特点？

📝 相关知识

仿真是人们对现实系统的属性进行的某种程度的抽象建模。人们利用理论模型进行试验，对现实系统进行研究，从中得到所需的信息，以便更好地理解并进一步预测现实系统的某些性能，进而做出修正和决策。

在系统设计过程中，仿真软件是一个强有力的开发工具。随着计算机技术的不断发展，仿真软件的精确性、可靠性和界面的友好性有了很大的进步。利用工作站甚至个人计算机就可以对设计的系统进行分析和评估，预测系统的性能，以便及时修正和完善系统的设计，进行系统优化，从而缩短设计周期，解决传统液压系统试验费用高和难度大等问题，降低由于设计不当而造成的各种风险。因此，了解和利用计算机仿真技术，对所设计的液压系统进行整体分析和性能评估，有着重要的现实意义和经济意义。

8.1 Automation Studio™ 软件

Automation Studio™ 是一款综合仿真软件，可以模拟包括液压、气动、电气控制、可编程逻辑控制器（PLC）、顺序功能图（SFC）等多个领域的回路和技术。该软件可动态仿真回路，观察组件与电路之间的关系，控制实际硬件，具有组件剖面动态演示功能，提供了一个涵盖多学科领域、仿真过程形象直观的软件环境。Automation Studio™ 的特点是支持多领域建模仿真，包含机、电、液、电磁、控制等多个学科领域。同时，具有易操作的图形化用户操作界面及实时仿真功能。元件模型在软件中用图标表示，由计算机自动生成回路的仿真描述文件和程序，用户可实时看到仿真动作。

该软件由几个模块和库组成，而这些库可以根据使用者的具体需要进行添加。每个库包含有数百个 SO、IEC、JIC 和 NEMA 的兼容符号。因此，用户可以选择合适的组件并且将其拖拽至工作区，从而快速创建任何类型的系统。系统可由诸如液压、气动、电气之类的单一系统构成，也可以由上述的两种或多种子系统构成。

Automation Studio™ 具有编辑、模拟、打印、文件管理和显示等功能，还具有访问技术和商业数据的功能。

图 8-1 所示为 Automation Studio™ 启动后的主窗口。

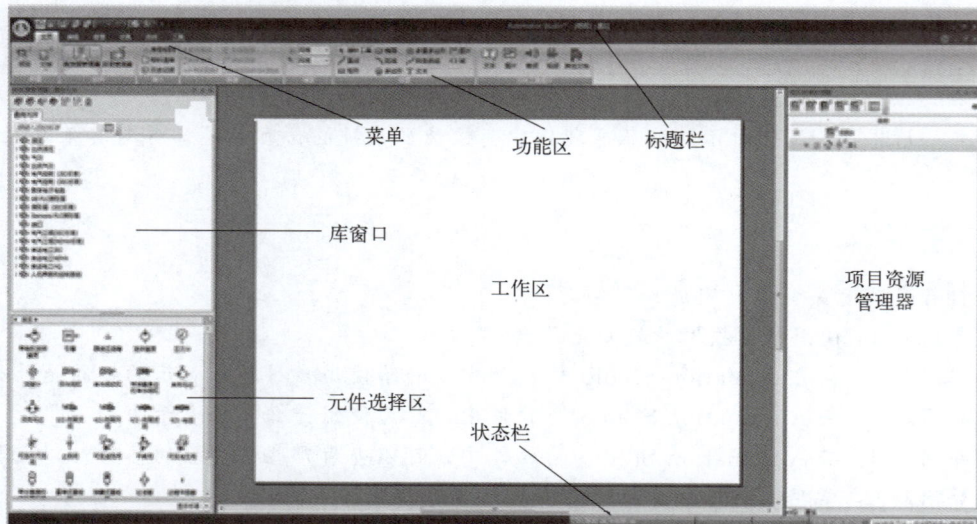

图 8-1 Automation Studio™ 启动后的主窗口

8.2 Automation Studio™ 软件界面

本节对 Automation Studio™ 软件主窗口的内容做简要说明。从图 8-1 中可以看出，除最明显的工作区之外，主窗口还包括标题栏、Automation Studio™ 菜单、功能区、库窗口、元件选择区和状态栏等。此外，还有用于调整工作区的横向滚动条和纵向滚动条。

（1）标题栏　启动 Automation Studio™ 软件后，图表编辑器的标题栏在默认情况下会显示为"Automation Studio™ - [项目1：图1]"，见图8-2。当第一次保存或者打开一个当前项目时，标题栏会以同样的格式显示出"本软件的名称-[项目名称：图表名称]"。

图 8-2　Automation Studio™ 软件的标题栏

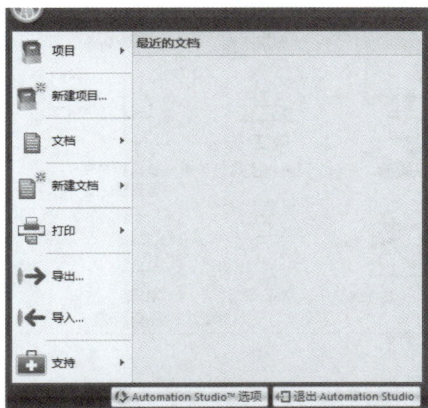

图 8-3　Automation Studio™ 菜单

（2）菜单　点击主窗口左上角的 Automation Studio™ 图标，即可弹出如图 8-3 所示的 Automation Studio™ 菜单。

Automation Studio™ 软件的所有菜单都集中于此，因此，所有的项目管理功能也集中于此。点击不同的项目，可以弹出不同的功能。

如图 8-3 所示，菜单窗口底部有两个功能按钮："Automation Studio™ 选项"和"退出 Automation Studio"。前者用于修改应用程序的配置，后者用来关闭应用程序。

（3）功能区　功能区里集成了多种功能和命令按钮，根据选用的选项卡的不同，功能区显示的功能也会相应自动变化和调整。图 8-4 所示为选中"编辑"选项卡时的功能区。

图 8-4　选中"编辑"选项卡时的功能区

（4）库窗口　库窗口采用树状视图对软件拥有的库进行显示，可以通过选择目录进行定位。点击相应的库名称前面的箭头，可以在树状视图的分支中显示可用的元件。如图 8-1 所示，Automation Studio™ 软件主要包含的模块和库有液压、比例液压、气动、电气控制、数字电子电路、人机界面和控制面板、梯形图等。除这些自带的库和模块之外，使用者也可以自行创建、管理新库和新元件。

（5）元件选择区　在使用软件时，用鼠标指针在库窗口中选用库后，左下角的元件选择区会自动切换至对应的库。液压库中包含的元件见图 8-5。元件以图形符号的形式显示在库中以供使用者调用，同时，在符号下方标注了名称。在本书中，主要使用液压库创建相关的仿真模型。

（6）状态栏　状态栏显示了对选定的所有功能的菜单和命令的说明。状态栏还包括指示模拟或者编辑应用模式的单元信息，也包括具体的按键，如大写锁定、数字锁定、工作区缩放等。鼠标指针在工作区中具体的实时位置信息也显示在状态栏中。

（7）项目资源管理器　项目资源管理器可以控制所有与已经打开的项目及其文档的相关的管理功能。与选定文档相关的上下文菜单使创建、显示、保存、导入/导出、发送、模拟文档以及全部和部分打印文档成为可能。

项目资源管理器由最上方的工具栏、中间最大的部分（称为树状视图）以及状态栏组成。

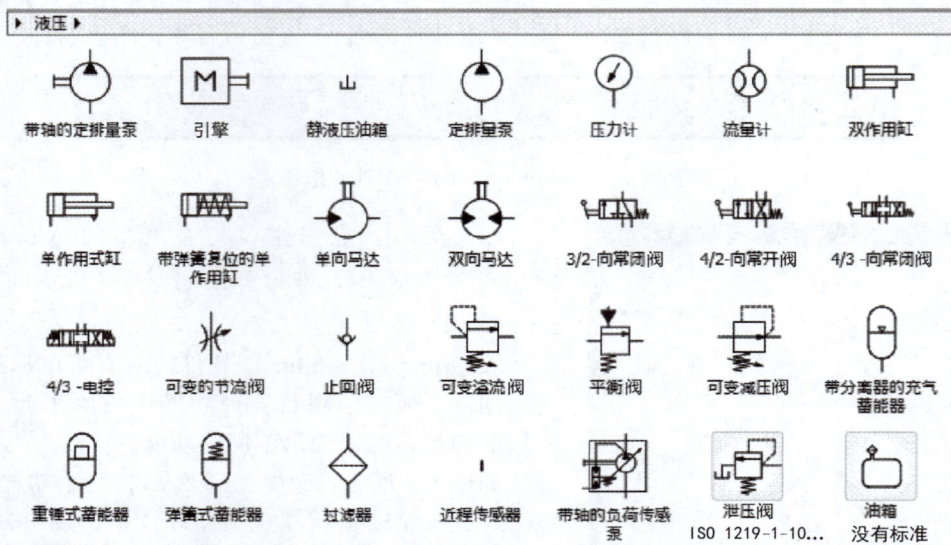

图 8-5　液压库中的元件

8.3　实例操作

建立如图 8-6 所示的液压系统，进行仿真分析。

如图 8-6 所示，该液压系统主要由液压泵、溢流阀、节流阀、换向阀、液压缸及辅助元件组成。液压泵 3 为系统提供油液；换向阀 6 为三位四通手动换向阀，用于控制液压缸 7 的伸缩运动；节流阀 4 控制液压缸 7 的运动速度；溢流阀 5 用于保护系统，使其压力不要过高；过滤器 2 用于防止污染物被吸入液压泵 3 内。系统的主要参数见表 8-1。

（1）仿真模型的建立

① 启动 Automation Studio™ 软件，得到如图 8-1 所示的窗口。

② 在图 8-1 所示的窗口中选择液压库。

③ 在元件选择区，用鼠标指针拖动油箱、过滤器、液压泵、溢流阀、节流阀、换向阀和液压缸等元件的图标至工作区，完成后的仿真模型草图如图 8-7 所示。如有需要，可以使用鼠标指针对相应元件的图标进行拖动，将其移动至合适的位置。如有需要，在软件的功能区里点击"查看"选项卡，勾选"网格"复选框，如图 8-8 所示，这时工作区中将会出现网格。勾选"网格"后的效果如图 8-7 所示。网格可以帮助准确定位每个元件的位置。

④ 连接管路。用鼠标左键点击散布在工作区中的元件的圆圈触头可以拉出管路。将鼠标指针移至要连接的元件的端口时，光标会增加一个圆环，点击即可完成管路的连接。管路连接完后的液压系统的仿真模型如图 8-9 所示。

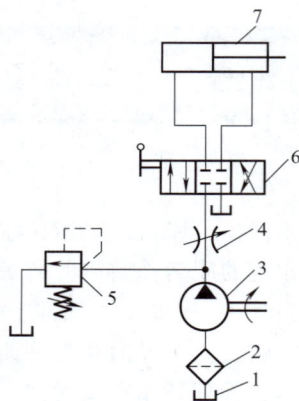

图 8-6　汽车起重机变幅液压系统简图

1—油箱；2—过滤器；3—液压泵；4—节流阀；5—溢流阀；6—换向阀；7—液压缸

表 8-1　液压系统主要参数

元件名称	参数	值
溢流阀	开启压力/MPa	10
液压缸	缸径/mm	100
	杆径/mm	50
	行程/mm	500
	伸出时阻力/N	10000
	缩回时阻力/N	2000
液压泵	排量/(mL/r)	20
	转速/(r/min)	1000
节流阀	内径/mm	10

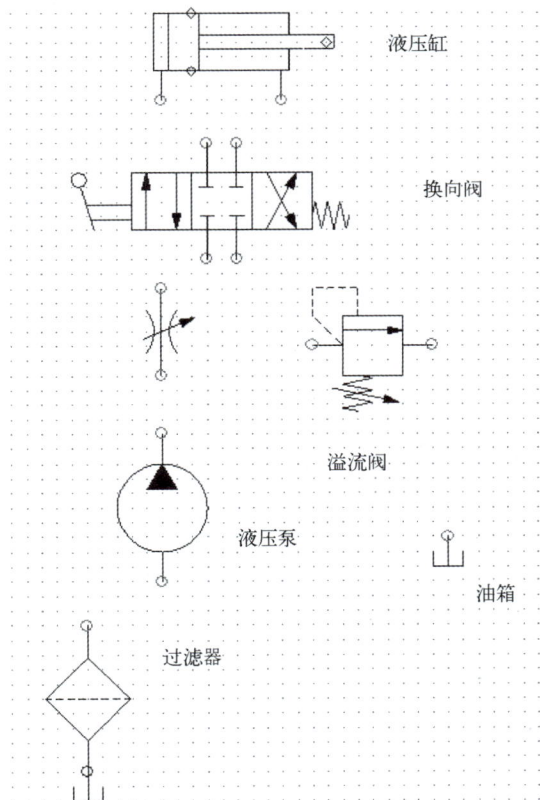

图 8-8　"查看"选项卡下的"网格"功能

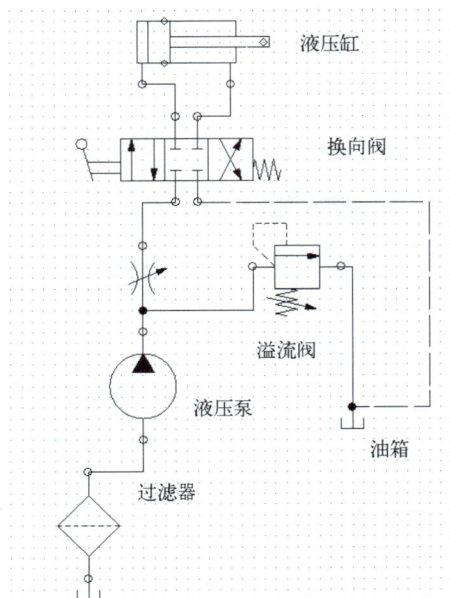

图 8-7　仿真模型草图

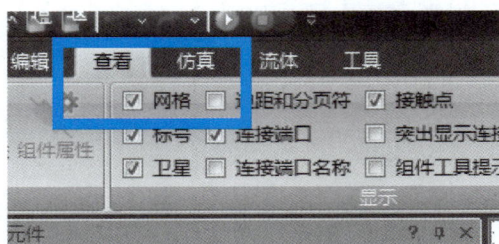

图 8-9　管路连接完后的液压系统仿真模型

　　根据功能的不同，液压系统中的管路可以分成高压管路、先导管路、泄漏管路、回油管路等多种类型。在 Automation Studio™ 软件中，也可以对系统的管路进行分类显示。在工作区的空白处用鼠标右键点击，在"管路功能"中可以将管路分成"压力""先导管线""排放管线""负荷传感管线""返回管线"等类型，见图 8-10。在本项目中，将换向阀回油至油箱的管路定义成"返回管线"，该管路显示为虚线。

有时候，需要对管路进行调整。用鼠标指针选中需要调整的管路，被选中的管路就会显示出若干个控制点，如图 8-11 所示。使用鼠标指针对控制点进行拖动，即可对管路的位置和走向进行调整。

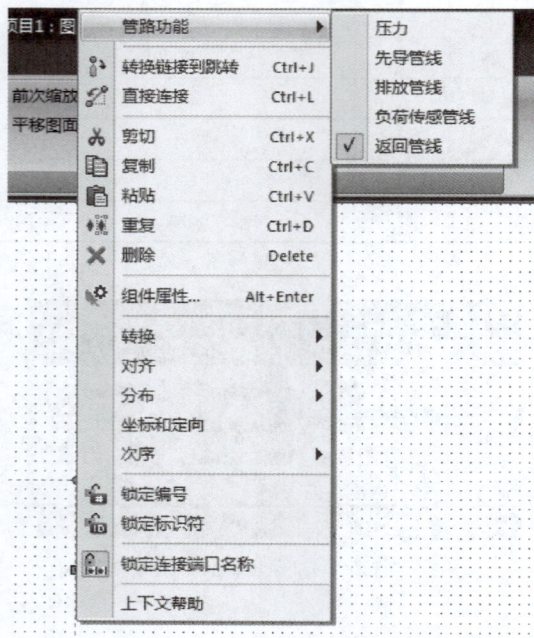

图 8-10 Automation Studio™ 软件中的管路类型

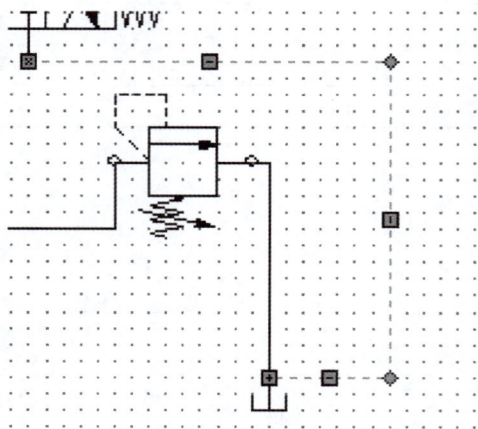

图 8-11 管路的调整

（2）模型参数设置

① 溢流阀的参数设置。双击溢流阀的图标，出现参数设置对话框，如图 8-12 所示。在

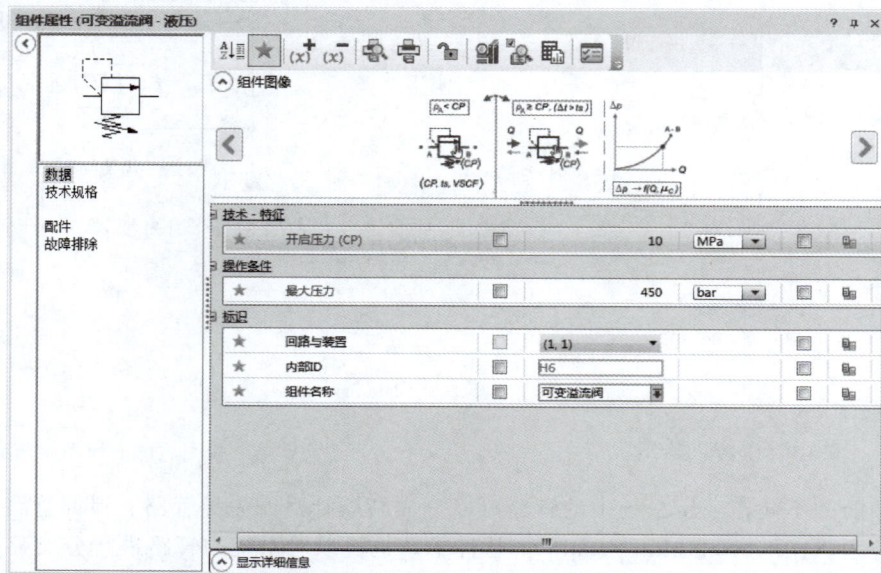

图 8-12 溢流阀的开启压力设定

参数设置对话框里，可以选择的单位有 Pa（帕斯卡）、bar（巴）、psi（磅每平方英寸）、atm（工程大气压）、MPa（兆帕）、kgf/cm^2（公斤力平方厘米）。在本项目中，设置溢流阀的开启压力为 10MPa。设置完成后，点击右上角的关闭按钮即可自动保存参数。

② 液压缸的参数设置。双击液压缸的图标，即可打开如图 8-13 所示的参数设置窗口。具体的项目及说明见表 8-2。

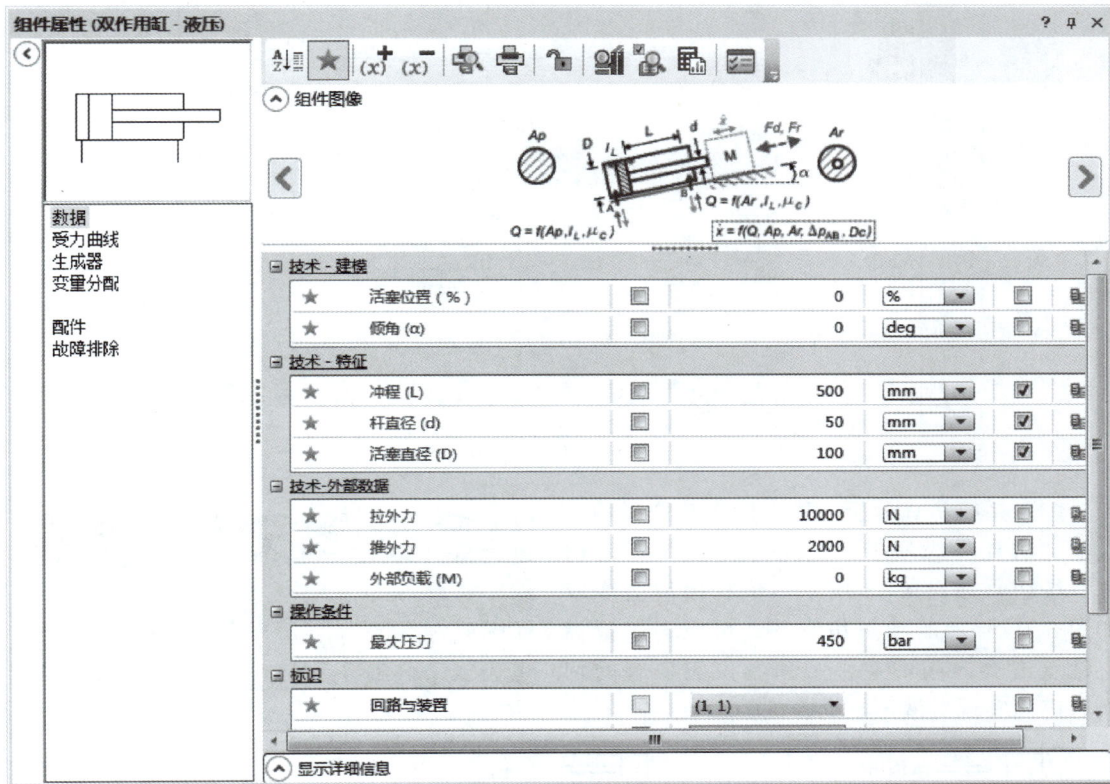

图 8-13　液压缸的参数设置窗口

表 8-2　液压缸的参数说明

组别	项目	说明
技术-建模	活塞位置	活塞的初始停留位置
	倾角	液压缸的角度
技术-特征	冲程	液压缸的行程
	杆直径	液压缸活塞杆的直径
	活塞直径	液压缸活塞的直径
技术-外部数据	拉外力	液压缸活塞杆缩回时的负载
	推外力	液压缸活塞杆伸出时的负载

　　根据表 8-1 中液压缸的参数对仿真模型中液压缸的参数设置完成后关闭窗口。

③ 液压泵的参数设置。双击液压泵的图标，即可打开如图 8-14 所示的参数设置窗口。根据表 8-1 中液压泵的参数，将仿真模型中液压泵的排量设置成 20 "cm^3/rev"（等效成 mL/r）后关闭窗口即可。

④ 节流阀的参数设置。双击节流阀的图标，将节流阀的内径设置为 10mm。此设置比较简单，不再赘述。

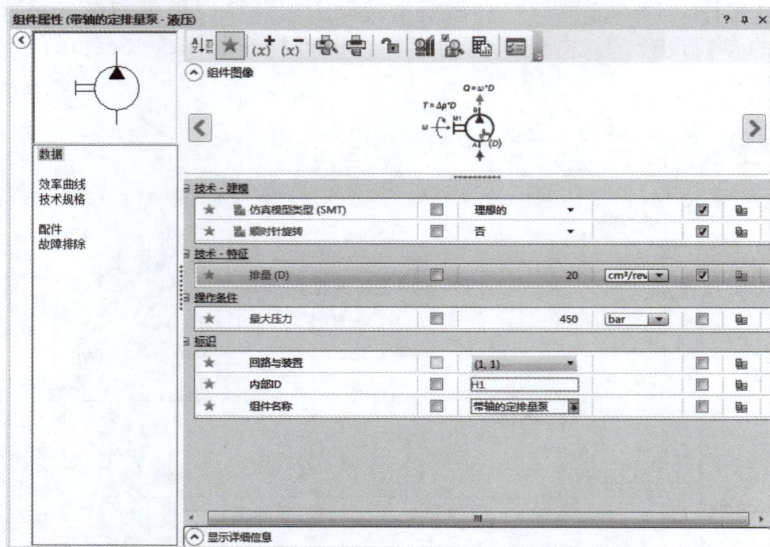

图 8-14　液压泵的参数设置窗口

（3）系统仿真分析　用鼠标指针选择功能区的"仿真"选项卡，点击左侧的"正常仿真"按钮，如图 8-15 所示，仿真模型会变成如图 8-16 所示的动态仿真图。可以通过鼠标左键点击换向阀的左、中和右位实现阀的切换，进而实现对液压缸动作的控制。

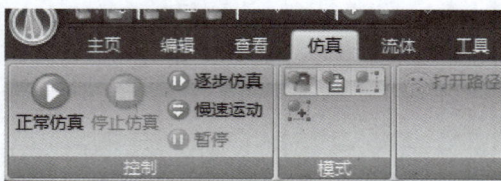

图 8-15　"仿真"选项卡的"正常仿真"

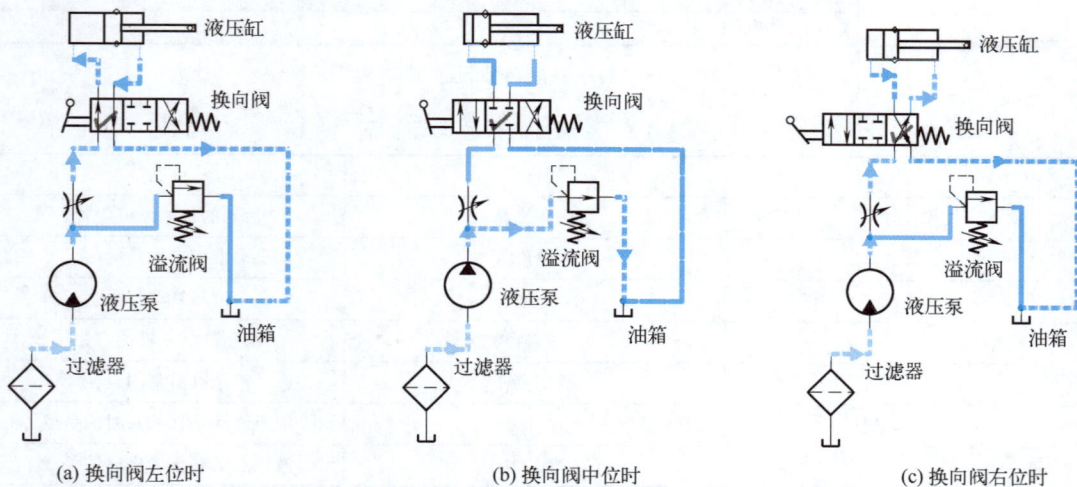

(a) 换向阀左位时　　　　　　　　　　(b) 换向阀中位时　　　　　　　　　　(c) 换向阀右位时

图 8-16　系统动态仿真图

在软件的动态仿真图中，红色表示高压管路，蓝色表示压力较低的管路，绿色表示吸油管路，箭头的方向表示油液的流动方向。

从图 8-16（a）中可以看出，当换向阀左位工作时，液压泵从油箱中吸油，排出的高压油液经节流阀、换向阀的左位进入液压缸的无杆腔，有杆腔的油液流出，经换向阀的左位流回油箱。在仿真的计算机屏幕上可以看到液压缸活塞杆伸出的动画。与之类似，从图 8-16（c）中可以看到液压缸活塞杆缩回的有关情况。当液压缸的活塞杆伸出或缩回到端点时，液压泵排出的油液全部经溢流阀回油箱。

当换向阀处于中位工作时，如图 8-16（b）所示，液压缸停止运动，液压泵排出的油液全部经溢流阀回油箱。

（4）节流阀的调速作用分析 从图 8-16 中还可以看出，不论液压缸的活塞杆是处于伸出还是缩回的状态，只要是运动过程中液压泵排出的油液就全部进入了液压缸，没有经溢流阀回油箱的部分。这说明此时节流阀没有起到调节系统流量的作用。这是因为节流阀的内径

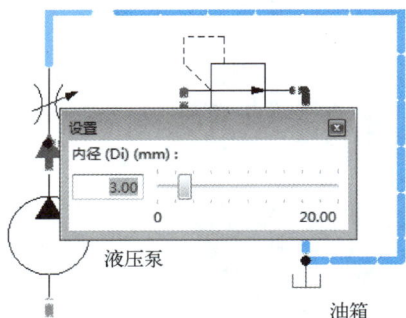

图 8-17　节流阀内径修改窗口

为 10mm，相对于液压泵的流量 120 L/min 来说，这是一个比较大的数值。节流阀产生的节流阻力较小，再加上液压缸的负载较小，故液压泵的全部流量都可以经节流阀流入液压缸，节流阀前的压力没有升高到溢流阀的开启压力（本项目为 10MPa）。

下面尝试将节流阀的内径变小再进行仿真分析。

用鼠标左键直接点击节流阀的图标，弹出节流阀的内径参数设置窗口，如图 8-17 所示，将内径改为 3mm。完成后直接关闭窗口即可。

修改参数后的动态仿真图如图 8-18 所示。从图 8-18 中可以看出，节流阀的内径变小后，液压泵排出的油液将分成两部分：一部分经换向阀进入液压缸；另一部分经溢流阀回油箱。这是因为节流阀的内径变小后，对油液产生了较大的阻力，导致节流阀前的压力达到了溢流阀的开启压力。溢流阀开启后，部分油液经溢流阀回油箱。此时，液压缸的速度较修改参数前的工况（节流阀的内径为 10mm）变慢。

从以上的分析可以定性地知道液压缸运动速度的快慢，但是并不能了解准确的运动参

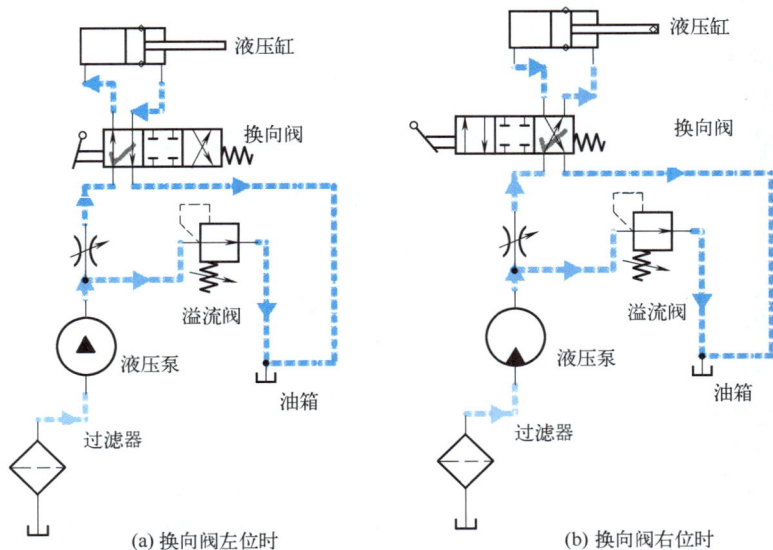

(a) 换向阀左位时　　　　　　　　(b) 换向阀右位时

图 8-18　节流阀内径为 3mm 情况下系统动态仿真图

数。下面将讲解如何获取准确的仿真数据。

（5）液压缸的运动参数分析　在实际的工作过程中，很多参数都是以时间为坐标进行表示的，例如位移、速度等。在 Automation Studio™ 软件中，如何获得这样的数据呢？

如图 8-19 所示，在功能区的"仿真"选项卡中，点击"y（t）绘图仪"按钮，弹出的 Yt 绘图仪窗口如图 8-20 所示。这个窗口可以用来显示以时间为坐标的仿真数据。

图 8-19　"y（t）绘图仪"按钮

用鼠标指针选中液压缸的图标，拖拽图标至 Yt 绘图仪窗口，得到图 8-21 所示的显示数据选择窗口。在此可以对希望显示的数据进行选择，完成后点击右下角的 图标。本项目中，仅选中"线性位置"复选框，表示液压缸活塞的位移。

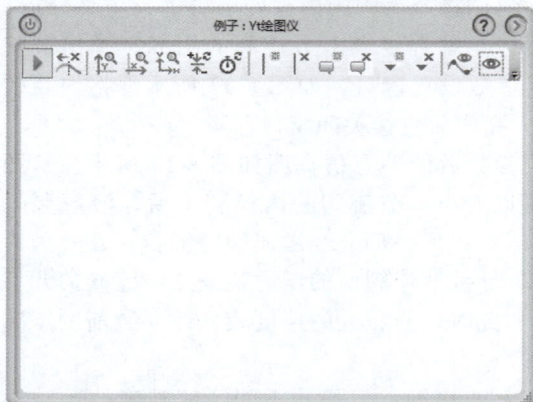

图 8-20　Yt 绘图仪窗口

图 8-21　显示数据选择窗口

图 8-22 所示为液压缸活塞位移曲线。图 8-22（a）和图 8-22（b）分别显示了两种不同情况下液压缸活塞杆两次伸缩时的位移变化情况。每次伸缩运动都包括伸出、停止和缩回三个阶段。图 8-22（a）所示为节流阀内径 10mm 时的运动情况，活塞杆伸出约耗时 2s，缩回

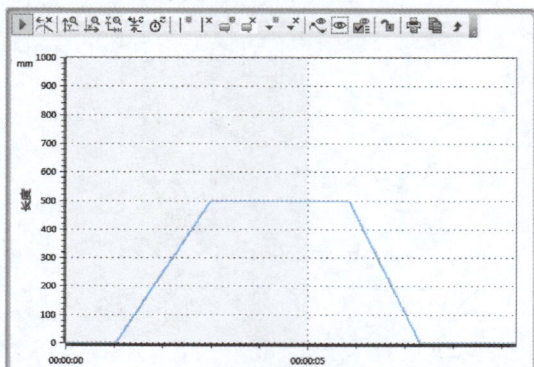

(a) 节流阀内径10mm时

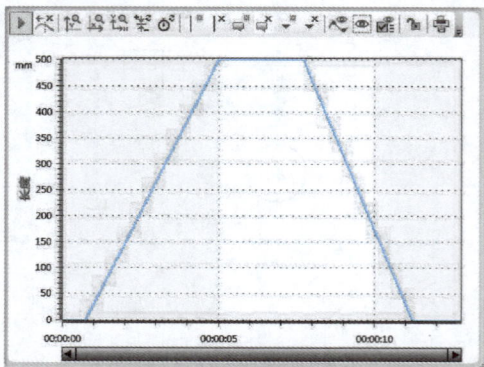

(b) 节流阀内径3mm时

图 8-22　液压缸活塞位移曲线

耗时约 1.5s。图 8-22（b）所示为节流阀内径 3mm 时的情况，活塞杆伸出约耗时 4s，缩回耗时约 2.5s。从图 8-22 中可以明显看出，液压缸活塞在第一种情况下的运动速度大于第二种情况下的运动速度，这是由于节流阀的内径变化造成流量变化引起的。还可以分析得出活塞杆伸出耗时大于缩回耗时，这是因为液压缸无杆腔的面积大于有杆腔的面积造成的。

　　图 8-23 所示为节流阀内径 3mm 时液压缸活塞运动（线性）速度与流量曲线，实线为活塞运动速度曲线，虚线为流量曲线。从图 8-23 中可以看出，液压缸活塞运动速度与流量同步变化。当活塞运动速度为正时，流量为负值，这是因为流量的方向定义引起的。当进入液压缸无杆腔的流量约为 40L/min 时，液压缸活塞运动速度约为 120mm/s。可以根据表 8-1 中的数据进行计算，计算结果与仿真结果基本吻合。液压泵排出的流量仍然为 120L/min，多余的流量经溢流阀回油箱。

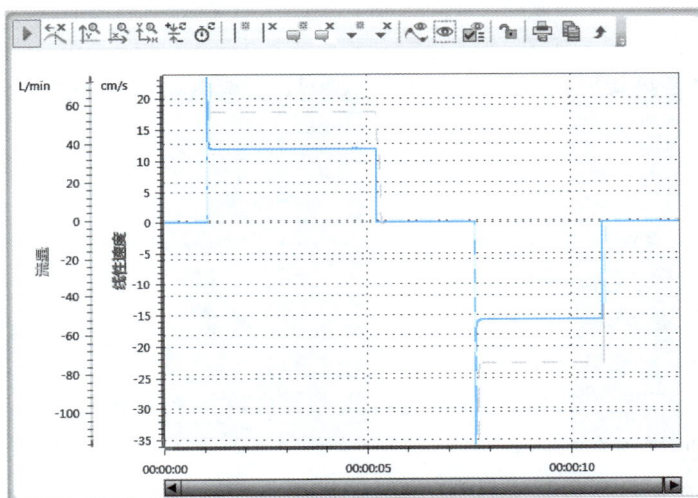

图 8-23　节流阀内径 3mm 时液压缸活塞运动速度与流量曲线

图 8-24 所示为节流阀内径 10mm 时液压缸活塞运动（线性）速度与流量曲线，实线为

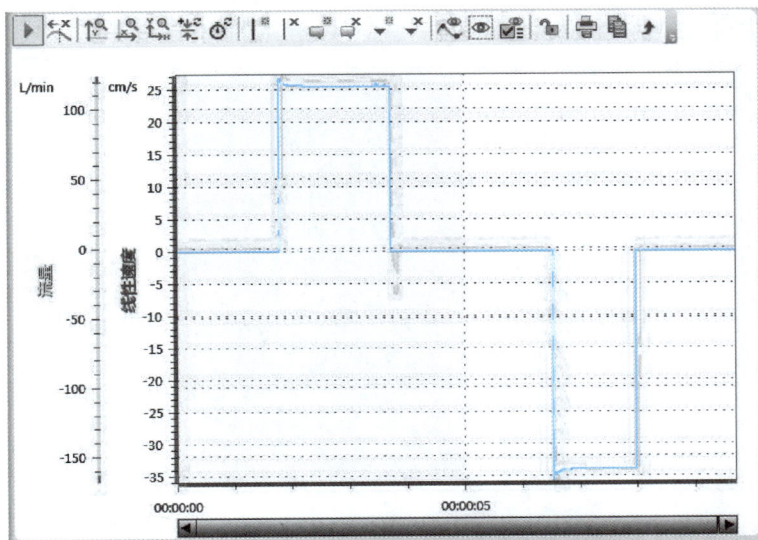

图 8-24　节流阀内径 10mm 时液压缸活塞运动速度与流量曲线

活塞运动速度曲线，虚线为流量曲线。从图 8-24 中可以看出，液压缸活塞运动速度与流量同步变化。因为此时节流阀的内径很大，在节流阀前压力小于 10MPa 的情况下足够 120L/min 的流量通过。当进入液压缸无杆腔的流量为 120L/min 时，液压缸活塞运动速度约为 250mm/s。可以根据表 8-1 的数据计算活塞的理论运动速度，计算结果与仿真结果基本吻合。此时没有多余的流量经溢流阀回油箱。

以上内容以最简单的方式呈现了 Automation Studio™ 软件进行液压系统仿真的基本方法，显示出 Automation Studio™ 软件的直观性和易用性，这对于液压与气动技术的初学者来说极为重要，有助于其加深对基本知识和抽象概念的理解，以便进一步地深入探索。本项目以基本操作为主，对很多细节和内容的描述不够清晰和完整。读者如果想系统地掌握和使用软件，还需要查阅更多的参考资料。

工作实施

根据液压原理图搭建变幅液压系统的仿真模型，并对其基本性能进行分析。可参见"相关知识"部分内容。

素质提升

阅读下面文章，谈谈你的就业与择业观。

[1] 龙兴发，施春华，安彦东，等 . 大学生择业效能感在专业认同和主观幸福感关系中的中介作用 [J]. 职业与健康，2025（1）：106-111.

[2] 王飞鹏，贺琼，肖鹏燕，等 . 新时代大学生的就业价值观调查评析 [J]. 中国人事科学，2024（6）：84-92.

附录 ▶▶

常用流体传动系统与元件图形符号
（摘自GB/T 786.1—2021）

附录一　液压泵、液压马达和液压缸

描述	图形符号	描述	图形符号
变量泵（顺时针单向旋转）		变量泵（双向流动，带有外泄油路，顺时针单向旋转）	
变量泵/马达（双向流动，带有外泄油路双向旋转）		定量泵/马达（顺时针单向旋转）	
手动泵（限制旋转角度，手柄控制）		摆动执行器/旋转驱动装置（带有限制旋转角度功能，双作用）	
变量泵（先导控制，带压力补偿功能，外泄油路，顺时针单向旋转）		变量泵（带有复合压力/流量控制，负载敏感性，外泄油路，顺时针单向驱动）	
单作用单杆缸（靠弹簧力回程，弹簧腔带连接油口）		双作用单杆缸	
双作用双杆缸（活塞杆直径不同，双侧缓冲，右侧缓冲带调节）		单作用柱塞缸	
单作用多级缸		双作用多级缸	
双作用带式无杆缸（活塞两端带有位置缓冲）		行程两端带有定位的双作用缸	

附录二 液压控制元件

1. 单向阀和梭阀

描述	图形符号	描述	图形符号
单向阀(只能在一个方向自由流动)		单向阀(带有弹簧复位,只能在一个方向流动,常闭)	
液控单向阀(带有弹簧复位,先导压力控制,双向流动)		双液控单向阀	
梭阀(逻辑为"或",压力高的入口自动与出口接通)			

2. 方向控制阀

描述	图形符号	描述	图形符号
二位二通方向控制阀(双向流动,推压控制,弹簧复位,常闭)		二位二通方向控制阀(电磁铁操纵,弹簧复位,常开)	
二位四通方向控制阀(电磁铁控制,弹簧复位)		二位三通方向控制阀(电磁控制,无泄漏)	
二位三通方向控制阀(单向行程的滚轮杠杆控制,弹簧复位)		二位三通方向控制阀(单电磁铁操纵,弹簧复位)	
二位三通方向控制阀(单电磁铁操纵,弹簧复位,手动越权锁定)		二位四通方向控制阀,单电磁铁操纵,弹簧复位,手动越权锁定	
二位四通方向控制阀(双电磁铁操纵,带有锁定机构,也称脉冲阀)		二位四通方向控制阀,(电液先导控制,弹簧复位)	
三位四通方向控制阀(电液先导控制,先导级电气控制,主级液压控制,先导级和主级弹簧对中,外部先导供油,外部先导回油)		三位四通方向控制阀(双电磁铁控制,弹簧对中)	
二位四通方向控制阀(液压控制,弹簧复位)		三位四通方向控制阀(液压控制,弹簧对中)	
二位五通方向控制阀(双向踏板控制)		二位五通方向控制阀(手柄控制,带有定位机构)	

3. 压力控制阀

描述	图形符号	描述	图形符号
溢流阀(直动式,开启压力由弹簧调节)		溢流阀(先导式,开启压力由先导弹簧调节)	
顺序阀(直动式,手动调节设定值)		顺序阀(带有旁通单向阀)	
二通减压阀(直动式,外泄型)		二通减压阀(先导式,外泄型)	
防气蚀溢流阀(用来保护两条供压管路)		蓄能器充液阀	
电磁溢流阀(由先导式溢流阀与电磁换向阀组成,通电建立压力,断电卸荷)		三通减压阀(超过设定压力时,通向油箱的出口开启)	

4. 流量控制阀

描述	图形符号	描述	图形符号
可调节流量控制阀		可调节流量控制阀,单向自由流动	
三通流量控制阀(开口度可调节,将输入流量分成固定流量和剩余流量)		二通流量控制阀(开口度预设值,单向流动,流量特性基本与压降和黏度无关,带有旁路单向阀)	
集流器(将两路输入流量合成一路输出流量)		分流器(将输入流量分成两路输出)	

5. 比例控制阀

描述	图形符号	描述	图形符号
比例方向控制阀(直动式)		比例方向控制阀(直动式)	
比例方向控制阀(主级和先导级位置闭环控制,集成电子器件)		伺服阀(主级和先导级位置闭环控制,集成电子器件)	
伺服阀(先导级带双线圈电气控制机构,双向连续控制,阀芯位置机械反馈到先导级,集成电子器件)		伺服阀控缸(伺服阀由步进电机控制,液压缸带有机械位置反馈)	
伺服阀(带有电源失效情况下的预留位置,电反馈,集成电子器件)		比例流量控制阀(先导式,主级和先导级位置控制,集成电子器件)	
比例溢流阀(直动式,通过电磁铁控制弹簧来控制)		比例溢流阀(直动式,电磁铁直接控制,集成电子器件)	
比例溢流阀(直动式,带有电磁铁位置闭环控制,集成电子器件)		比例溢流阀(带有电磁铁位置反馈的先导控制,外泄型)	
三通比例减压阀(带有电磁铁位置闭环控制,集成电子器件)		比例溢流阀(先导式,外泄型,带有集成电子器件,附加先导级以实现手动调节压力或最高压力下溢流功能)	
比例流量控制阀(直控式)		比例流量控制阀(直控式,带有电磁铁位置闭环控制,集成电子器件)	

附录三　液压附件

描述	图形符号	描述	图形符号
软管总成		三通旋转式接头	

描述	图形符号	描述	图形符号
快换接头（不带有单向阀，断开状态）		快换接头（带有一个单向阀，连接状态）	
压力开关（机械电子控制，可调节）		压力传感器（输出模拟信号）	
压力表		压差表	
带有选择功能的多点压力表		流量计	
温度计		液位指示器（游标）	
不带有冷却方式指示的冷却器		加热器	
隔膜式蓄能器		囊式蓄能器	
活塞式蓄能器		过滤器	

附录四 气压元件

描述	图形符号	描述	图形符号
空气压缩机		真空泵	

描述	图形符号	描述	图形符号
气马达		气马达（双向流通，固定排量，双向旋转）	
摆动执行器/旋转驱动装置（单作用）		摆动执行器/旋转驱动装置（带有限制旋转角度功能，双作用）	
单作用膜片缸（活塞杆终端带缓冲，带排气口）		单作用压力气液转换器（将气体压力转换为等值的液体压力）	
单作用增压器（将气体压力 p_1 转换为更高的液体压力 p_2）		气动软启动阀（电磁铁控制内部先导控制）	
延时控制气动阀（其入口接入一个系统，使得气体低速流入直达到预设压力才使阀口全开）		二位三通方向控制阀（差动先导控制）	
二位五通气动方向控制阀（先导式压电控制，气压复位）		二位五通气动方向控制阀（单电磁铁控制，外部先导供气，手动辅助控制，弹簧复位）	
二位五通直动式气动方向控制阀（机械弹簧与气压复位）		三位五通直动式气动方向控制阀（弹簧对中，中位时两出口都排气）	
顺序阀（外部控制）		减压阀（内部流向可逆）	
减压阀（远程先导可调，只能向前流动）		双压阀（逻辑为"与"，两进气口同时有压力时，低压力输出）	
快速排气阀（带消音器）		离心式分离器	
自动排水流体分离器		手动排水分离器	

描述	图形符号	描述	图形符号
油雾分离器		带有手动排水分离器的过滤器	
带有自动排水的聚结式过滤器		吸附式过滤器	
油雾器		空气干燥器	
气罐		真空发生器	
消声器		声音指示器	

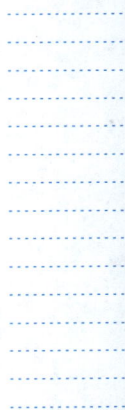

参 考 文 献

[1] 宋正和，曹燕. 液压与气动技术［M］. 北京：北京交通大学出版社，2009.

[2] 毛好喜，刘青云. 液压与气动技术［M］. 2 版. 北京：人民邮电出版社，2012.

[3] 曾亿山. 液压与气压传动［M］. 合肥：合肥工业大学出版社，2008.

[4] 朱梅，朱光力. 液压与气动技术［M］. 3 版. 西安：西安电子科技大学出版社，2015.

[5] 张海平. 液压阀剖析［M］. 北京：机械工业出版社，2024.

[6] 路甬祥. 液压气动技术手册［M］. 北京：机械工业出版社，2002.

[7] 刘银水，李壮云. 液压元件与系统［M］. 4 版. 北京：机械工业出版社，2019.

[8] 张海平. 实用液压测试技术［M］. 北京：机械工业出版社，2015.

[9] 刘建明，孙杰. 液压与气压传动［M］. 5 版. 北京：机械工业出版社，2023.

[10] 赵波，王宏元. 液压与气动技术［M］. 6 版. 北京：机械工业出版社，2024.

[11] 吴根茂，邱敏秀，王庆丰. 新编实用电液比例技术［M］. 杭州：浙江大学出版社，2006.

[12] 张海平. 白话液压［M］. 北京：机械工业出版社，2018.

[13] 张利平. 液压元件与系统故障诊断排除典型案例［M］. 北京：化学工业出版社，2019.

[14] 潘玉山. 气动与液压技术［M］. 2 版. 北京：机械工业出版社，2019.

[15] 张能武，邵健萍. 液压工完全自学一本通：图解双色版［M］. 北京：化学工业出版社，2021.

[16] 赵波，王宏元，吴哲. 液压与气动技术［M］. 6 版. 北京：机械工业出版社，2024.

[17] 刘思远，石景林. 液压元件及应用［M］. 秦皇岛：燕山大学出版社，2024.

[18] 许大华，黎少辉. 液压与气动技术［M］. 北京：北京交通大学出版社，2014.

[19] 吴晓明. 柱塞式液压泵（马达）变量控制及应用［M］. 北京：机械工业出版社，2022.

[20] 吴晓明. 液压多路阀原理及应用实例［M］. 北京：机械工业出版社，2022.